Amazon Web Services in Action, 2nd Edition

impress
top gear

Amazon Web Services

システム構築／自動化、
データストア、高信頼化

インフラサービス
活用大全

Michael Wittig／Andreas Wittig ＝著
株式会社クイープ ＝訳

インプレス

■サンプルコードのサイト

本書のサンプルの一部は、以下の原著GitHubサイトで公開しています。

https://github.com/AWSinAction/code2

■正誤表のWebページ

正誤表を掲載した場合、以下のURLのページに表示されます。

https://book.impress.co.jp/books/1117101110

※ 本書は、Amazon Web Services 公式の書籍ではありません。

※ 本文中に登場する会社名、製品名、サービス名は、各社の登録商標または商標です。本文中では ®、TM、© マークは明記しておりません。

※ 本書は、2018 年 10 月に出版された原著の内容をもとに翻訳しています。本書で紹介した URL や製品／サービスなどの名前や内容は変更される可能性があります。

※ 掲載した画面や手順は、2019 年 8 月上旬に確認したものを掲載していますが、今後変更される可能性があります。

※ 本書の内容に基づく実施・運用において発生したいかなる損害も、著者、訳者、ならびに株式会社インプレスは一切の責任を負いません。

※ 出版社、著者、翻訳者は本書の記述が正確なものとなるように最大限努めましたが、本書に含まれるすべての情報が完全に正確であることを保証することはできません。

『Amazon Web Services in Action, 2nd Edition』
Original English language edition published by Manning Publications, USA.
Copyright © 2018 by Manning Publications Co.

Japanese-language edition copyright © 2019 by Impress Corporation. All rights reserved.
Japanese translation rights arranged with Waterside Productions, Inc.
through Japan UNI Agency, Inc., Tokyo

本書に寄せて

1990年代の後半から2000年代の初めにかけて、私はシステム管理者のはしくれとして働きながら、ネットワークサービスをオンライン状態に保ち、セキュリティを確保し、ユーザーが利用できる状態に保つことに苦心していました。当時のシステム管理は、ケーブルを敷く、サーバーラックを組み立てる、光メディアからインストールする、ソフトウェアを手作業で設定するといった、手間のかかるやっかいな仕事でした。システム管理は報われない作業であり、欲求不満に陥ることが多く、忍耐、粘り強さ、そして大量のカフェインが必要でした。当時の企業は、まだ登場したばかりのオンライン市場に参入するために、この物理的なインフラの管理という重荷を背負い、関連する資本と運用コストを受け入れ、この出費に見合うような成功を願っていました。

2006年に登場したAmazon Web Services（AWS）は、この業界の変化を示唆していました。コンピューティングリソースとストレージリソースの管理は劇的に単純化され、アプリケーションを構築して起動するコストは劇的に低下しました。突如として、よいアイデアを持ち、実行に移す能力さえあれば、ワールドクラスのインフラでグローバルビジネスを誰でも構築できるようになったのです。しかも、初期費用は1時間あたりたったの数セントでした。AWSのバリュープロポジションはすぐに明らかとなり、新しいスタートアップ、データセンターマイグレーション、サードパーティのサービスプロバイダがAWSに押し寄せました。既存の市場が崩壊しつつある中で、いくつかのテクノロジが頭角を現しており、AWSもその1つでした。

現在、この進化の行進に衰える兆しはありません。2017年12月にラスベガスで開催されたre:Inventカンファレンスでは、AmazonのCTOであるWerner Vogelsが40,000人を超える参加者に対し、2012年の最初のカンファレンス以来、3,951個の新しい機能とサービスがリリースされたことを発表しています。AWSのARR（Annual Run Rate）は180億ドルであり、前年比成長率は40%に上っています。大企業、スタートアップ、政府機関などがAWSクラウドをこぞって導入しています。その数は圧倒的で、AWSの存在感はさらに増しています。

言うまでもなく、この成長とイノベーションには少なからぬ複雑さという代償が伴います。AWSクラウドは多くのサービスと数千もの機能で構成されており、新しい高性能なアプリケーションと効率性の高い設計を実現します。しかし、まったく新しいレキシコン（語彙）を伴い、アーキテクチャに関連するベストプラクティスや技術的なベストプラクティスは独特です。このプラットフォームはAWSが初めての人を当惑させることがあります。いったいどこから始めればよいのでしょうか。

本書は、サンプルや図表を用いてしっかりとした知識を培うことで、AWSの複雑さを打開します。AndreasとMichaelは、ユーザーにとって最も必要と思われる、最も顕著なサービスや機能に焦点を合わせています。すべての章にコードが掲載されており、クラウドのプログラマブルな性質を強く印象付けています。そして、AWSの料金が発生するサンプルの場合、多くの読者が料金を支払うことになるため、その旨が明記されています。

コンサルタント、著述家、そして根っからのエンジニアとして、クラウドコンピューティングという途方もない世界を新しいユーザーに紹介するすべての取り組みに敬意を表します。この業界をリードするクラウドプラットフォームに関する実用的な解説書の中でも、本書は最高の1冊です。

本書を片手に、あなたはAWSクラウドで何を構築するでしょうか。

—BEN WHALEY、AWS COMMUNITY HERO AND AUTHOR

はじめに

2008年にソフトウェア開発者としてキャリアをスタートさせたとき、私たちはオペレーションのことをまったく気にかけていませんでした。コードを記述すれば、デプロイメントとオペレーションは誰かがやってくれました。ソフトウェア開発とITオペレーションの間には大きな隔たりがありました。しかも、新しい機能のリリースは大きなリスクでした。ソフトウェアやインフラに対する変更をすべて手作業でテストするのは無理だったからです。半年ごとに新しい機能をデプロイする作業はさながら悪夢のようでした。

そして2012年、私たちはオンラインバンキングプラットフォームを手掛けることになりました。そこで目標となったのは、リリースをすばやく繰り返すこと、そして新しい機能を毎週リリースできるようにすることでした。このソフトウェアはお金を扱うものなので、ソフトウェアとインフラの品質とセキュリティはイノベーティブな能力と同じくらい重要でした。しかし、融通の利かないオンプレミスのインフラと古くさいデプロイメントソフトウェアのせいで、その目標を達成することは不可能でした。そこで、私たちはもっとよい方法を探し始めました。

そしてたどり着いたのが、Amazon Web Services（AWS）でした。AWSのおかげで、このアプリケーションの構築と運用を柔軟かつ信頼できる方法で行うことができました。インフラのあらゆる部分を自動化できる可能性はとても魅力的でした。そこで、仮想マシンから分散メッセージキューまで、さまざまなAWSサービスを詳しく調べていきました。SQLデータベースの運用やロードバランサーのようなタスクを委任できるおかげで、多くの時間が節約され、その時間をインフラ全体のテストと運用の自動化に回すことができました。

このクラウドへの移行中に変わったのは、技術的な部分だけではありませんでした。やがてソフトウェアアーキテクチャがモノリシック（一枚岩）のアプリケーションからマイクロサービスに変化し、ソフトウェアの開発とオペレーションの間にあった隔たりも消えました。代わりに、私たちはDevOpsの基本原理 —— 構築するのも実行するのも同じチーム —— に則って組織を構築したのです。

私たちは2015年からコンサルタントとして活動しており、クライアントがAWSを最大限に活かす手助けをし、スタートアップ、中小企業、大企業のクラウドの移行に携わってきました。AWSのサービスに基づいてクラウドアーキテクチャを設計・実装する一方、IaC（Infrastructure as Code）、継続的デプロイメント、Docker、サーバーレス、セキュリティ、監視に焦点を合わせています。

2015年には、本書の第1版を執筆する機会に恵まれました。ManningとMEAPの読者からのびっくりするようなサポートのおかげで、1冊の本をたった9か月で書き上げることができました。何よりも、私たちの本を使ってAWSへの取り組みを開始したり、知識を深めたりする読者を見てうれしく思いました。

AWSはイノベーティブであり、新しい機能やまったく新しいサービスを絶えずリリースしています。このため、2017年に本書を改訂しようということになりました。第2版の作業は6月に開始されました。それから半年の間に、すべての章の内容を更新し、新しい章を3つ追加し、読者や編集者からのフィードバックをもとに本書の内容を改善しました。

私たちと同じように本書の第2版を楽しんでもらえることを願っています。

謝辞

本の執筆は時間のかかる作業です。私たちの時間はもちろん、他の人の時間も注ぎ込まれました。時間は地球上で最も価値の高いリソースであると考えており、本書の作業を手助けするために人々が費やした1分1秒に敬意を表したいと思います。

本書の第1版を購入してくれた読者には、その信頼と支援にとても感謝しています。本書を読み、サンプルに取り組んでいる姿は、大きな励みになりました。また、読者からのフィードバックはとても参考になりました。

次に、本書のMEAPエディションを購入してくれたすべての読者に感謝したいと思います。荒削りな部分に目をつぶり、AWSを学ぶことに専念してくれたことに感謝します。あなたからのフィードバックは、あなたが今手にしている本を完成させるのに役立ちました。

ManningのBook Forumにコメントを投稿し、本を改善するすばらしいフィードバックを提供してくれた人全員に感謝します。

加えて、本書の第1版と第2版のレビュー担当者全員に対し、最初から最後のページまで詳細なコメントを提供してくれたことに感謝します。次に、第2版のレビュー担当者の名前を挙げておきます。Antonio Pessolano、Ariel Gamino、Christian Bridge-Harrington、Christof Marte、Eric Hammond、Gary Hubbart、Hazem Farahat、Jean-Pol Landrain、Jim Amrhein、John Guthrie、Jose San Leandro、Lynn Langit、Maciej Drozdzowski、Manoj Agarwal、Peeyush Maharshi、Philip Patterson、Ryan Burrows、Shaun Hickson、Terry Rickman、Thorsten Höger。彼らのフィードバックは本書を形作るのに役立ちました。本書を私たちと同じように気に入ってくれることを願っています。

Michael Labibには、AWS ElastiCacheを取り上げた第12章でのインプットとフィードバックに特に感謝しています。

さらに、第2版のテクニカルデベロップメントエディターであるJohn Hyaduckに感謝したいと思います。AWSと本書に対するJohnの先入観のない技術的な視点は、第2版を完成させるのに役立ちました。第1版のテクニカルエディターであるJonathan Thomsにも感謝します。

本書のすべてのサンプルが期待どおりに動作するのはDavid Fombella PombalとDoug Warrenのおかげです。DavidとDougには、本書の技術的な部分の校正に感謝します。

また、Manning Publicationsには、私たちを信頼してくれたことに感謝したいと思います。すばらしい仕事をしてくれたManningの次のスタッフには、特に感謝しています。

- デベロップメントエディターであるFrances Lefkowitzは、第2版の執筆プロセスを成功に導いてくれました。本書のあちこちにFrancesの執筆と指導の才が見てとれます。Francesのサポートに感謝します。

- 第1版のデベロップメントエディターであるDan Maharryには、最初の数ページを執筆するところから最初の本が完成するまで、私たちを導いてくれたことに感謝します。

- Aleksandar Dragosavljevićは、本書のレビューをまとめてくれました。読者から価値の高いフィードバックが得られたのはAleksandarのおかげです。

- Benjamin Berg と Tiffany Taylor は、私たちの英語を完全なものにしてくれました。著者の母国語はドイツ語であるため、本書を読むのは大変だったと思います。本書を読んでくれたことに感謝します。

- Candace Gillhoolley、Ana Romac、Christopher Kaufmann は、本書の宣伝を手助けしてくれました。

- Janet Vail、Deirdre Hiam、Elizabeth Martin、Mary Piergies、Gordan Salinovnic、David Novak、Barbara Mirecki、Marija Tudor、そして荒削りなドラフトを本物の本に変えてくれるために舞台裏で活躍してくれたスタッフ全員に感謝します。

序文を寄せてくれた Ben Whaley に感謝します。

最後になりましたが、本書に取り組んでいる間、私たちを支えてくれた大切な家族に感謝したいと思います。Andreas は妻の Simone に感謝します。Michael はパートナーである Kathrin の寛容さと励ましに感謝します。

本書について

本書には、AWS アカウントの作成から、耐障害性を持つ自動スケーリングアプリケーションの構築までの内容が含まれています。本書では、コンピューティング、ネットワーク、ストレージキャパシティを提供するサービスを紹介し、AWS で Web アプリケーションを実行するために必要なものをすべて取り上げています。これには、ロードバランサー、仮想マシン、ファイルストレージ、データベースシステム、インメモリキャッシュが含まれます。

本書の Part 1 では、AWS の原理を紹介し、クラウドでの可能性に関する第一印象を与えます。Part 2 では、基本的なコンピューティングサービスとネットワークサービスについて説明します。Part 3 では、データを格納するための 6 種類の方法を具体的に見ていきます。Part 4 では、インフラの動的なスケーリングが可能な、高可用性と（さらには）耐障害性を持つアーキテクチャを重点的に見ていきます。

AWS は幅広いサービスを提供していますが、残念ながら、本書のページ数は限られています。このため、コンテナ、ビッグデータ、機械学習などのテーマは省略せざるをえませんでしたが、基本的なサービスや最も重要なサービスを取り上げています。

自動化は本書全体のテーマであるため、本書を読み終える頃には、AWS CloudFormation を難なく使いこなせるようになるでしょう。CloudFormation は、クラウドインフラを自動的に管理できるようにする IaC（Infrastructure as Code）ツールです。管理の自動化は、本書の最も重要なテーマの 1 つです。

サンプルのほとんどは、一般的な Web アプリケーションを使って重要なポイントを具体的に示すものになっています。私たちは AWS の品質とサポートを高く評価しているため、できる限り、サードパーティのツールではなく AWS のツールを使用しています。本書では、クラウドリソースへのアクセス時に「最小権限の原則」に従うなど、クラウドのさまざまなセキュリティに焦点を合わせています。

本書では、仮想マシンのオペレーティングシステムとして Linux を使用します。本書のサンプルはオープンソースのソフトウェアに基づいています。サンプルを単純に保つために、本書ではバージニア北部リージョンを使用しています。また、試しにアジアパシフィック（シドニー）リージョンのリソースを利用してみるために、リージョンを切り替える方法についても説明します。

ロードマップ

第 1 章では、クラウドコンピューティングと AWS を紹介します。重要な概念と基礎を取り上げた後、本書で使用する AWS アカウントを作成します。

第 2 章では、AWS を実際に使用します。複雑なクラウドインフラを難なく立ち上げ、すぐに試してみることができます。

第 3 章では、仮想マシンを操作します。実践的な例に取り組みながら、Amazon EC2（Elastic Compute Cloud）の重要な概念について説明します。

第 4 章では、インフラを自動化するためのさまざまなアプローチを紹介します。ターミナルから

実行できる AWS CLI（Command Line Interface）、好きな言語でプログラムできる AWS SDK、そして IoC ツールである AWS CloudFormation を取り上げます。

第 5 章では、AWS にソフトウェアをデプロイするための 3 つの方法を紹介します。これら 3 つのツールを使って、アプリケーションを AWS に自動的にデプロイします。

第 6 章では、セキュリティを取り上げます。ネットワーキングインフラをプライベートネットワークとファイアウォールで保護する方法について説明します。また、AWS アカウントとクラウドリソースを保護する方法も紹介します。

第 7 章では、AWS Lambda を使ってオペレーショナルタスクを自動化します。仮想マシンを起動せずに、小さなコードをクラウドで実行する方法を紹介します。

第 8 章では、Amazon S3（Simple Storage Service）と Amazon S3 Glacier（Glacier）を紹介します。S3 はオブジェクトストレージを提供するサービスであり、Glacier は長期的なストレージを提供するサービスです。オブジェクトストレージをアプリケーションに統合し、ステートレスサーバーを実装する例として、画像ギャラリーを作成します。

第 9 章では、Amazon EBS（Elastic Block Store）とインスタンスストレージを使って仮想マシンのハードディスクにデータを格納します。利用可能なさまざまな選択肢を理解するために、パフォーマンスをテストします。

第 10 章では、ネットワークファイルシステムを使って、複数の仮想マシンの間でデータを共有する方法について説明します。そこで、Amazon EFS（Elastic File System）を紹介します。

第 11 章では、Amazon RDS（Relational Database Service）を紹介します。RDS は、MySQL、PostgreSQL、Oracle、Microsoft SQL Server といったマネージドリレーショナルデータベースシステムを提供するサービスです。例として、アプリケーションを RDS データベースインスタンスに接続します。

第 12 章では、インフラにキャッシュを追加することでアプリケーションを高速化し、データベース層の負荷を最小化することでコストを節約します。具体的には、Amazon ElastiCache について説明します。ElastiCache は Redis または Memcached をサービスとして提供します。

第 13 章では、Amazon DynamoDB を紹介します。DynamoDB は AWS が提供する NoSQL データベースです。一般に、DynamoDB にはレガシーアプリケーションとの互換性がありません。DynamoDB を利用するには、アプリケーションを作り直す必要があります。ここでは、TO-DO アプリケーションを実装します。

第 14 章では、高可用性を持つインフラを作成する必要があるのはなぜかについて説明します。仮想マシンのダウン、あるいはデータセンター全体の機能停止から自動的に回復する方法について説明します。

第 15 章では、信頼性を向上させるためにシステムを分離するという概念を紹介し、ELB（Elastic Load Balancing）を使った同期デカップリングの方法について説明します。この章では、非同期デカップリングも取り上げ、Amazon SQS（Simple Queue Service）を使用する方法について説明します。SQS は耐障害性システムを構築するための分散キューイングシステムです。

第 16 章では、第 14 章と第 15 章で説明した概念に基づいて耐障害性アプリケーションを構築し

ます。この章では、耐障害性を持つ画像処理 Web サービスを作成します。

第 17 章のテーマは柔軟性です。スケジュールに基づいて、あるいはシステムの現在のワークロードに基づいて、キャパシティをスケールアップ / ダウンする方法を紹介します。

本書の表記とサンプルコード

本書には、Bash、YAML、Python、Node.js/JavaScript の 4 種類のコードが含まれています。本書では、AWS と自動的にやり取りする簡単なスクリプトを Bash で作成します。YAML は、AWS CloudFormation が理解できる方法でインフラを定義するために使用します。それに加えて、クラウドインフラの管理には Python を使用します。また、クラウドネイティブなアプリケーションの例として、Node.js プラットフォームを使って簡単な JavaScript アプリケーションを作成します。

本書には、番号付きのリストや本文中のコードとして、ソースコードの例が多数含まれています。どちらの場合も、ソースコードは通常のテキストと区別するために等幅フォントで示されています。多くのコードには、重要な概念を示すコメントが含まれています。ページ内に収めるために分割せざるをえなかったコードもあります。長いコマンドはバックスラッシュ（\）で区切られています。

本書のサンプルコードは本書の GitHub リポジトリからダウンロードできます。

https://github.com/awsinAction/code2

著者紹介

Andreas Wittig（アンドレアス・ウィッティヒ：写真上）と **Michael Wittig**（ミヒャエル・ウィッティヒ）は、Amazon Web Services（AWS）を専門とするソフトウェア /DevOps エンジニア。AWS での構築を開始したのは 2013 年であり、その際にはドイツの銀行の IT インフラを AWS に移行させた。AWS に移行したドイツの銀行はそれが初めてだった。2015 年以降はコンサルタントとして活動し、クライアントのワークロードを AWS に移行させる手助けをしている。Andreas と Michael は、IaC（Infrastructure as Code）、継続的デプロイメント、Docker、セキュリティに焦点を合わせており、Amazon のクラウドに基づいて SaaS（Software as a Service）プロダクトも構築している。Andreas と Michael は AWS Certified Solutions Architect - Professional と AWS Certified DevOps Engineer - Professional として認定されている。また、本書、ブログ（cloudonaut.io）、そしてオンライン / オンサイトトレーニング（AWS in Motion[1] など）を通じて、ぜひ自分たちの知識を共有し、AWS の使い方を教えたいと考えている。

---

[1] https://www.manning.com/livevideo/aws-in-motion

▶ 目次

本書に寄せて iii
はじめに iv
本書について vii

Part1　AWSの基本ひとめぐり　　1

第1章　Amazon Web Servicesとは何か 3
1.1　クラウドコンピューティングとは何か 4
1.2　AWSで何ができるか 6
　　　1.2.1　オンラインショップのホスティング……6　◆　1.2.2　プライベートネットワークでのJava EEアプリケーションの実行……8　◆　1.2.3　高可用性システムの実装……9　◆　1.2.4　バッチ処理インフラの低コスト化……10
1.3　AWSのメリット 11
　　　1.3.1　急成長するイノベーティブなプラットフォーム……11　◆　1.3.2　一般的な問題を解決するサービス……2　◆　1.3.3　自動化……12　◆　1.3.4　柔軟なキャパシティ

（スケーラビリティ）……12　◆　1.3.5　障害への備え（信頼性）……13　◆　1.3.6　実稼働までの時間の短縮……13　◆　1.3.7　規模の経済によるメリット……13◆

1.3.8　グローバルインフラ……14　◆　1.3.9　プロフェッショナルなパートナー……14

1.4　AWSの料金 14

1.4.1　無料利用枠……15　◆　1.4.2　請求の例……15　◆　1.4.3　従量制がもたらす機会……17

1.5　選択肢としてのクラウドの比較 17

1.6　AWSのサービス 18

1.7　AWSとのやり取り 21

1.7.1　マネジメントコンソール……22　◆　1.7.2　コマンドラインインターフェイス……23　◆　1.7.3　SDK……24　◆　1.7.4　ブループリント……24

1.8　AWSアカウントの作成 25

1.8.1　サインアップ……25　◆　1.8.2　サインイン……29　◆　1.8.3　キーペアの作成……30

1.9　請求アラームの作成：AWSの請求情報を管理する 34

1.10　まとめ 38

第2章　5分でWordPressを構築［簡単な概念実証］ 39

2.1　インフラの作成 40

2.2　インフラの探索 48

2.2.1　リソースグループ……48　◆　2.2.2　仮想マシン……50　◆　2.2.3　ロードバランサー……51　◆　2.2.4　MySQLデータベース……53　◆　2.2.5　ネットワークファイルシステム……55

2.3　インフラのコストを見積もる 56

2.4　インフラの削除 58

2.5　まとめ 59

Part2 インフラ構築 / 管理の手法　61

第3章　仮想マシンの活用法［EC2］...63

3.1　仮想マシンの探索...64

3.1.1　仮想マシンを起動する……65　◆　3.1.2　仮想マシンに接続する……75　◆
3.1.3　手動によるソフトウェアのインストールと実行……78

3.2　仮想マシンの監視とデバッグ...79

3.2.1　仮想マシンのログを表示する……79　◆　3.2.2　仮想マシンの負荷を監視する
……81

3.3　仮想マシンのシャットダウン...82

3.4　仮想マシンの種類を変更する...84

3.5　別のデータセンターで仮想マシンを起動する...88

3.6　仮想マシンにパブリック IP アドレスを割り当てる...92

3.7　仮想マシンにネットワークインターフェイスを追加する...94

3.8　仮想マシンのコストを最適化する...99

3.8.1　仮想マシンの予約……100　◆　3.8.2　使用されていない仮想マシンへの入札…
…102

3.9　まとめ...108

第4章　インフラのプログラミング
［コマンドライン、SDK、CloudFormation］...............109

4.1　IaC...111

4.1.1　自動化と DevOps ムーブメント……112　◆　4.1.2　新しいインフラ言語：
JIML……113

4.2　AWS CLI の使用...116

4.2.1　自動化すべきなのはなぜか……117　◆　4.2.2　AWS CLI のインストール……
117　◆　4.2.3　AWS CLI の設定……118　◆　4.2.4　AWS CLI を使用する……
121

4.3　SDK を使ったプログラミング...127

4.3.1　SDK で仮想マシンを制御する：nodecc……128　◆　4.3.2　nodecc の仕組
み：仮想マシンの作成……129　◆　4.3.3　nodecc の仕組み：仮想マシン一覧 / 詳細

の表示……130 ◆ 4.3.4 nodecc の仕組み：仮想マシンの終了……131

4.4 ブループリントを使って仮想マシンを起動する 132

4.4.1 CloudFormation のテンプレートの構造……133 ◆ 4.4.2 テンプレートを作成する……138

4.5 まとめ 145

第5章 デプロイの自動化
[CloudFormation、Elastic Beanstalk、OpsWorks] ... 147

5.1 柔軟なクラウド環境でのアプリケーションのデプロイメント 149

5.2 デプロイメントツールの比較 149

5.2.1 デプロイメントツールの分類……150 ◆ 5.2.2 デプロイメントサービスの比較……150

5.3 CloudFormation を使った
仮想マシンの作成と起動時のスクリプトの実行 151

5.3.1 ユーザーデータを使って起動時にスクリプトを実行する……152 ◆ 5.3.2 Openswan：仮想マシンに VPN サーバーをデプロイする……152 ◆ 5.3.3 仮想マシンを更新するのではなく新たに起動する……158

5.4 Elastic Beanstalk を使った
単純な Web アプリケーションのデプロイメント 159

5.4.1 Elastic Beanstalk の構成要素……159 ◆ 5.4.2 Elastic Beanstalk を使って Etherpad アプリケーションをデプロイする……160

5.5 OpsWorks を使った多層アプリケーションのデプロイメント 165

5.5.1 OpsWorks スタックの構成要素……167 ◆ 5.5.2 OpsWorks スタックを使って IRC チャットアプリケーションをデプロイする……168

5.6 まとめ 179

第6章 システムのセキュリティ
[IAM、セキュリティグループ、VPC] 181

6.1 セキュリティの責任の所在をどう考えるか 183

6.2 ソフトウェアを最新の状態に保つ 184

6.2.1 セキュリティ更新プログラムを確認する……184 ◆ 6.2.2 仮想マシンの開始時にセキュリティ更新プログラムをインストールする……186 ◆ 6.2.3 実行中の仮

想マシンにセキュリティ更新プログラムをインストールする……187

6.3　AWS アカウントをセキュリティで保護する 188

6.3.1　AWS アカウントの root ユーザーをセキュリティで保護する……189　◆
6.3.2　AWS IAM……190　◆　6.3.3　IAM ポリシーを使ってアクセス許可を定義する
……192　◆　6.3.4　認証のためのユーザーと、ユーザーをまとめるためのグループ……
…194　◆　6.3.5　AWS リソースの認証に IAM ロールを使用する……196

6.4　仮想マシンのネットワークトラフィックを制御する 198

6.4.1　セキュリティグループを使って仮想マシンへのトラフィックを制御する……200
◆　6.4.2　ICMP トラフィックを許可する……202　◆　6.4.3　SSH トラフィックを
許可する……203　◆　6.4.4　送信元 IP アドレスからの SSH トラフィックを許可する
……204　◆　6.4.5　送信元セキュリティグループからの SSH トラフィックを許可する
……206

6.5　クラウドでのプライベートネットワークの作成：Amazon VPC 210

6.5.1　VPC とインターネットゲートウェイを作成する……212　◆　6.5.2　踏み台ホ
ストのパブリックサブネットを定義する……213　◆　6.5.3　Apache Web サーバーの
プライベートサブネットを追加する……215　◆　6.5.4　サブネット内で仮想マシンを
起動する……216　◆　6.5.5　NAT ゲートウェイを使ってプライベートサブネットから
インターネットにアクセスする……218

6.6　まとめ 220

第 7 章　運用タスクの自動化［Lambda］ 223

7.1　AWS Lambda を使ったコードの実行 224

7.1.1　サーバーレスとは何か……224　◆　7.1.2　AWS Lambda でコードを実行す
る……225　◆　7.1.3　AWS Lambda と仮想マシン（Amazon EC2）の比較……
226

7.2　AWS Lambda を使って Web サイトのヘルスチェックを構築する 227

7.2.1　Lambda 関数を作成する……228　◆　7.2.2　CloudWatch を使って Lambda
関数のログを検索する……233　◆　7.2.3　CloudWatch のメトリクスとアラームを使
って Lambda 関数を監視する……235　◆　7.2.4　VPC 内のエンドポイントにアクセ
スする……239

7.3　EC2 インスタンスの所有者が含まれたタグを自動的に追加する 241

7.3.1　イベント駆動：CloudWatch イベントをサブスクライブする……242　◆
7.3.2　Lambda 関数を Python で実装する……245　◆　7.3.3　SAM を使って

Lambda 関数を準備する……246 ◆ 7.3.4 IAM ロールを使って Lambda 関数による他の AWS サービスの使用を許可する……247 ◆ 7.3.5 SAM を使って Lambda 関数をデプロイする……249

7.4 AWS Lambda を使って他に何ができるか 250

7.4.1 AWS Lambda の制限……250 ◆ 7.4.2 サーバーレス料金モデルの影響……251 ◆ 7.4.3 ユースケース：Web アプリケーション……253 ◆ 7.4.4 ユースケース：データ処理……253 ◆ 7.4.5 ユースケース：IoT バックエンド……254

7.5 まとめ 255

Part3 データ格納の手法　　257

第 8 章　オブジェクトの格納 ［S3、Glacier］ 259

8.1 オブジェクトストアとは何か 260

8.2 Amazon S3 261

8.3 AWS CLI を使ってデータを S3 にバックアップする 262

8.4 コスト最適化のためにオブジェクトをアーカイブする 265

8.4.1 Glacier で使用するための S3 バケットを作成する……266 ◆ 8.4.2 バケットにライフサイクルルールを追加する……267 ◆ 8.4.3 Glacier とライフサイクルルールを試してみる……270

8.5 プログラムによるオブジェクトの格納 273

8.5.1 S3 バケットを作成する……274 ◆ 8.5.2 S3 を使用する Web アプリケーションをインストールする……275 ◆ 8.5.3 SDK を使って S3 にアクセスするコードを調べる……275

8.6 S3 を使った静的な Web ホスティング 277

8.6.1 バケットの作成と静的な Web サイトのアップロード……278 ◆ 8.6.2 静的な Web ホスティングのためにバケットを設定する……279 ◆ 8.6.3 S3 でホストされている Web サイトにアクセスする……280

8.7 S3 を使用するためのベストプラクティス 281

8.7.1 データの整合性を確保する……281 ◆ 8.7.2 正しいキーを選択する……282

8.8 まとめ 284

目次　xvii

第 9 章　ハードディスクへのデータ格納
［EBS、インスタンスストア］.. 285

9.1　EBS：ネットワーク接続されたブロックレベルの永続的なストレージ 287
9.1.1　EBS ボリュームの作成と EC2 インスタンスへのアタッチ……288　◆　9.1.2
EBS を使用する……289　◆　9.1.3　パフォーマンスの調整……292　◆　9.1.4
EBS スナップショットを使ってデータをバックアップする……295

9.2　インスタンスストア：ブロックレベルの一時的なストレージ 297
9.2.1　インスタンスストアを使用する……301　◆　9.2.2　パフォーマンスをテストす
る……302　◆　9.2.3　データのバックアップ……303

9.3　まとめ.. 303

第 10 章　仮想マシン間のデータボリューム共有［EFS］...................... 305

10.1　ファイルシステムを作成する 308
10.1.1　CloudFormation を使ってファイルシステムを定義する……308　◆　10.1.2
料金モデル……309

10.2　マウントターゲットを作成する 309

10.3　EC2 インスタンスで EFS 共有をマウントする 311

10.4　EC2 インスタンスの間でファイルを共有する 316

10.5　パフォーマンスを調整する 317
10.5.1　パフォーマンスモード……318　◆　10.5.2　期待されるスループット……
318

10.6　ファイルシステムを監視する 319
10.6.1　Max I/O パフォーマンスモードを使用すべき状況……320　◆　10.6.2　許可
されるスループットの監視……321　◆　10.6.3　使用状況の監視……322

10.7　データのバックアップ 323
10.7.1　CloudFormation を使って EBS ボリュームを定義する……324　◆　10.7.2
バックアップ用の EBS ボリュームを使用する……324

10.8　まとめ.. 327

第 11 章　リレーショナルデータベースサービスの活用［RDS］.........329

11.1　MySQL データベースを起動する.........331
11.1.1　RDS データベースを使って WordPress プラットフォームを起動する……332
◆　11.1.2　MySQL エンジンを搭載した RDS データベースインスタンスを調べる……335　◆　11.1.3　Amazon RDS の料金……336

11.2　MySQL データベースにデータをインポートする.........336

11.3　データベースのバックアップと復元.........339
11.3.1　自動スナップショットを設定する……340　◆　11.3.2　スナップショットを手動で作成する……341　◆　11.3.3　データベースを復元する……342　◆　11.3.4　データベースを別のリージョンにコピーする……344　◆　11.3.5　スナップショットの料金を計算する……345

11.4　データベースへのアクセスを制御する.........346
11.4.1　RDS データベースの設定に対するアクセスを制御する……347　◆　11.4.2　RDS データベースに対するネットワークアクセスを制御する……348　◆　11.4.3　データアクセスを制御する……348

11.5　可用性の高いデータベースを使用する.........349
11.5.1　RDS データベースの HA デプロイメントを有効にする……351

11.6　データベースのパフォーマンスを調整する.........352
11.6.1　データベースリソースを増やす……353　◆　11.6.2　リードレプリケーションを使って読み取りパフォーマンスを向上させる……355

11.7　データベースの監視.........358

11.8　まとめ.........359

第 12 章　メモリへのデータキャッシュ［ElastiCache］.........361

12.1　キャッシュクラスタを作成する.........368
12.1.1　必要最低限の CloudFormation テンプレート……368　◆　12.1.2　Redis クラスタをテストする……369

12.2　キャッシュデプロイメントオプション.........371
12.2.1　Memcached：クラスタ……372　◆　12.2.2　Redis：シングルノードクラスタ……373　◆　12.2.3　Redis：クラスタモードが無効化されたクラスタ……373　◆　12.2.4　Redis：クラスタモードが有効化されたクラスタ……374

12.3　キャッシュへのアクセスを制御する 375

12.3.1　設定へのアクセスを制御する……376　◆　12.3.2　ネットワークアクセスを制御する……376　◆　12.3.3　クラスタとデータへのアクセスを制御する……378

12.4　CloudFormation を使って
**　　　 Discourse アプリケーションをインストールする** 378

12.4.1　VPC：ネットワーク設定……379　◆　12.4.2　キャッシュ：セキュリティグループ、サブネットグループ、キャッシュクラスタ……381　◆　12.4.3　データベース：セキュリティグループ、サブネットグループ、データベースインスタンス……382　◆　12.4.4　仮想マシン：セキュリティグループ、EC2 インスタンス……383　◆　12.4.5　Discourse 用の CloudFormation テンプレートをテストする……385

12.5　キャッシュの監視 387

12.5.1　ホストレベルのメトリクスを監視する……387　◆　12.5.2　メモリは十分か……388　◆　12.5.3　Redis レプリケーションは最新か……389

12.6　キャッシュのパフォーマンスを調整する 389

12.6.1　正しいキャッシュノードタイプを選択する……390　◆　12.6.2　正しいデプロイメントオプションを選択する……391　◆　12.6.3　データを圧縮する……392

12.7　まとめ 392

第 13 章　NoSQL データベースサービスのプログラミング
　　　　　 [DynamoDB] 393

13.1　DynamoDB を操作する 396

13.1.1　管理……396　◆　13.1.2　料金……397　◆　13.1.3　ネットワーク……397　◆　13.1.4　RDS との比較……397　◆　13.1.5　NoSQL との比較……398

13.2　開発者のための DynamoDB 398

13.2.1　テーブル、アイテム、属性……399　◆　13.2.2　プライマリキー……400　◆　13.2.3　DynamoDB ローカル……401

13.3　タスク管理アプリケーションのプログラミング 401

13.4　テーブルを作成する 403

13.4.1　ユーザーはパーティションキーによって識別される……404　◆　13.4.2　タスクはパーティションキーとソートキーによって識別される……405

13.5　データを追加する 407

13.5.1　ユーザーを追加する……408　◆　13.5.2　タスクを追加する……409

13.6 データを取得する 410

13.6.1 キーを使ってアイテムを取得する……411 ◆ 13.6.2 キーとフィルタを使ってアイテムを取得する……412 ◆ 13.6.3 グローバルセカンダリインデックスを使ってクエリの柔軟性を高める……415 ◆ 13.6.4 テーブルのすべてのデータのスキャンとフィルタリング……418 ◆ 13.6.5 結果整合性を持つデータの読み取り……419

13.7 データを削除する 420

13.8 データを変更する 421

13.9 キャパシティのスケーリング 422

13.9.1 キャパシティユニット……423 ◆ 13.9.2 自動スケーリング……425

13.10 まとめ 427

Part4 高可用性／耐障害性／
スケーリングの手法　429

第14章 高可用性の実現［アベイラビリティゾーン、
自動スケーリング、CloudWatch］......431

14.1 CloudWatch を使って EC2 インスタンスを障害から回復させる 433

14.1.1 ステータスチェックの失敗時に回復を開始するための CloudWatch アラームを作成する……435 ◆ 14.1.2 CloudWatch アラームに基づく仮想マシンの監視と回復……436

14.2 データセンターの機能停止から回復する 441

14.2.1 アベイラビリティゾーン：独立したデータセンターのグループ……441 ◆
14.2.2 自動スケーリングを使って EC2 インスタンスを稼働状態に保つ……445 ◆
14.2.3 自動スケーリングを使って別のアベイラビリティゾーンで回復させる……448
◆ 14.2.4 落とし穴：ネットワーク接続型ストレージの回復……451 ◆ 14.2.5
落とし穴：ネットワークインターフェイスの回復……456

14.3 ディザスタリカバリの要件を分析する 461

14.3.1 EC2 インスタンスが 1 つの場合の RTO と RPO の比較……461

14.4 まとめ 462

目次　xxi

第15章　インフラの分離［ELB、SQS］ 463

15.1　ロードバランサーによる同期デカップリング 465

15.1.1　仮想マシンを使ってロードバランサーを準備する……467

15.2　メッセージキューによる非同期デカップリング 471

15.2.1　同期プロセスを非同期プロセスに変換する……473　◆　15.2.2　URL2PNG アプリケーションのアーキテクチャ……474　◆　15.2.3　メッセージキューを準備する ……475　◆　15.2.4　メッセージをプログラムから生成する……475　◆　15.2.5 メッセージをプログラムから消費する……477　◆　15.2.6　SQS を使ったメッセージ ングの制限……481

15.3　まとめ 483

第16章　耐障害性のための設計 485

16.1　冗長な EC2 インスタンスを使って可用性を向上させる 488

16.1.1　冗長性に基づいて単一障害点を取り除く……489　◆　16.1.2　冗長性には分 離が必要……491

16.2　コードに耐障害性を持たせる 492

16.2.1　クラッシュさせてリトライする……492　◆　16.2.2　べき等リトライは耐障 害性を可能にする……493

16.3　耐障害性を持つ Web アプリケーションを構築する：Imagery 496

16.3.1　べき等の状態機械……499　◆　16.3.2　耐障害性を持つ Web サービスを実 装する……500　◆　16.3.3　SQS メッセージを消費する耐障害性ワーカーを実装する ……508　◆　16.3.4　アプリケーションをデプロイする……511

16.4　まとめ 520

第17章　スケールアップとスケールダウン ［自動スケーリング、CloudWatch］ 521

17.1　EC2 インスタンスの動的なプールを管理する 524

17.2　メトリクスまたはスケジュールを使ってスケーリングを開始する............ 527

17.2.1　スケジュールに基づくスケーリング……529　◆　17.2.2　CloudWatch のメ トリクスに基づくスケーリング……530

17.3　EC2 インスタンスの動的なプールを分離する **533**

17.3.1　同期デカップリングに基づく動的な EC2 インスタンスプールのスケーリング……
……534　◆　17.3.2　非同期デカップリングに基づく動的な EC2 インスタンスプールの
スケーリング……540

17.4　まとめ **545**

索引 **546**

Part 1 | AWSの基本ひとめぐり

　Netflix（ネットフリックス）で映画を観たり、Amazon.comでガジェットを購入したり、Airbnb（エアビーアンドビー）で部屋を予約したりしたことがあるでしょうか。もしそうなら、あなたはそれらのサービスとともにAWS（Amazon Web Services）を使用しています。Netflix、Amazon.com、Airbnbはいずれも業務にAWSを利用しているからです。

　AWSはクラウドコンピューティング市場において最も大きな影響力を持つ存在です。アナリストによれば、AWSのマーケットシェアは30パーセントを超えています[1]。目を見張る数字はそれだけではありません。AWSが公表した2017年6月期の純売上高は41億米ドルに上っています[2]。AWSのデータセンターの拠点は世界各地に分散しており、北米、南米、ヨーロッパ、アジア、オーストラリアに設置されています。しかし、クラウドはハードウェアと計算機能だけで構成されるわけではありません。ソフトウェアはあらゆるクラウドプラットフォームの一部であり、サービスのユーザーにかけがえのないエクスペリエンスを提供するサービスプロバイダにとって、差別化を図る手段となります。調査会社Gartnerの2017年の分析では、クラウドIaaS（Infrastructure as a Service）分野のマジッククアドラントでAWSが再びリーダーに返り咲いています。Gartnerのマジッククアドラントとは、競合ベンダーを4つに分類する考え方です。ベンダー各社がニッチプレイヤー（特定市場指向型）、チャレンジャー、ビジョナリー（概念先行型）、リーダーの4つのクアドラント

---

[1] Synergy Research Group, "The Leading Cloud Providers Continue to Run Away with the Market"
https://www.srgresearch.com/articles/leading-cloud-providers-continue-run-away-market

[2] Amazon, 10-Q for Quarter Ended June 30 (2017)
http://mng.bz/1LAX

（4 つの象限）に分類され、クラウドコンピューティング市場の状況がひと目でわかるようになっています※3。リーダーとして評価されることは、AWS のイノベーションのスピードと品質の高さを裏付けるものです。

本書の Part 1 では、AWS で最初の一歩を踏み出すための手順を示します。AWS をあまり知らなければ、IT インフラストラクチャ（以下、インフラ）をどのように改善できるかを知って、感銘を受けるはずです。

第 1 章では、クラウドコンピューティングと AWS を紹介します。AWS に慣れてもらうために、その構造の基礎をざっと見てもらいます。

第 2 章では、AWS を実際に動かしてみます。複雑なクラウドインフラを難なく立ち上げ、すぐに試してみることができます。

※3　AWS Blog, "AWS Named as a Leader in Gartner's Infrastructure as a Service (IaaS) Magic Quadrant for 7th Consecutive Year"
https://aws.amazon.com/jp/blogs/aws/aws-named-as-a-leader-in-gartners-infrastructure-as-a-service-iaas-magic-quadrant-for-7th-consecutive-year/

CHAPTER 1: What is Amazon Web Services?

▶ 第1章
Amazon Web Servicesとは何か

本章の内容

- Amazon Web Services の概要
- Amazon Web Services を使用する利点
- Amazon Web Services で何ができるか
- AWS アカウントの作成と設定

　AWS（Amazon Web Services）は、コンピューティング、ストレージ、ネットワーキングのソリューションをさまざまな抽象レイヤで提供する Web サービスのプラットフォームです。たとえば、（抽象度の低い）ブロックレベルのストレージや、（抽象度の高い）高度に分散されたオブジェクトストレージを使ってデータを格納できます。AWS のサービスを利用すれば、Web サイトのホスティング、エンタープライズ（企業）アプリケーションの実行、膨大な量のデータのマイニングが可能になります。AWS の **Web サービス**（Web service）には、HTTP といった通常の Web プロトコルを使って、インターネット経由でアクセスできます。これらの Web サービスは、マシンによって使用されるか、あるいはユーザーインターフェイス（UI）を通じて人が使用するものです。AWS が提供しているサービスの中で最もよく知られているのは、仮想マシンを提供する EC2（Elastic Compute Cloud）

と、ストレージを提供するS3（Simple Storage Service）です。AWSの各サービスはうまく連動するように設計されています。それらのサービスを使って既存のローカルネットワークの構成を再現することもできますし、新しい構成を一から設計することもできます。これらのサービスでは、料金モデルとして従量制の課金方式が採用されています。

AWSのユーザーは、さまざまな**データセンター**（data center）の中からどれかを選択できます。AWSのデータセンターは世界中に設置されています。たとえば、アイルランドでも日本でもまったく同じ方法で仮想マシンを起動できます。このため、AWSユーザーはグローバルに利用できるインフラを世界中の顧客に提供できます。

図1-1の地図は、AWSのデータセンターの拠点を表しています。アクセスはそのうちの一部に制限されています。一部のデータセンターはアメリカの政府機関専用であり、中国のデータセンターには特別な条件が適用されます。また、バーレーン、香港、スウェーデン、アメリカでの新たなデータセンターの開設が発表されています[※1]。

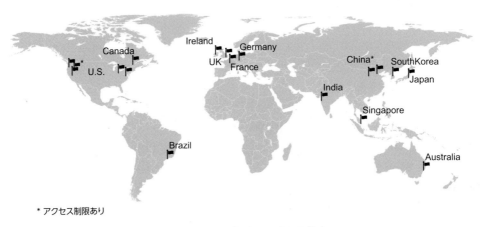

* アクセス制限あり

図1-1：AWSのデータセンターの拠点

より一般的には、AWSは**クラウドコンピューティングプラットフォーム**（cloud computing platform）と呼ばれます。

1.1　クラウドコンピューティングとは何か

最近では、ほぼすべてのITソリューションに**クラウドコンピューティング**（cloud computing）、あるいは単に**クラウド**（cloud）という用語が使われています。このようなキャッチコピーは売り上げに貢献するのかもしれませんが、本にそのまま載せるのは憚られます。そこで、明確さを期していくつかの用語を定義することにします。

クラウドコンピューティング、またはクラウドは、ITリソースの供給と利用を象徴するものです。

※1　https://aws.amazon.com/jp/about-aws/global-infrastructure/

クラウド内の IT リソースはユーザーが直接アクセスできるものではなく、それらのリソースとユーザーの間にはいくつもの抽象化の層があります。クラウドによって提供される抽象化のレベルは、仮想マシン（VM）の提供から、複雑な分散システムに基づく SaaS（Software as a Service）の提供まで、さまざまです。膨大な量のリソースがオンデマンドで提供され、使った分だけ料金を支払う仕組みになっています。

　アメリカの NIST（National Institute of Standards and Technology）による公式の定義は次のとおりです。

> クラウドコンピューティングは、コンピューティングリソースの共有プールにどこからでもネットワーク経由で、オンデマンドで、手軽にアクセスできるモデルである。この設定可能なコンピューティングリソースは、ネットワーク、仮想マシン、ストレージ、アプリケーション、サービスで構成される。クラウドコンピューティングでは、最小限の利用手続きまたはサービスプロバイダとのやり取りにより、プロビジョニングとリリースをすみやかに行うことができる。
> — National Institute of Standards and Technology, The NIST Definition of Cloud Computing

多くの場合、クラウドは次の3種類に分類されます。

- **パブリック**
  組織によって管理され、一般ユーザーが利用できるクラウド
- **プライベート**
  1つの組織のために IT インフラを仮想化し、分散させるクラウド
- **ハイブリッド**
  パブリッククラウドとプライベートクラウドの組み合わせ

　AWS はパブリッククラウドです。クラウドコンピューティングサービスも次の3つに分類されます。

- **IaaS (Infrastructure as a Service)**
  Amazon EC2、Google Compute Engine、Microsoft Azure などの仮想マシンを使って、計算機能、ストレージ、ネットワーク機能といった基本的なリソースを提供する。
- **PaaS (Platform as a Service)**
  AWS Elastic Beanstalk、Google App Engine、Heroku など、カスタムアプリケーションをクラウドにデプロイするためのプラットフォームを提供する。
- **SaaS (Software as a Service)**
  Amazon WorkSpaces、Google Apps for Work、Microsoft Office 365 といったオフィス用アプリケーションを含め、クラウドで実行されるインフラとソフトウェアの組み合わせ。

　AWS のプロダクトポートフォリオには、IaaS、PaaS、SaaS が含まれています。AWS で何ができるのか少し詳しく見てみましょう。

1.2 AWSで何ができるか

AWSでは、サービスの1つを使って、または複数のサービスを組み合わせることで、ありとあらゆるアプリケーションを実行できます。AWSで何ができるかについては、本節の例が参考になるでしょう。

1.2.1 オンラインショップのホスティング

Johnは中堅のEコマースベンダーのCIOであり、高速で信頼性の高いオンラインショップを展開したいと考えています。最初はオンラインショップをオンプレミス（自社構築/運用）でホストすることにし、3年前にデータセンターのマシンを何台かレンタルしています。顧客から送信されるリクエストはWebサーバーで処理され、商品の情報と注文はデータベースに格納されます。Johnは、同じ構成をAWSで実行するとしたら、AWSをどのように活用できるか評価しているところです（図1-2）。

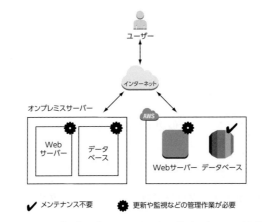

図1-2：オンプレミスとAWSでのオンラインショップの運営

Johnは現在のオンプレミスインフラをAWSにリフトアンドシフト[※2]するだけでなく、クラウドの利点を最大限に活かしたいと考えています。AWSのサービスを他にも利用すれば、現在の構成を改善できます。

- このオンラインショップは動的コンテンツ（商品とそれらの価格など）と静的コンテンツ（会社のロゴなど）で構成されている。これらのコンテンツを別々に分け、静的コンテンツをCDN（Content Delivery Network：インターネットでのコンテンツの配信に最適化されたネットワーク）で提供すれば、Webサーバーの負荷が減少し、パフォーマンスがよくなる。

※2　［訳注］既存のオンプレミスのシステムをそのままクラウドへ移行させ（lift）、徐々に修正を加えていく（shift）という手法のこと。

- データベース、オブジェクトストア、DNSシステムを含め、メンテナンスが不要なサービスに切り替えることで、Johnがこれらの構成要素の管理作業から解放され、運用コストが削減され、品質が向上する。
- オンラインショップを実行するアプリケーションは仮想マシンにインストールできる。AWSを利用すれば、オンプレミスのマシンで使用していたのと同じ量のリソースで実行できるが、追加料金なしで複数の小規模な仮想マシンに分割することも可能となる。仮想マシンの1つで障害が発生した場合は、ロードバランサーによって顧客のリクエストが他のマシンへ転送される。この構成により、オンラインショップの信頼性が向上する。

そこで、JohnはAWSを使ってオンラインショップの構成を図1-3のように強化します。

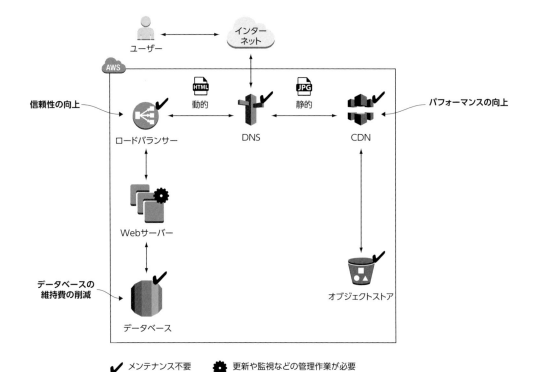

図1-3：AWSでのオンラインショップの構築。CDNによるパフォーマンスの向上、ロードバランサーによる高可用性の実現、マネージドデータベースによるメンテナンスコストの削減が可能

AWSでのオンラインショップの実行は満足のいくものでした。会社のインフラをクラウドへ移行した結果、Johnはオンラインショップの信頼性とパフォーマンスを向上させることができました。

1.2.2　プライベートネットワークでの　Java EEアプリケーションの実行

　Maureenはグローバル企業でシニアシステムアーキテクトを務めており、数か月後にデータセンターの契約期限が切れるタイミングで、コストの削減と柔軟性の向上を図るために、会社のビジネスアプリケーションの一部をAWSへ移行させたいと考えています。Maureenが考えているのは、アプリケーションサーバーとSQLデータベースで構成されるエンタープライズアプリケーション（Java EEアプリケーションなど）をAWSで実行することです。そこで、クラウドで仮想ネットワークを定義し、VPN（Virtual Private Network）を通じて社内ネットワークに接続します。さらに、Java EE（Java Platform, Enterprise Edition）アプリケーションを実行するためのアプリケーションサーバーを仮想マシンにインストールします。Maureenはさらに、Oracle Database Enterprise EditionやMicrosoft SQL Server EEといったSQLデータベースにデータを格納することも視野に入れています。

　Maureenはセキュリティ対策として、セキュリティレベルの異なるシステムを、サブネットを使って切り離しています。アクセス制御リスト（ACL）を利用すれば、サブネットごとに入力トラフィックと出力トラフィックを制御できます。たとえば、データベースへのアクセスをJava EEサーバーのサブネットからのアクセスに限定すれば、基幹業務データを保護するのに役立ちます。さらに、NAT（Network Address Translation）とファイアウォールルールを利用することで、インターネットへのトラフィックも制御します。Maureenのアーキテクチャは図1-4のようになります。

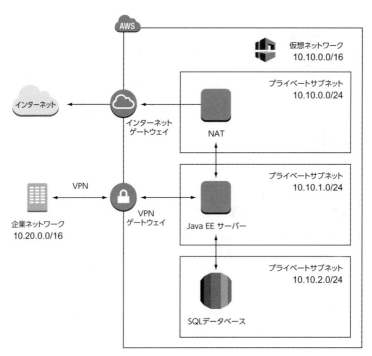

図1-4：Java EEアプリケーションと企業ネットワークをAWSで実行し、柔軟性の向上とコストの削減を図る

Maureen は、ローカルデータセンターを AWS でリモート実行しているプライベートネットワークに接続することで、クライアントが Java EE サーバーにアクセスできるようにしています。最初はローカルデータセンターと AWS の間で VPN 接続を使用しますが、将来的にネットワークのコストを削減し、ネットワークのスループットを向上させるために、専用のネットワーク接続を準備することをすでに考えています。

このプロジェクトは Maureen にとって大成功でした。仮想マシン、データベース、さらにはネットワークインフラの管理まで AWS がものの数分でやってのけるため、エンタープライズアプリケーションの準備に必要な時間を数か月から数時間に短縮できました。また、オンプレミスで独自のインフラを使用するよりも AWS のインフラのほうが安上がりであることもプラスに働いています。

1.2.3　高可用性システムの実装

Alexa は急成長中のスタートアップのソフトウェアエンジニアであり、「失敗する可能性があるものは必ず失敗する」というマーフィーの法則が IT インフラに当てはまることを心得ています。Alexa はシステム障害によるビジネスへの打撃を防ぐために、可用性の高いシステムの構築に懸命に取り組んでいます。AWS のサービスは高可用性を備えているか、可用性の高い方法で利用できるものばかりです。そこで、Alexa は高可用性アーキテクチャに基づいて図 1-5 のようなシステムを構築します。

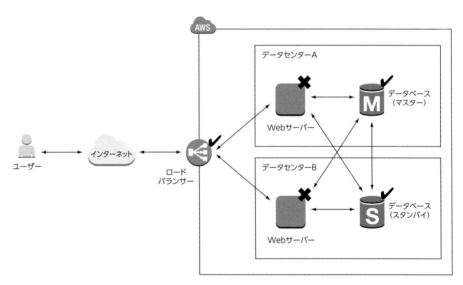

図 1-5：ロードバランサー / 複数の仮想マシン / データベースを使って高可用性システムを AWS で構築。この場合のデータベースはマスター / スタンバイレプリケーションをサポート

10 第 1 章 ｜ Amazon Web Services とは何か

データベースサービスはレプリケーション（複製）とフェイルオーバー処理（予備系への切り替え）をサポートしています。マスターデータベースがダウンした場合は、スタンバイ（予備）データベースが自動的に新しいマスターデータベースに昇格します。Alexa が Web サーバーとして使用するのは仮想マシンです。これらの仮想マシンの可用性はそのままではそれほど高くありませんが、Alexa は別々のデータセンターで複数の仮想マシンを起動することで高可用性を実現しています。これらの Web サーバーの状態はロードバランサーによってチェックされ、リクエストは正常に動作しているマシンへ転送されます。

これまで Alexa は大規模なシステム障害からこの会社を守ってきました。それでも、Alexa と彼女のチームは常にシステム障害への備えを怠らず、システムの復元力を絶えず高めています。

1.2.4 バッチ処理インフラの低コスト化

Nick はデータサイエンティストであり、ガスタービンから収集される大量の計測データの処理を担当しています。数百ものガスタービンのメンテナンス状況が含まれた業務日誌を作成しなければならないため、Nick のチームは 1 日に 1 回新たに届けられるデータを分析するためのコンピューティングインフラを必要としています。バッチジョブは定期的に実行され、集計した結果がデータベースに格納されるようになっています。また、データベースに格納されたデータに基づいて業務日誌を作成するために、ビジネスインテリジェンス（BI）ツールが使用されています。

コンピューティングインフラの予算は非常に限られているため、Nick とチームはコスト効率のよいデータ分析の方法を探していました。そして、AWS の料金モデルをうまく活用する方法を思いつきます。

- **AWS の仮想マシンは 1 分単位で課金される**。そこで、バッチジョブを開始するときに仮想マシンを起動し、バッチジョブが完了したらすぐに仮想マシンを終了させる。このようにすると、コンピューティングインフラについては実際に使った分の料金を支払うだけで済む。このことは、実際に使った量に関係なくマシンごとに月額料金を支払わなければならなかった従来のデータセンターの考え方を根本から変えるものである。
- **AWS のデータセンターの予備容量は大幅な割引料金で提供される**。Nick にとって、バッチジョブを特定の時間に実行することは重要ではない。十分な予備容量が利用可能になるまでバッチジョブの実行を待つことができるため、仮想マシンの料金が半額になる。

図 1-6 は、Nick が仮想マシンの従量制の課金モデルからどのような恩恵を受けるのかを示しています。

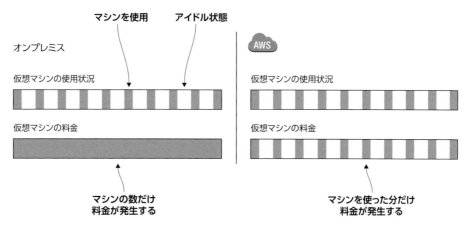

図 1-6：仮想マシンの従量制の課金モデルをうまく利用する

　低コストでのデータ分析を可能にするコンピューティングインフラを利用できるようになったことに Nick は満足しています。AWS を使って何ができるかが、これでだいたいわかったと思います。一般的に言えば、AWS ではどのようなアプリケーションでもホストできます。次節では、AWS が提供すると考えられる利点のうち最も重要な 9 つの利点を紹介します。

1.3　AWS のメリット

　AWS を利用する最も重要なメリットは何でしょうか。コストの削減と言う人もいるでしょう。ですが、それだけではありません。AWS を利用することに他にどのようなメリットがあるか見ていきましょう。

1.3.1　急成長するイノベーティブなプラットフォーム

　AWS は新しいサービス、機能、改善点を絶えず公表しています。「AWS の最新情報」というページにアクセスして、イノベーションのスピードをぜひ体感してみてください[※3]。2017 年 1 月 1 日～10 月 21 日の公表件数は 719 件、2016 年は 641 件に上っています。AWS が提供するイノベーティブなテクノロジをうまく活用することは、あなたの顧客にとって価値の高いソリューションを生み出し、競争力を高めるのに役立ちます。

　AWS の 2017 年 6 月期の純売上高は 41 億米ドルに上っており、成長率は前年比 42 パーセントとなっています（2016 年の第 3 四半期と 2017 年の第 3 四半期の比較）。新たなサービスの追加やデータセンターの開設などにより、今後数年間は AWS の規模が拡大し、プラットフォームが拡張されることが期待されます[※4]。

※3　https://aws.amazon.com/jp/new/
※4　Amazon, 10-Q for Quarter Ended June 30 (2017)
　　　http://mng.bz/1LAX

1.3.2　一般的な問題を解決するサービス

すでに説明したように、AWSは複数のサービスからなるプラットフォームです。ロードバランシング、キューイング、メール送信、ファイルの格納といったごく一般的な問題は、それらのサービスによって自動的に解決されるため、無駄な作業をせずに済みます。あなたの仕事は、複雑なシステムを構築するための正しいサービスを選択することだけです。そうしたサービスの管理はAWSに任せて、顧客への対応に専念できます。

1.3.3　自動化

AWSはAPIを公開しているため、何もかも自動化できます。ネットワークを作成するコードや、仮想マシンクラスタを起動するコード、あるいはリレーショナルデータベースをデプロイするコードも記述できます。自動化は信頼性と効率性を向上させます。

システムの依存関係が多ければ多いほど、システムの複雑さは増していきます。人間はすぐに全容を把握できなくなりますが、コンピュータはどれほど大きなグラフにも対処できます。人間はシステムの説明といった得意なタスクに専念し、そうした依存関係を解決してシステムを作成する方法を突き止める作業はコンピュータに任せるべきです。ブループリント（設計図）に基づいてクラウド内の環境を構成する作業は、第4章で説明するように、IaC（Infrastructure as Code）を使って自動化できます。

1.3.4　柔軟なキャパシティ（スケーラビリティ）

柔軟なキャパシティのおかげで事前の準備は不要になります。1台の仮想マシンを何千台にも増やすことができますし、ストレージを数ギガバイトから数ペタバイトに拡張することもできます。数か月あるいは数年先のキャパシティのニーズを予想する必要はもうないのです。

オンラインショップを運営している場合は、トラフィックパターンに周期性があるはずです（図1-7）。日中と夜間、平日と週末または祝日との関係について考えてみてください。トラフィックが増加したときにキャパシティを追加し、トラフィックが減少したときにキャパシティを削除できたら便利だと思いませんか。柔軟なキャパシティとは、まさにそういうことです。新しい仮想マシンをものの数分で起動し、数時間後に捨ててしまうことができます。

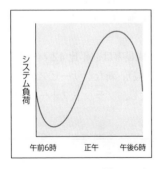
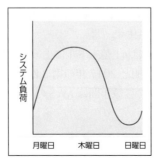
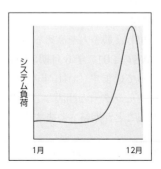

図1-7：オンラインショップの周期的なトラフィックパターン

1.3 AWS のメリット　13

クラウドでは、キャパシティの制約はほとんどありません。ラックのスペースやスイッチ、電源について考える必要はなくなり、仮想マシンをいくつでも必要なだけ追加できます。データの量が増えた場合は、新しいストレージキャパシティをいつでも追加できるのです。

柔軟なキャパシティは、使っていないシステムをシャットダウンできることも意味します。筆者が最後に担当したプロジェクトでは、テスト環境を平日の午前7時から午後8時の間だけ実行することで、60パーセントも節約することができました。

1.3.5　障害への備え（信頼性）

AWS のほとんどのサービスは、最初から高可用性または耐障害性を有しています。そうしたサービスを利用する場合、信頼性は自動的に手に入ります。AWS では、システムの構築が信頼性の高い方法でサポートされ、高可用性システムや耐障害性システムを作成するために必要なものがすべて提供されます。

1.3.6　実稼働までの時間の短縮

AWS では、新しい仮想マシンをリクエストすると、数分後にはその仮想マシンが起動して使用できる状態になります。AWS の他のサービスにも同じことが当てはまります。これらのサービスはすべてオンデマンドで利用できます。

フィードバックループが短くなるため、開発プロセスも高速になるでしょう。利用可能なテスト環境の数といった制約はなくしてしまうことができます。新しいテスト環境が必要な場合は、数時間だけ作成しておけばよいからです。

1.3.7　規模の経済によるメリット

AWS のグローバルインフラは絶えず拡大しているため、規模の経済が有利に働きます。顧客であるあなたは、そうした効果の恩恵の一部を享受することになります。

AWS はクラウドサービスの料金をときどき値下げしています。たとえば、次のようなケースがあります。

- 2016年11月に、オブジェクトストレージ S3 でのデータ格納の料金が16〜28パーセント値下げされた。
- 2017年3月に、仮想マシンの1年または3年契約（リザーブドインスタンス）の料金が10〜17パーセント値下げされた。
- 2017年7月に、Microsoft SQL Server（Standard Edition）を実行する仮想マシンの料金が最大で52パーセント値下げされた。

14　第 1 章　│　Amazon Web Services とは何か

1.3.8　グローバルインフラ

　世界中の顧客を相手にビジネスを行っている場合、AWS のグローバルインフラを活用すること
には次のようなメリットがあります。まず、顧客とあなたのインフラの間でネットワーク遅延が減
少します。次に、各地域のデータ保護の要件を順守できるようになります。さらに、インフラの料
金が地域ごとに異なっていることをうまく利用できます。AWS のデータセンターは北米、南米、ヨー
ロッパ、アジア、オーストラリアに設置されているため、ほんのわずかな作業でアプリケーション
を世界中にデプロイできます。

1.3.9　プロフェッショナルなパートナー

　AWS のサービスを利用するときには、各サービスの品質とセキュリティが次に示すような最新
の規格や認定に準拠していることを確認できます。

- ISO 27001
  独立した公認の認証機関によって認定された国際的な情報セキュリティ規格

- ISO 9001
  独立した公認の認証機関によって認定され、全世界で使用されている標準の品質管理手法

- PCI DSS Level 1
  クレジットカード保有者のデータを保護するためのクレジットカード業界（PCI）に対する
  データセキュリティ規格（DSS）

　詳細については、「AWS コンプライアンス」ページ[5]を参照してください。AWS がプロフェッショ
ナルなパートナーであることにまだ納得がいかない場合は、Expedia、Vodafone、FDA、FINRA、
Airbnb、Slack、およびその他多くの企業が AWS で相当な規模のワークロードを実行していること
を知っておくべきです[6]。
　ワークロードを AWS で実行すべき理由をいろいろ挙げてきましたが、AWS のコストはどれくら
いなのでしょうか。次節では、AWS の料金モデルを調べてみましょう。

1.4　AWS の料金

　AWS の料金は電気料金に似ています。サービスは使用した量に基づいて課金されます。仮想マ
シンを実行していた時間、オブジェクトストアで使用したストレージ、あるいは実行しているロー
ドバランサーの数に対して料金が発生します。サービスの請求は月単位であり、各サービスの料
金設定は公開されています。計画している構成内容の月額料金を試算したい場合は、AWS Simple

※ 5　　　https://aws.amazon.com/jp/compliance/

※ 6　　　AWS Customer Success
　　　　　https://aws.amazon.com/solutions/case-studies/

Monthly Calculator[7] を使用するとよいでしょう。

1.4.1 無料利用枠

AWS の一部のサービスは、登録後の最初の 12 か月間は無料で利用できます。無料利用枠には、AWS を実際に試して、そのサービスを体験してもらうという目的があります。無料利用枠に含まれているものを確認してみましょう。

- Linux または Windows を実行している小規模な仮想マシンの 750 時間（約 1 か月）分の利用。つまり、1 台の仮想マシンを 1 か月間、または 750 台の仮想マシンを 1 時間実行できる。
- 従来のロードバランサーまたはアプリケーションロードバランサー（ALB）の 750 時間（約 1 か月）分の利用。
- 5GB のオブジェクトストア。
- バックアップを含む、20GB のストレージを備えた小規模なデータベース
- ロボット工学アプリケーションの 25 時間分の利用。
- 機械学習モデルのビルド、トレーニング、デプロイの 2 か月（1 か月あたりの制限あり）分の利用

無料利用枠の制限を超えた場合は、事前の通告なしに、使った分のリソースに対する課金が開始されます。請求書は月末に送付されます。本書では、AWS を使い始める前に、料金を確認する方法を調べておくことにします。

1 年間の試用期間が終了した後は、あなたが使用するすべてのリソースで料金が発生します。ただし、一部のリソースは常に無料です。たとえば、NoSQL データベースの最初の 25GB はずっと無料です。

この他にもさまざまなメリットがあります。詳細については、「AWS 無料利用枠」ページ[8] を参照してください。本書では、できるだけ無料利用枠を使用するようにしますが、有料のリソースが必要な場合はそのつど明記することにします。

1.4.2 請求の例

先に述べたように、AWS には何種類かの課金方法があります。

- **分または時単位での使用に基づく課金**
  仮想マシンは 1 分単位で課金され、ロードバランサーは 1 時間単位で課金される。
- **トラフィック量に基づく課金**
  トラフィック量はギガバイト単位またはリクエスト数などで計測される。

---

[7]　http://aws.amazon.com/calculator

[8]　https://aws.amazon.com/jp/free/

- **ストレージ使用量に基づく課金**
  ストレージ使用量は、キャパシティ（どれだけ使用しても 50GB など）または実際の使用量（2.3GB を使用したなど）で換算される。

1.2 節のオンラインショップの例を思い出してください。図 1-8 は、このオンラインショップの各部分の課金方法に関する情報を追加したものです。

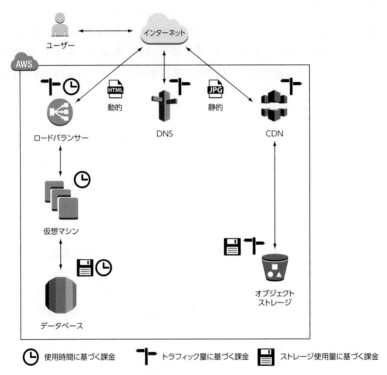

図 1-8：AWS では、「分単位または時単位での使用」「トラフィック量」「ストレージ使用量」に基づいてサービスに課金する

オンラインショップを 1 月に開店し、翌月の売り上げを増やすために販売キャンペーンを実施したとしましょう。このキャンペーンが功を奏し、2 月の訪問者数を 5 倍に増やすことができました。すでに説明したように、使用量に基づいて AWS の料金を支払わなければなりません。表 1-1 は、2 月の請求書を示しています。訪問者数が 100,000 人から 500,000 人に増え、月々の請求額が 127 ドルから 495 ドルに増加していることがわかります。これは 3.9 倍の増加です。対処しなければならないトラフィックの量も増えたため、CDN、Web サーバー、データベースといったサービスに支払う料金も増えています。静的なファイルに必要なストレージなど、他のサービスには変化がなかったため、それらの料金は同じままでした。

表 1-1：オンラインショップの訪問者数の増加による AWS の請求金額の変化

サービス	1 月の使用量	2 月の使用量	2 月の請求金額	増加額
Web サイトの訪問者数	10 万	50 万		
CDN	2,500 万リクエスト + 25GB のトラフィック	1 億 2,500 万リクエスト + 125GB のトラフィック	135.63 ドル	107.50 ドル
静的ファイル	50GB のストレージを使用	50GB のストレージを使用	1.15 ドル	0.00 ドル
ロードバランサー	748 時間 + 50GB のトラフィック	748 時間 + 250GB のトラフィック	20.70 ドル	1.60 ドル
Web サーバー	1 つの仮想マシン = 748 時間	4 つの仮想マシン = 2,992 時間	200.46 ドル	150.35 ドル
データベース (748 時間)	小規模な仮想マシン + 20GB ストレージ	大規模な仮想マシン + 20GB ストレージ	133.20 ドル	105.47 ドル
DNS	200 万リクエスト	1,000 万リクエスト	4.00 ドル	3.20 ドル
総額			495.14 ドル	368.12 ドル

　AWS では、トラフィックとコストの関係は線形です。この料金モデルにより、新たな機会への扉が開かれます。

1.4.3　従量制がもたらす機会

　AWS の従量制の課金モデルは新たな機会を生み出します。たとえば、インフラへの先行投資が不要になるため、新しいプロジェクトを開始するハードルが下がります。仮想マシンはオンデマンドで起動でき、使った時間（秒数）分の料金だけを支払えばよく、それらの仮想マシンの使用はいつでも停止できます。その後は、料金はいっさい発生しません。使用するストレージの量について事前に契約を結ぶ必要もありません。

　例をもう 1 つ挙げると、1 つの大規模なサーバーと、同じキャパシティを持つ 2 つの小規模なサーバーの料金はまったく同じです。料金が同じであるため、システムを小さく分割できます。このため、大企業だけでなく、予算が限られている場合でも、耐障害性を確保できます。

1.5　選択肢としてのクラウドの比較

　クラウドコンピューティングのプロバイダは AWS だけではありません。Microsoft Azure や GCP（Google Cloud Platform）も有名です。

　これら 3 つのクラウドプロバイダには、次に示すように、多くの共通点があります。

- 計算機能、ネットワーク、ストレージキャパシティを提供する世界規模のインフラ
- 仮想マシンをオンデマンドで提供する IaaS サービス（Amazon EC2、Microsoft Azure Virtual Machines、Google Compute Engine）
- ストレージと I/O キャパシティの無制限のスケーリングが可能な、高度に分散されたストレージシステム（Amazon S3、Azure Blob Storage、Google Cloud Storage）

18　第 1 章　｜　Amazon Web Services とは何か

- 従量制の料金モデル

　では、これらのクラウドプロバイダにはどのような違いがあるのでしょうか。

　AWS はクラウドコンピューティング業界の最大手であり、幅広いサービスを提供しています。近年は企業向け市場に進出していますが、当初はやはりインターネット規模の問題を解決するサービスを提供していました。全体的に見て、AWS が構築しているすばらしいサービスは、大部分がオープンソースの、イノベーティブなテクノロジに基づいています。AWS は顧客のクラウドインフラへのアクセスを制限する手段も提供します。それらの手段は複雑ではあるものの、非常に堅牢です。

　Microsoft Azure は、Microsoft のテクノロジスタックをクラウドで提供します。最近では、Web を中心とするオープンソーステクノロジにも進出しています。クラウドコンピューティングでの Amazon のマーケットシェアに追いつくために、Microsoft はかなり力を入れているようです。

　GCP（Google Cloud Platform）は、高度な分散システムの構築を目指す開発者に照準を合わせています。Google は自社の世界規模のインフラを活用することで、耐障害性を持つスケーラブルなサービス（Google Cloud Load Balancing など）を提供しています。筆者の見解では、GCP はローカルでホストされているアプリケーションをクラウドへ移行させることよりも、クラウドネイティブなアプリケーションに狙いを定めているようです。

　クラウドプロバイダの選択に関して、十分な情報を得た上で決断を下すための近道はありません。ユースケースやプロジェクトはそれぞれ異なっており、思わぬところに落とし穴が潜んでいます。また、Microsoft のテクノロジを多用しているか、システム管理者からなる大きなチームが存在するか、それとも開発者中心の企業かといった現在の状況も無視できません。著者の意見としては、全体的に見て、AWS が現時点では最も成熟していて最も頼りになるクラウドプラットフォームです。

1.6　AWS のサービス

　計算機能、ストレージ、ネットワークのためのハードウェアは、AWS クラウドの土台となるものです。AWS は、このハードウェアの上でサービスを実行します（図 1-9）。API は、AWS のサービスと各自のアプリケーションとの間でインターフェイスの役割を果たします。

　AWS のサービスを管理するには、API にリクエストを送信します。リクエストの送信には、マネジメントコンソールといった Web ベースの UI かコマンドラインインターフェイス（CLI）を使って手動で行う方法と、SDK を使ってプログラムから行う方法があります。また、SSH を使って仮想マシンに接続することで、システム管理者のアクセス権を取得できます。したがって、必要なソフトウェアはどれでも仮想マシンにインストールできます。NoSQL データベースサービスといった他のサービスの機能は API を通じて提供され、サービスの内部で行われることはすべて見えないように隠されています。図 1-10 では、システム管理者が PHP ベースのカスタム Web アプリケーションを仮想マシンにインストールし、このアプリケーションに必要な NoSQL データベースなどのサービスを管理しています。

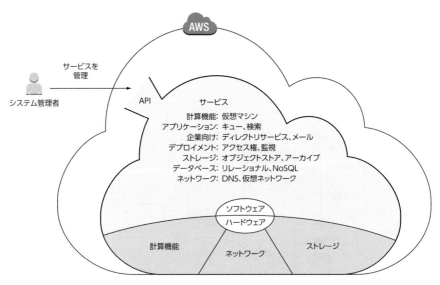

図 1-9：AWS クラウドはハードウェアとソフトウェアサービスで構成される。
ソフトウェアサービスには、API でアクセスできる

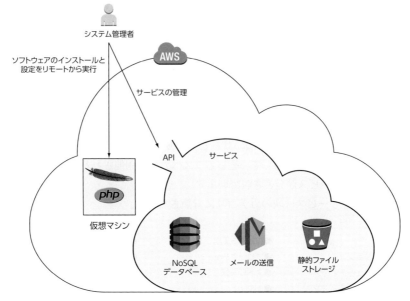

図 1-10：カスタムアプリケーションに必要となるサービスの管理。
カスタムアプリケーションは仮想マシン上で実行される

　ユーザーは仮想マシン上の Web サービスに HTTP リクエストを送信します。この仮想マシンでは、PHP ベースのカスタム Web アプリケーションに加えて Web サーバーが実行されています。

WebアプリケーションがユーザーからのHTTPリクエストを処理するには、AWSのサービスとやり取りする必要があります。たとえば、NoSQLデータベースからデータを取得し、静的ファイルを格納し、メールを送信するといった作業が必要かもしれません。WebアプリケーションとAWSのサービスとのやり取りはAPIによって処理されます（図1-11）。

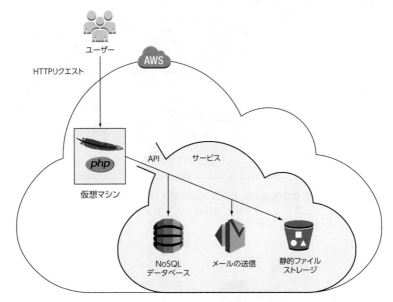

図1-11：カスタムWebアプリケーションでのHTTPリクエストの処理。このアプリケーションはAWSのサービスを利用している

理想可能なサービスの数を見て、最初は怖じ気づいてしまうかもしれません。AWSのWebインターフェイスにサインインすると、98個のサービスをリストアップしたオーバービューが表示されます[※9]。それに加えて、年間を通して、そしてラスベガスで開催される大規模なカンファレンスre:Inventでも、新しいサービスが発表されています。

AWSが提供しているサービスは次のカテゴリに分類されます。

- コンピューティング
- ビジネスアプリケーション
- エンドユーザーコンピューティング
- セキュリティ、ID、コンプライアンス
- ゲーム開発
- ネットワーキングとコンテンツ配信
- アプリケーション統合
- カスタマーエンゲージメント
- ロボット工学
- ブロックチェーン
- ストレージ
- IoT
- 移行と転送
- モバイル
- 機械学習
- 開発者用ツール
- 分析
- 衛星
- 管理とガバナンス
- データベース
- メディアサービス
- ARとVR
- AWSコスト管理

※9　［訳注］2019年4月時点では、サービスの数は135を超えている。

残念ながら、AWSによって提供されるすべてのサービスを本書で取り上げることはできません。そこで、AWSをすぐに使い始める上で最も役立つサービスと、最も広く利用されているサービスを重点的に見ていきます。本書では、次のサービスを詳しく取り上げます。

サービス	機能
EC2 (Elastic Compute Cloud)	仮想マシン
ELB (Elastic Load Balancing)	ロードバランサー
Lambda	関数の実行
Elastic Beanstalk	Webアプリケーションのデプロイ
S3 (Simple Storage Service)	オブジェクトストア
EFS (Elastic File System)	ネットワークファイルシステム
Glacier	データのアーカイブ
RDS (Relational Database Service)	SQLデータベース
DynamoDB	NoSQLデータベース
ElastiCache	インメモリのキー / バリューストア
VPC (Virtual Private Cloud)	プライベートネットワーク
CloudWatch	監視とログ機能
CloudFormation	インフラの自動化
OpsWorks	Webアプリケーションのデプロイ
IAM (Identity and Access Management)	クラウドリソースへのアクセスの制限
SQS (Simple Queue Service)	分散キュー

少なくとも、継続的デリバリ、Docker/コンテナ、ビッグデータの3つの重要なテーマが欠けていますが、それぞれについて説明するだけで1冊の本になってしまいます。それらをテーマとする本を読みたいというリクエストがありましたら、ぜひ知らせてください。

ところで、AWSサービスとのやり取りはどのようにして行うのでしょうか。次節では、AWSリソースの管理と利用にWebインターフェイス、コマンドラインインターフェイス（CLI）、SDKを使用する方法について説明します。

1.7 AWSとのやり取り

サービスを設定したり使用したりするためにAWSとやり取りする際には、APIを呼び出します。APIはAWSへの入口です（図1-12）。

ここでは、APIとのやり取りに利用できるツールをざっと紹介します。マネジメントコンソール、コマンドラインインターフェイス（CLI）、SDK、インフラのブループリントの4つを比較し、本書を読みながらすべてのツールの使い方を覚えていきます。

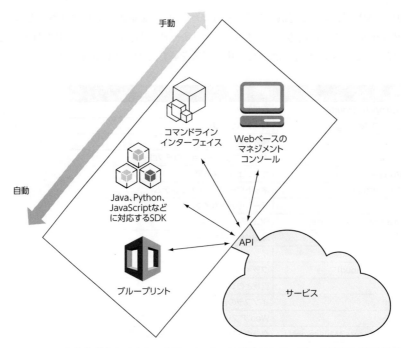

図 1-12：AWS API へのさまざまなアクセス方法。AWS API は AWS サービスの管理と利用を可能にする

1.7.1　マネジメントコンソール

　AWS マネジメントコンソールでは、グラフィカルユーザーインターフェイス（GUI）を使って AWS サービスを管理したり利用したりできます。マネジメントコンソールは、Google Chrome、Mozilla Firefox、Apple Safari、Microsoft Internet Explorer、Microsoft Edge の最近のバージョンに対応しています（図 1-13）。

図 1-13：AWS マネジメントコンソールが提供する GUI。AWS サービスの管理と利用が可能

AWSを実際に使い始める、あるいは試してみるときには、マネジメントコンソールから始めることをお勧めします。マネジメントコンソールは、さまざまなサービスの全体像をすばやく把握するのに役立ちます。また、開発やテストに使用するクラウドインフラを準備するのにも最適です。

1.7.2　コマンドラインインターフェイス

　コマンドラインインターフェイス（CLI）を利用すれば、各自のターミナル（端末）からAWSサービスを管理したり利用したりできます。繰り返し行うタスクを各自のターミナルから自動化・半自動化できる点で、CLIは有益なツールです。ブループリントに基づいて新しいクラウドインフラを構築したり、オブジェクトストアにファイルをアップロードしたり、インフラのネットワーク設定を定期的に調べたりできます。実行時のCLIは図1-14のようになります。

```
● ● ●                     ⌂ andreas — -bash — 130×40
[cumulus:~ andreas$ aws cloudwatch list-metrics --namespace "AWS/EC2" --max-items 3
{
    "Metrics": [
        {
            "Namespace": "AWS/EC2",
            "Dimensions": [
                {
                    "Name": "InstanceId",
                    "Value": "i-0bd8524716b447eb4"
                }
            ],
            "MetricName": "DiskWriteBytes"
        },
        {
            "Namespace": "AWS/EC2",
            "Dimensions": [
                {
                    "Name": "InstanceId",
                    "Value": "i-0bd8524716b447eb4"
                }
            ],
            "MetricName": "NetworkOut"
        },
        {
            "Namespace": "AWS/EC2",
            "Dimensions": [
                {
                    "Name": "InstanceId",
                    "Value": "i-0bd8524716b447eb4"
                }
            ],
            "MetricName": "NetworkIn"
        }
    ],
    "NextToken": "eyJOZXh0VG9rZW4iOiBudWxsLCAiYm90b190cnVuY2F0ZV9hbW91bnQiOiAzfQ=="
}
cumulus:~ andreas$ ▊
```

図1-14：各自のターミナルからCLIを使ってAWSサービスを管理・利用する

Jenkins などの継続的インテグレーションサーバーを使ってインフラの一部を自動化したい場合は、CLI が最適です。CLI を利用すれば API に簡単にアクセスできるだけでなく、複数の呼び出しをスクリプトにまとめることもできます。

複数の CLI 呼び出しをスクリプトにまとめることは、インフラを自動化するための出発点でもあります。CLI は Windows、macOS、Linux に対応しており、PowerShell バージョンも提供されています。

1.7.3　SDK

AWS の API とのやり取りにプログラミング言語を使用することもできます。AWS は、次のプラットフォームや言語に対する SDK を提供しています。

- Android
- ブラウザ (JavaScript)
- iOS
- Java
- .NET
- Node.js (JavaScript)
- PHP
- Python
- Ruby
- Go
- C++

一般に、SDK は AWS のサービスをアプリケーションに組み込むために使用されます。ソフトウェアを開発していて、NoSQL データベースやプッシュ通知サービスのような AWS サービスを統合したい場合は、SDK が最適です。なお、SDK では、キューやトピックといったサービスを使用する必要があります。

1.7.4　ブループリント

ブループリント (blueprint) とは、すべてのリソースとそれらの依存関係を含む、システムの説明のことです。IaC (Infrastructure as Code) ツールは、ブループリントを現在のシステムと比較し、クラウドインフラを作成、更新、または削除するための手順を割り出します。図 1-15 は、ブループリントが実際のシステムに変換される様子を示しています。

管理しなければならない環境の数が多い、あるいはそれらの環境が複雑である、という場合は、ブループリントを使用することを検討してください。ブループリントはクラウドでのインフラの設定を自動化するのに役立ちます。たとえば、ブループリントを使ってネットワークを準備したり、仮想マシンを起動したりできます。

インフラの自動化に関しては、CLI または SDK を使ってソースコードを記述するという手もあります。ですがその場合は、依存関係を明示的に解決し、インフラのさまざまなバージョンを更新できるようにし、さらにエラー処理を手動で行う必要があります。第 4 章で説明するように、これらの課題はブループリントと IaC ツールを使って解決できます。理論的な部分はこれくらいにして、AWS アカウントを作成して AWS の仕組みを探っていくことにしましょう。

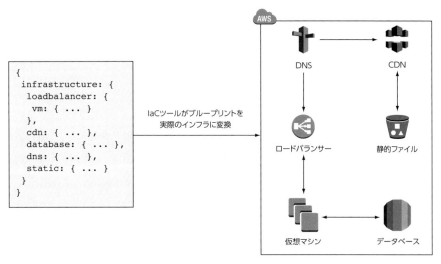

図 1-15：ブループリントによるインフラの自動化

1.8　AWS アカウントの作成

　AWS を利用するには、まずアカウントを作成する必要があります。AWS のアカウントは、あなたのクラウドリソースがすべて収められている「かご」のようなものです。複数のユーザーが 1 つのアカウントを使用しなければならない場合は、そのアカウントに複数のユーザーを登録できます。デフォルトでは、アカウントはルートユーザー 1 人だけです。アカウントを作成するには、次の情報が必要です。

- 身元確認用の電話番号
- 料金を支払うためのクレジットカード

古いアカウントの使用について

　本書を読みながらサンプルを実際に試してみる場合、既存の AWS アカウントを使用することは可能です。その場合、使用したリソースが無料利用枠でカバーされなければ、その分の料金が発生するかもしれません。

　既存の AWS アカウントが 2014 年 12 月 4 日よりも前に作成されたものである場合は、本書のサンプルを実行するときに問題が起きることが考えられるため、ぜひ新しいアカウントを作成してください。

1.8.1　サインアップ

　登録手続きは 5 段階に分かれています。

1. アカウントを設定する。
2. 連絡先情報を入力する。
3. 支払い情報を入力する。
4. 本人確認を行う。
5. サポートプランを選択する。

普段使っている Web ブラウザから `https://aws.amazon.com` にアクセスし、[無料アカウントの作成] ボタンをクリックしてください。

1. アカウントを設定する

　AWS アカウントの作成は、一意な AWS アカウント名を入力することから始まります（図 1-16）。AWS アカウントの名前は、AWS のすべての顧客の中で一意でなければなりません。試しに、`aws-in-action-<あなたの名前>` と入力してみてください（<あなたの名前> 部分はあなたの名前かニックネームに置き換えてください）。アカウント名に加えて、電子メールアドレスとパスワードも入力する必要があります。

　アカウントの乗っ取りを防ぐために、強力なパスワードを選択することをお勧めします。**少なくとも長さが 20 文字のパスワードを使用してください**。データの漏洩、データの紛失、あるいはリソースの不正使用を回避するには、AWS アカウントを不正アクセスから保護することが重要となります。

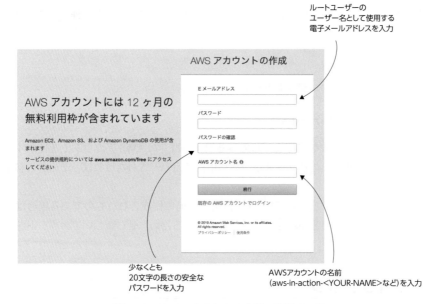

図 1-16：AWS アカウントの作成：登録ページ

2. 連絡先情報を入力する

次に、連絡先情報を追加します（図1-17）。必須フィールドをすべて入力した後、次に進みます。

3. 支払い情報を入力する

続いて、支払い情報の入力を求める画面が表示されます（図1-18）。クレジットカード情報を入力してください。現在の通貨設定を変更したい場合は、あとからAUD、CAD、CHF、DKK、EUR、GBP、HKD、JPY、NOK、NZD、SEK、ZARのいずれかに変更するオプションが用意されています。このオプションを選択した場合は、支払い金額が月末にアメリカドルから別の通貨に換算されます。

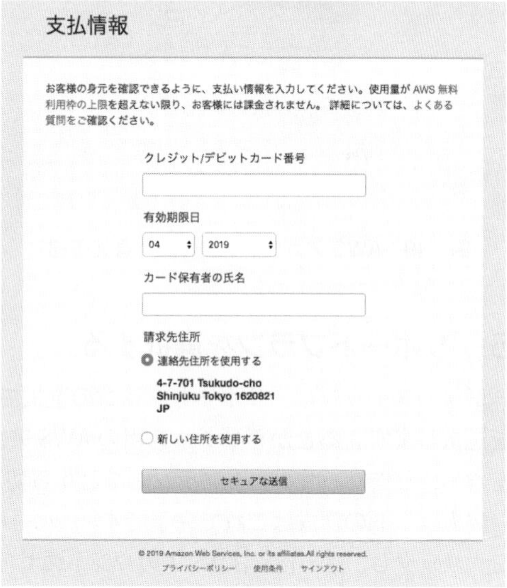

図1-18：AWSアカウントの作成：支払い情報の入力

図1-17：AWSアカウントの作成：連絡先情報の入力

4. 本人確認を行う

次に、身元の確認を行います。この手続きの前半のステップは図1-19のようになります。このステップが完了すると、電話またはメールで4桁の認証コードが通知されるので、そのコードを入力します。身元確認が完了したら、最後のステップに進むことができます。

図1-19：AWS アカウントの作成：身元確認

図1-20：AWS アカウントの作成：サポートプランの選択

5. サポートプランを選択する

　最後のステップは、サポートプランの選択です（図1-20）。ここでは、無料のベーシックプランを選択します。あとからビジネス用のAWSアカウントを作成する場合は、ビジネスプランの選択をお勧めします。サポートプランもあとから切り替えることができます。

　アカウントの作成はこれで完了です。［コンソールへログイン］または［コンソールにサインイン］をクリックし、さっそくAWSアカウントにサインインしてみましょう（図1-21）。

図1-21：AWS アカウントの作成が完了

1.8.2　サインイン

AWSアカウントを作成したところで、AWSマネジメントコンソールにサインインする準備が整いました。先に述べたように、マネジメントコンソールはAWSのリソースの管理に使用できるWebベースのツールです。図1-22は、マネジメントコンソールへのサインインフォーム[※10]を示しています。メールアドレスを入力し、[次へ]をクリックして、サインインするためのパスワードを入力します。

図1-22：マネジメントコンソールへのサインイン

サインインが完了すると、マネジメントコンソールのスタートページへ転送されます（図1-23）。

図1-23：AWSマネジメントコンソール

最も重要な部分は、一番上にあるナビゲーションバーです（図1-24）。ナビゲーションバーは次の7つのセクションで構成されています。

※10　https://console.aws.amazon.com

- **AWS**
  マネジメントコンソールのスタートページ。すべてのサービスのオーバービューを含んでいる。
- **サービス**
  すべてのAWSサービスにすばやくアクセスできる。
- **リソースグループ**
  すべてのAWSリソースのオーバービューを確認できる。
- **カスタムセクション（編集）**
  編集アイコンをクリックし、重要なサービスをここからドラッグ＆ドロップすることで、ナビゲーションバーをカスタマイズできる。
- **あなたの名前**
  支払い情報ページやアカウント設定にアクセスできる。サインアウトも可能。
- **リージョン**
  リージョンを選択できる。リージョンについては、第3章の3.5節で説明する。現時点では、ここで何かを変更する必要はない。
- **サポート**
  フォーラム、ドキュメント、チケットシステムにアクセスできる。

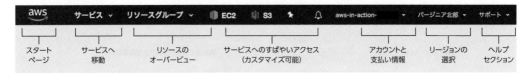

図1-24：AWSマネジメントコンソールのナビゲーションバー

次に、仮想マシンに接続するためのキーペアを作成します。

1.8.3　キーペアの作成

キーペア（key pair）はプライベートキーとパブリックキーで構成されます。パブリックキーはAWSにアップロードされ、仮想マシンに注入されます。プライベートキーはあなたが保有するもので、パスワードに似ていますが、パスワードよりもはるかに安全です。プライベートキーはパスワードと同じように保護してください。プライベートキーはあなたの秘密であるため、なくさないようにしてください。プライベートキーは復元できません。

Linuxマシンへのアクセスには、SSHプロトコルを使用します。そしてログインの際に、パスワードの代わりにキーペアを使って認証を行います。RDP（Remote Desktop Protocol）を使ってWindowsマシンにアクセスするときには、ログインの前に管理者パスワードを復号する必要がありますが、その際にキーペアが必要になります。

> **米国東部（バージニア北部）リージョン**
>
> Amazonは世界各地にデータセンターを開設しています。本書では、サンプルを単純にするために、米国東部（バージニア北部）リージョンを使用しています。なお、アジアパシフィック（シドニー）のリソースを使用するために別のリージョンに切り替える方法も後ほど紹介します。
>
> キーペアを作成する前に、米国東部（バージニア北部）リージョンが選択されていることを確認してください。必要であれば、マネジメントコンソールのナビゲーションバーのリージョンセレクタを使ってリージョンを変更してください。

そこで、EC2サービスのダッシュボードにアクセスする手順を示します。EC2サービスのダッシュボードでは、仮想マシンが表示され、キーペアを取得できます。

1. https://console.aws.amazon.com にアクセスしてAWSマネジメントコンソールを開きます。
2. ナビゲーションバーの［サービス］をクリックし、［EC2］を選択します。
3. EC2ダッシュボードが表示されます。

EC2ダッシュボード（図1-25）は3つの列に分かれています。左端の1つ目の列はEC2のナビゲーションメニューです。EC2は最も古くからあるサービスの1つであり、ナビゲーションメニューを使ってアクセスできる機能がたくさんあります。2つ目の列には、EC2のすべてのリソースのオーバービューが表示されます。右端の3つ目の列には、追加情報が表示されます。

図1-25：EC2ダッシュボード

図 1-26 の手順に従って新しいキーペアを作成してみましょう。

1. ナビゲーションメニューの [ネットワーク＆セキュリティ] の下にある [キーペア] をクリックします。
2. [キーペアの作成] ボタンをクリックします。
3. キーペアの名前として `mykey` を入力します。別の名前を選択した場合は、これ以降のすべての例でキーペアの名前を置き換えてください。

図 1-26：EC2 ダッシュボードでのキーペアの作成

キーペアの作成中に `mykey.pem` というファイルがダウンロードされます。このキーを将来使用できるように準備しておく必要があります。どのオペレーティングシステム (OS) を使用しているかによって具体的な方法が異なるため、あなたが使用している OS のセクションに進んでください。

黒丸の数字

図 1-26 に示されているように、図中に黒丸の数字が含まれていることがあります。これらの数字は本文で説明している手順と一致しており、マネジメントコンソールで読者がクリックする順序を示しています。

> **独自のキーペアの使用**
>
> すでに手元にあるキーペアのパブリックキー部分を AWS にアップロードすることも可能です。その場合は、次の 2 つの利点があります。
>
> - 既存のキーペアを再利用できる。
> - キーペアのプライベートキー部分を知っているのは自分だけであることが確実になる。[キーペアの作成] ボタンを使用する場合は、あなたのプライベートキーを (少なくとも一時的には) AWS が知ることになる。
>
> 本で実践するには少し面倒な方法なので、この例では独自のキーペアを使用しないことにしました。

Linux と macOS

キーを使用するための準備として必要なのは、`mykey.pem` のアクセス権を変更し、このファイルをあなただけが読めるようにすることだけです。アクセス権を変更するには、ターミナルで `chmod 400 mykey.pem` を実行します。キーの使い方については、仮想マシンに最初にログインするときに説明します。

Windows

Windows には SSH クライアントが含まれていないため、Windows 用の PuTTY インストーラをダウンロード[11] し、PuTTY をインストールする必要があります。PuTTY に含まれている PuTTYgen というツールを利用すれば、`mykey.pem` ファイルを変換し、これから必要になる `mykey.ppk` ファイルを取得できます。

1. PuTTYgen アプリケーションを実行します。図 1-27 の画面が表示されます (最初は [Key] フィールドにキーが表示されていない状態です)。図 1-27 の番号は最も重要なステップを示しています。
2. 下部の [Type of Key to Generate] セクションで [RSA] (または [SSH-2 RSA]) を選択します。
3. [Load] をクリックします
4. デフォルトでは *.ppk ファイルしか表示されないため、[ファイル名] フィールドの横にあるドロップダウンリストから [All Files (*.*)] を選択します。
5. `mykey.pem` ファイルを選択して [開く] をクリックします。
6. ファイルが正常にインポートされたことを示すポップアップウィンドウが表示されたら、[OK] をクリックします。
7. [Key Comment] フィールドの値を `mykey` に変更します。

※ 11　https://www.chiark.greenend.org.uk/~sgtatham/putty/latest.html

8. ［Save private key］をクリックします。パスフレーズなしでキーを保存することに関する警告が表示されたら、［はい］をクリックします。

9. ファイル名として mykey と入力し、［保存］をクリックします。

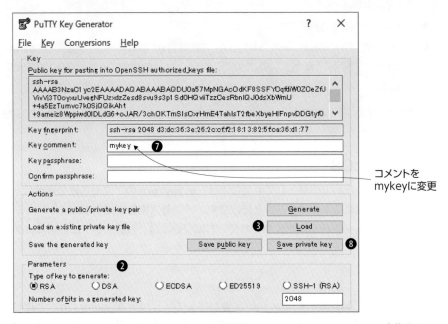

図 1-27：ダウンロードした .pem ファイルを、PuTTY に必要な .ppk ファイルフォーマットに変換する。この変換には PuTTYgen を使用する

.pem ファイルを PuTTY に必要な .ppk フォーマットに変換する作業はこれで完了です。キーの使い方については、仮想マシンに最初にログインするときに説明します。

1.9　請求アラームの作成：AWS の請求情報を管理する

　AWS の従量制の料金モデルは、月末に送られてくる請求内容を完全に予測できないことから、最初は不安を感じるかもしれません。本書のサンプルのほとんどは無料利用枠でカバーされるため、AWS による課金は発生しないはずです。無料利用枠でカバーされないものについては、そのつど明記します。AWS の学習を快適な環境で行うには安心感が必要です。快適な学習環境は安心感があればこそです。そこで、請求アラームを作成することにします。AWS の月々の料金が 5 ドルを超えると請求アラームがメールで通知するようになるため、すぐに対応できます。

　まず、AWS アカウントで請求アラームを有効にする必要があります。その手順は図 1-28 のようになります。最初の手順はもちろん、AWS マネジメントコンソール[※12] を開くことです。

※ 12　https://console.aws.amazon.com

1. 最上部のメインナビゲーションバーでアカウント名をクリックします。
2. ドロップダウンリストから［マイ請求ダッシュボード］を選択します。
3. 左端のナビゲーションメニューから［Billingの設定］を選択します。
4. ［請求アラートを受け取る］チェックボックスをオンにします。
5. ［設定の保存］をクリックします。

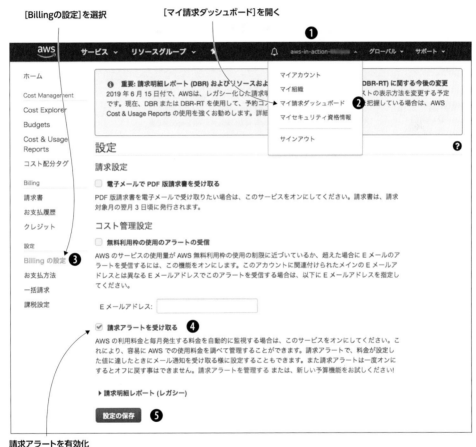

図 1-28：請求アラームの作成（ステップ 1）

請求アラームを作成できる状態になったところで、次の手順に従って請求アラームを作成します。

1. AWS マネジメントコンソールを開きます。
2. 最上部のナビゲーションバーで［サービス］をクリックし、［CloudWatch］を選択します。

3. 左端のナビゲーションメニューから［アラーム］を選択し、右上の［元のインターフェイスに切り替えます］リンクをクリックします[13]。

4. 左端のナビゲーションメニューから［請求］を選択します。

5. ［アラームの作成］ボタンをクリックします。

図 1-29：請求アラームの作成（ステップ 2）

　請求アラームの作成手順をガイドするウィザードは図 1-30 のようになります。請求アラームの月々の請求金額のしきい値を入力してください。しきい値はコーヒー 1 杯分の値段に相当する 5 ドルくらいに設定するとよいでしょう。請求金額がしきい値を超えた場合に通知を受け取るメールアドレスも入力してください。最後に、［アラームの作成］をクリックして請求アラームを作成します。

　そうすると、図 1-31 のポップアップウィンドウが表示されます。メールの受信トレイを開くと、確認用のリンクを含んだメールが AWS から届いているはずです。そのリンクをクリックすれば、請求アラームの設定は完了です。アラームの作成状況はポップアップウィンドウに表示されます。

※13 ［訳注］今後、「元のインターフェイス」がなくなる可能性がある。

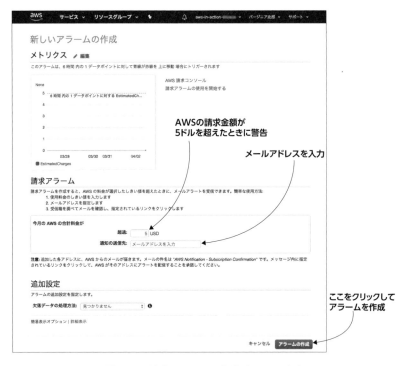

図 1-30：請求アラームの作成（ステップ 3）

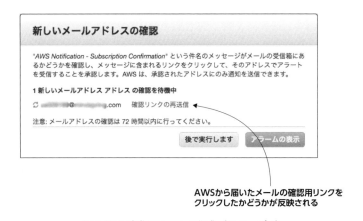

図 1-31：請求アラームの作成（ステップ 4）

アラームの作成はこれで完了です。AWS の月々の請求金額が何らかの理由で 5 ドルを超えた場合はすぐに通知が送信されるため、望ましくないコストが発生する前に対処できます。

1.10 まとめ

- AWS（Amazon Web Services）は、計算機能、ストレージ、ネットワーク用の Web サービスのプラットフォームである。これらの Web サービスは適切に連動する。

- AWS を使用するメリットは経費節減だけではない。柔軟なキャパシティ、フォールトトレラントなサービス、そして世界各地に分散されたインフラにより、急速なペースで進化するイノベーティブなプラットフォームからも恩恵を受けることができる。

- AWS では、広く利用されている Web アプリケーションであっても、高度なネットワーク設定が施された特別なエンタープライズアプリケーションであっても、あらゆるユースケースを実装できる。

- AWS では、さまざまな方法でのやり取りが可能である。Web ベースの GUI を使ってさまざまなサービスを制御する、AWS をコマンドラインから管理する、SDK を使ってプログラムから管理する、AWS の準備 / 変更 / 削除にブループリントを使用する、などである。

- AWS サービスの料金モデルは従量制である。電気料金と同じように、計算機能、ストレージ、ネットワークサービスに対して課金される。

- AWS アカウントの作成は簡単である。ここでは、後ほど使用する仮想マシンへのログインに使用するキーペアの準備方法を確認した。

- 請求アラームを作成すれば、AWS の請求金額を追跡し、無料利用枠を超える場合に通知を受け取ることができる。

CHAPTER 2: A simple example: WordPress in five minutes

▶ 第 2 章

5分でWordPressを構築
［簡単な概念実証］

本章の内容
- ブログインフラの作成
- ブログインフラのコスト分析
- ブログインフラの探索
- ブログインフラの終了

前章では、Webアプリケーションをクラウドで実行するための選択肢としてAWSが最適である理由を確認しました。本章では、クラウドインフラのセットアップを5分以内に完了させることで、単純なWebアプリケーションのAWSへの移行を評価します。

> 本章の例は、無料利用枠で完全にカバーされるはずです（無料利用枠については、第1章の1.4.1項を参照してください）。本章の例を数日以上にわたって実行したままにしない限り、料金は発生しません。ただし、本書で使用するAWSアカウントを新たに作成していて、そのAWSアカウントで他の作業を行わないことが前提となります。このAWSアカウントは本書の最後に削除するため、本章の内容は数日以内に読み終えるようにしてください。

中堅企業でソフトウェアエンジニアやオペレーションエンジニアを対象としたブログの運営を担当しているとしましょう。コンテンツ管理ソフトウェアには WordPress を使用しており、毎日1,000 人ほどがブログを訪れています。オンプレミスのインフラに毎月支払っている金額は 150 ドルです。月に数回はブログがダウンする問題に悩まされていることもあり、あなたはこの金額が高いと感じています。

ブログの愛読者になるかもしれない人によい印象を与えるには、インフラの可用性が高くなければなりません。高可用性は「99.99 パーセントのアップタイム（稼働時間）」として定義されます。そこで、あなたは WordPress の動作を安定させるための新しい選択肢を評価しています。AWS は、この状況にぴったりに思えます。概念実証（実現性の検討）として移行が可能かどうかを評価したいのですが、そのためには次の作業が必要です。

- WordPress 用の高可用性インフラを準備する。
- このインフラの月々のコストを見積もる。
- 移行するかどうかを決定した後、このインフラを削除する。

WordPress は PHP で書かれており、データの格納には MySQL データベースを使用します。ページを提供する Web サーバーとして Apache が使用されます。この情報を念頭に置いて、あなたの要件を AWS のサービスと照合してみましょう。

2.1　インフラの作成

古いインフラを AWS にコピーするには、次の 5 種類の AWS サービスを使用します。

- **ELB (Elastic Load Balancing)**
  AWS は LBaaS（Load Balancer as a Service）を提供しています。多くの仮想マシンにトラフィックを分配するロードバランサーは最初から高可用性を実現しています。リクエストが転送される仮想マシンは、ヘルスチェックにパスしたものに限られます。この例では、レイヤ 7（HTTP および HTTPS）で動作するアプリケーションロードバランサー（ALB）を使用します。

- **EC2 (Elastic Compute Cloud)**
  EC2 は仮想マシンを提供するサービスです。この例では、Apache、PHP、WordPress をインストールするために、Amazon Linux と呼ばれる最適化されたディストリビューションがインストールされた Linux マシンを使用します。ただし、Amazon Linux に限定されるわけではなく、Ubuntu、Debian、Red Hat、Windows のいずれかを選択することも可能です。仮想マシンはダウンしないとも限らないため、少なくとも 2 つ必要です。ロードバランサーはそれらの仮想マシンにトラフィックを分配します。仮想マシンがダウンした場合、ロードバランサーはその仮想マシンへのトラフィックの送信を停止します。このため、その仮想マシンが交換されるまで、残っている仮想マシンですべてのリクエストを処理しなければなりません。

- **RDS (Relational Database Service) for MySQL**

  WordPress はよく知られている MySQL データベースを使用します。AWS の RDS には、MySQL をサポートするものがあります。データベースのサイズ（ストレージ、CPU、RAM）を選択したら、バックアップの作成やパッチのインストール / 更新といった運用タスクは RDS に委任できます。RDS では、レプリケーションに基づく可用性の高い MySQL データベースも提供できます。

- **EFS (Elastic File System)**

  WordPress 自体は、PHP と他のアプリケーションファイルで構成されます。記事に追加する画像など、ユーザーがアップロードしたものもファイルとして格納されます。仮想マシンでは、ネットワークファイルシステムを使ってそれらのファイルにアクセスできます。EFS は NFSv4.1 プロトコルを使用することで、可用性と耐久性に優れた、スケーラブルなネットワークファイルシステムを提供します。

- **セキュリティグループ**

  仮想マシン、データベース、ロードバランサーとの間でやり取りされるトラフィックはファイアウォールで制御します。たとえば、セキュリティグループを利用すれば、インターネットからの HTTP トラフィックをロードバランサーのポート 80 で受信できます。あるいは、ポート 3306 でのネットワーク経由のデータベースアクセスを、Web サーバーの実行環境である仮想マシンに限定することもできます。

　実行時のインフラの全体像は次ページの図 2-1 のようになります。準備しなければならないものがたくさんあるようなので、さっそく取りかかることにしましょう。

　何ページにもわたって手順の説明が続くと予想していたかもしれませんが、うれしいことに、そのすべてをほんの数クリックで作成できます。これを可能にするのは、第 4 章で説明する AWS CloudFormation というサービスです。AWS CloudFormation は、次の作業をすべてバックグラウンドで自動的に行います。

1. ロードバランサー（ELB）を作成する。
2. MySQL データベース（RDS）を作成する。
3. ネットワークファイルシステム（EFS）を作成する。
4. ファイアウォールのルールを作成して関連付ける（セキュリティグループ）。
5. Web サーバーを実行する 2 つの仮想マシンを作成する。
   a. 仮想マシンを 2 つ作成する（EC2）。
   b. ネットワークファイルシステムをマウントする。
   c. Apache と PHP をインストールする。
   d. WordPress 4.8 をダウンロードし、解凍する。
   e. 作成した MySQL データベース（RDS）を使用するように WordPress を設定する。
   f. Apache Web サーバーを起動する。

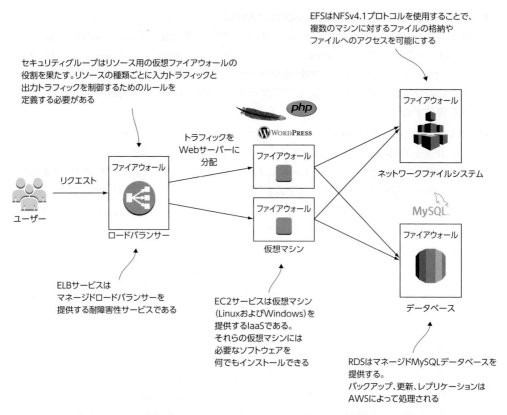

図2-1：2つのWebサーバーで負荷分散するブログインフラ。WordPressが動作するWebサーバー、ネットワークファイルシステム、MySQLデータベースサーバーで構成されている

　概念実証に使用するインフラを作成するには、AWSマネジメントコンソールを開き[1]、ナビゲーションバーで［サービス］をクリックし、CloudFormationサービスを選択します。検索機能を利用すれば、もっと簡単にCloudFormationを見つけ出すことができます。そうすると、図2-2のようなページ（AWS CloudFormationマネジメントコンソール）が表示されます。

> **本書のサンプルで使用するデフォルトリージョン**
>
> 　本書のすべてのサンプルでは、バージニア北部（us-east-1）をデフォルトリージョンとして使用します。例外についてはそのつど明記します。サンプルに取り組む前に、リージョンをバージニア北部に切り替えてください。AWSマネジメントコンソールの使用中は、最上部のメインナビゲーションバーの右側でリージョンの確認と切り替えを行うことができます。

※1　https://console.aws.amazon.com

図 2-2：AWS CloudFormation マネジメントコンソール

スタック（stack）とは、AWS のリソースを 1 つにまとめて管理できるようにするもので、ここでインフラと呼んでいるものに相当します。スタックの操作には、AWS CloudFormation マネジメントコンソールを使用します。

スタックの作成には、4 つのステップからなるウィザードを使用します。［スタックの作成］をクリックして、このウィザードを起動します（図 2-3）。

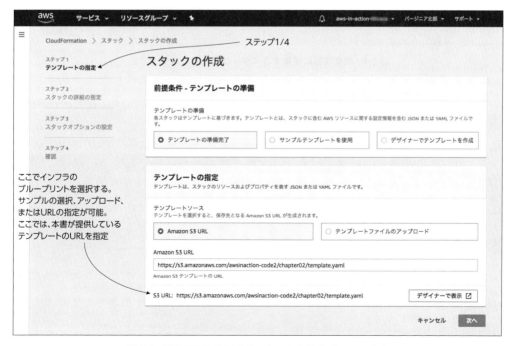

図 2-3：概念実証に使用するスタックを作成（ステップ 1）

ステップ1では、[前提条件]セクションで[テンプレートの準備完了]が選択されていることと、[テンプレートの指定]セクションで[Amazon S3 URL]が選択されていることを確認します。次に、[Amazon S3 URL]フィールドに https://s3.amazonaws.com/awsinaction-code2/chapter02/template.yaml と入力し、本章のために用意されたテンプレートを指定したら、[次へ]をクリックしてステップ2に進みます。

ステップ2では、[スタックの名前]に wordpress と入力し、[パラメータ]セクションで[KeyName]フィールドに（mykey が表示されていない場合は）mykey と入力します（図2-4）。[次へ]をクリックしてステップ3に進みます。

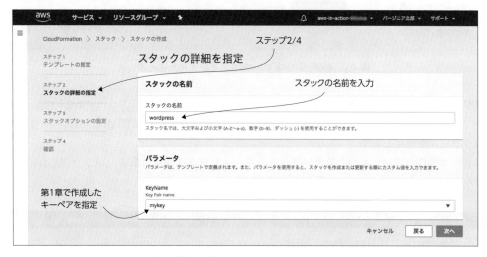

図 2-4：概念実証に使用するスタックを作成（ステップ 2）

CloudFormation の他のスタックオプション

スタックの作成では、リソースの管理に使用するアクセス許可を定義したり、通知やその他の高度なオプションを設定したりすることも可能です。ただし、99% の状況では必要のないオプションなので、本書では取り上げません。これらのオプションに興味がある場合は、「AWS CloudFormation ユーザーガイド」を参照してください。

https://docs.aws.amazon.com/ja_jp/AWSCloudFormation/latest/UserGuide/cfn-console-add-tags.html

ステップ3では、このスタック（インフラ）の**タグ**（tag）を指定します。タグはキーと値で構成されます。タグを利用すれば、インフラのあらゆる部分にメタデータを追加できます。それにより、テスト環境用のリソースと本番環境用のリソースを区別することが可能になるほか、組織の経費を簡単に追跡できるコストセンターを追加することが可能になります。また、同じAWSアカウントで複数のアプリケーションをホストする場合は、特定のアプリケーションに属しているリソースにマークを付けることもできます。

　タグを設定する方法は図2-5のようになります。この例では、wordpressシステムに属しているすべてのリソースにマークを付けることにします。このようにすると、あとからインフラのすべての要素を簡単に見つけ出せるようになります。ここでは、systemというキーとwordpressという値を持つカスタムタグを追加します。なお、カスタムタグを定義するときには、キー名の長さが128文字未満、値の長さが256文字未満でなければなりません。［次へ］をクリックしてステップ4に進みます。

図2-5：概念実証に使用するスタックを作成（ステップ3）

　ステップ4は確認ページです（図2-6）。［予想コスト］リンクをクリックすると、このクラウドインフラの予想コストが新しいブラウザタブに表示されます。この例は無料利用枠でカバーされるので、心配はいりません。予想コストの詳細については、2.3節で説明します。元のブラウザタブに戻って、ページの一番下にある［スタックの作成］をクリックします。

図 2-6：概念実証に使用するスタックを作成（ステップ 4）

　そうすると、スタックの作成が開始されます。最初は、wordpress のステータスが CREATE_IN_PROGRESS になっていることが確認できます（次ページの図 2-7）。ここでひと休みして 5 分後に戻ってくると、驚きの結果が待っているはずです。

　必要なリソースがすべて作成された時点で、ステータスが CREATE_COMPLETE に変化します。ステータスが CREATE_IN_PROGRESS からなかなか変わらない場合は、たまに更新アイコンをクリックしてみてください[※2]。

　ステータスが CREATE_COMPLETE に変化した後、[出力] タブをクリックすると、WordPress システムの URL が表示されます（図 2-8）。この URL を右クリックし、Web ブラウザで開いてみましょう。

※2　[訳注] スタックの作成には数時間かかることがある。

図 2-7：WordPress に必要なリソースを作成する CloudFormation

図 2-8：WordPress スタックが正常に作成され、WordPress システムの URL が表示される

どのような仕組みになっているのだろう、と考えている方もいるかもしれません。その答えは**自動化**（automation）にあります。

自動化について

AWS の重要な概念の 1 つは自動化です。AWS では、何もかも自動化できます。バックグラウンドでは、ブループリントに基づいて WordPress インフラが作成されています。ブループリントと、インフラのプログラミングの概念については、第 4 章で詳しく説明します。ソフトウェアのインストールを自動化する方法については、第 5 章で説明します。

WordPress インフラで使用しているサービスへの理解を深めるために、次節では、このインフラを詳しく調べてみることにします。

2.2 インフラの探索

WordPress インフラを作成したところで、さっそく詳しく見てみましょう。このインフラは次の要素で構成されています。

- 仮想マシン上で実行される Web サーバー
- ロードバランサー
- MySQL データベース
- ネットワークファイルシステム

こうしたリソース全体の把握には、AWS マネジメントコンソールのリソースグループ機能を使用します。

2.2.1 リソースグループ

リソースグループ（resource group）とは、AWS のリソースの集まりのことです。AWS の**リソース**は、仮想マシン、セキュリティグループ、データベースなどに対する抽象的な表現であり、キーと値のペアを使ってタグ付けできるものです。リソースグループでは、リソースがそのグループに属するために必要なタグが指定されます。さらに、そのリソースが属していなければならない（1つまたは複数の）リージョンも指定されます。同じ AWS アカウントで複数のシステムを実行する場合は、リソースグループを使ってリソースをまとめることができます。

WordPress インフラのタグ付けには、キーとして system、値として wordpress を使用しました。ここからは、このキーと値のペアに対して (system:wordpress) という表記を使用することにし、このタグを使って WordPress インフラのリソースグループを作成します。［リソースグループ］をクリックし、［グループを作成します］を選択します（図 2-9）。

図 2-9：リソースグループを作成する

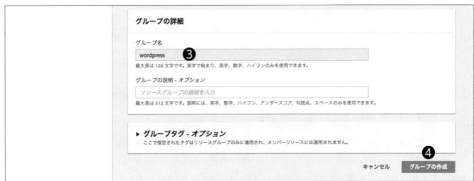

図 2-10：WordPress インフラのリソースグループを作成する

次の手順に従って、リソースグループを作成します（図 2-10）。

1. ［クエリベースのグループの作成］ページが表示されたら、［タグベース］オプションが選択されていることを確認します。
2. このリソースグループが属するインフラを選択します。［グループ分けの条件］セクションの［タグ］フィールドにタグ名として system、値として wordpress を入力し、［追加］をクリックします。
3. ［グループ名］フィールドに wordpress または他の名前を入力します。
4. ［グループの作成］をクリックします。

2.2.2 仮想マシン

[グループの作成] をクリックすると、wordpress リソースグループが表示されます。[グループリソース] セクションのフィールドに AWS::EC2::Instance と入力すると、このリソースグループに属している仮想マシンが表示されます（図 2-11）。[名前] 列の矢印アイコンをクリックすると、仮想マシンの詳細情報が EC2 ダッシュボードに表示されます。

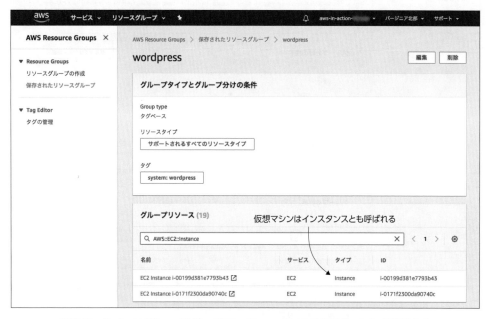

図 2-11：リソースグループを使って WordPress インフラの仮想マシンを確認する

仮想マシンは「EC2 インスタンス」とも呼ばれます。図 2-12 は、EC2 ダッシュボードに表示される情報のうち興味深い部分を示しています。

- **インスタンスタイプ**
  EC2 インスタンスの性能を示します。インスタンスタイプについては第 3 章で説明します。
- **IPv4 パブリック IP**
  インターネットからアクセスできる IP アドレス。この IP アドレスを使って仮想マシンに SSH で接続できます。
- **セキュリティグループ**
  [インバウンドルールの表示] と [アウトバウンドルールの表示] をクリックすると、現在のファイアウォールのルールが表示されます。たとえば、「すべてのソース（0.0.0.0/0）からポート 22 へのアクセスを許可する」ルールなどが表示されます。

- **AMI ID**
  OSとしてAmazon Linuxを使用していることを思い出してください。[AMI ID]をクリックすると、OSのバージョン番号などが表示されます。

図2-12：WordPressインフラを実行するWebサーバーの詳細

　仮想マシンの利用状況を確認するには、[モニタリング]タブをクリックします。このタブはインフラの状態を確認したい場合になくてはならないものです。AWSが計測するメトリクス（指標値）は、このタブに表示されます。たとえば、CPU使用率80%を超えている場合は、仮想マシンをもう1つ追加して、応答にかかる時間が長くなるのを防ぐとよいかもしれません。仮想マシンの監視については、第3章の3.2節で詳しく説明します。

2.2.3　ロードバランサー

　AWSは2016年8月にアプリケーションロードバランサー（ALB）という新しいタイプのロードバランサーをリリースしました。残念ながら、このリソースグループには、ALBはまだ表示されません。そこで、EC2ダッシュボードの左側のナビゲーションメニューから[ロードバランサー]を選択します。

表示されたロードバランサーを選択して詳細情報を表示します。インターネットに公開されるロードバランサーには、自動生成されたDNS名を使ってアクセスできます（図2-13）。

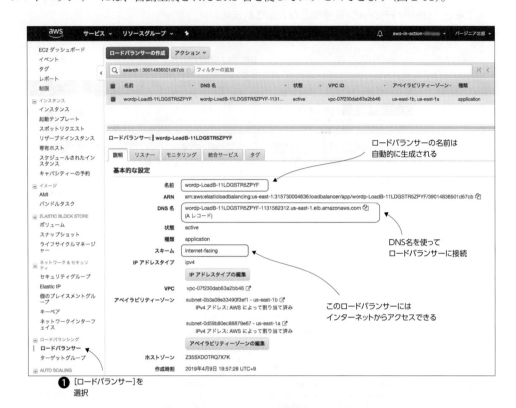

図2-13：ロードバランサーの詳細情報を表示する

ロードバランサーは仮想マシンの1つにリクエストを転送します。ロードバランサーのターゲットの定義には、ターゲットグループが使用されます。ターゲットグループを確認するには、EC2サービスの左側のナビゲーションメニューから［ターゲットグループ］を選択し、［ターゲット］タブをクリックします（図2-14）。

ロードバランサーはヘルスチェックを実施し、正常に動作しているターゲットにのみリクエストが転送されるようにします。図2-14では、ターゲットグループのターゲットとして2つの仮想マシンが表示されています。この図に示されているように、仮想マシンは2つとも正常（healthy）に動作しています。

すでに述べたように、［モニタリング］タブには、システムの稼働中に計測される興味深いメトリクスが表示されます。トラフィックパターンが突然変化した場合は、システムに潜在的な問題があることを示しています。また、HTTPエラーの数を表すメトリクスもあり、システムの監視とデバッグに役立ちます。

図 2-14：ロードバランサーに属しているターゲットグループの詳細

2.2.4 MySQL データベース

　MySQL データベースは、WordPress インフラの重要な要素です。次は、MySQL データベースを調べてみましょう。まず、画面上部の［リソースグループ］→［グループを保存しました］を選択した後、［グループ名］に表示されている wordpress をクリックし、wordpress リソースグループに戻ります。ここで［グループリソース］セクションのフィールドに AWS::RDS::DBInstance と入力すると、このリソースグループに属しているデータベースが表示されます。［名前］列の矢印アイコンをクリックすると、Amazon RDS ダッシュボードが表示されます。左側のナビゲーションメニューから［データベース］を選択し、表示された DB 識別子をクリックします。このデータベースの詳細は［設定］タブで確認できます（図 2-15）。

　RDS の SQL データベースは、バックアップの作成やパッチの管理が自動的に行われる高可用性マネージドサービスとして提供されます。WordPress インフラは概念実証の例であり、自動的なバックアップは必要ありません。このため、［メンテナンスとバックアップ］タブに表示されているように、自動的なバックアップは無効になっています（図 2-16）。このタブには、AWS がパッチを自動的に適用するためのメンテナンスウィンドウも表示されます。

図 2-15：WordPress インフラのデータが格納される
MySQL データベースの設定情報

図 2-16：MySQL データベースのバックアップ情報

WordPress には MySQL データベースが必要であるため、図 2-15 に示したように、データベースエンジンとして MySQL を使用するデータベースインスタンスが起動しています。ブログのトラフィック量はそれほど多くないため、特に高性能なデータベースを使用する必要はなく、1 つの仮想 CPU と 1GB のメモリを搭載した小さなインスタンスで十分です。この例では SSD ストレージの代わりに磁気ディスクを使用しています。磁気ディスクのほうが安価であり、1 日の訪問者数が 1,000 人程度の Web アプリケーションにはそれで十分です。

第 9 章で説明するように、PostgreSQL や Oracle Database といった他のデータベースエンジンを利用することや、最大で 32 コアと 244GB のメモリをサポートするより高性能なインスタンスを利用することも可能です。

一般的な Web アプリケーションは、データの格納と取得にデータベースを使用します。WordPress も例外ではありません。CMS（Content Management System）は、ブログの記事やコマンドなどを MySQL データベースに格納します。

ただし、WordPress はディスク上のデータベース以外の場所にもデータを格納します。たとえば、記事の作成者が画像をアップロードした場合、そのファイルはデータベースの外側のディスクに格納されます。システム管理者としてプラグインやテーマをインストールする場合も、インストールされたファイルはディスクに格納されます。

2.2.5　ネットワークファイルシステム

EFS（Elastic File System）は、ファイルの格納と、複数の仮想マシンからのファイルへのアクセスに使用されます。EFS は NFS（Network File System）プロトコルを使ってアクセスできるストレージサービスです。ここでは単純に、WordPress 関連のすべてのファイルが EFS に格納され、すべての仮想マシンからアクセスできるようにします。これらのファイルには、PHP、HTML、CSS、PNG が含まれます。

ネットワークファイルシステムに関する詳細情報を表示するには、wordpress リソースグループに戻り、［グループリソース］セクションのフィールドに AWS::EFS::FileSystem と入力します。ファイルシステムが表示されたら、［名前］列の矢印アイコンをクリックすると、ファイルシステムの詳細情報が表示されます（図 2-17）。

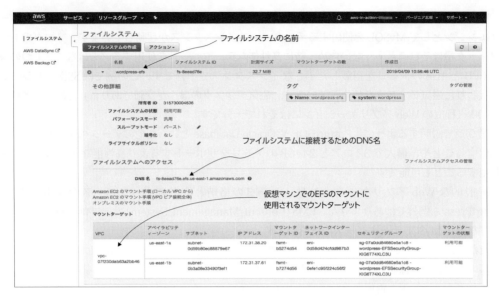

図 2-17：WordPress アプリケーションとユーザーのアップロードの格納に使用される
ネットワークファイルシステム

　仮想マシンから EFS をマウントするには、マウントターゲットが必要です。耐障害性を確保するために、マウントターゲットを 2 つ使用するようにしてください。ネットワークファイルシステムへのアクセスには、仮想マシンの DNS 名を使用します。

　それでは、コストを見積もることにしましょう。次節では、WordPress インフラのコストを分析します。

2.3　インフラのコストを見積もる

　AWS の評価には、コストの見積もりも含まれています。WordPress インフラのコスト分析には、AWS Simple Monthly Calculator を使用します。図 2-6 の［予想コスト］リンクをクリックしたときに新しいブラウザタブが開かれたことを思い出してください。そのタブを閉じてしまった場合は、Simple Monthly Calculator に直接アクセスできます[※3]。Simple Monthly Calculator の［お客様の毎月の請求書の見積もり］タブをクリックし、［Amazon EC2 Service］と［Amazon RDS Service］を展開します（図 2-18）。

　この例では、WordPress インフラの（無料利用枠を適用しない場合の）毎月のコストは約 35 ドルになります。一部のサービスの料金はリージョンごとに異なります。このため、バージニア北部（us-east-1）以外のリージョンを選択した場合、月々の請求金額の見積もりが異なる場合があります。

※3　http://mng.bz/x6A0 にアクセスし、［Details］をクリックする。
　　　［訳注］日本語で表示するには、［Language］ドロップダウンリストから［Japanese］を選択し、［詳細］をクリックする。

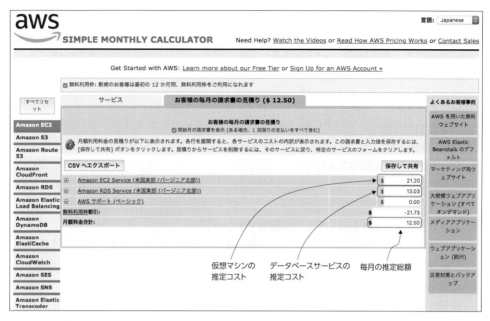

図 2-18：AWS Simple Monthly Calculator。いくつかの推定コストが表示される

　残念ながら、まだ比較的新しいアプリケーションロードバランサー（ALB）の料金は見積もりに含まれていません。この見積もりに含まれないものは他にもあります。より正確なコスト計算は表 2-1 のようになります[※4]。

表 2-1：WordPress インフラのより詳細なコスト計算

AWS サービス	インフラ	料金	毎月のコスト
EC2	仮想マシン	2 × 732.5 時間 × $0.0116（t2.micro） 2 × $2.10（詳細モニタリング）	$21.20
EC2	ストレージ	2 × 8GB × 毎月 $0.10	$1.60
ALB	ロードバランサー	732.5 時間 × $0.0225（ロードバランサー時間） 732.5 時間 × $0.008（ロードバランサーのキャパシティユニット）	$22.34
ALB	アウトバウンドトラフィック	1GB × $0.00（最初の GB） 99GB × $0.09（10TB まで）	$8.91
RDS	MySQL データベースインスタンス	732.5 時間 × $0.017	$12.45
RDS	ストレージ	5GB × $0.115	$0.58
EFS	ストレージ	5GB × $0.30	$1.50
			$68.58

※4　［訳注］課金体系や見積もりの詳細は、次の URL でも説明されている。
　　https://aws.amazon.com/jp/how-to-understand-pricing/

この料金はあくまでも見積もりであることに注意してください。料金は実際の使用状況に基づいて月末に請求されます。AWSではすべてのものがオンデマンドであり、通常は使用した時間（秒単位）や量（ギガバイト単位）に基づいて課金されます。ただし、このインフラの実際の使用量に影響を与えるかもしれない要素がいくつかあります。

- **ロードバランサーによって処理されるトラフィック**
  人々が休暇を取り、ブログにアクセスしなくなる夏休みや年末はコストの減少が予想される。

- **データベースに必要なストレージ**
  あなたの会社がブログのコンテンツの量を増やした場合はデータベースが拡大するため、ストレージコストが増加する。

- **ネットワークファイルシステムに必要なストレージ**
  ユーザーによるアップロード、プラグイン、テーマはネットワークファイルシステムに必要なストレージ量を増加させるため、コストも増加する。

- **必要な仮想マシンの数**
  仮想マシンは使用した時間の長さ（秒数）に基づいて課金される。2つの仮想マシンでは日中のトラフィックに十分に対処できない場合、3つ目の仮想マシンが必要かもしれない。その場合は、仮想マシンの使用時間がさらに延びることになる。

インフラのコストを見積もるのはそう簡単ではありませんが、このインフラをAWSで実行しない場合もそれは同じです。AWSを使用する利点は、その柔軟性にあります。見積もられた仮想マシンの数が多すぎる場合は、仮想マシンを削除すれば、その分の料金は発生しません。本書では、AWSのさまざまなサービスの料金モデルをさらに詳しく見ていきます。

会社のブログをAWSへ移行させるための概念実証はこれで終了です。このインフラをシャットダウンすれば、移行の評価は完了です。

2.4　インフラの削除

ここまでの評価により、会社のブログに必要なインフラをAWSへ移行できることが技術的な観点から裏付けられました。ロードバランサー、仮想マシン、MySQLデータベース、そして1日あたり1,000人のブログ読者に対応できるネットワークファイルシステムのコストは、ひと月あたり70ドル程度になると算定されています。意思決定に必要な情報はすべて揃いました。

このインフラには、重要な情報はまったく含まれていません。評価は終了したので、料金が発生しないようにすべてのリソースを削除できます。

AWSマネジメントコンソールでCloudFormationサービスに移動し、次の手順に従います（図2-19）。

1. WordPressスタックが表示されていることを確認します。

2. ［削除する］をクリックします。
3. 確認のポップアップが表示されたら、［スタックの削除］をクリックします（図 2-20）。

図 2-19：WordPress スタックを削除する

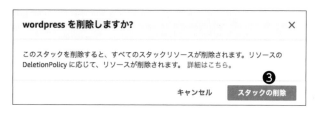

図 2-20：WordPress スタックの削除を確認する

　AWS がインフラのすべての依存関係を削除するのに数分ほどかかります。

　このようにすると、インフラを効率よく管理できます。インフラの作成が自動化されているのと同じように、インフラの削除も自動化されています。インフラの作成と削除はオンデマンドでいつでも行うことができます。インフラに対する料金が発生するのは、インフラを作成して実行するときだけです。

2.5　まとめ

- ブログインフラの作成は完全に自動化できる。
- インフラはオンデマンドでいつでも作成できる。インフラの使用時間を前もって決めておく必要はない。
- インフラは従量制で課金される。たとえば、仮想マシンは 1 秒使用するごとに課金される。
- インフラは、仮想マシン、ロードバランサー、データベースなどの要素で構成される。
- インフラはワンクリックで削除できる。このプロセスは自動化によって強化されている。

Part 2 | インフラ構築/管理の手法

　コンピュータの計算能力とネットワーク接続は、一般家庭でも、中堅企業でも、大企業でも、基本的なニーズとなっています。以前は、社内や外部のデータセンターでハードウェアを運用することで、コンピュータやネットワークを提供していました。しかし、クラウドの登場により、コンピュータの計算能力にアクセスする方法は根本的に変化しています。

　コンピューティングのニーズに柔軟に対処するために、**仮想マシン**(virtual machine)の開始と停止はオンデマンドで数分以内に行えるようになっています。ソフトウェアは仮想マシンにインストールできるため、ハードウェアを購入したりレンタルしたりしなくても、コンピューティングタスクを実行できます。

　AWSを理解したい場合は、その内部で動作しているAPIにどのような可能性があるのかを探ってみる必要があります。AWSでは、REST APIにリクエストを送信することで、ありとあらゆるサービスを制御できます。このような仕組みに基づき、インフラ全体を自動化するのに役立つさまざまなソリューションが提供されています。インフラの自動化は、オンプレミスでのホスティングにはない、クラウドならではの大きな利点です。Part 2 では、インフラのオーケストレーション（配備/設定/管理の自動化）とアプリケーションの自動的なデプロイメントを詳しく見ていきます。

　AWSでは、**仮想ネットワーク**(virtual network)を作成することで、外部から切り離されたセキュアなネットワーク環境を構築し、これらのネットワークを自宅や会社のネットワークと接続することができます。

　第3章では、仮想マシンの操作を取り上げ、EC2サービスの主要な**概念**について説明します。

　第4章では、インフラを自動化するためのさまざまな方法を示し、IoC (Infrastructure-as-Code)

をどのように活用すればよいかを理解します。

　第 5 章では、AWS にソフトウェアをデプロイするための 3 つの方法を紹介します。

　第 6 章では、ネットワーキングを取り上げ、システムを仮想プライベートネットワークとファイアウォールで保護する方法を紹介します。

　第 7 章では、コンピューティングの新しい手段である関数を取り上げ、AWS Lambda を使ってオペレーショナルタスクを自動化する方法について説明します。

CHAPTER 3 : Using virtual machines: EC2

▶ 第 3 章
仮想マシンの活用法
［EC2］

本章の内容
- Linux を使った仮想マシンの起動
- SSH を使った仮想マシンのリモートからの制御
- 仮想マシンの監視とデバッグ
- 仮想マシンのコストの節約

　ポケットやカバンの中にすっぽり収まるスマートフォンやラップトップには、目を見張るほどの計算能力があります。しかし、膨大な処理能力や大量のネットワークトラフィックを必要とするタスクや、24 時間休みなしに実行しなければならないタスクには、仮想マシンのほうが適しています。仮想マシンはデータセンターの物理マシンにアクセスする手段となります。AWS の仮想マシンは EC2（Elastic Compute Cloud）というサービスによって提供されます。

> **無料利用枠でカバーされない例について**
>
> 本章には、無料利用枠によってカバーされない例が含まれています。料金が発生する場合は、そのつど明記します。それ以外の例については、数日以上にわたって実行したままにしない限り、料金は発生しません。ただし、本書で使用するAWSアカウントを新たに作成していて、そのAWSアカウントで他の作業を行わないことが前提となります。このAWSアカウントは本書の最後に削除するため、本章の内容は数日以内に読み終えるようにしてください。

3.1 仮想マシンの探索

仮想マシン（VM）は物理マシンの一部であり、ソフトウェアによって同じ物理マシン上の他の仮想マシンから切り離されています。仮想マシンは、CPU、メモリ、ネットワークインターフェイス、ストレージで構成されています。物理マシンは**ホストマシン**（host machine）と呼ばれ、ホストマシン上で動作している仮想マシンは**ゲスト**（guest）と呼ばれます。ゲストどうしの分離やハードウェアへのリクエストのスケジュールを管理するのは**ハイパーバイザ**（hypervisor）です。ハイパーバイザは、ゲストシステムに対して仮想ハードウェアプラットフォームを提供することで、これらの管理を実現します。図3-1は、仮想化のこれらの層を示しています。

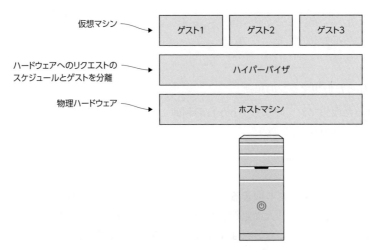

図3-1：仮想化の各層

仮想マシンの一般的な用途は次のとおりです。

- WordPressなどのWebアプリケーションのホスティング
- ERPアプリケーションなどのエンタープライズアプリケーションの運用
- 動画ファイルのエンコーディングといったデータの変換や解析

3.1.1 仮想マシンを起動する

仮想マシンはほんの数クリックで起動できます。

1. AWSマネジメントコンソール[1]を開きます。
2. 本書のサンプルはバージニア北部（US East）リージョンに合わせて最適化されているため、このリージョンが設定されていることを確認します（図3-2）。
3. ナビゲーションバーの［サービス］をクリックし、EC2を選択します。図3-3のようなページが表示されます。
4. ［インスタンスの作成］をクリックし、仮想マシンの作成ウィザードを起動します。

図3-2：本書のサンプルはバージニア北部リージョンに合わせて最適化されている

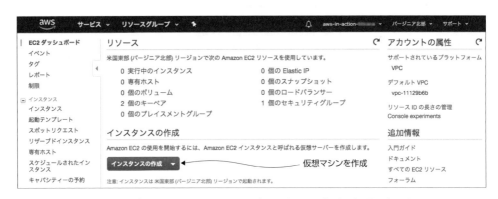

図3-3：EC2ダッシュボードには、サービスのすべての部分の概要が表示される

仮想マシン作成ウィザードは次の手順で構成されています。

1. オペレーティングシステム（OS）を選択します。
2. 仮想マシンの種類を選択します。
3. 詳細を設定します。
4. ストレージを追加します。

---

[1] https://console.aws.amazon.com

5. 仮想マシンにタグ付けします。

6. ファイアウォールを設定します。

7. 入力内容を確認し、SSH 認証に使用するキーペアを選択します。

オペレーティングシステムを選択する

　最初のステップは OS の選択です。AWS では、仮想マシンにあらかじめインストールされているソフトウェアに OS がバンドルされています。このバンドルを **AMI**（Amazon Machine Image）と呼びます。ここでは、Ubuntu Server 16.04 LTS（HVM）を選択[※2]します（図3-4）。なぜ Ubuntu を使用するかというと、Ubuntu には **linkchecker** というすぐにインストールできる状態のパッケージが含まれており、後ほど Web サイトのリンク切れを調べるときにこのパッケージを使用するためです。

図3-4：仮想マシンの OS を選択する

※2　［訳注］バージニア北部以外のリージョンでは、Ubuntu Server 16.04 LTS（HVM）が表示されないことがある。

AMI は仮想マシンを起動するためのベースであり、AWS、サードパーティプロバイダ、コミュニティによって提供されています。AWS が提供している Amazon Linux AMI は Red Hat Enterprise Linux（RHEL）に基づいており、EC2 に合わせて最適化されています。よく知られている Linux ディストリビューションや Microsoft Windows Server の AMI も提供されています。AWS Marketplace では、サードパーティのソフトウェアがプリインストールされた AMI が他にも見つかります。

Amazon Linux 2 の登場

Amazon Linux 2 は次世代の Amazon Linux OS です。本書の執筆時点では、Amazon Linux 2 の LTS リリースは提供されていませんが、本書を手に取る頃には状況が変わっているかもしれません[※3]。

Amazon Linux 2 では、5 年間の長期サポートが追加されています。Amazon Linux 2 の実行は、ローカルでもオンプレミスでも可能です。それに加えて、現時点では systemd が使用されており、**Amazon Linux Extras** と呼ばれるメカニズムによって Nginx といったソフトウェアバンドルの最新バージョンが提供されます。

https://aws.amazon.com/jp/amazon-linux-2/faqs/

AMI を選択するときには、まず、仮想マシンで実行したいアプリケーションの要件について検討します。特定の OS の知識や経験があるかどうかも、どの AMI を選択するかの重要な判断材料の 1 つです。また、AMI の提供元を信頼できることも重要です。このため、AWS によって管理・最適化される Amazon Linux が推奨されます。

AWS の仮想アプライアンス

仮想アプライアンス (virtual appliance) は、OS と設定済みのソフトウェアが含まれた仮想マシンのイメージのことです。仮想アプライアンスはハイパーバイザが新しい仮想マシンを起動するときに使用されます。仮想アプライアンスには固定の状態が含まれているため、仮想アプライアンスに基づく仮想マシンを起動するたびにまったく同じ結果になります。仮想アプライアンスは必要に応じて何度でも複製できるため、複雑なソフトウェアスタックのインストールと設定のコストを削減するのに役立ちます。仮想アプライアンスは、VMware、Microsoft、Oracle の仮想化ツールによって使用されるほか、クラウドの IaaS (Infrastructure as a Service) サービスに使用されます。

※3　［訳注］2019 年 4 月時点では、Amazon Linux 2 LTS with SQL Server 2017 Standard が提供されている。

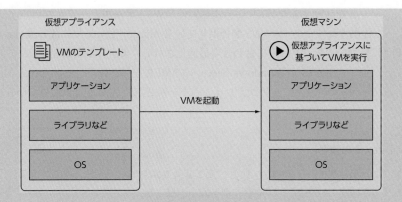

仮想アプライアンスには仮想マシンのテンプレートが含まれている

　AMIはEC2サービスに利用される特別な仮想アプライアンスであり、技術的には、OS、他のソフトウェア、設定を含んでいる読み取り専用のファイルシステムで構成されています。AMIにはOSのカーネルは含まれておらず、カーネルはAKI（Amazon Kernel Image）からロードされます。また、AWSでのソフトウェアのデプロイメントにもAMIを使用できます。

　AWSは、オープンソースのハイパーバイザであるXenを使用します。AWSの現世代の仮想マシンは、HVM（Hardware Virtual Machine）と呼ばれるハードウェアベースの仮想化を採用しています。HVMベースのAMIによって実行される仮想マシンは、完全に仮想化されたハードウェアセットを使用しており、実際のハードウェアへの高速なアクセスを可能にする拡張機能を活用できます。

　Linuxベースの仮想マシンでバージョン3.8以降のカーネルを使用すると、最善のパフォーマンスが得られます。その場合は、少なくともAmazon Linux 13.09、Ubuntu 14.04、またはRHEL7を使用すべきです。仮想マシンを新たに起動する場合は、HVMイメージを使用するようにしてください。

　2017年11月、AWSはNitroという新世代の仮想化テクノロジを発表しました。Nitroは、KVMベースのハイパーバイザを、カスタマイズされたハードウェア（ASIC）と組み合わせることで、ベアメタルマシンに匹敵するパフォーマンスの実現を目指しています。本書の執筆時点では、インスタンスタイプc5とm5でNitroが活用されています。今後、Nitroを使用するインスタンスファミリが増えることが予想されます[※4]。

仮想マシンの種類を選択する

　ウィザードの次のページ（図3-5）では、仮想マシンに必要な処理能力を選択します。AWSでは、処理能力に応じてインスタンスタイプが分かれています。インスタンスタイプ名は主に仮想CPUの数とメモリ容量を表します。

※4　[訳注] 他にも多くのインスタンスタイプでNitroが利用されている。
　　https://aws.amazon.com/jp/ec2/instance-types/

図 3-5：仮想マシンの種類を選択する

表 3-1 は、インスタンスタイプの用途別の例をまとめたものです。表中の金額はバージニア北部リージョンにおいて 2017 年 8 月 31 日に記録された Linux 仮想マシンの実際の料金を示しています。

表 3-1：インスタンスファミリとインスタンスタイプの例

インスタンスタイプ	仮想 CPU	メモリ	説明	代表的な用途	1 時間あたりのコスト（米ドル）
t2.nano	1	0.5GB	最も小規模で最も安価なインスタンスタイプ。ベースライン性能とバースト性能（CPU の性能をベースラインよりも向上させる機能）はそれほど高くない	テスト環境と開発環境、およびトラフィックの量が少ないアプリケーション	0.0059
m4.large	2	8GB	CPU、メモリ、ネットワークパフォーマンスがバランスよく提供される	中規模のデータベース、Web サーバー、エンタープライズアプリケーションなど、あらゆる種類のアプリケーション	0.1
r4.large	2	15.25GB	メモリ使用率の高いアプリケーションのために最適化され、メモリが増設されている	インメモリキャッシュとエンタープライズアプリケーションサーバー	0.133

さまざまな用途に合わせて最適化されたインスタンスファミリが用意されています。

- **T ファミリ**
  安価で、ベースラインパフォーマンスはそれほど高くなく、短期的にパフォーマンスを向上させるためにバーストする（CPU の性能をベースラインよりも向上させる）ことが可能。

- **M ファミリ**
  CPU とメモリをバランスよく提供する汎用的なインスタンス。
- **C ファミリ**
  高い CPU パフォーマンスを実現するコンピューティング最適化インスタンス。
- **R ファミリ**
  M ファミリと比べて CPU 性能よりもメモリが強化されたメモリ最適化インスタンス。
- **D ファミリ**
  大容量 HDD を提供するストレージ最適化インスタンス。
- **I ファミリ**
  大容量 SSD を提供するストレージ最適化インスタンス。
- **X ファミリ**
  最大 1,952GB のメモリと 128 の仮想コアを提供するメモリ最適化インスタンス。
- **F ファミリ**
  FPGA（Field Programmable Gate Array）に基づいてアクセラレーテッドコンピューティングを提供するインスタンス。
- **P、G、CG ファミリ**
  GPU に基づいてアクセラレーテッドコンピューティングを提供するインスタンス。

　経験から言うと、アプリケーションのリソース要件の見積もりは過剰になりがちです。このため、最初に考えていたものよりも小さなインスタンスタイプの選択をお勧めします。インスタンスファミリとインスタンスタイプはあとから必要に応じて変更できます。

インスタンスタイプとインスタンスファミリ

　インスタンスタイプの名前はすべて同じ構成になっています。**インスタンスファミリ**は同じような特性を持つインスタンスタイプの集まりです。新しいインスタンスタイプとインスタンスファミリは随時リリースされており、バージョンが異なるものは**世代**（generation）と呼ばれます。**インスタンスサイズ**は、CPU、メモリ、ストレージ、ネットワークのキャパシティを定義します。
　t2.micro というインスタンスタイプから次のことがわかります。

- インスタンスファミリは t であり、小規模で安価な仮想マシンのグループを表す。CPU のベースラインパフォーマンスは低いが、短期間であれば大幅なバーストが可能。
- この例では、このインスタンスファミリの第 2 世代を使用する。
- サイズは micro であり、EC2 インスタンスが非常に小さいことを表す。

世代

t2.micro

ファミリ　　　サイズ

**t2.micro インスタンス
タイプの名前の意味**

コンピュータハードウェアが高速化と特殊化の一途をたどっていることから、AWSは新しいインスタンスタイプとインスタンスファミリを絶えずリリースしています。既存のインスタンスファミリを改善したものもあれば、特定のワークロードに特化したものもあります。たとえば、2016年11月にリリースされたインスタンスタイプR4は、メモリ使用量の多いワークロードのためのインスタンスであり、インスタンスタイプR3を改善したものです。

最初の実験には、最も小規模で安価な仮想マシンの1つを使用すれば十分です。［手順2：インスタンスタイプの選択］画面（図3-5）で、無料利用枠の対象であるインスタンスタイプt2.microを選択し、［次の手順：インスタンスの詳細の設定］をクリックして次のステップに進みます。

詳細、ストレージ、ファイアウォール、タグを設定する

ウィザードの次の4つのステップ（図3-6〜図3-9）は、デフォルトの設定を変更する必要がないので簡単です。これらの設定については後ほど詳しく説明します。

図3-6の画面では、ネットワークの設定や起動する仮想マシンの数など、仮想マシンの詳細を変更できます。現時点では、デフォルトの設定のままにし、［次の手順：ストレージの追加］をクリックして次のステップに進みます。

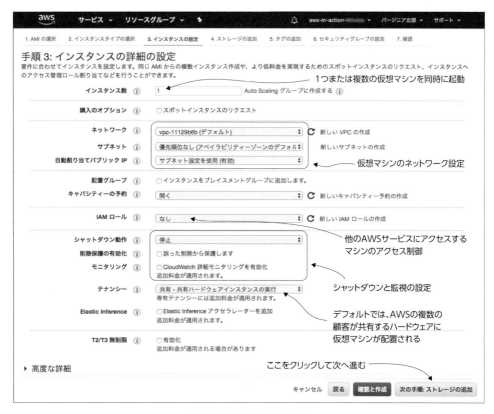

図3-6：仮想マシンの詳細

この後の章で詳しく説明するように、AWS でのデータの格納方法はさまざまです。図 3-7 の画面では、ネットワーク接続型ストレージを仮想マシンに追加できます。デフォルトの設定のままで、[次の手順：タグの追加] をクリックして次のステップに進みます。

図 3-7：ネットワーク接続型ストレージを仮想マシンに追加する

家の中が片づいていると頭の中も整理されるものです。AWS でのリソースの整理にはタグが役立ちます。それぞれのタグはキーと値のペアにすぎません。この例では、あとから仮想マシンが見つけやすくなるように、少なくとも Name タグを追加します。

> **タグを使って AWS リソースを整理する**
>
> AWS のほとんどのリソース（たとえば、EC2 インスタンス）にはタグを付けることができます。リソースへのタグ付けには、次に示す主な 3 つの目的があります。
>
> 1. タグを使ってリソースの絞り込みや検索を行う。
> 2. リソースのタグに基づいて AWS の利用明細を分析する。
> 3. タグに基づいてリソースへのアクセスを制限する。
>
> 一般的なタグには、環境タイプ（テスト、本番など）、担当チーム、部署、コストセンターなどがあります。

1. ［手順 5：タグの追加］画面（図 3-8）で、［タグの追加 / 別のタグを追加］をクリックします。
2. キーとして Name と入力し、仮想マシンに 'Name' という名前を付けます。

3. 値として mymachine と入力します。
4. ［次の手順：セキュリティグループの設定］をクリックして、次のステップに進みます。

図 3-8：仮想マシンにタグを付ける

ファイアウォールは仮想マシンをセキュリティで保護するのに役立ちます。デフォルトのファイアウォールの設定では、SSH を使ってどこからでもアクセスできる状態になっています（図 3-9）。

1. ［新しいセキュリティグループを作成する］オプションを選択します。
2. セキュリティグループの名前を ssh-only に変更し、セキュリティグループの説明を入力します。
3. ［ルールの追加］はデフォルトのままにします。
4. ［確認と作成］をクリックし、次のステップに進みます。

図 3-9：仮想マシンのファイアウォールを設定する

入力内容を確認し、SSHに使用するキーペアを選択する

完了まであとひと息です。ここで、新しい仮想マシンの確認画面が表示されます（図3-10）。

1. OSとしてUbuntu Server 16.04 LTS（HVM）が選択されていることを確認します。
2. インスタンスタイプとしてt2.microが選択されていることを確認します。
3. 何も問題がなければ、［起動］ボタンをクリックします。何か問題がある場合は、前の画面に戻って仮想マシンに必要な変更を加えます。

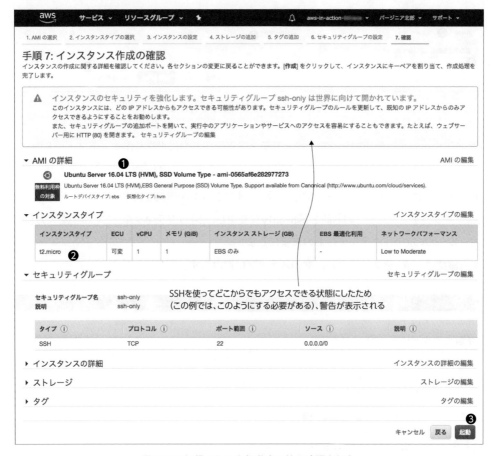

図3-10：仮想マシンを起動する前に確認を行う

最後に、新しい仮想マシンのキーが要求されます（図3-11）。

1. ［既存のキーペアの選択］オプションを選択します。
2. キーペアmykeyを選択します。

3. ［選択したプライベートキーファイル（mykey.pem）へのアクセス権があり、このファイルなしではインスタンスにログインできないことを認識しています。］チェックボックスをオンにします。

4. ［インスタンスの作成］をクリックして仮想マシンを起動します。

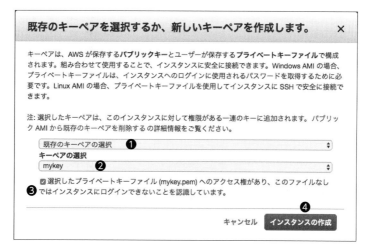

図3-11：仮想マシンのキーペアを選択する

> **キーが見当たらないときは**
>
> 　仮想マシンにログインするにはキーが必要です。認証にはパスワードの代わりにキーが使用されるからです。キーはパスワードよりもはるかに安全性が高く、AWSでLinuxを実行する仮想マシンにはキーを使ってSSHで接続しなければなりません。第1章でキーを作成しなかった場合は、「1.8.3　キーペアの作成」（30ページ）の手順に従ってキーを作成してください。

　そろそろ仮想マシンが起動した頃です。［インスタンスの表示］をクリックしてオーバービューを表示し、［インスタンスの状態］の値が running になるまで待ちます（次項の図3-12では running と表示されています）。仮想マシンを完全に制御するには、リモートからログインする必要があります。

3.1.2　仮想マシンに接続する

　仮想マシンでは、ソフトウェアのインストールやコマンドの実行をリモートから開始できます。仮想マシンにログインするには、仮想マシンのパブリックドメイン名を突き止める必要があります。

1. AWSマネジメントコンソールの最上部のナビゲーションバーで［サービス］をクリックし、EC2を選択します。EC2ダッシュボードの左のナビゲーションメニューから［インスタンス

を選択し、仮想マシンのオーバービューを表示します。

2. 詳細の表示やアクションの実行を開始する仮想マシンを選択します（図3-12）。

図3-12：仮想マシンのオーバービューと仮想マシンを制御するためのアクション

3. ［接続］をクリックすると、仮想マシンに接続するための手順がポップアップウィンドウに表示されます（図3-13）。仮想マシンのパブリックDNS（この例では、ec2-35-175-142-250.compute-1.amazonaws.com）を確認し、［閉じる］をクリックします。

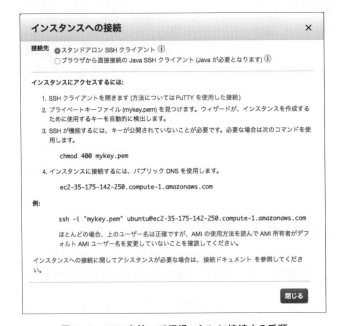

図3-13：SSHを使って仮想マシンに接続する手順

パブリックDNSとキーが揃ったところで、仮想マシンに接続する準備ができました。具体的な手順は使用しているOSによって異なるため、該当するOSのセクションに進んでください。

LinuxとmacOS

1. ターミナルを開いて、次のコマンドを入力します。<パス名>部分は、1.8.3項でダウンロードしたキーファイルのパスに置き換えてください。<パブリックDNS>部分は、［インスタンスへの接続］画面（図3-13）に表示されたパブリックDNS名に置き換えてください。

```
$ ssh -i <パス名>/mykey.pem ubuntu@<パブリックDNS>
```

2. 新しいホストの信頼性に関するセキュリティ警告が表示されたら、yesと入力して仮想マシンに接続します。

Windows

1. 1.8.3項で作成した`mykey.ppk`ファイルをダブルクリックして開きます。
2. WindowsのタスクバーにPuTTY Pageantのアイコンが表示されます。このアイコンが表示されない場合は、1.8.3項で説明した手順に従ってPuTTYをインストール（または再インストール）する必要があるかもしれません。
3. PuTTYを起動します。AWSマネジメントコンソールの［インスタンスへの接続］画面（図3-13）に表示されたパブリックDNS名を入力し、［Open］をクリックします（図3-14）。
4. 新しいホストの信頼性に関するセキュリティ警告が表示されたら、［はい］をクリックします。ログイン名にubuntuと入力した後、Enterキーを押します。

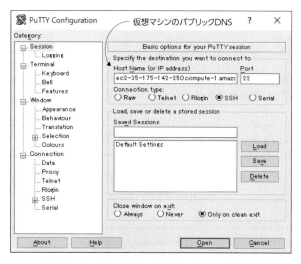

図3-14：PuTTYを使って仮想マシンに接続する

ログインメッセージ

Linux、macOS、Windows のどれを使用している場合でも、仮想マシンへのログインが成功すると次のようなメッセージが表示されます。

```
Welcome to Ubuntu 16.04.5 LTS (GNU/Linux 4.4.0-1075-aws x86_64)

 * Documentation:  https://help.ubuntu.com
 * Management:     https://landscape.canonical.com
 * Support:        https://ubuntu.com/advantage

 Get cloud support with Ubuntu Advantage Cloud Guest:
   http://www.ubuntu.com/business/services/cloud

...

To run a command as administrator (user "root"), use "sudo <command>".
See "man sudo_root" for details.

ubuntu@ip-172-31-85-37:~$
```

これで、仮想マシンに接続し、コマンドを実行できる状態になりました。

3.1.3　手動によるソフトウェアのインストールと実行

仮想マシン上で実行されている Ubuntu では、apt というパッケージマネージャを使って新しいソフトウェアを簡単にインストールできます。まず、このパッケージマネージャが最新のものであることを確認する必要があります。そこで、次のコマンドを使って利用可能なパッケージのリストを更新します。

```
$ sudo apt-get update
```

最初に、linkchecker という小さなツールをインストールします。このツールを利用すれば、Web サイトへのリンク切れを検出できます。

```
$ sudo apt-get install linkchecker -y
```

これで、存在しなくなった Web サイトへのリンクを調べることができます。Web サイトへのリンクを調べるには、linkchecker に Web サイトの URL を指定します。

```
$ linkchecker http://www.linux-mag.com/blogs/fableson
```

そうすると、次のような出力が表示されます。

```
...
URL          `http://www.linux-mag.com/blogs/fableson'
Real URL     http://www.linux-mag.com/blogs/fableson
Check time 0.549 seconds
Result       Error: 404 Not Found
...
```

　クローラがすべてのリンクを調べるため、Web ページの数によっては、少し時間がかかることがあります。チェックが終了するとリンク切れの URL が一覧表示されるため、正しい URL を探して修正することができます。

3.2　仮想マシンの監視とデバッグ

　エラーが発生する理由や、アプリケーションが期待どおりに動作しない原因を調べる場合は、監視やデバッグに役立つツールを活用すべきです。AWS には、仮想マシンの監視やデバッグに役立つツールが用意されています。1 つのアプローチは、仮想マシンのログを調べることです。

3.2.1　仮想マシンのログを表示する

　仮想マシンの起動中や起動後に何が行われていたのかについては、簡単に調べる方法があります。AWS では、AWS マネジメントコンソールを使って EC2 インスタンスのログを調べることができます。AWS マネジメントコンソールは、仮想マシンの開始と終了に使用する Web インターフェイスです。次の手順に従って仮想マシンのログを表示してみましょう。

1. AWS マネジメントコンソールの最上部のナビゲーションバーで［サービス］をクリックし、EC2 を選択します。EC2 ダッシュボードの左のナビゲーションメニューから［インスタンス］を選択します。
2. 表示されたリストの中から実行中の仮想マシンを選択します。
3. ［アクション］メニューから［インスタンスの設定］→［システムログの取得］を選択します（図3-15）。

図 3-15：［アクション］メニューを使ってシステムログを開く

そうすると、本来なら仮想マシンの起動時にモニターに表示されるシステムログがポップアップウィンドウに表示されます（図 3-16）。

図 3-16：ログを使って仮想マシンをデバッグする

システムログには、ログメッセージがすべて含まれています。これらのログメッセージは、仮想マシンをオンプレミスで実行した際にモニターに表示されるものと同じです。仮想マシンの起

動中にエラーが発生したことを示すログメッセージがないか調べてみてください。エラーメッセージの意味がよくわからない場合は、AMI のベンダーか AWS Support に問い合わせるか、AWS Developer Forums[5] に質問を投稿してみるとよいでしょう。

　システムログを調べるのは簡単で効率のよい方法であり、SSH 接続も不要です。なお、ログメッセージがログビューアに表示されるのに数分ほどかかることがあるので注意してください。

3.2.2　仮想マシンの負荷を監視する

　AWS は、仮想マシンのキャパシティが残りわずかであることを判断する手助けもしてくれます。次の手順に従って、EC2 インスタンスのメトリクス（指標）を開いてみましょう。

1. EC2 ダッシュボードのリストで実行中の仮想マシンの行をクリックします。
2. 右下の［モニタリング］タブを選択します。
3. ［ネットワーク入力］グラフをクリックします（図 3-17）。

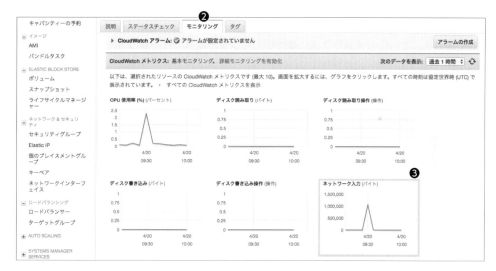

図 3-17：仮想マシンの負荷を表すグラフを調べる

　そうすると、仮想マシンのインバウンドトラフィックの状態を表すグラフが表示されます（図 3-18）。［モニタリング］タブには、CPU、ネットワーク、ディスクの使用状況に関するメトリクスがあります。AWS はユーザーの仮想マシンを外部から監視しているため、メモリ消費量を示すメトリクスはありません。メモリ消費量に関するメトリクスは必要に応じて生成できます。基本モニタリングを使用している場合、これらのメトリクスは 5 分おきに更新されます。仮想マシンで詳細モニタリングを有効にしている場合はメトリクスが 1 分おきに更新されますが、追加料金がかかります。

※5　https://forums.aws.amazon.com

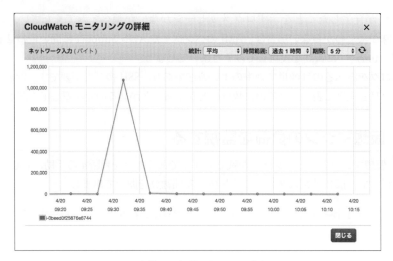

図3-18：CloudWatch のメトリクスを使って仮想マシンの入力ネットワークトラフィックを調べる

　パフォーマンスの問題をデバッグしているときには、EC2 インスタンスのメトリクスを調べてみると効果的です。これらのメトリクスに基づいてインフラをスケーリングする方法については、第17章で説明します。

　メトリクスとログは仮想マシンの監視とデバッグに役立ちます。高品質なサービスを低コストで提供する上で、メトリクスとログが助けになることがあります。仮想マシンの監視については、AWS の「Amazon EC2 のモニタリング」というドキュメント[6]を参照してください。

3.3　仮想マシンのシャットダウン

　無駄な料金の支払いを避けるために、使用していない仮想マシンは常に無効にしてください。仮想マシンの状態は次の4つのアクションを使って制御できます。

- 開始
  停止状態の仮想マシンはいつでも開始できます。まったく新しい仮想マシンを作成したい場合は、仮想マシンを起動する必要があります。

- 停止
  実行中の仮想マシンはいつでも停止できます。停止状態の仮想マシンは課金されませんが、ネットワーク接続型ストレージなど、その仮想マシンに関連付けられているリソースは課金の対象となります。停止状態の仮想マシンは再び起動できますが、別のホストで実行される可能性があります。ネットワーク接続型ストレージを使用していれば、データは保持されます。

---

[6] https://docs.aws.amazon.com/ja_jp/AWSEC2/latest/UserGuide/monitoring_ec2.html

- **再起動**
  一度マシンの電源を切って再び電源を入れたことがあるでしょうか。仮想マシンを再起動する必要がある場合も同じ操作を行います。仮想マシンは同じホストにとどまるため、再起動しても保存されたデータが失われることはありません。

- **終了**
  仮想マシンの終了は、仮想マシンが削除されることを意味します。すでに終了した仮想マシンを起動することはできません。仮想マシンを削除すると、通常はネットワーク接続型ストレージやパブリック／プライベート IP アドレスといった依存アイテムも同時に削除されます。終了した仮想マシンでは、料金は発生しません。

> **WARNING**
> 仮想マシンの**停止** (stop) と**終了** (terminate) の違いは重要です。停止した仮想マシンは起動できますが、終了した仮想マシンは起動できません。仮想マシンを終了すると、その仮想マシンは削除されます。

フローチャートを使って EC2 インスタンスの停止と削除の違いを図解すると、図 3-19 のようになります。

図 3-19：仮想マシンの停止と終了の違い

使用していない仮想マシンを停止または終了すると経費の節約になり、予想外の請求書に驚かされずに済みます。次のような状況では、使用していない仮想マシンを停止または終了するとよいかもしれません。

- **概念実証を目的として仮想マシンを起動している場合**。プロジェクトの終了後は仮想マシンが不要になるので、終了するとよいでしょう。
- **Web アプリケーションをテストするために仮想マシンを使用している場合**。その仮想マシンを使用している人は他にいないため、帰宅する前に仮想マシンを停止し、出社したときに

仮想マシンを再び開始するとよいでしょう。
- **顧客の1人が契約を解約した場合**。関連するデータをバックアップした後、その顧客のために使用していた仮想マシンを終了するとよいでしょう。

終了した仮想マシンは利用できない状態となり、最終的に仮想マシンのリストに表示されなくなります。

Cleaning up

本章で作成した mymachine という名前の仮想マシンを終了してみましょう[※7]。

1. AWSマネジメントコンソールの最上部のナビゲーションバーで [サービス] をクリックし、EC2 を選択します。EC2 ダッシュボードの左のナビゲーションバーで [インスタンス] をクリックします。
2. 表示されたリストの中から実行中の仮想マシンを選択します。
3. [アクション] メニューで [インスタンスの状態] → [終了] を選択します。
4. [インスタンスの削除] ウィンドウが表示されたら、[はい、削除する] をクリックします。

3.4 仮想マシンの種類を変更する

　仮想マシンの種類はいつでも変更できます。このことはクラウドを使用する利点の1つであり、スケールアップが可能になります。処理能力が足りない場合は、EC2 インスタンスのスペックを上げてください。

　ここでは、実行中の仮想マシンの種類を変更する方法を紹介します。まず、次の手順に従って小さな仮想マシンを起動します。

1. AWSマネジメントコンソールの最上部のナビゲーションバーで [サービス] をクリックし、EC2 を選択します。EC2 ダッシュボードの左のナビゲーションメニューから [インスタンス] を選択します。
2. [インスタンスの作成] をクリックし、仮想マシンの作成ウィザードを起動します (図 3-3)。
3. 仮想マシンの AMI として Ubuntu Server 16.04 LTS (HVM) を選択します (図 3-4)。
4. インスタンスタイプとして t2.micro を選択します (図 3-5)。
5. [確認と作成] をクリックします。
6. [セキュリティグループの編集] をクリックしてファイアウォールを設定します。[既存のセキュリティグループを選択する] オプションを選択し、[ssh-only] セキュリティグループを

[※7] [訳注] キーペアは3.8節で使用するため、誤って削除しないように注意。ただし、使用時に新たに作成することができる。

選択します(図 3-9)。

7. [確認と作成]をクリックします。

8. 新しい仮想マシンの概要を確認し、[起動]をクリックします(図 3-10)。

9. [既存のキーペアの選択]オプションを選択し、キーペア mykey を選択します。[選択したプライベートキーファイル(mykey.pem)へのアクセス権があり、このファイルなしではインスタンスにログインできないことを認識しています。]チェックボックスをオンにし、[インスタンスの作成]をクリックして仮想マシンを起動します(図 3-11)。

10. [インスタンスの表示]をクリックしてオーバービューを表示し、[インスタンスの状態]が running になるまで待ちます(図 3-12)。

これにより、t2.micro タイプの EC2 インスタンスが起動します。このインスタンスは AWS で利用可能な最も小さな仮想マシンの 1 つです。

3.1.2 項(75 ページ)で説明した手順に従い、SSH を使って仮想マシンに接続します。続いて、次の 2 つのコマンドを使って仮想マシンのキャパシティに関する情報を表示します。

```
$ cat /proc/cpuinfo
processor       : 0
vendor_id       : GenuineIntel
cpu family      : 6
model           : 63
model name      : Intel(R) Xeon(R) CPU E5-2676 v3 @ 2.40GHz
stepping        : 2
microcode       : 0x41
cpu MHz         : 2400.062
cache size      : 30720 KB
...

$ free -m
              total        used        free      shared  buff/cache   available
Mem:            990          50         517           3         422         781
Swap:             0           0           0
```

この仮想マシンの CPU は 1 つ、メモリは 990MB です。アプリケーションのパフォーマンスに問題がある場合は、インスタンスのサイズを大きくすれば問題が解決するかもしれません。3.2 節で説明したように、CPU またはネットワークのキャパシティが不足しているかどうかを調べるには、仮想マシンのメトリクスを使用します。メモリの増量はアプリケーションにとって効果があるでしょうか。効果があるとしたら、インスタンスのサイズを増やせばアプリケーションのパフォーマンスも向上するはずです。

CPU、メモリ、またはネットワークキャパシティを増やす必要がある場合、サイズの選択肢は他にもたくさんあります。仮想マシンのインスタンスファミリや世代を変更することさえ可能です。仮想マシンの種類を変更するには、まず仮想マシンを停止する必要があります。

1. AWSマネジメントコンソールの最上部のナビゲーションバーで［サービス］をクリックし、EC2を選択します。
2. EC2ダッシュボードの左のナビゲーションメニューから［インスタンス］を選択します。
3. 表示されたリストの中から実行中の仮想マシンを選択します。
4. ［アクション］メニューで［インスタンスの状態］→［停止］を選択します。
5. ［インスタンスの停止］ウィンドウが表示されたら、［停止する］をクリックします。

> **WARNING**
>
> インスタンスタイプm4.largeで仮想マシンを起動する場合は料金が発生します（無料利用枠ではカバーされません）。m4.largeタイプの仮想マシンに対する現在の1時間あたりのオンデマンド料金については、「Amazon EC2の料金」というドキュメントを参照してください。
>
> https://aws.amazon.com/jp/ec2/pricing/

仮想マシンの［インスタンスの状態］の値が［stopping］に変化したら、インスタンスタイプを変更することができます。

1. EC2ダッシュボードでインスタンスタイプを変更する仮想マシンが選択されていることを確認します。
2. ［アクション］メニューで［インスタンスの設定］→［インスタンスタイプの変更］を選択します。新しいインスタンスタイプを選択するためのダイアログボックスが表示されます（図3-20）。
3. ［インスタンスタイプ］ドロップダウンリストから［m4.large］を選択します。
4. ［適用］をクリックして変更内容を保存します。

図3-20：m4.largeインスタンスタイプを選択して仮想マシンのスペックを上げる

仮想マシンの種類を変更したところで、仮想マシンを再び起動してみましょう。

1. EC2ダッシュボードで、この仮想マシンが選択されていることを確認し、［アクション］メニューから［インスタンスの状態］→［開始］を選択します。
2. ［インスタンスの開始］ウィンドウが表示されたら、［開始する］をクリックします。

そうすると、CPU、メモリ、ネットワークキャパシティが改善された仮想マシンが起動します。パブリックIPアドレスとプライベートIPアドレスも変更されていることがわかります。SSHを使って接続するために、［説明］タブで新しいパブリックDNSを確認してください。

3.1.2 項（75 ページ）の手順に従い、SSH を使って仮想マシンに接続します。先ほどと同じコマンドを使って CPU とメモリに関する情報を確認すると、次のような出力が表示されます。

```
$ cat /proc/cpuinfo
processor       : 0
vendor_id       : GenuineIntel
cpu family      : 6
model           : 79
model name      : Intel(R) Xeon(R) CPU E5-2686 v4 @ 2.30GHz
stepping        : 1
microcode       : 0xb000033
cpu MHz         : 2300.068
cache size      : 46080 KB
...

processor       : 1
vendor_id       : GenuineIntel
cpu family      : 6
model           : 79
model name      : Intel(R) Xeon(R) CPU E5-2686 v4 @ 2.30GHz
stepping        : 1
microcode       : 0xb000033
cpu MHz         : 2300.068
cache size      : 46080 KB
...

$ free -m
              total        used        free      shared  buff/cache   available
Mem:           7982          72        7658           8         250        7656
Swap:             0           0           0
```

この仮想マシンの CPU は 2 つ、メモリ容量は 7,982MB です。仮想マシンのスペックを上げる前は、CPU は 1 つ、メモリ容量は 990MB でした。

Cleaning up

次の手順に従って m4.large タイプの仮想マシンを終了し、料金が発生しないようにしてください。

1. AWS マネジメントコンソールの最上部のナビゲーションバーで [サービス] をクリックし、EC2 を選択します。EC2 ダッシュボードの左のナビゲーションメニューから [インスタンス] を選択します。
2. 表示されたリストの中から実行中の仮想マシンを選択します。
3. [アクション] メニューで [インスタンスの状態] → [終了] を選択します。
4. [インスタンスの削除] ウィンドウが表示されたら、[はい、削除する] をクリックします。

3.5　別のデータセンターで仮想マシンを起動する

　AWS のデータセンターは世界中に設置されています。クラウドインフラのリージョンを選択するときには、次の条件を考慮に入れてください。

- **遅延**
  ユーザーとインフラ間の距離が最も短いリージョンはどこか。

- **コンプライアンス**
  その国でのデータの格納と処理がユーザーに許可されているか。

- **サービスの可用性**
  AWS のすべてのサービスがすべてのリージョンで提供されているわけではない。利用する予定のサービスがそのリージョンで提供されているかどうか確認しておこう[8]。

- **料金**
  サービスの料金はリージョンによって異なる。インフラにとって最も費用対効果の高いリージョンはどこか。

　あなたの顧客がアメリカだけでなくオーストラリアにもいるとしましょう。現時点では、バージニア北部（アメリカ）リージョンで EC2 インスタンスを実行しているだけです。オーストラリアの顧客から、Web サイトにアクセスしたときの読み込みに時間がかかるという苦情が出ています。そこで、オーストラリアの顧客の不満を解消するために、オーストラリアで別の仮想マシンを起動することにします。

　データセンターを変更するのは簡単です。AWS マネジメントコンソールのナビゲーションバーの右側には、現在のリージョンが常に表示されています。これまでは、バージニア北部（us-east-1）リージョンのデータセンターを使用してきました。リージョンを変更するには、［バージニア北部］をクリックして［アジアパシフィック（シドニー）］を選択します（図 3-21）。

　AWS のデータセンターは次のリージョンに分散しています。

- 米国東部、バージニア北部（us-east-1）
- 米国西部、北カリフォルニア（us-west-1）
- カナダ、中部（ca-central-1）
- EU、フランクフルト（eu-central-1）
- EU、パリ（eu-west-3）
- アジアパシフィック、ソウル（ap-northeast-2）
- アジアパシフィック、シドニー（ap-southeast-2）
- 南米、サンパウロ（sa-east-1）

- 米国東部、オハイオ（us-east-2）
- 米国西部、オレゴン（us-west-2）
- EU、アイルランド（eu-west-1）
- EU、ロンドン（eu-west-2）
- アジアパシフィック、東京（ap-northeast-1）
- アジアパシフィック、シンガポール（ap-southeast-1）
- アジアパシフィック、ムンバイ（ap-south-1）

※ 8　https://aws.amazon.com/jp/about-aws/global-infrastructure/regional-product-services/

図3-21：AWSマネジメントコンソールでリージョンをバージニア北部からシドニーに変更する

　AWSのほとんどのサービスでは、リージョンの指定が可能です。リージョンは互いに独立しており、リージョン間でデータが転送されることはありません。通常、リージョンは同じエリアに設置されている3つ以上のデータセンターで構成されます。これらのデータセンターはうまく相互接続されており、後ほど説明するように、可用性の高いインフラの構築が可能となっています。CDN（Content Delivery Network）やDNS（Domain Name System）など、AWSのサービスの中には、これらのリージョンに基づいて（さらには他のデータセンターに基づいて）グローバルに動作するものがあります。

　リージョンを変更した後、EC2ダッシュボードの［キーペア］にキーペアが表示されなくなったことを不思議に思っているかもしれません。バージニア北部リージョンでは、SSHを使ってログインするためのキーペアを作成しました。リージョンはそれぞれ独立しているため、シドニーリージョン用のキーペアは新たに作成する必要があります。次の手順に従って、新しいキーペアを作成してみましょう。より詳細な手順については、第1章の1.8.3節（30ページ）を参照してください。

1. EC2ダッシュボードの左のナビゲーションメニューから［キーペア］を選択します。
2. ［キーペアの作成］ボタンをクリックします。
3. ［キーペアの作成］ダイアログボックスの［キーペア名］フィールドに sydney と入力し、［作成］をクリックします。
4. キーペアをダウンロードして保存します。
5. 1.8.3節の「Linuxとm acOS」または「Windows」の手順に従ってキーを使用するための準備をします。

これでシドニーリージョンのデータセンターで仮想マシンを起動する準備が整いました。次の手順に従って仮想マシンを起動してみましょう。

1. AWS マネジメントコンソールの最上部のナビゲーションバーで［サービス］をクリックし、EC2 を選択します。EC2 ダッシュボードの左のナビゲーションメニューから［インスタンス］を選択します。
2. ［インスタンスの作成］をクリックし、仮想マシンの作成ウィザードを起動します（図 3-3）。
3. 仮想マシンの AMI として Amazon Linux AMI（HVM）を選択します（図 3-4）。
4. インスタンスタイプとして t2.micro を選択し、［確認と作成］をクリックします（図 3-5）。
5. ［セキュリティグループの編集］をクリックしてファイアウォールを設定します。［新しいセキュリティグループを作成する］オプションが選択されていることを確認し、［セキュリティグループ名］フィールドに webserver と入力し、［説明］フィールドに HTTP and SSH と入力します（図 3-22）。

図 3-22：シドニーリージョンの Web サーバーのファイアウォールを設定する

6. SSH タイプと HTTP タイプの 2 つのルールを追加します。両方のルールのソースとして 0.0.0.0/0 を定義することで、どこからでも SSH と HTTP でアクセスできるようにします。［確認と作成］をクリックします。
7. 新しい仮想マシンの概要を確認し、［起動］をクリックします（図 3-10）。
8. ［既存のキーペアの選択］オプションを選択し、キーペア sydney を選択します。［選択したプライベートキーファイル（sydney.pem）へのアクセス権があり、このファイルなしではイ

ンスタンスにログインできないことを認識しています。]チェックボックスをオンにし、[イ
ンスタンスの作成]をクリックして仮想マシンを起動します（図3-11）。

9. ［インスタンスの表示］をクリックしてオーバービューを表示し、［インスタンスの状態］が
runningになるまで待ちます（図3-12）。

　作業はこれで完了です。シドニーのデータセンターで仮想マシンが実行されています。次に、仮
想マシンにWebサーバーをインストールしてみましょう。ソフトウェアをインストールするには、
仮想マシンにSSHで接続する必要があります。仮想マシンの現在のパブリックDNSを［説明］タブ
で確認し、3.1.2項（75ページ）の手順に従って仮想マシンに接続します。たとえば、Linux/macOS
の場合は次のようになります。

```
$ ssh -i <パス名>/sydney.pem ec2-user@<パブリックDNS>
```

　<パス名>部分は、先ほどダウンロードしたsydney.pemキーファイルのパスに置き換えてくだ
さい。<パブリックDNS>部分は、仮想マシンのパブリックDNS名に置き換えてください。

NOTE

　ログイン名が（ubuntuではなく）ec2-userであることに注意してください。

　新しいホストの信頼性に関するセキュリティ警告が表示されたら、yesと入力して仮想マシンに
接続します。
　次に、オーストラリアの顧客に提供するWebサイトを準備します。

1. 仮想マシンに接続した後、次のコマンドを使ってWebサーバーをインストールします。

```
$ sudo yum install httpd -y
```

2. Webサーバーを起動します。

```
$ sudo service httpd start
```

3. EC2ダッシュボードの［説明］タブで仮想マシンの現在のIPv4パブリックIPアドレス（<パ
ブリックIP>）を確認し、Webブラウザでhttp://<パブリックIP>にアクセスします。そう
すると、Amazon Linux AMI Test Pageというページが表示されるはずです。

　次は、固定のパブリックIPアドレスを仮想マシンに割り当ててみましょう。

> **NOTE**
> 本章では、2種類のOSを使用しています。最初はUbuntuベースの仮想マシンを起動しましたが、ここではAmazon Linuxベースの仮想マシンを起動しています。Amazon LinuxはRed Hat Enterprise Linuxをベースにしたディストリビューションです。ソフトウェアをインストールするために必要なコマンドが異なるのは、このためです。Ubuntuは`apt-get`、Amazon Linuxは`yum`を使用します。

3.6　仮想マシンにパブリックIPアドレスを割り当てる

ここまでは、本書を読みながら仮想マシンをいくつか起動してきました。仮想マシンにはそれぞれパブリックIPアドレスが自動的に割り当てられていましたが、仮想マシンを起動または停止するたびにIPアドレスが変化していました。アプリケーションを固定のIPアドレスでホストしたい場合、これではうまくいきません。AWSには、固定のパブリックIPアドレスを割り当てるための**Elastic IP**というサービスがあります。パブリックIPアドレスを確保し、EC2インスタンスに関連付ける手順は次のようになります（図3-23）。

1. AWSマネジメントコンソールの最上部のナビゲーションバーで［サービス］をクリックし、EC2を選択します。
2. EC2ダッシュボードの左のナビゲーションメニューから［Elastic IP］を選択します。
3. ［新しいアドレスの割り当て］をクリックし、新しいパブリックIPアドレスを割り当てます。
4. ［割り当て］をクリックし、新しいアドレスを確認した後、［閉じる］をクリックします。

図3-23：現在のリージョンにおいてAWSアカウントに関連付けられているパブリックIPアドレスの概要

次に、このパブリックIPアドレスを仮想マシンに関連付けます。

1. パブリック IP アドレスを選択し、[アクション] メニューから [アドレスの関連付け] を選択します。図 3-24 のようなページが表示されます。
2. [リソースタイプ] で [インスタンス] を選択します。
3. [インスタンス] フィールドに EC2 インスタンス（仮想マシン）の ID を入力します。現時点で稼働している仮想マシンは 1 つしかないため、選択肢は 1 つだけです。
4. [プライベート IP] フィールドに EC2 インスタンスのプライベート IP アドレスを入力します。現在利用できるプライベート IP アドレスは 1 つしかないため、選択肢は 1 つだけです。
5. [関連付け] をクリックします。関連付けが成功したら、[閉じる] をクリックします。

図 3-24：仮想マシンにパブリック IP アドレスを関連付ける

これで、先ほど割り当てたパブリック IP アドレスで仮想マシンにアクセスできるようになります。この IP アドレスに Web ブラウザでアクセスすると、前節と同じページが表示されるはずです。

仮想マシンを置き換えなければならないとしてもアプリケーションへのエンドポイント（パブリック IP アドレス）が変化しないようにしたい場合は、固定のパブリック IP アドレスを割り当てることができます。たとえば、実行中の仮想マシン A に Elastic IP が割り当てられているとしましょう。このパブリック IP アドレスを変更せずに仮想マシンを新しいものに置き換える手順は次のようになります。

1. 実行中の仮想マシン A と置き換えるための新しい仮想マシン B を起動します。
2. アプリケーションとすべての依存ファイルを仮想マシン B にインストールし、アプリケーションを起動します。
3. 仮想マシン A の Elastic IP の割り当てを解除し、この IP アドレスを仮想マシン B に関連付けます。

Elastic IPの移動中は一時的にサービスが停止することになりますが、それ以降、このElastic IPを使ったリクエストは仮想マシンBに転送されるようになります。また、次節で説明するように、仮想マシンで複数のネットワークインターフェイスを使用すれば、複数のパブリックIPアドレスを関連付けることもできます。この方法が役立つケースとしては、同じポートで複数のアプリケーションをホストしなければならない場合や、複数のWebサイトで1つの固定のパブリックIPアドレスを使用したい場合が考えられます。

> **WARNING**
>
> IPv4アドレスは不足しています。Elastic IPアドレスの買いだめを防ぐために、仮想マシンに関連付けられていないElastic IPアドレスは課金の対象となります。ここで割り当てたIPアドレスは、次節の最後に削除することにします。

3.7 仮想マシンにネットワークインターフェイスを追加する

仮想マシンでは、パブリックIPアドレスを管理できることに加えて、ネットワークインターフェイスも制御できます。仮想マシンに複数のネットワークインターフェイスを追加した上で、それらのネットワークインターフェイスに関連付けられているプライベートIPアドレスとパブリックIPアドレスを制御することが可能です。

複数のネットワークインターフェイスを持つ仮想マシン（EC2インスタンス）の一般的なユースケースは次のようなものです。

- Webサーバーでのリクエストの処理に複数のTLS/SSL証明書を使用する必要があり、レガシークライアントのせいでSNI（Server Name Indication）を使用できない。
- アプリケーションネットワークから切り離された管理ネットワークを作成したいと考えており、EC2インスタンスに2つのネットワークからアクセスできなければならない（図3-25）。
- アプリケーションで複数のネットワークインターフェイスを使用することが要求または推奨されている（ネットワークアプライアンス、セキュリティアプライアンスなど）。

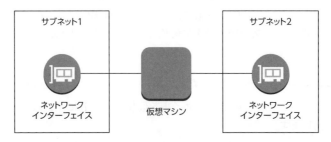

図3-25：2つのサブネットで2つのネットワークインターフェイスを使用する仮想マシン

2つ目のパブリック IP アドレスを仮想マシンに関連付けるには、別のネットワークインターフェイスが必要です。次の手順に従って、仮想マシンの新しいネットワークインターフェイスを作成してみましょう。

1. AWS マネジメントコンソールの最上部のナビゲーションバーで［サービス］をクリックし、EC2 を選択します。
2. EC2 ダッシュボードの左のナビゲーションバーメニューから［ネットワークインターフェイス］を選択します。
3. 仮想マシンのデフォルトのネットワークインターフェイスが表示されます。このネットワークインターフェイスのサブネット ID を確認します。
4. ［ネットワークインターフェイスの作成］をクリックします。図 3-26 のようなページが表示されます。
5. ［Description］フィールドに 2nd interface と入力します。
6. ［Subnet］ドロップダウンリストから手順 3 で確認したサブネット ID を選択します。
7. ［IPv4 Private IP］で［Auto-assign］が選択されていることを確認します。
8. セキュリティグループとして［webserver］を選択します。
9. ［Create］をクリックします。

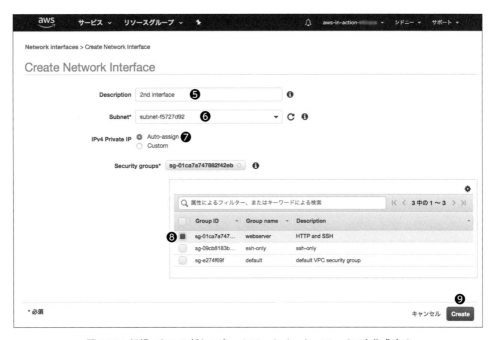

図 3-26：仮想マシンの新しいネットワークインターフェイスを作成する

新しいネットワークインターフェイスの［ステータス］の値が available に変化したら、このネットワークインターフェイスを仮想マシンに関連付けることができます。このネットワークインターフェイスを選択して［アタッチ］をクリックすると、［ネットワークインターフェイスのアタッチ］ダイアログボックスが表示されます（図 3-27）。［インスタンス ID］ドロップダウンリストから利用可能な唯一のインスタンス ID を選択し、［アタッチ］をクリックします。

図 3-27：仮想マシンに新しいネットワークインターフェイスを関連付ける

次に、この新しいネットワークインターフェイスに新しいパブリック IP アドレスを関連付けます。このネットワークインターフェイスの［詳細］タブに表示されているネットワークインターフェイス ID（この例では eni-062537e49559bbac5）を書き留め、次の手順を実行します。

1. EC2 ダッシュボードの左のナビゲーションメニューから［Elastic IP］を選択します。
2. 新しいパブリック IP アドレスを割り当てます。［新しいアドレスの割り当て］をクリックし、［割り当て］をクリックして新しいアドレスを確認した後、［閉じる］をクリックします。
3. 新しいパブリック IP アドレスを選択し、［アクション］メニューから［アドレスの関連付け］を選択します。図 3-28 のようなページが表示されます。
4. ［リソースタイプ］で［ネットワークインターフェイス］を選択します。
5. ［ネットワークインターフェイス］フィールドに新しいネットワークインターフェイスの ID を入力します。
6. ［プライベート IP］フィールドに新しいネットワークインターフェイスのプライベート IP アドレスを入力します。現在利用できるプライベート IP アドレスは 1 つしかないため、選択肢は 1 つだけです。
7. ［関連付け］をクリックします。関連付けが成功したら、［閉じる］をクリックします。

3.7 仮想マシンにネットワークインターフェイスを追加する　　97

図3-28：新しいネットワークインターフェイスにパブリック IP アドレスを関連付ける

　さて、この仮想マシンに2つのパブリック IP アドレスでアクセスできるようになりました。これにより、パブリック IP アドレスに応じて2種類の Web サイトを提供することが可能となります。そのためには、パブリック IP アドレスに基づいてリクエストを処理するように Web サーバーを設定する必要があります。

　仮想マシンの現在のパブリック DNS を［説明］タブで確認し、3.1.2項（75ページ）の手順に従ってこの仮想マシンに SSH で接続します。仮想マシンに割り当てられた新しいネットワークインターフェイスを確認するには、ターミナルに ifconfig と入力します。

```
$ ifconfig
eth0      Link encap:Ethernet  HWaddr 02:38:2B:3A:7C:F6
          inet addr:172.31.3.106  Bcast:172.31.15.255  Mask:255.255.240.0
          inet6 addr: fe80::38:2bff:fe3a:7cf6/64 Scope:Link
          UP BROADCAST RUNNING MULTICAST  MTU:9001  Metric:1
          RX packets:40350 errors:0 dropped:0 overruns:0 frame:0
          TX packets:4827 errors:0 dropped:0 overruns:0 carrier:0
          collisions:0 txqueuelen:1000
          RX bytes:54901054 (52.3 MiB)  TX bytes:369128 (360.4 KiB)

eth1      Link encap:Ethernet  HWaddr 02:01:80:64:17:84
          inet addr:172.31.9.212  Bcast:172.31.15.255  Mask:255.255.240.0
          inet6 addr: fe80::1:80ff:fe64:1784/64 Scope:Link
          UP BROADCAST RUNNING MULTICAST  MTU:9001  Metric:1
          RX packets:416 errors:0 dropped:0 overruns:0 frame:0
          TX packets:420 errors:0 dropped:0 overruns:0 carrier:0
          collisions:0 txqueuelen:1000
          RX bytes:47753 (46.6 KiB)  TX bytes:72848 (71.1 KiB)
...
```

2つのネットワークインターフェイスにはそれぞれプライベートIPアドレスとパブリックIPアドレスが関連付けられています。仮想マシンは自身のパブリックIPアドレスについては何も知りませんが、プライベートIPアドレスに基づいてリクエストを区別できます。

まず、2つのWebサイトが必要です。シドニーリージョンの仮想マシンで次のコマンドを実行し、2つの単純なWebサイトをダウンロードします。

```
$ sudo -s
$ mkdir /var/www/html/a
$ wget -P /var/www/html/a https://raw.githubusercontent.com/AWSinAction/\
> code2/master/chapter03/a/index.html
$ mkdir /var/www/html/b
$ wget -P /var/www/html/b https://raw.githubusercontent.com/AWSinAction/\
> code2/master/chapter03/b/index.html
```

次に、指定されたIPアドレスに応じて異なるWebサイトを提供するようにWebサーバーを設定します。そこで、仮想マシンの/etc/httpd/conf.dディレクトリに次の内容を含んだa.confというファイルを追加します。IPアドレス172.31.x.xは、ifconfigの出力に表示されたネットワークインターフェイスeth0のIPアドレスに置き換えてください。

```
<VirtualHost 172.31.x.x:80>
  DocumentRoot /var/www/html/a
</VirtualHost>
```

同様に、次の内容を含んだb.confというファイルも追加します。IPアドレス172.31.y.yは、ifconfigの出力に表示されたネットワークインターフェイスeth1のIPアドレスに置き換えてください。

```
<VirtualHost 172.31.y.y:80>
  DocumentRoot /var/www/html/b
</VirtualHost>
```

新しいWebサーバー設定を有効にするには、次のコマンドを実行します。

```
$ sudo service httpd restart
```

EC2ダッシュボードの左のナビゲーションメニューから[Elastic IP]を選択します。2つのElastic IPをコピーし、WebブラウザでそれぞれのIPアドレスにアクセスします（たとえばhttp://z.z.z.z/a/index.html）。アクセスしているIPアドレスに応じて "Hello A!" または "Hello B!" が表示されるはずです。つまり、ユーザーが指定するパブリックIPアドレスに応じて2つの異なるWebサイトが提供されています。作業はこれで完了です。

Cleaning up

それでは、シドニーリージョンの仮想マシンを削除しましょう。次の1～5の操作を行った後、確認ウィンドウが表示されるため、それぞれの目的に合った操作を行ってください。

1. シドニーリージョンの仮想マシンを削除します。EC2ダッシュボードの左のナビゲーションメニューで［インスタンス］をクリックし、仮想マシンが選択されていることを確認した後、［アクション］メニューから［インスタンスの状態］→［終了］を選択します。
2. 2つのネットワークインターフェイスを削除します。左のナビゲーションメニューで［ネットワークインターフェイス］をクリックし、ネットワークインターフェイスを選択して［削除］をクリックします。
3. 2つのElastic IPを削除します。左のナビゲーションメニューで［Elastic IP］をクリックし、Elastic IPを選択した後、［アクション］メニューから［アドレスの解放］を選択します。
4. シドニーリージョンのキーペアを削除します。左のナビゲーションメニューで［キーペア］をクリックし、sydneyキーペアが選択されていることを確認した後、［削除］をクリックします。
5. セキュリティグループを削除します。左のナビゲーションメニューで［セキュリティグループ］をクリックし、webserverセキュリティグループを選択した後、［アクション］メニューから［セキュリティグループの削除］を選択します。

シドニーリージョンのリソースがすべて削除されたところで、次節に進む準備が整いました。

NOTE

3.5節でリージョンをシドニーに切り替えたので、バージニア北部リージョンに戻す必要があります。AWSマネジメントコンソールの最上部のナビゲーションバーで［シドニー］をクリックし、［米国東部（バージニア北部）］を選択してください。

3.8 仮想マシンのコストを最適化する

通常、クラウドでは柔軟性を最大限に高めるために仮想マシンを**オンデマンド**で起動します。仮想マシンはいつでも必要なときに開始または停止することができ、仮想マシンの実行時間に対して1秒単位または1時間単位で課金されます。このため、AWSは仮想マシンを「オンデマンドインスタンス」と呼んでいます。

EC2では、コストの削減を目的として**スポットインスタンス**（spot instance）と**リザーブドインスタンス**（reserved instance）の2つのオプションが用意されています。どちらのインスタンスもコス

100　第 3 章 ｜ 仮想マシンの活用法［EC2］

トの削減に役立ちますが、その代償として柔軟性が失われます。スポットインスタンスは、AWS
のデータセンター内の使用されていないキャパシティに入札するもので、価格は需要と供給に左右
されます。リザーブドインスタンスは、1 年以上にわたって仮想マシンが必要な場合のオプション
であり、特定の期間にわたって料金を支払うことに同意すると、事前に割引が適用されます。スポッ
トインスタンスとリザーブドインスタンスの違いを表 3-2 にまとめておきます。

表 3-2：オンデマンドインスタンス、リザーブドインスタンス、スポットインスタンスの違い

	オンデマンド	リザーブド	スポット
料金	高	中	低
柔軟性	高	低	中
信頼性	中	高	低
用途	動的なワークロード（ニュースサイトなど）か概念実証	予測可能で静的なワークロード（ビジネスアプリケーションなど）	バッチワークロード（データ分析、メディアエンコーディングなど）

課金の単位：秒

　Linux（Amazon Linux、Ubuntu など）を実行しているほとんどの EC2 インスタンスは 1 秒単位で課金
されます。インスタンスごとの最低料金は 60 秒分となっています。たとえば、新たに起動したインスタン
スを 30 秒後に終了した場合は、60 秒分の料金を支払う必要があります。ただし、インスタンスを 61 秒
後に終了した場合は、61 秒分の料金を支払う必要があります。

　Microsoft Windows や 1 時間ごとに特別料金が発生する Linux ディストリビューション（Red Hat
Enterprise Linux、SUSE Linux Enterprise Server など）を実行している EC2 インスタンスは、秒単位で
はなく時間単位で課金されます。最低料金は 1 時間分です。この点については、時間単位の特別料金が発
生する EC2 インスタンスを AWS Marketplace から起動する場合も同じです。

3.8.1　仮想マシンの予約

　仮想マシンの**予約**（reserve）は、特定のデータセンターで特定の仮想マシンを使用するという約
束です。リザーブドインスタンスに対しては、実行しているかどうかに関係なく料金を支払わなけ
ればなりません。その見返りとして、最大 60% の割引が適用されます。AWS で仮想マシンを予約
したい場合は、次の 3 つのオプションの中からどれかを選択できます。

- 前払いなし、1 年契約
- 一部前払い、1 年または 3 年契約
- 全額前払い、1 年または 3 年契約

　表 3-3 は、2 つの仮想 CPU と 8GB のメモリを搭載した m4.large タイプの仮想マシンでの料金の
例を示しています。

表 3-3：m4.large タイプの仮想マシンでの割引予想

	月額料金	前払い料金	実質的な月額料金	オンデマンド比の割引率
オンデマンド	73.20 ドル	0.00 ドル	73.20 ドル	-
前払いなし、1 年契約、スタンダード	45.38 ドル	0.00 ドル	45.38 ドル	38%
一部前払い、1 年契約、スタンダード	21.96 ドル	258.00 ドル	43.46 ドル	40%
全額前払い、1 年契約、スタンダード	0.00 ドル	507.00 ドル	42.25 ドル	42%
前払いなし、3 年契約、スタンダード	31.47 ドル	0.00 ドル	31.47 ドル	57%
一部前払い、3 年契約、スタンダード	14.64 ドル	526.00 ドル	29.25 ドル	60%
全額前払い、3 年契約、スタンダード	0.00 ドル	988.00 ドル	27.44 ドル	63%

　仮想マシンを予約すると、柔軟性と引き換えにコストを削減できます。リザーブドインスタンスを購入する際には、柔軟性のレベルが異なる次の 2 つのオプションが用意されています。

- キャパシティの予約の有無
- スタンダードまたはコンバーティブル

　これらのオプションについては、後ほど詳しく説明します。特定の時間帯の予約も可能であり、「スケジュールされたリザーブドインスタンス」と呼ばれています。たとえば、平日の午前 9 時から午後 5 時までの予約が可能です。

WARNING

　リザーブドインスタンスでは 1 年または 3 年分の料金が発生します。このため、本書にはリザーブドインスタンスの例は含まれていません。

キャパシティを予約するリザーブドインスタンス

　特定のアベイラビリティゾーン（利用可能地域）で仮想マシンを予約している（**リザーブドインスタンス**の）場合、この仮想マシンのキャパシティはパブリッククラウドで確保されます。このことはなぜ重要なのでしょうか。別のデータセンターがダウンしたために AWS の多くの顧客が代わりの新しい仮想マシンを起動しなければならないといった理由で、特定のデータセンターで仮想マシンの需要が増えるとしましょう。このようなレアな状況では、オンデマンドインスタンスの注文が殺到し、そのデータセンターで新しい仮想マシンを起動することはほとんど不可能になるかもしれません。複数のデータセンターにまたがる高可用性システムを構築する計画がある場合は、アプリケーションを継続的に稼働させるのに最低限必要なキャパシティを予約することも検討すべきです。キャパシティの予約の欠点は、コストの柔軟性に問題があることです。1 年間または 3 年間にわたって特定のデータセンターで特定のタイプの仮想マシンの料金を支払わなければならないからです。

キャパシティを予約しないリザーブドインスタンス

　仮想マシンのキャパシティを予約しない場合は、1時間あたりの料金が下がり、コストの柔軟性も高くなります。キャパシティを予約しないリザーブドインスタンスは、どのデータセンターを使用するかに関係なく、リージョン全体の仮想マシンで有効となります。この予約枠はインスタンスファミリのすべてのインスタンスタイプに適用できます。たとえば、m4.xlarge タイプの仮想マシンを予約した場合は、その予約枠を使って m4.large タイプの仮想マシンを 2 つ実行できます。

予約の変更

　予約を変更するのに追加料金はかかりません。予約は刻々と変化するワークロードに合わせて調整することができます。たとえば、次のような変更が可能です。

- キャパシティ予約の有無を切り替える。
- 予約するデータセンターを変更する。
- 予約を分割または統合する。たとえば 2 つの t2.small タイプの予約を t2.medium タイプの予約にまとめることができる。

スタンダードとコンバーティブル

　3 年契約の予約を購入する際には、スタンダードかコンバーティブルのどちらかを選択できます。**スタンダードリザーブドインスタンス**は、特定のインスタンスファミリ（m4 など）に限定されています。**コンバーティブルリザーブドインスタンス**は、別のリザーブドインスタンスとの交換が可能であり、別のインスタンスファミリに切り替えることも可能です。コンバーティブルはスタンダードよりも割高ですが、その分柔軟に利用できます。

　将来的には、より低価格でより多くのリソースを持つ新たなインスタンスファミリの導入が予想されるため、別のインスタンスファミリに切り替えられるのは経済的かもしれません。あるいは、ワークロードのパターンが変化したために、汎用のインスタンスファミリをコンピューティングに最適化されたものに切り替えたいと考えることもあるでしょう。

　本書が推奨するのは、オンデマンドインスタンスから始めて、あとからオンデマンドインスタンスとリザーブドインスタンスの組み合わせに切り替えることです。キャパシティを予約するかどうかは、高可用性の要件に応じて選択できます。

3.8.2　使用されていない仮想マシンへの入札

　リザーブドインスタンスの他にコストを削減するもう 1 つの方法は、**スポットインスタンス**です。

スポットインスタンスでは、AWS クラウドで使用されていないキャパシティに入札します。**スポットマーケット**（spot market）は、すぐに提供できる状態の標準化された製品が売買される市場です。スポットマーケットでの製品価格は需要と供給に左右されます。スポットマーケットで売買される製品は仮想マシンであり、仮想マシンを起動することによって製品として提供されます。

図 3-29 は、特定のインスタンスタイプの料金グラフです。現在のスポット価格が特定のデータセンターの特定の仮想マシンの最高入札価格よりも低い場合はスポットリクエストが受理され、仮想マシンが起動し、スポット価格で課金されます。現在のスポット価格が最高入札価格を超える場合、その仮想マシンは 2 分後に AWS によって（停止ではなく）終了されます。

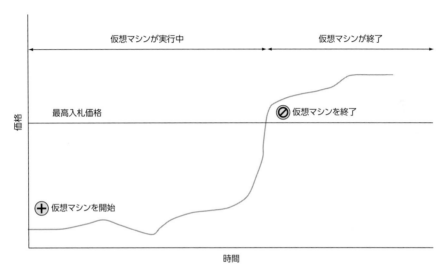

図 3-29：仮想マシンのスポットマーケットの機能

仮想マシンのインスタンスタイプやデータセンターによっては、スポット価格は多かれ少なかれ弾力的なものになります。私たちは、オンデマンド料金のわずか 10% のスポット価格から、オンデマンド料金よりも高額なものまで、さまざまなスポット価格を目にしてきました。スポット価格が入札価格を超えると、EC2 インスタンスはその 2 分以内に終了されます。スポットインスタンスは Web サーバーやメールサーバーといったタスクに使用するものではなく、データ分析やメディアアセットのエンコーディングといった非同期タスクに使用すべきものです。3.1 節で取り上げたような Web サイトのリンク切れを調べるタスクは必ずしも即時に実行する必要がないため、スポットインスタンスを使用することが可能です。

スポットマーケットの割引価格を利用する新しい仮想マシンを起動してみましょう。まず、スポットマーケットにリクエストを送信する必要があります（図 3-30）。

1. AWS マネジメントコンソールの最上部のナビゲーションバーで [サービス] をクリックし、EC2 を選択します。

2. EC2 ダッシュボードの左のナビゲーションメニューから[スポットリクエスト]を選択します。
3. [価格設定履歴]をクリックすると、仮想マシンのスポット価格がダイアログボックスに表示されます。価格設定履歴はインスタンスタイプやデータセンターごとに提供されます。
4. [閉じる]をクリックします。

図3-30：スポットインスタンスのリクエストを送信するための最初の画面

> **WARNING**
> スポットリクエストを使って m3.medium タイプの仮想マシンを起動すると料金が発生します。次の例では、最高入札価格は 0.093 ドルです。

さっそくスポットインスタンスのリクエストを作成してみましょう。

1. [スポットインスタンスのリクエスト]をクリックします。
2. タスクの種類を選択します。[Load balancing workloads]は、Web サービスを実行するために同じスペックのインスタンスを起動します。[Flexible workloads]は、バッチジョブや CI/CD ジョブを実行するために任意のスペックのインスタンスを起動します。[Big data workloads]は、MapReduce ジョブを実行するために任意のスペックのインスタンスを起動します。[Defined duration workloads]は、1～6時間のスポットブロックでインスタンスを起動します。ここでは、[Load balancing workloads]を選択します（図3-31）。
3. [AMI]ドロップダウンリストから Ubuntu 16.04 LTS AMI を選択します（図3-32）。
4. [インスタンスタイプとして]オプションを選択し、[インスタンスタイプの変更]をクリックした後、選択可能な最小インスタンスタイプである m3.medium を選択します。
5. [ネットワーク]と[アベイラビリティーゾーン]はデフォルト値のままにしておきます。

3.8 仮想マシンのコストを最適化する　　105

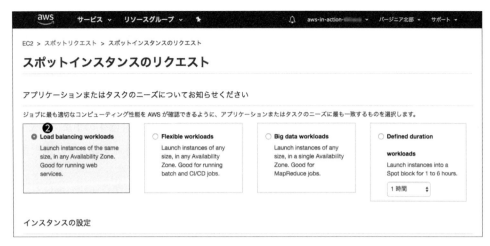

図 3-31：スポットインスタンスのリクエスト（その 1）

図 3-32：スポットインスタンスのリクエスト（その 2）

6. ［キーペア名］フィールドに mykey が表示されない場合は、新しいキーペアを作成します。
7. ［追加設定］を展開し、［セキュリティグループ］で ssh-only を選択します。これにより、仮想マシンに対するインバウンドの SSH トラフィックが許可されます。
8. キーが Name、値が spotinstance のインスタンスタグを追加します。
9. 追加設定のその他の項目はデフォルト値のままにします。
10. この例では仮想マシンを 1 つ起動するため、［合計ターゲット容量］は 1 のままにします。
11. ［フリートリクエストの設定］[※9] セクションで、［推奨事項の適用］オプションが選択されていることを確認します。
12. ［その他のリクエスト詳細］セクションで、［デフォルトの適用］オプションの選択を解除します（図 3-33）。

図 3-33：スポットインスタンスのリクエスト（その 3）

※9 ［訳注］EC2 フリートについては、「Amazon EC2 フリートの導入」と「EC2 フリートの起動」を参照。
https://aws.amazon.com/jp/about-aws/whats-new/2018/04/introducing-amazon-ec2-fleet/
https://docs.aws.amazon.com/ja_jp/AWSEC2/latest/UserGuide/ec2-fleet.html

13. ［最高価格を設定する］オプションを選択し、0.093 ドルに設定します[※10]。
14. ［作成］をクリックします。
15. 成功のメッセージが表示されたら、[OK]をクリックします。

そうすると、スポットリクエストがスポットマーケットに送信され、EC2 ダッシュボードに表示されます（図 3-34）。スポットリクエストの処理には数分ほどかかることがあるため、［ステータス］の値が fulfilled に変わったかどうか確認してください。スポットマーケットは予測不可能であるため、リクエストが失敗することもありえます。その場合は、同じ手順を繰り返して新しいリクエストを作成し、別のインスタンスタイプを選択してみてください。

図 3-34：スポットリクエストが受理され、仮想マシンが起動する

［ステータス］の値が fulfilled に変わると、仮想マシンが起動します。EC2 ダッシュボードの左のナビゲーションメニューから［インスタンス］を選択すると、仮想マシンが起動していることがわかります。スポットインスタンスとして課金される仮想マシンの起動はこれで完了です。3.1.3 節で説明したように、SSH を使って接続し、リンクチェッカーを実行できます。

 Cleaning up
次の手順に従って m3.medium タイプの仮想マシンを終了し、料金が発生しないようにしてください。

1. EC2 ダッシュボードの左のナビゲーションメニューから［スポットリクエスト］を選択します。
2. 削除するリクエストを選択し、［アクション］メニューから［スポットリクエストのキャンセル］を選択します。
3. ［インスタンスの削除］オプションが選択されていることを確認し、［確認］をクリックします。

※10　価格は変更の対象となる。最新の価格については、AWS のドキュメントを参照。
　　　https://aws.amazon.com/jp/ec2/pricing/on-demand/

3.9 まとめ

- 仮想マシンを起動するときには OS を選択できる。
- ログとメトリクスは仮想マシンの監視やデバッグに役立つ。
- 仮想マシンのスペックを変更したい場合は、CPU の数だけでなく、メモリやストレージの量も変更できる。
- 世界中のさまざまなリージョンで仮想マシンを起動することで、ユーザーが経験する遅延を減らすことができる。
- パブリック IP アドレスを割り当てて仮想マシンに関連付ければ、パブリック IP アドレスを変更せずに仮想マシンを柔軟に置き換えることができる。
- 仮想マシンを予約するか、仮想マシンのスポットマーケットで未使用のキャパシティに入札すれば、料金を抑えることができる。

CHAPTER 4 : Programming your infrastructure: The command-line, SDKs, and CloudFormation

▶ 第4章

インフラのプログラミング ［コマンドライン、SDK、CloudFormation］

本章の内容
- IaC (Infrastructure as Code) の概念を理解する
- コマンドラインインターフェイスを使って仮想マシンを起動する
- Node.js 対応の JavaScript SDK を使って仮想マシンを起動する
- CloudFormation を使って仮想マシンを起動する

　室内照明をサービスとして提供したいとしましょう。ソフトウェアを使って部屋の照明を消すには、照明回路に接続されたリレーなどの装置（ハードウェア）が必要です。この装置には、ソフトウェアを使ってコマンドを送信するためのインターフェイスのようなものが含まれていなければなりません。リレーとインターフェイスが用意されてはじめて、室内照明をサービスとして提供できるようになります。

　仮想マシンをサービスとして提供する場合にも同じことが当てはまります。仮想マシンはソフトウェアですが、リモートから起動できるようにしたい場合は、そのリクエストを処理するハードウェアがやはり必要です。AWS には、HTTP を使って AWS のあらゆる部分を制御できる**アプリケーションプログラミングインターフェイス**（API）があります。この HTTP ベースの API（以下、HTTP

API) の呼び出しは非常に低レベルなもので、認証やデータのシリアライズ / デシリアライズなど、繰り返し行われる処理が大量に発生します。そこで、この API を使いやすくするためのツールが提供されています。

- **AWS コマンドラインインターフェイス (AWS CLI)**
  AWS CLI の 1 つを使ってターミナルから AWS API を呼び出すことができます。
- **ソフトウェア開発キット (SDK)**
  ほとんどのプログラミング言語の SDK が用意されており、各自が選択したプログラミング言語で AWS の API を簡単に呼び出すことができます。
- **AWS CloudFormation**
  AWS CloudFormation は、インフラの状態を説明するためのテンプレートを API 呼び出しに変換します。

AWS では、API を使ってあらゆるものを制御できます。AWS とのやり取りでは、HTTPS プロトコルを使って REST API を呼び出します（図 4-1）。すべてのものに REST API からアクセスできます。1 回の API 呼び出しで、仮想マシンを作成することも、1 テラバイトのストレージを作成することも、あるいは Hadoop クラスタを開始することも可能です。「すべてのもの」とは、まさにすべてのものなのですが、その重大さを理解するには少し時間が必要でしょう。本書を読み終える頃には、世の中はなぜいつもこのように簡単にいかないのだろうと考えることでしょう。

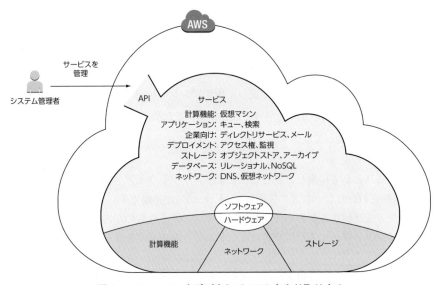

図 4-1：REST API を呼び出して AWS とやり取りする

APIの仕組みを理解するために、Amazon S3にファイルをいくつかアップロードしたとしましょう[1]。アップロードがうまくいったかどうかを確認するためにS3オブジェクトストアに格納されているファイルを一覧表示したいので、HTTP APIを直接呼び出し、このAPIのエンドポイントにGETリクエストを送信します。

```
GET / HTTP/1.1
Host: BucketName.s3.amazonaws.com
Authorization: ...
```

このコードの1行目は、HTTPのGETメソッド、HTTPリソース、HTTPプロトコル1.1を指定しています。2行目は、ホスト名を指定しています（TCP/IPはIPアドレスとポートしか認識しません）。3行目は認証情報を指定します（詳細は割愛）。HTTPレスポンスは次のようになります。

```
HTTP/1.1 200 OK
x-amz-id-2: ...
x-amz-request-id: ...
Date: Mon, 09 Feb 2015 10:32:16 GMT
Content-Type: application/xml

<?xml version="1.0" encoding="UTF-8"?>
<ListBucketResult xmlns="http://s3.amazonaws.com/doc/2006-03-01/">
...
</ListBucketResult>
```

このコードの1行目は、HTTPプロトコル1.1と成功（ステータスコード200）を示しています。HTTPヘッダーは、このレスポンスが生成された日時を示します。レスポンスのボディはXMLドキュメントであり、<?xml...>から始まります。

HTTPリクエストを使ってAPIを直接呼び出すのは不便です。本章で説明するように、CLIやSDKを利用すれば、AWSと簡単にやり取りできます。しかし、APIはそうしたすべてのツールの土台となっています。

4.1　IaC

IaC（Infrastructure as Code）の考え方は、高級プログラミング言語を使ってインフラを制御するというものです。インフラとして挙げられるのは、ネットワークトポロジ、ロードバランサー、DNSエントリといったAWSリソースです。ソフトウェア開発では、自動化されたテスト、コードリポジトリ、ビルドサーバーといったツールによってソフトウェア工学上の品質がよくなります。インフラがコードである場合は、これらのツールをインフラに適用することで、コードの品質を向上させることができます。

---

[1]　S3については第8章で説明する。

112 第4章 | インフラのプログラミング［コマンドライン、SDK、CloudFormation］

> **WARNING**
>
> 「Infrastructure as Code」（IaC）と「Infrastructure as a Service」（IaaS）を混同しないように注意してください。IaaS の考え方は、仮想マシン、ストレージ、ネットワークを従量制の料金モデルでレンタルするというものです。

4.1.1　自動化と DevOps ムーブメント

DevOps ムーブメント（DevOps movement）は、ソフトウェアの開発とソフトウェアの運用を1つにまとめることを目標とするものであり、通常は次のどちらかの方法で実現されます。

- **運用チームと開発チームの両方のメンバーでチームを構成する**
  開発者はオンコール対応といった業務に責任を負うようになります。運用担当者はソフトウェア開発サイクルに最初から参加し、ソフトウェアの運用を容易にするために貢献します。

- **開発者と運用担当者の距離を縮める新しい役割を導入する**
  この役割は、開発者と運用担当者の双方と緊密に連絡を取り合い、両方の世界に関連するあらゆる話題に注意を払います。

DevOps ムーブメントの目標は、品質への悪影響をおよぼすことなく、ソフトウェアの迅速な開発と提供を可能にすることにあります。そのためには、開発チームと運用チームのコミュケーションと協力が不可欠です。

自動化を推進する流れは開発チームと運用チームの協力体制を築くのに貢献しており、DevOps 文化の盛り上がりを後押ししています。プロセス全体を自動化する場合は、1日にデプロイできる数が増えるだけです。変更内容をリポジトリにコミットする場合は、ソースコードが自動的にビルドされ、自動化されたテストが実行されます。これらのテストにパスしたビルドは、テスト環境に自動的にインストールされます。それにより受け入れテストが開始され、それらのテストにもパスすると、変更内容が本番環境に伝達されます。ただし、このプロセスはそれで終わりではありません。その後は、システムを入念に監視し、ログをリアルタイムに分析することで、変更内容に問題がないことを確認しなければなりません。

インフラが自動化されている場合は、コードリポジトリに変更内容がプッシュされるたびに新しいシステムを生成し、リポジトリに同時にプッシュされた他の変更内容から切り離した状態で受け入れテストを行うことができます。コードに変更が加えられるたびに新しいシステム（仮想マシン、データベース、ネットワークなど）が作成され、隔離された状態で変更内容がテストされます。

4.1.2　新しいインフラ言語：JIML

IaCを詳しく理解するために、インフラを説明する新しい言語JIML（JSON Infrastructure Markup Language）をこしらえてみましょう。最終的に作成するインフラは図4-2のようなものです。

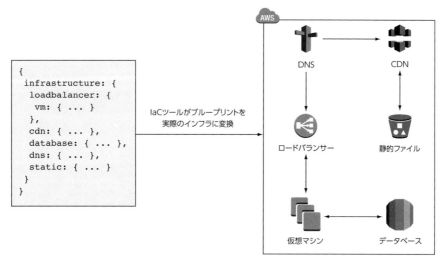

図4-2：インフラの自動化 — JIMLブループリントからインフラへ

このインフラは次の要素で構成されます。

- ロードバランサー（LB）
- 仮想マシン（VM）
- データベース（DB）
- DNSエントリ
- CDN（Content Delivery Network）
- 静的ファイルが格納されるバケット（Bucket）

構文の問題を減らすために、JIMLのベースをJSONにします。図4-2のインフラを作成するJIMLコードはリスト4-1のようになります。$はIDへの参照を表します。

リスト4-1　JIMLによるインフラの定義

```
{
  "region": "us-east-1",
  "resources": [{
    "type": "loadbalancer",       ← LBが必要
    "id": "LB",
```

第4章 │ インフラのプログラミング［コマンドライン、SDK、CloudFormation］

```
  "config": {
    "virtualmachines": 2,        ◀─┤ VM が 2 つ必要
    "virtualmachine": {          ◀───┤ VM は Ubuntu（4GB メモリ、2 コア）
      "cpu": 2,
      "ram": 4,
      "os": "ubuntu"
    }
  },
  "waitFor": "$DB"               ◀─────┤ LB を作成できるのは DB を利用できる場合のみ
}, {
  "type": "cdn",
  "id": "CDN",              ◀──┐  LB へのリクエストの捕捉、または Bucket からの
  "config": {                  │  静的アセット（画像、CSS ファイルなど）の取得に
    "defaultSource": "$LB",     │  CDN を利用
    "sources": [{
      "path": "/static/*",
      "source": "$BUCKET"
    }]
  }
}, {
  "type": "database",
  "id": "DB",
  "config": {
    "password": "***",
    "engine": "MySQL"           ◀──────┤ データは MySQL データベースに格納
  }
}, {
  "type": "dns",               ◀──────┤ CDN を指している DNS エントリ
  "config": {
    "from": "www.mydomain.com",
    "to": "$CDN"
  }                                ┌ Bucket は静的アセット（画像、CSS ファイルなど）
}, {                              │ の格納に使用される
  "type": "bucket",         ◀────┘
  "id": "BUCKET"
}]
}
```

この JSON を AWS API 呼び出しに変換するにはどうすればよいでしょうか。

1. JSON 入力を解析します。

2. JIML ツールにより、リソースを依存関係と結び付けることで、依存関係グラフが作成されます。

3. JIML ツールが依存関係グラフを最下部（リーフ）から最上部（ルート）に向かって調べ、依存関係グラフをコマンドの線形フローに変換します。これらのコマンドは擬似言語で表現されます。

4. JIML ランタイムにより、擬似言語のコマンドが AWS API 呼び出しに変換されます。

AWS API 呼び出しは、ブループリントで定義されたリソースに基づいて実行されなければなりま

せん。要するに、AWS API 呼び出しを正しい順序で送信する必要があります。JIML ツールによって作成される依存関係グラフは図 4-3 のようになります。

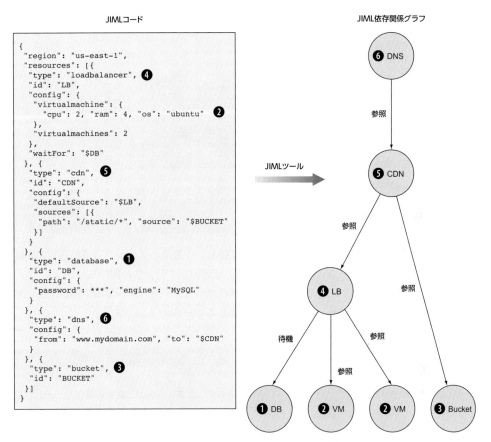

図4-3：JIML ツールはリソースの作成順序を突き止める

図 4-3 の依存関係グラフを下から上へ、左から右へ向かって調べています。最下部のノード DB ❶、VM ❷、Bucket ❸には子ノードがありません。子を持たないノードには、依存関係はありません。LB ノード❹は DB ノードと 2 つの VM ノードに依存しています。CDN ノード❺は LB ノードと Bucket ノードに依存しています。そして DNS ノード❻は CDN ノードに依存しています。

JIML ツールは擬似言語を使って依存関係グラフをコマンドの線形フローに変換します。この擬似言語は、すべてのリソースを正しい順序で作成する手順を表します。依存関係を持たないノードは作成するのが簡単なので、最初に作成されます（リスト 4-2）。

リスト 4-2　依存関係グラフに基づいて擬似言語で書かれたコマンドの線形フロー

```
// データベースを作成
$DB = database create {"password": "***", "engine": "MySQL"}
```

```
// 仮想マシンを作成
$VM1 = virtualmachine create {"cpu": 2, "ram": 4, "os": "ubuntu"}
$VM2 = virtualmachine create {"cpu": 2, "ram": 4, "os": "ubuntu"}
// バケットを作成
$BUCKET = bucket create {}

// 依存関係の解決を待機
await [$DB, $VM1, $VM2]
// ロードバランサーを作成
$LB = loadbalancer create {"virtualmachines": [$VM1, $VM2]}

// CDN を作成
await [$LB, $BUCKET]
$CDN = cdn create {...}

// DNS エントリを作成
await $CDN
$DNS = dns create {...}

await $DNS
```

　擬似言語から AWS API 呼び出しへのコマンドの変換という最後のステップは省略します。IaC について知っておかなければならないことは以上です。結局のところ、依存関係に尽きます。

　IaC にとって依存関係がいかに重要であるかを理解したところで、ターミナルを使ってインフラを作成する方法を見てみましょう。CLI は IaC を実装するツールの 1 つです。

無料利用枠でカバーされない例について

　本章には、無料利用枠によってカバーされない例が含まれています。料金が発生する場合は、そのつど明記します。それ以外の例については、数日以上にわたって実行したままにしない限り、料金は発生しません。ただし、本書で使用する AWS アカウントを新たに作成していて、その AWS アカウントで他の作業を行わないことが前提となります。この AWS アカウントは本書の最後に削除するため、本章の内容は数日以内に読み終えるようにしてください。

4.2　AWS CLI の使用

　AWS CLI は、AWS をターミナルから利用するための手軽な方法です。AWS CLI は Linux、macOS、Windows に対応しています。AWS CLI は Python で書かれており、すべての AWS サービスに対して統一されたインターフェイスを提供します。特に指定されない限り、出力はデフォルトで JSON フォーマットになります。

4.2.1　自動化すべきなのはなぜか

　AWSマネジメントコンソールを使用するのではなく自動化すべきなのはなぜでしょうか。スクリプトやブループリントは再利用が可能なので、長い目で見れば時間の節約になります。過去のプロジェクトのすぐに利用できるモジュールを使って新しいインフラをすばやく構築したり、定期的に実行しなければならないタスクを自動化したりできます。インフラの自動的な作成は、デプロイメントパイプラインの自動化にも役立ちます。

　もう1つの利点は、スクリプトやブループリントが想像できる限りにおいて最も正確なドキュメントであり、コンピュータでも解釈できることです。先週の金曜日に行ったことを月曜日に再現したい場合、スクリプトはなくてはならないものです。あなたが病気になり、あなたの仕事を同僚が引き継ぐことになった場合、ブループリントがあると感謝されるはずです。

　ここでは、AWS CLIのインストールと設定を行います。その後は、さっそくスクリプトを作成してみましょう。

4.2.2　AWS CLIのインストール

　作業の進め方はOSによって異なります。AWS CLIのインストールがうまくいかない場合は、AWSの「AWS CLIのインストール」というドキュメント[2]で、さまざまなインストールオプションの詳しい説明を確認してください。

Linux と macOS

　AWS CLIを使用するには、Python 2.6.5以降またはPython 3.3以降とpipが必要です。pipはPythonパッケージのインストールに推奨されるツールです。使用しているPythonのバージョンを調べるには、ターミナルでpython --versionを実行します。Pythonがインストールされていない、またはバージョンが古すぎる場合は、次のステップに進む前にPythonをインストールするかアップデートする必要があります。pipがすでにインストールされているかどうかを調べるには、ターミナルで pip --version を実行し、バージョンが表示されれば問題ありません。pipをインストールする方法は次のようになります。

```
$ curl "https://bootstrap.pypa.io/get-pip.py" -o "get-pip.py"
$ sudo python get-pip.py
$ pip --version
```

　続いて、AWS CLIをインストールします。

```
$ sudo pip install awscli
$ aws --version
```

※2　https://docs.aws.amazon.com/ja_jp/cli/latest/userguide/cli-chap-install.html

118　第4章　｜　インフラのプログラミング［コマンドライン、SDK、CloudFormation］

AWS CLI のバージョンとして最低でも 1.11.136 が表示されるはずです。

Windows

Windows インストーラ（MSI）を使って AWS CLI をインストールする手順は次のとおりです。

1. http://aws.amazon.com/cli/（のページ右上）から AWS CLI（32 ビットまたは 64 ビット）の Windows インストーラをダウンロードします。

2. ダウンロードしたインストーラを実行し、インストールウィザードに従って AWS CLI をインストールします。

3. （Windows 10 の場合は）［スタート］メニューで［Windows PowerShell］を右クリックして［管理者として実行する］を選択し、PowerShell を管理者として実行します。

4. PowerShell に Set-ExecutionPolicy Unrestricted と入力し、Enter キーを押してコマンドを実行します。このようにすると、署名のない PowerShell スクリプトを本書のサンプルで実行できるようになります。

5. 管理者としての作業はこれ以上必要ないため、PowerShell ウィンドウを閉じます。

6. ［スタート］メニューから［PowerShell］を選択し、PowerShell を起動します。

7. PowerShell で aws --version を実行し、AWS CLI が動作しているかどうかを確認します。AWS CLI のバージョンとして最低でも 1.11.136 が表示されるはずです。

4.2.3　AWS CLI の設定

AWS CLI を使用するには、認証が必要です。ここまでは、AWS の root アカウントを使用してきました。何でもできる root アカウントには、よい面と悪い面があります。root アカウントは使用しないことが強く推奨されるため[3]、新しいユーザーを作成することにしましょう。

新しいユーザーを作成するには、まず AWS マネジメントコンソール[4] にアクセスします。

1. 最上部のナビゲーションバーで［サービス］をクリックし、IAM（Identity and Access Management）サービスを選択します。

2. IAM ダッシュボードが表示されたら（図 4-4）、左のナビゲーションメニューから［ユーザー］を選択します。

---

[3]　セキュリティについては、第6章で説明する。

[4]　https://console.aws.amazon.com

図4-4：IAM ダッシュボード（ユーザーが作成されていない状態）

ユーザーを作成する手順は次のようになります。

1. ［ユーザーを追加］をクリックします。図4-5のページが表示されます。
2. ［ユーザー名］フィールドに mycli と入力します、
3. ［アクセスの種類］として［プログラムによるアクセス］を選択します。
4. ［次のステップ：アクセス権限］ボタンをクリックします。

図4-5：IAM ダッシュボードでユーザー（IAM ユーザー）を作成する

次のステップでは、新しいユーザーのアクセス許可を定義します（図4-6）。

1. ［既存のポリシーを直接アタッチ］を選択します。
2. ［AdministratorAccess］ポリシーを選択します。
3. ［次のステップ：タグ］ボタンをクリックします。

4. 次のページでは何も設定せず、[次のステップ：確認]ボタンをクリックします。

図 4-6：IAM ユーザーのアクセス許可を設定する

ここまでの設定内容をすべてまとめた確認ページが表示されます。

1. 設定内容を確認し、[ユーザーの作成]ボタンをクリックして設定内容を保存します。
2. 最後のページ（図 4-7）が表示されたら、[表示]リンクをクリックしてシークレットアクセスキーを表示します。この認証情報を AWS CLI の設定にコピーする必要があります。

図 4-7：IAM ユーザーのアクセスキーを表示する

3. 最後のページを開いたまま、Linux/macOS ではターミナルウィンドウ、Windows では PowerShell を開いて、`aws configure` を実行します。続いて、4つの情報を入力します。

4. [AWS Access Key ID [None]:] プロンプトが表示されたら、最後のページの [アクセスキー ID] 列の値をコピーし、このプロンプトに貼り付けて Enter キーを押します。

5. [AWS Secret Access Key [None]:] プロンプトが表示されたら、最後のページの [シークレットアクセスキー] 列の値をコピーし、このプロンプトに貼り付けて Enter キーを押します。

6. [Default region name [None]:] プロンプトが表示されたら、`us-east-1` と入力して Enter キーを押します。

7. [Default output format [None]:] プロンプトが表示されたら、`json` と入力して Enter キーを押します。

8. AWS CLI の設定はこれで完了です。ユーザー `mycli` として認証を行えるようになりました。AWS マネジメントコンソールの最後のページに戻って [閉じる] をクリックします。

次に、AWS CLI が動作するかどうかをテストします。ターミナルウィンドウに切り替え、`aws ec2 describe-regions` コマンドを入力して利用可能なリージョンを一覧表示します。

```
$ aws ec2 describe-regions
{
    "Regions": [
        {
            "Endpoint": "ec2.eu-north-1.amazonaws.com",
            "RegionName": "eu-north-1"
        },
        {
            "Endpoint": "ec2.ap-south-1.amazonaws.com",
            "RegionName": "ap-south-1"
        },
        ...
        {
            "Endpoint": "ec2.us-west-2.amazonaws.com",
            "RegionName": "us-west-2"
        }
    ]
}
```

うまくいきました。AWS CLI を使い始める準備はこれで完了です。

4.2.4　AWS CLI を使用する

実行中の t2.micro タイプの EC2 インスタンスを一覧表示し、この AWS アカウントで何が実行されているのかを確認したいとしましょう。ターミナルで次のコマンドを実行します。

122 第4章 | インフラのプログラミング［コマンドライン、SDK、CloudFormation］

```
$ aws ec2 describe-instances --filters "Name=instance-type,Values=t2.micro"
{
    "Reservations": []
}
```

EC2 インスタンスはまだ作成していないので、出力されたリストには何も含まれていません。

AWS CLI を使用するには、サービスとアクションを指定する必要があります。先の例では、サービスは ec2、アクションは describe-instances です。オプションを追加したい場合は、--key オプションに値を指定します。

```
$ aws <サービス> <アクション> [--key <値>...]
```

help キーワードは AWS CLI の重要な機能の 1 つです。AWS CLI のヘルプは次の 3 つの詳細レベルで表示できます。

- aws help … 利用可能なサービスをすべて表示します。
- aws <サービス> help … 特定のサービスで利用可能なアクションをすべて表示します。
- aws <サービス> <アクション> help … 特定のサービスアクションで利用可能なオプションをすべて表示します。

SSH を使って何かをテストする Linux マシンなど、コンピュータが一時的に必要になることがあります。そのような場合は、仮想マシンを自動的に作成するスクリプトを記述しておくとよいでしょう。このスクリプトはローカルコンピュータで実行され、SSH を使って仮想マシンに接続します。このスクリプトでは、テストが完了した後に仮想マシンを終了できなければなりません。このスクリプトの使い方は次のようになります。

```
$ ./virtualmachine.sh
waiting for i-09ab6f17...          ◀──┐ 起動するまで待機
i-09ab6f17... is accepting SSH connections under ec2...amazonaws.com
ssh -i mykey.pem ec2-user@ec2...amazonaws.com
Press [Enter] key to terminate  i-09ab6f17...    ◀── SSH の接続文字列
...
terminating i-09ab6f17...          ◀──┐ 終了するまで待機
done.
```

この仮想マシンは Enter キーが押されるまで実行し続け、Enter キーが押されたときに終了します。この方法には、次のような欠点があります。

- 一度に処理できる仮想マシンが 1 つだけである。
- Linux/macOS 用のスクリプトとは別に Windows 用のスクリプトが必要となる。

- （GUIではなく）コマンドラインアプリケーションである。

とはいえ、AWS CLIを使用する方法は次のユースケースに役立ちます。

- 仮想マシンの作成
- SSHを使って接続する仮想マシンのパブリック名の取得
- 不要になった仮想マシンの終了

　使用しているOSに応じて、Bash（LinuxおよびmacOS）またはPowerShell（Windows）を使ってスクリプトを作成します。

　作業を開始する前に、AWS CLIのある重要な機能について説明しておく必要があります。--queryオプションは、JSON用のクエリ言語JMESPathを使って結果からデータを取り出すためのオプションです。通常必要となるのは結果の特定のフィールドだけなので、このオプションが役立つことがあります。たとえば、すべてのAMIをJSONフォーマットで表示するコマンドは次のようになります[5]。

```
$ aws ec2 describe-images
{
    "Images": [
        {
            "Architecture": "i386",
            "CreationDate": "",
            "ImageId": "aki-00806369",
            "ImageLocation": "karmic-kernel-zul/ubuntu-kernel...manifest.xml",
            "ImageType": "kernel",
            "Public": true,
            "OwnerId": "099720109477",
            "State": "available",
            "BlockDeviceMappings": [],
            "Hypervisor": "xen",
            "RootDeviceType": "instance-store",
            "VirtualizationType": "paravirtual"
        },
        ...
    ]
}
```

　ただし、EC2インスタンスの起動に必要なのはImageIdだけであり、他の情報は不要です。JMESPathを利用すれば、その情報だけを取り出すことができます。最初のImageIdプロパティを取得するためのパスはImages[0].ImageIdです。すべてのStateプロパティを取得するためのパスはImages[*].Stateです。

※5　［訳注］少し時間がかかるのと、かなり大量の出力が生成されることに注意。

```
$ aws ec2 describe-images --query "Images[0].ImageId"
"aki-00806369"

$ aws ec2 describe-images --query "Images[0].ImageId" --output text
aki-00806369

$ aws ec2 describe-images --query "Images[*].State"
[
    "available",
    "available",
    ...
]
```

JMESPath の説明は以上ですが、必要なデータを取り出すのには十分です。

> **本書のサンプルコード**
>
> 　本書のサンプルコードはすべて本書の GitHub リポジトリ https://github.com/AWSinAction/code2 で公開されています。このリポジトリのスナップショットは https://github.com/AWSinAction/code2/archive/master.zip からダウンロードできます。本章のスクリプトは /chapter04 フォルダに含まれています。

Linux と macOS は Bash スクリプトを解釈できますが、Windows では PowerShell スクリプトが必要です。このため、本書では同じスクリプトの 2 つのバージョンを作成しています。

Cleaning up
先へ進む前に、仮想マシンを必ず終了してください。

Linux と macOS

Linux/macOS 用のスクリプト（virtualmachine.sh）を実行するには、リスト 4-3 のコードを 1 行ずつコピーしてターミナルに貼り付けるか、chmod +x virtualmachine.sh && ./virtualmachine.sh を使ってスクリプト全体を実行します。

リスト 4-3　AWS CLI からの仮想マシンの作成と削除（virtualmachine.sh）

```
# -e を指定すると、コマンドが失敗した場合に Bash が終了する
#!/bin/bash -e

# Amazon Linux AMI の ID を取得
AMIID="$(aws ec2 describe-images --filters \
"Name=name,Values=amzn-ami-hvm-2017.09.1.*-x86_64-gp2" \
```

```
--query "Images[0].ImageId" --output text)"

# デフォルトのVPC (Virtual Private Cloud) のIDを取得
VPCID="$(aws ec2 describe-vpcs --filter "Name=isDefault, Values=true" \
--query "Vpcs[0].VpcId" --output text)"

# デフォルトのサブネットのIDを取得
SUBNETID="$(aws ec2 describe-subnets --filters "Name=vpc-id, Values=$VPCID" \
--query "Subnets[0].SubnetId" --output text)"

# セキュリティグループを作成
SGID="$(aws ec2 create-security-group --group-name mysecuritygroup \
--description "My security group" --vpc-id "$VPCID" --output text)"

# インバウンドのSSH接続を許可
aws ec2 authorize-security-group-ingress --group-id "$SGID" \
--protocol tcp --port 22 --cidr 0.0.0.0/0

# 仮想マシンを作成して起動
INSTANCEID="$(aws ec2 run-instances --image-id "$AMIID" --key-name mykey \
--instance-type t2.micro --security-group-ids "$SGID" \
--subnet-id "$SUBNETID" --query "Instances[0].InstanceId" --output text)"

echo "waiting for $INSTANCEID ..."

# 仮想マシンが起動するまで待機
aws ec2 wait instance-running --instance-ids "$INSTANCEID"

# 仮想マシンのパブリック名を取得
PUBLICNAME="$(aws ec2 describe-instances --instance-ids "$INSTANCEID" \
--query "Reservations[0].Instances[0].PublicDnsName" --output text)"

echo "$INSTANCEID is accepting SSH connections under $PUBLICNAME"
echo "ssh -i mykey.pem ec2-user@$PUBLICNAME"
read -r -p "Press [Enter] key to terminate $INSTANCEID ..."

# 仮想マシンを終了
aws ec2 terminate-instances --instance-ids "$INSTANCEID"
echo "terminating $INSTANCEID ..."

# 仮想マシンが終了するまで待機
aws ec2 wait instance-terminated --instance-ids "$INSTANCEID"

# セキュリティグループを削除
aws ec2 delete-security-group --group-id "$SGID"
echo "done."
```

Windows

Windows 用のスクリプト（リスト 4-4）を実行するには、`virtualmachine.ps1` ファイルを右クリックし、［PowerShell で実行］を選択します。

126　第 4 章　｜　インフラのプログラミング［コマンドライン、SDK、CloudFormation］

リスト 4-4　AWS CLI からの仮想マシンの作成と削除（virtualmachine.ps1）

```
# コマンドが失敗した場合は終了する
$ErrorActionPreference = "Stop"

# Amazon Linux AMI の ID を取得
$AMIID=aws ec2 describe-images --filters \
"Name=name,Values=amzn-ami-hvm-2017.09.1.*-x86_64-gp2" \
--query "Images[0].ImageId" --output text

# デフォルトの VPC の ID を取得
$VPCID=aws ec2 describe-vpcs --filter "Name=isDefault, Values=true" \
--query "Vpcs[0].VpcId" --output text

# デフォルトのサブネットの ID を取得
$SUBNETID=aws ec2 describe-subnets --filters "Name=vpc-id, Values=$VPCID" \
--query "Subnets[0].SubnetId" --output text

# セキュリティグループを作成
$SGID=aws ec2 create-security-group --group-name mysecuritygroup \
--description "My security group" --vpc-id $VPCID --output text

# インバウンドの SSH 接続を許可
aws ec2 authorize-security-group-ingress --group-id $SGID \
--protocol tcp --port 22 --cidr 0.0.0.0/0

# 仮想マシンを作成して起動
$INSTANCEID=aws ec2 run-instances --image-id $AMIID --key-name mykey \
--instance-type t2.micro --security-group-ids $SGID --subnet-id $SUBNETID \
--query "Instances[0].InstanceId" --output text

Write-Host "waiting for $INSTANCEID ..."

# 仮想マシンが起動するまで待機
aws ec2 wait instance-running --instance-ids $INSTANCEID

# 仮想マシンのパブリック名を取得
$PUBLICNAME=aws ec2 describe-instances --instance-ids $INSTANCEID \
--query "Reservations[0].Instances[0].PublicDnsName" --output text

Write-Host "$INSTANCEID is accepting SSH connections under $PUBLICNAME"
Write-Host "connect to $PUBLICNAME via SSH as user ec2-user"
Write-Host "Press [Enter] key to terminate $INSTANCEID ..."
Read-Host

# 仮想マシンを終了
aws ec2 terminate-instances --instance-ids $INSTANCEID
Write-Host "terminating $INSTANCEID ..."

# 仮想マシンが終了するまで待機
aws ec2 wait instance-terminated --instance-ids $INSTANCEID

# セキュリティグループを削除
aws ec2 delete-security-group --group-id $SGID
Write-Host "done."
```

4.3 SDK を使ったプログラミング 127

4.3 SDK を使ったプログラミング

AWS では、次のプログラミング言語とプラットフォームに対応する SDK を提供しています。

- Android
- ブラウザ（JavaScript）
- iOS
- Java
- Node.js（JavaScript）
- .NET
- PHP
- Python
- Ruby
- Go
- C++

AWS SDK を利用すれば、普段使っているプログラミング言語から AWS API を簡単に呼び出すことができます。認証、エラー発生時のリトライ、HTTPS 通信、XML/JSON シリアライズといった処理は SDK によって自動的に処理されます。AWS SDK は普段使っている言語に合わせて自由に選択できますが、本書のサンプルの大部分は JavaScript で書かれており、実行環境として Node.js を使用します。

Node.js のインストールと設定

Node.js は、JavaScript をイベント駆動型の環境で実行するためのプラットフォームであり、ネットワークアプリケーションを簡単に構築できます。Node.js をインストールするには、https://nodejs.org にアクセスして各自の OS に適したパッケージをダウンロードする必要があります。本書のサンプルはすべて Node.js 8 でテストされています[6]。

Node.js をインストールした後、ターミナルに `node --version` と入力するとバージョン番号が表示されるはずです。本書の Node Control Center for AWS といった JavaScript サンプルを実行する準備はこれで完了です。

Node.js には、**npm** という重要なツールが含まれています。npm は Node.js のパッケージマネージャです。ターミナルで `npm --version` を実行し、このツールがインストールされていることを確認してください。

JavaScript スクリプトを Node.js で実行するには、ターミナルに `node <スクリプト名>.js` と入力します。Node.js を使用するのは、インストールが簡単で、IDE が不要で、ほとんどのプログラマにとってなじみのある構文だからです。

JavaScript と Node.js を混同しないように注意してください。正確に言うと、JavaScript は言語であり、Node.js は実行環境です。ただし、誰もがそのように区別していると期待しないでください。Node.js は node とも呼ばれています。

Node.js 入門が必要な場合は、Alex Young 他著『Node.js in Action Second Edition』（Manning、2017 年）か、PJ Evans のビデオ講座『Node.js in Motion』（Manning、2018 年）がお勧めです（ただし、どちらも英語版です）。

---

[6] ［訳注］翻訳時の検証には Node.js 10.15.3 を使用した。

AWS SDK for Node.js（JavaScript）の仕組みを理解するために、AWS SDK を使って EC2 インスタンスを制御する Node.js（JavaScript）アプリケーションを作成してみましょう。

4.3.1　SDK で仮想マシンを制御する：nodecc

Node Control Center for AWS（nodecc）は、複数の一時的な EC2 インスタンスを管理するツールであり、JavaScript で書かれたテキストベースの UI を提供します。nodecc は次のような特徴を備えています。

- 複数の仮想マシンに対処可能
- JavaScript で書かれ、Node.js で動作するため、プラットフォーム間での移植が可能
- テキストベースの UI を使用

本書のサンプルコード

　本書のサンプルコードはすべて本書の GitHub リポジトリからダウンロードできます。nodecc のコードは /chapter04/nodecc/ フォルダに含まれています。nodecc に必要な依存ファイルをすべてインストールするために、このフォルダに移動して `npm install` を実行してください[※7]。

https://github.com/AWSinAction/code2

---

nodecc の外観は図 4-8 のようになります。

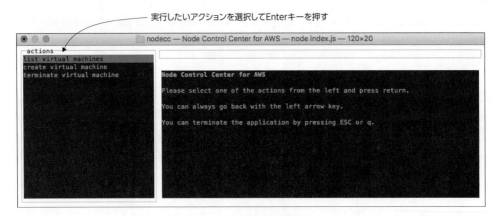

図 4-8：nodecc の開始画面

※7　［訳注］"found 2 vulnerabilities" のようなメッセージが表示された場合は、`npm audit fix` を実行して脆弱性を修正する必要があるかもしれない。

nodeccを起動するには、`node index.js`を実行します。左矢印キーを押せば、いつでも前の画面（アクションメニュー）に戻ることができます。nodeccを終了するには、Escキーかqキーを押します。AWS SDKはCLI用に作成した設定と同じものを使用するため、nodeccの実行時には`mycli`ユーザーを使用することになります。

4.3.2　nodeccの仕組み：仮想マシンの作成

nodeccを使って何かを行うには、仮想マシンを少なくとも1つ作成する必要があります。[create virtual machine]を選択してEnterキーを押し、右のパネルに表示されたAMIのいずれかを選択してEnterキーを押します（図4-9）。

図4-9：nodeccでの仮想マシンの作成（ステップ1/2）

利用可能なAMIのリストを取得するコードは、`lib/listAMIs.js`に含まれています（リスト4-5）。

リスト4-5　利用可能なAMIのリストを取得する（lib/listAMIs.js）

```javascript
const jmespath = require('jmespath');                    // requireを使ってモジュールをロード
const AWS = require('aws-sdk');
const ec2 = new AWS.EC2({region: 'us-east-1'});          // EC2エンドポイントを設定

// module.exportsにより、listAMIsモジュールのユーザーがこの関数を利用できるようになる
module.exports = (cb) => {
  ec2.describeImages({    // アクション
    Filters: [{
      Name: 'name',
      Values: ['amzn-ami-hvm-2017.09.1.*-x86_64-gp2']
    }]
  }, (err, data) => {
    if (err) {            // 失敗した場合はerrを設定
      cb(err);
    } else {              // 成功した場合、すべてのAMIがdataに設定される
```

```
            const amiIds = jmespath.search(data, 'Images[*].ImageId');
            const descriptions = jmespath.search(data, 'Images[*].Description');
            cb(null, {amiIds: amiIds, descriptions: descriptions});
        }
    });
};
```

　リスト 4-5 のコードは、各アクションが lib フォルダで実装されるような構造になっています。仮想マシンを作成する次のステップは、仮想マシンを起動するサブネットの選択です。サブネットについてはまだ説明していないため、とりあえず適当に選択することにします（図 4-10）。この部分のコードは lib/listSubnets.js に含まれています。

図 4-10：nodecc での仮想マシンの作成（ステップ 2/2）

　サブネットを選択した後、lib/createVM.js によって仮想マシンが作成され、starting... というメッセージが表示されます。次に、新たに作成された仮想マシンのパブリック名を調べます。左矢印キーを押して開始画面に戻ってください。

4.3.3　nodecc の仕組み：仮想マシン一覧 / 詳細の表示

　nodecc がサポートしなければならない重要なユースケースの 1 つは、SSH 接続に使用できる仮想マシンのパブリック名を表示することです。nodecc は複数の仮想マシンに対応できるため、まず仮想マシンを選択します（図 4-11）。

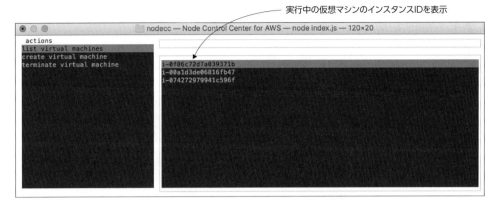

図 4-11：nodecc での仮想マシンの一覧表示

　AWS SDK を使って仮想マシンのリストを取得するコードは `lib/listVMs.js` に含まれています。仮想マシンを選択した後は、その仮想マシンの詳細情報を表示できます（図 4-12）。表示された `PublicDnsName` を使って EC2 インスタンスに SSH で接続することも可能です。左矢印キーを押して開始画面に戻ってください。

図 4-12：nodecc での仮想マシンの詳細表示

4.3.4　nodecc の仕組み：仮想マシンの終了

　仮想マシンを終了するには、左のパネルで [terminate virtual machine] を選択した後、右のパネルで仮想マシンを選択します。仮想マシンの一覧表示には、`lib/listVMs.js` を再び使用します。仮想マシンを選択した後は、`lib/terminateVM.js` が終了処理を実行します。

　以上が nodecc の仕組みです。このように、nodecc は一時的な EC2 インスタンスを制御できるテキストベースの UI を持つプログラムです。普段使っている言語と AWS SDK で何ができるか少しじっくり考えてみてください。新しいビジネスのアイデアが思い浮かぶかもしれません！

Cleaning up
次へ進む前に、起動した仮想マシンをすべて終了してください。

4.4　ブループリントを使って仮想マシンを起動する

　本章では、IaC の概念を紹介するために JIML に言及しました。運のよいことに、AWS では、JIML よりもはるかに使い勝手のよい **AWS CloudFormation** というツールがすでに提供されています。CloudFormation は、本書でブループリントと呼んでいるテンプレートを使用します。

> **NOTE**
> 本書では、インフラの自動化に関する説明で**ブループリント**という用語を使用します。構成管理サービスである AWS CloudFormation で使用されるブループリントは**テンプレート**と呼ばれます。

　テンプレートは JSON または YAML で記述されたインフラの説明であり、CloudFormation によって解釈されます。必要なアクションを列挙するのではなく、このように何かを説明するという考え方は**宣言的アプローチ**（declarative approach）と呼ばれます。宣言的とは、インフラがどのようなものであるかを CloudFormation に伝えることを意味します。CloudFormation では、そのインフラの作成に必要なアクションを指定することや、アクションの実行順序を指定することはありません。
　CloudFormation には、次のような利点があります。

- **AWS のインフラを一貫した方法で定義する**
  スクリプトを使ってインフラを作成する場合、問題が同じであっても解決方法は人それぞれです。このことは、新しく配属された開発者や運用担当者がコードの内容を理解しようとするときにハードルとなります。CloudFormation のテンプレートは、インフラを定義するための明確な言語です。

- **依存関係に対処できる**
  まだ利用可能な状態ではない Web サーバーをロードバランサーに登録しようとしたことはないでしょうか。ざっと考えて、多くの依存関係を見落としてしまいそうです。本書の内容を信じて、複雑なインフラの準備にスクリプトを使用することは何としても避けてください。依存関係の地獄に落ちることは目に見えています。

- **複製できる**
  テスト環境が本番環境を忠実に再現したものである場合は、CloudFormation を使ってまったく同じインフラを 2 つ作成し、それらを同期させるとよいでしょう。

- **カスタマイズできる**
  CloudFormation にカスタムパラメータを挿入すれば、テンプレートを思いどおりにカスタマイズできます。

- **テストできる**
  アーキテクチャをテンプレートから作成できる場合、そのアーキテクチャはテストできます。新しいインフラを起動し、テストを実行し、再び終了するだけです。

- **更新できる**
  CloudFormation はインフラの更新をサポートしています。CloudFormation はテンプレートの変更された部分を特定し、それらの変更点をインフラにできるだけスムーズに適用します。

- **人的ミスを最小限に抑える**
  CloudFormation は午前 3 時になっても疲れ知らずです。

- **テンプレートはインフラのドキュメント**
  CloudFormation のテンプレートは JSON/YAML ドキュメントです。このため、コードとして扱うことができ、Git などのバージョン管理システムを使って変更を追跡できます。

- **無料で利用できる**
  CloudFormation を利用するのに追加料金はかかりません。AWS のサポートプランを購入している場合は、CloudFormation もサポートの対象となります。

本書では、AWS でのインフラ管理に利用できる最強のツールの 1 つは CloudFormation であると考えています。

4.4.1　CloudFormation のテンプレートの構造

CloudFormation の基本的なテンプレートは、次の 5 つの部分で構成されます。

1. **AWSTemplateFormatVersion (フォーマットバージョン)**
   テンプレートフォーマットの最新バージョンは 2010-09-09 です。本書の執筆時点では、これが唯一の有効な値であるため、このバージョンを指定してください。デフォルトは最新バージョンですが、将来新しいバージョンがリリースされた場合に問題になるでしょう。

2. **Description (説明)**
   このテンプレートを説明するテキストです。

3. **Parameters (パラメータ)**
   ドメイン名、顧客 ID、データベースのパスワードといった値でテンプレートをカスタマイズするには、パラメータを使用します。

4. **Resources (リソース)**
   テンプレートで説明できる最も小さなブロックはリソースです。リソースとしては、仮想マシン、ロードバランサー、Elastic IP アドレスなどが挙げられます。

134 第4章 | インフラのプログラミング ［コマンドライン、SDK、CloudFormation］

5. Outputs (出力)

出力はパラメータに匹敵するものですが、パラメータとはまったく逆のものであり、EC2 イ
ンスタンスのパブリック名など、テンプレートから何かを返すために使用されます。

基本的なテンプレートはリスト 4-6 のようになります。

リスト 4-6 CloudFormation のテンプレートの構造（YAML）

```
---                                                # ここからドキュメントが始まる
AWSTemplateFormatVersion: "2010-09-09"             # 有効なバージョン

Description: "CloudFormation template structure"   # このテンプレートの目的

Parameters: ...                                    # パラメータを定義

Resources: ...                                     # リソースを定義

Outputs: ...                                       # 出力を定義
```

パラメータ、リソース、出力について詳しく見ていきましょう。

フォーマットバージョンと説明

本書の執筆時点では、`AWSTemplateFormatVersion` の有効な値は 2010-09-09 だけです。
フォーマットバージョンは必ず指定してください。フォーマットバージョンを指定しない場合、
CloudFormation は最新バージョンを使用します。このため、将来新しいフォーマットバージョン
がリリースされた場合は不適切なバージョンを使用することになり、結果として深刻な問題を引き
起こすことになりかねません。

`Description` は必須ではありませんが、面倒くさがらずにテンプレートの目的を文書化するこ
とをお勧めします。わかりやすい説明を追加しておけば、将来テンプレートの目的を思い出すのに
役立つでしょう。また、同僚を助ける意味でもぜひ追加してください。

パラメータ

パラメータには、少なくとも名前と型（`Type` プロパティ）が指定されます。できれば説明
（`Description` プロパティ）も追加してください（リスト 4-7）。

リスト 4-7 CloudFormation のテンプレートのパラメータセクション（YAML）

```
Parameters:
  Demo:                                                  # パラメータの名前
    Type: Number                                         # パラメータの型
    Description: "This parameter is for demonstration"   # パラメータの説明
```

パラメータの有効な型を表 4-1 にまとめておきます。

4.4　ブループリントを使って仮想マシンを起動する　　**135**

表 4-1：CloudFormation のパラメータの有効な型

型	説明
String CommaDelimitedList	文字列、またはコンマ区切りの文字列のリスト
Number List<Number>	整数、浮動小数点数、整数または浮動小数点数のリストのいずれか
AWS::EC2::AvailabilityZone::Name List<AWS::EC2::AvailabilityZone::Name>	us-west-2a などのアベイラビリティゾーン、またはアベイラビリティゾーンのリスト
AWS::EC2::Image::Id List<AWS::EC2::Image::Id>	AMI の ID または AMI の ID のリスト
AWS::EC2::Instance::Id List<AWS::EC2::Instance::Id>	EC2 インスタンスの ID または EC2 インスタンスの ID のリスト
AWS::EC2::KeyPair::KeyName	Amazon EC2 のキーペア名
AWS::EC2::SecurityGroup::Id List<AWS::EC2::SecurityGroup::Id>	セキュリティグループの ID またはセキュリティグループの ID のリスト
AWS::EC2::Subnet::Id List<AWS::EC2::Subnet::Id>	サブネットの ID またはサブネットの ID のリスト
AWS::EC2::Volume::Id List<AWS::EC2::Volume::Id>	EBS ボリュームの ID（ネットワーク接続型ストレージ）または EBS ボリュームの ID のリスト
AWS::EC2::VPC::Id List<AWS::EC2::VPC::Id>	VPC の ID または VPC の ID のリスト
AWS::Route53::HostedZone::Id List<AWS::Route53::HostedZone::Id>	DNS ゾーンの ID または DNS ゾーンの ID のリスト

Type プロパティと Description プロパティに加えて、表 4-2 のプロパティを使ってパラメータを拡張することもできます。

表 4-2：CloudFormation のパラメータのプロパティ

プロパティ	説明	例（YAML）
Default	パラメータのデフォルト値	Default: "m5.large"
NoEcho	すべてのグラフィカルツールでパラメータの値を非表示にする（パスワードに役立つ）	NoEcho: true
AllowedValues	パラメータの有効な値を指定する	AllowedValues: [1, 2, 3]
AllowedPattern	String 型のパラメータに使用できるパターンを表す正規表現	AllowedPattern: "[a-zA-Z0-9]*" は a〜z、A〜Z、0〜9 のみを許可し、文字の長さを制限しない
MinLength、MaxLength	String 型のパラメータの最大文字数と最小文字数を定義する	MinLength: 12
MinValue、MaxValue	Number 型のパラメータの最大値と最小値を定義する	MaxValue: 10
ConstraintDescription	制約に違反している場合に制約の内容を説明する文字列	ConstraintDescription: "Maximum value is 10."

　CloudFormation のテンプレートのパラメータセクションはリスト 4-8 のようになります。

136　第4章 ｜ インフラのプログラミング［コマンドライン、SDK、CloudFormation］

リスト4-8 CloudFormation のテンプレートのパラメータセクションの例（YAML）

```
Parameters:
  KeyName:
    Description: "Key Pair name"
    Type: "AWS::EC2::KeyPair::KeyName"     # キーペア名のみ指定可能
  NumberOfVirtualMachines:
    Description: "How many virtual machine do you like?"
    Type: Number
    Default: 1                            # デフォルトでは仮想マシンは1つ
    MinValue: 1
    MaxValue: 5                           # 上限を設けることでコストを節約
  WordPressVersion:
    Description: "Which version of WordPress do you want?"
    Type: String
    AllowedValues: ['4.1.1', '4.0.1']     # バージョンを特定のものに制限
```

　パラメータがどのようなものであるか感触がつかめたと思います。パラメータについて詳しく知りたい場合は、CloudFormation のパラメータに関するドキュメント[8]を参照するか、本書を読みながら実践してください。

リソース

　リソースには、少なくとも名前、型、いくつかのプロパティで構成されます（リスト4-9）。

リスト4-9 CloudFormation のテンプレートのリソースセクション（YAML）

```
Resources:
  VM:                                     # 選択可能なリソースの名前または論理 ID
    Type: "AWS::EC2::Instance"            # リソースの種類
    Properties:                           # この種類のリソースに必要なプロパティ
      ...
```

　リソースを定義するときには、リソースの種類と、その種類のリソースに必要なプロパティを知っている必要があります。例として、単一の EC2 インスタンスの例を見てみましょう。リスト4-12に含まれている !Ref ＜名前＞部分については、その名前で何かを参照するためのプレースホルダ（仮の文字）として考えてください。このテンプレートでパラメータとリソースを参照すれば、依存関係を作成できます（リスト4-10）。

リスト4-10 CloudFormation テンプレートでの EC2 インスタンスのリソース（YAML）

```
Resources:
  VM:                                     # 選択可能なリソースの名前または論理 ID
    Type: "AWS::EC2::Instance"            # EC2 インスタンスを定義
    Properties:
      ImageId: "ami-6057e21a"             # コードに埋め込まれた設定
```

---

[8]　https://docs.aws.amazon.com/ja_jp/AWSCloudFormation/latest/UserGuide/parameters-section-structure.html

```
        InstanceType: "t2.micro"
        KeyName: mykey
        NetworkInterfaces:
          - AssociatePublicIpAddress: true
        DeleteOnTermination: true
        DeviceIndex: 0
        GroupSet:
          - "sg-123456"
        SubnetId: "subnet-123456"
```

　仮想マシンの説明はこれで完了ですが、この仮想マシンのパブリック名はどのようにして出力すればよいのでしょうか。

出力

　CloudFormation のテンプレートの出力には、少なくとも（パラメータやリソースと同様に）名前と値が含まれますが、できれば説明も含まれるようにしてください。出力を利用すれば、テンプレートの中からデータを渡すことができます（リスト 4-11）。

> **リスト 4-11**　CloudFormation のテンプレートの出力セクション（YAML）

```
Outputs:
  NameOfOutput:                         # 出力の名前
    Value: '1'                          # 出力の値
    Description: "This output is always 1"  # 出力の説明
```

　このような静的な出力はあまり役に立ちません。ほとんどの場合は、リソースの名前やリソースの属性（パブリック名など）を参照する値を使用することになるでしょう（リスト 4-12）。

> **リスト 4-12**　CloudFormation のテンプレートの出力セクションの例（YAML）

```
Outputs:
  ID:
    Value: !Ref Server                          # EC2 インスタンスを参照
    Description: "ID of the EC2 instance"
  PublicName:
    Value: !GetAtt 'Server.PublicDnsName'       # EC2 インスタンスの
    Description: "Public name of the EC2 instance"  # PublicDnsName 属性を取得
```

　`!GetAtt` の最も重要な属性については、後ほど詳しく説明します。先にすべての属性を知っておきたい場合は、CloudFormation の `Fn::GetAtt` 関数の説明[※9] を参照してください。
　CloudFormation のテンプレートの基本的な構成要素を確認したところで、実際にテンプレートを作成してみることにしましょう。

※ 9　https://docs.aws.amazon.com/ja_jp/AWSCloudFormation/latest/UserGuide/intrinsic-function-reference-getatt.html

138 第4章 | インフラのプログラミング［コマンドライン、SDK、CloudFormation］

4.4.2 テンプレートを作成する

CloudFormation のテンプレートを作成する方法はさまざまです。

- テキストエディタや IDE を使ってテンプレートを一から記述する。
- AWS CloudFormation デザイナーを使用する。
- デフォルト実装が含まれているパブリックライブラリのテンプレートを必要に応じてカスタマイズする。
- CloudFormer を使用する。CloudFormer は AWS の既存のインフラに基づいてテンプレートを作成するツールである。
- 各ベンダーが提供しているテンプレートを使用する。

AWS とそのパートナーにより、AWS クイックスタート[10] が提供されています。AWS クイックスタートには、需要の高いソリューションをデプロイするための CloudFormation テンプレートが含まれています。さらに、私たちが日常的な業務で使用しているようなテンプレートが GitHub リポジトリ[11] で公開されています。

開発者チームから仮想マシンの提供を要請されているとしましょう。その数か月後、開発チームの作業パターンが変化し、仮想マシンの CPU 性能が足りなくなってしまいます。開発チームからの新たな要求には AWS CLI と SDK を使って対処できますが、第3章の 3.4 節で説明したように、インスタンスタイプを変更するには、最初に EC2 インスタンス（仮想マシン）を停止しなければなりません。具体的な手順は次のようになります。

1. インスタンスを停止します。
2. インスタンスが停止するのを待ちます。
3. インスタンスタイプを変更します。
4. インスタンスを開始します
5. インスタンスが開始するのを待ちます。

CloudFormation が採用しているような宣言的アプローチのほうがシンプルです。そのアプローチでは、InstanceType プロパティを変更し、テンプレートを更新するだけで済みます。このプロパティの値はパラメータを使ってテンプレートに渡すことができます。さっそくテンプレートを作成してみましょう（リスト 4-13）。

※ 10　https://aws.amazon.com/quickstart/

※ 11　https://github.com/widdix/aws-cf-templates

4.4 ブループリントを使って仮想マシンを起動する **139**

リスト4-13 EC2 インスタンスを作成するテンプレート（YAML）

```
---
AWSTemplateFormatVersion: '2010-09-09'

Description: 'AWS in Action: chapter 4'

Parameters:
  KeyName:                              # 使用するキーを定義
    Description: 'Key Pair name'
    Type: 'AWS::EC2::KeyPair::KeyName'
    Default: mykey

  VPC:                                  # 6.5 節で説明
    ...

  Subnet:                               # 6.5 節で説明
    ...

  InstanceType:                         # インスタンスタイプを定義
    Description: 'Select one of the possible instance types'
    Type: String
    Default: 't2.micro'
    AllowedValues": ['t2.micro', 't2.small', 't2.medium']

Resources:
  SecurityGroup:                        # 6.4 節で説明
    Type: 'AWS::EC2::SecurityGroup'
    Properties:
      ...

  VM:                                   # 必要最小限の EC2 インスタンスを定義
    Type: 'AWS::EC2::Instance'
    Properties:
      ImageId: 'ami-6057e21a'
      InstanceType: !Ref InstanceType
      KeyName: !Ref KeyName
      NetworkInterfaces:
        - AssociatePublicIpAddress: true
      DeleteOnTermination: true
      DeviceIndex: 0
      GroupSet:
        - !Ref SecurityGroup
      SubnetId: !Ref Subnet

Outputs:
  PublicName:                           # EC2 インスタンスのパブリック名を返す
    Value: !GetAtt 'Server.PublicDnsName'
    Description: 'Public name (connect via SSH as user ec2-user)'
```

VPC（Virtual Private Cloud）、サブネット、セキュリティグループについては、第6章で説明します。

> **本書のサンプルコード**
>
> 本書のサンプルコードはすべて本書のGitHubリポジトリからダウンロードできます。このテンプレートの完全なコードは /chapter04/virtualmachine.yaml ファイルに含まれています。
>
> https://github.com/AWSinAction/code2

CloudFormationでは、テンプレートから作成されるインフラを**スタック**（stack）と呼びます。「テンプレート」と「スタック」の関係は、「クラス」と「オブジェクト」の関係によく似ています。テンプレートが存在するのは一度だけですが、スタックは同じテンプレートから何度でも作成できます。

AWSマネジメントコンソールを開いて、最上部のナビゲーションバーで［サービス］をクリックし、CloudFormationを選択すると、図4-13のような画面が表示されます。

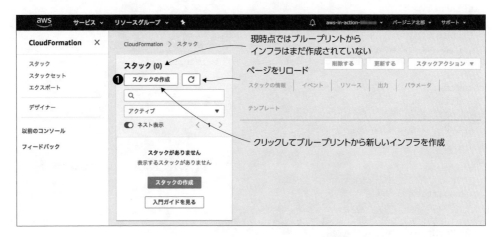

図4-13：CloudFormationのスタックの概要

さっそくスタックを作成してみましょう。

1. ［スタックの作成］をクリックして、4つのステップからなるウィザードを開始します。
2. ［前提条件］セクションで［テンプレートの準備完了］が選択されていることと、［テンプレートの指定］セクションで［Amazon S3 URL］が選択されていることを確認します。次に、［Amazon S3 URL］フィールドに https://s3.amazonaws.com/awsinaction-code2/chapter04/virtualmachine.yaml と入力します（図4-14）。
3. ［次へ］をクリックしてステップ2に進みます。
4. 2つ目のステップでは、スタックの名前とパラメータを定義します（図4-15）。［スタックの名前］フィールドに server などの名前を入力します。

4.4 ブループリントを使って仮想マシンを起動する　　141

図 4-14：CloudFormation スタックの作成：テンプレートの選択（ステップ 1/4）

図 4-15：CloudFormation スタックの作成：パラメータの定義（ステップ 2/ 4）

5. ［InstanceType］として t2.micro が選択されていることと、［KeyName］として mykey が選択されていることを確認します。

6. ［Subnet］ドロップダウンリストから最初の値を選択します。

7. ［VPC］ドロップダウンリストから最初の値を選択します。

8. ［次へ］をクリックしてステップ 3 に進みます。

9. 3 つ目のステップでは、スタックのオプションタグや高度な設定を定義できます。スタックによって作成されるリソースはすべて、デフォルトで CloudFormation によるタグ付けの対象となります。この段階では高度な機能を使用しないため、何も変更せずに［次へ］をクリックします。

10. 4 つ目のステップでは、スタックの概要を確認した上で、［スタックの作成］をクリックします（図 4-16）。

図 4-16：CloudFormation スタックの作成：概要（ステップ 4/4）

11. ［スタックの作成］をクリックすると、CloudFormationがスタックの作成を開始します。スタックの作成が完了すると、図4-17の画面が表示されます。［ステータス］の値が CREATE_IN_PROGRESS になっている間は、辛抱強く待つ必要があります[※12]。

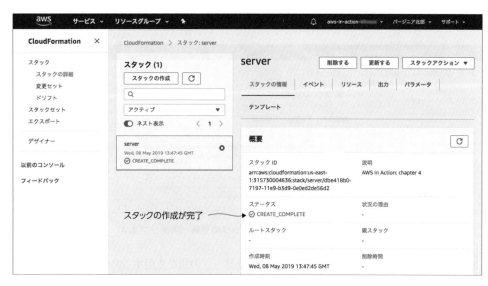

図4-17：作成された CloudFormation スタック

12. ［ステータス］の値が CREATE_COMPLETE に変わったら、作成されたスタックを選択し、［出力］タブをクリックして EC2 インスタンスのパブリック名を確認します（図4-18）。

図4-18：EC2 インスタンスのパブリック名を確認する

※12　［訳注］スタックの作成には数時間かかることがある。

続いて、インスタンスタイプを変更してみましょう。

1. 作成されたスタックを選択し、上部の[更新する]ボタンをクリックします。そうすると、スタックの作成に使用したのと同じようなウィザードが開始されます。1つ目のステップで[現在のテンプレートの使用]が選択されていることを確認し、[次へ]をクリックします（図 4-19）。

図 4-19：CloudFormation スタックの更新（ステップ 1/4）

2. 2つ目のステップでは、[InstanceType]パラメータの値を変更する必要があります（図 4-15 とほぼ同じ）。t2.small を選択して EC2 インスタンスの処理能力を 2 倍に増やすか、または t2.medium を選択して 4 倍に増やします。[次へ]をクリックします。

> **WARNING**
>
> 仮想マシンのインスタンスタイプを t2.small または t2.medium で開始すると料金が発生します。現在の 1 時間あたりの料金については、「Amazon EC2 の料金」ページで確認してください。
>
> https://aws.amazon.com/jp/ec2/pricing/

3. 3つ目のステップでは、スタックの更新時に適用する高度なオプションを指定できます。現時点では必要がないため、何も変更せずに[次へ]をクリックします。
4. 4つ目のステップでは、更新の概要を確認した上で、[スタックの更新]をクリックします。CloudFormation がスタックの更新を開始し、[ステータス]の値が UPDATE_IN_PROGRESS になるはずです。
5. [ステータス]の値が UPDATE_COMPLETE に変わったら、更新されたスタックを選択し、[出力]タブをクリックして、インスタンスタイプが変更された新しい EC2 インスタンスのパブリック名を確認できます。

CloudFormation 以外の選択肢

インフラのテンプレートを作成するために JSON または YAML を直接記述したくない場合は、CloudFormation 以外にも方法がいくつかあります。Troposphere（Python で書かれたライブラリ）などのツールを利用すれば、JSON や YAML を記述しなくても CloudFormation テンプレートを作成できます。これらのツールは CloudFormation の上に抽象化の層を追加するものです。

CloudFormation がなくても IaC を利用できるようにするツールもあります。たとえば、Terraform を使って独自の IaC を定義できます。

https://www.terraform.io/

パラメータを変更すると、その最終結果を実現するのに必要な処理を CloudFormation が判断してくれました。これが宣言的アプローチの威力です。つまり、指定するのは最終結果がどのようなものになるかであって、最終結果を実現する方法ではありません。

Cleaning up
更新されたスタックを選択し、上部の [削除する] ボタンをクリックして、スタックを削除してください。

4.5 まとめ

- AWS でインフラを自動化するには、AWS CLI、AWS SDK、または AWS CloudFormation を使用する。
- IaC は、仮想マシン、ネットワーキング、ストレージなどを含め、インフラの作成と変更をプログラムする方法を説明する。
- AWS CLI では、スクリプト（Bash および PowerShell）を使って AWS の複雑なプロセスを自動化できる。
- AWS SDK は 9 つのプログラミング言語とプラットフォームに対応している。この SDK を使って AWS をアプリケーションに埋め込むことで、nodecc のようなアプリケーションを作成できる。
- AWS CloudFormation は JSON または YAML による宣言的アプローチを使用する。ユーザーはインフラの最終的な状態を定義するだけであり、その状態をどのようにして実現するかは CloudFormation が判断する。CloudFormation のテンプレートは、パラメータ、リソース、出力の 3 つの主な要素で構成されている。

MEMO

CHAPTER 5 : Automating deployment: CloudFormation, Elastic Beanstalk, and OpsWorks

▶ 第5章
デプロイの自動化
［CloudFormation、
Elastic Beanstalk、OpsWorks］

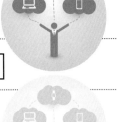

本章の内容

- AWS CloudFormation による仮想マシンの作成と起動時のスクリプトの実行
- AWS Elastic Beanstalk による一般的な Web アプリケーションのデプロイ
- AWS OpsWorks による多層アプリケーションのデプロイ
- AWS のさまざまなデプロイメントサービスの比較

　ソフトウェアを使用したい場合は、社内で開発したソフトウェア、オープンソースプロジェクト、ベンダー製品のどれを使用するとしても、アプリケーションとその依存ファイルのインストール、更新、設定が必要です。このプロセスは**デプロイメント**（deployment）と呼ばれます。本章では、AWS の仮想マシンにアプリケーションをデプロイするツールを3つ紹介します。

1. AWS CloudFormation とスクリプトを使って VPN ソリューションをデプロイします。スクリプトは起動プロセスの最後に実行されます。
2. AWS Elastic Beanstalk を使ってドキュメント共同編集用のテキストエディタをデプロイします。この **Etherpad** というテキストエディタはシンプルな Web アプリケーションであり、Node.js をデフォルトでサポートするため、AWS Elastic Beanstalk との相性は抜群です。

3. AWS OpsWorks を使って IRC Web クライアントと IRC サーバーをデプロイします。この例は IRC Web クライアントと IRC サーバーという 2 つのレイヤで構成されるため、AWS OpsWorks にうってつけです。

本章では、ストレージソリューションが不要な例を選んでいますが、ここで紹介するどのデプロイメントソリューションもストレージを備えたアプリケーションとして実装できます。ストレージを使用する例は Part 3 で取り上げます。

> 本章の例は、無料利用枠で完全にカバーされるはずです。本章の例を数日以上にわたって実行したままにしない限り、料金は発生しません。ただし、本書で使用する AWS アカウントを新たに作成していて、その AWS アカウントで他の作業を行わないことが前提となります。この AWS アカウントは本書の最後に削除するため、本章の内容は数日以内に読み終えるようにしてください。

WordPress（広く利用されているブログ作成プラットフォーム）などの一般的な Web アプリケーションを仮想マシンにデプロイするには、次のような手順が必要となります。

1. Apache HTTP サーバー、MySQL データベース、PHP 実行環境、PHP 用の MySQL ライブラリ、SMTP メールサーバーをインストールします。
2. WordPress アプリケーションをダウンロードし、サーバー上で解凍します。
3. PHP アプリケーションを処理するように Apache Web サーバーを設定します。
4. PHP 実行環境を設定することで、パフォーマンスを調整し、セキュリティを強化します。
5. WordPress アプリケーションを設定するために `wp-config.php` ファイルを編集します。
6. SMTP サーバーの設定を編集し、スパムメールを防ぐために、仮想マシンから送信されるメールだけを許可します。
7. MySQL サービス、SMTP サービス、HTTP サービスを起動します。

手順 1 と手順 2 では、実行ファイルのインストールと更新を行います。手順 3 〜 6 では、これらの実行ファイルの設定を調整します。そして、手順 7 でサービスを開始します。

従来のインフラを扱うシステム管理者は、たいてい、手引きに従ってこれらの手順を手動で行います。クラウド環境は柔軟であるため、アプリケーションを手動でデプロイすることはもはや推奨されません。代わりに、ここで説明するツールを使って、これらの手順を自動化することが目標となります。

5.1　柔軟なクラウド環境でのアプリケーションのデプロイメント

　クラウドの特徴を活かして、現在の負荷に応じてマシンの数を調整するか、可用性の高いインフラを構築したい場合は、1日に何度も新しい仮想マシンを開始しなければならなくなります。しかも、最新の状態に保たなければならない仮想マシンの数も増えていきます。アプリケーションのデプロイに必要な手順は変わりませんが、それらの手順を複数の仮想マシンで実行する必要があります（図5-1）。仮想マシンの数が増えていくうちにソフトウェアを手動でデプロイすることはやがて不可能となり、人為的なミスの危険性も高くなります。デプロイメントの自動化が推奨される理由は、ここにあります。

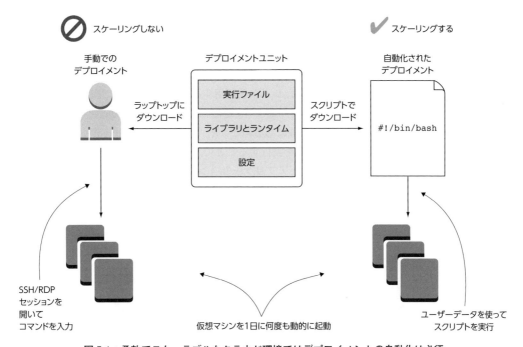

図5-1：柔軟でスケーラブルなクラウド環境ではデプロイメントの自動化は必須

　デプロイメントプロセスの自動化に対する投資は、効率の改善と人為的なミスの減少によって将来的に回収されます。次節では、本章の残りの部分で詳しく見ていく自動化の選択肢を紹介します。

5.2　デプロイメントツールの比較

　本章では、アプリケーションをデプロイする方法として次の3つを紹介します。

1. AWS CloudFormationを使って仮想マシンを作成し、起動時にデプロイメントスクリプトを実行します。

2. AWS Elastic Beanstalk を使って一般的な Web アプリケーションをデプロイします。

3. AWS OpsWorks を使って多層アプリケーションをデプロイします。

ここでは、これらのソリューションの違いについて説明します。続いて、それぞれの方法を詳しく見ていきます。

5.2.1　デプロイメントツールの分類

　図5-2 は、AWS の3つのデプロイメントの選択肢を示しています。AWS Elastic Beanstalk を利用すれば、ほんのわずかな作業でアプリケーションをデプロイできます。ただし、そのアプリケーションが AWS Elastic Beanstalk の規約に従っていることが前提となります。たとえば、アプリケーションは標準化された実行環境の1つで動作するものでなければなりません。AWS OpsWorks スタックを使用する場合は、アプリケーションのニーズにサービスのほうを適応させることができます。たとえば、相互に依存する複数のレイヤをデプロイしたり、カスタムレイヤを使ってアプリケーションをデプロイしたりできます。カスタムレイヤを使用する場合は、5.5 節で説明する **Chef の
レシピ** に従ってアプリケーションをデプロイできます。その場合は追加の作業が必要になりますが、その分自由の幅が広がります。これとは対極にあるのが、AWS CloudFormation を使ったデプロイであり、起動プロセスの最後にスクリプトを実行することでアプリケーションをデプロイします。CloudFormation を利用すれば、どのようなアプリケーションでもデプロイできます。ただし、標準のツールを使用しないため、どうしても作業が増えることになります。

図5-2：AWS でのアプリケーションのデプロイメント方法の比較

5.2.2　デプロイメントサービスの比較

　前項の分類は、アプリケーションをデプロイするための最適な方法を判断する上で参考になります。その他の重要な検討事項を表5-1 にまとめておきます。

表 5-1：CloudFormation、Elastic Beanstalk、OpsWorks の比較

	CloudFormation	Elastic Beanstalk	OpsWorks
構成管理ツール	利用可能なすべてのツール	専用ツール	Chef
サポートされるプラットフォーム	すべて	● PHP ● Node.js ● IIS を搭載した Windows Server 上の .NET ● Java（SE または Tomcat） ● Python ● Ruby ● Go ● Docker	● PHP ● Node.js ● Java（Tomcat） ● Ruby on Rails ● カスタム／任意
サポートされるデプロイメント成果物	すべて	Amazon S3 上の Zip アーカイブ	Git、SVN、アーカイブ（Zip など）
一般的なシナリオ	中規模以上の企業	小企業	Chef を以前に使用したことがある企業
ダウンタイムなしの更新	デフォルトではないが可能	可能	可能
ベンダーロックインの影響	中	高	中

　AWS でのアプリケーションのデプロイには、オープンソースソフトウェアからサードパーティのサービスまで、他にもさまざまな選択肢があります。本書が推奨するのは、AWS CloudFormation とユーザーデータを使ってアプリケーションをデプロイする方法です。この方法は柔軟であり、他のさまざまな AWS サービスともうまく統合されます。

　デプロイメントプロセスの自動化は、作業の繰り返しや新たな導入をよりすばやく行うのに役立ちます。このため、アプリケーションの新しいバージョンをより頻繁にデプロイするようになるでしょう。サービスの中断を避けるには、次の 2 つの点について検討する必要があります。1 つは、ソフトウェアやインフラへの変更を自動的にテストすることであり、もう 1 つは、必要に応じてすぐに前のバージョンにロールバックできるようにしておくことです。

　次節では、Bash スクリプトと AWS CloudFormation を使ってアプリケーションをデプロイします。

5.3　CloudFormation を使った仮想マシンの作成と起動時のスクリプトの実行

　アプリケーションのデプロイメントを自動化するための単純ながら強力で柔軟な方法は、仮想マシンの起動時にスクリプトを実行することです。仮想マシン上の OS でアプリケーションのインストールと設定を行う手順は次のようになります。

1. OS だけが含まれた仮想マシンを起動します。
2. 起動プロセスの最後にスクリプトを実行します。
3. このスクリプトを使ってアプリケーションのインストールと設定を行います。

まず、仮想マシンを起動するための AMI を選択する必要があります。AMI は、仮想マシンの OS とプリインストールされたソフトウェアをまとめたものです。OS だけが含まれている（他のソフトウェアがインストールされていない）AMI から仮想マシンを起動する際には、起動プロセスの最後に仮想マシンを利用可能な状態にする —— つまり、プロビジョニングを行う必要があります。プロビジョニングを行わなければ、仮想マシンはどれも標準の OS を実行するだけであり、あまり役に立ちません。ここでの目的はカスタムアプリケーションをインストールすることです。アプリケーションのインストールと設定に必要な手順をスクリプトにまとめれば、このタスクを自動化できます。ですが、このスクリプトを仮想マシンの起動後に自動的に実行するにはどうすればよいのでしょうか。

5.3.1　ユーザーデータを使って起動時にスクリプトを実行する

それぞれの仮想マシンに**ユーザーデータ**と呼ばれる少量（わずか 16KB）のデータを注入すれば、AMI で提供される仮想マシンをさらにカスタマイズできます。このユーザーデータを新しい仮想マシンの作成時に指定しておくと、あとで仮想マシンからアクセスできるようになります。この機能は Amazon Linux Image や Ubuntu AMI など、ほとんどの AMI によって組み込みでサポートされており、一般的な方法で使用できます。これらの AMI に基づく仮想マシンを起動するたびに、起動プロセスの最後にユーザーデータがシェルスクリプトとして実行されます。このスクリプトは root ユーザーとして実行されます。

ユーザーデータにはいつでも仮想マシンからアクセスできます。ユーザーデータにアクセスするには、`http://169.254.169.254/latest/user-dat` に HTTP GET リクエストを送信します。この URL を使ってユーザーデータにアクセスできるのはその仮想マシンだけです。次の例で示すように、スクリプトとして実行されるユーザーデータを利用すれば、どのような種類のアプリケーションでもデプロイできます。

5.3.2　Openswan：仮想マシンに VPN サーバーをデプロイする

カフェの Wi-Fi を使ってラップトップで作業している場合、（HTTPS ではなく HTTP など）暗号化されていない通信は攻撃者によって傍受されるおそれがあります。このため、VPN を使ってトラフィックをトンネリングしたほうがよいかもしれません。ここでは、ユーザーデータとシェルスクリプトを使って VPN サーバーを仮想マシンにデプロイする方法を説明します。この **Openswan** と呼ばれる VPN ソリューションは、Windows、macOS、Linux で簡単に使用できる IPsec ベースのトンネルを提供します。サンプル構成は次ページの図 5-3 のようになります。

ターミナルを開いて、リスト 5-1 に示されているコマンドを順番に実行して仮想マシンを起動し、その仮想マシンに VPN サーバーをデプロイします。本書では、そのための CloudFormation テンプレートを用意しました。このテンプレートは仮想マシンと仮想マシンが依存しているリソースを起動します。

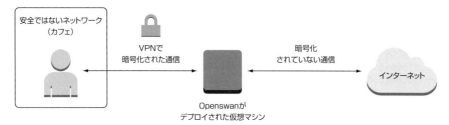

図 5-3：Openswan を使って PC からのトラフィックを仮想マシンでトンネリングする

Linux と macOS のショートカット

次のコマンドを使って Bash スクリプトをダウンロードし、ローカルマシン上で直接実行すれば、リスト 5-1 のコマンドを入力せずに済みます。この Bash スクリプトには、リスト 5-1 と同じ手順が含まれています。

```
$ curl -s https://raw.githubusercontent.com/AWSinAction/code2/master/ \
> chapter05/vpn-create-cloudformation-stack.sh | bash -ex
```

リスト 5-1 仮想マシンに VPN サーバーをデプロイする（CloudFormation とシェルスクリプト）

```
# デフォルトの VPC を取得
VpcId="$(aws ec2 describe-vpcs --query "Vpcs[0].VpcId" --output text)"

# デフォルトのサブネットを取得
SubnetId="$(aws ec2 describe-subnets --filters "Name=vpc-id,Values=$VpcId" \
--query "Subnets[0].SubnetId" --output text)"

# ランダムな共有シークレットを作成
# (OpenSSL が動作していない場合はシークレットを独自に作成）
SharedSecret="$(openssl rand -base64 30)"

# ランダムパスワードを作成
# (OpenSSL が動作していない場合はランダムシーケンスを独自に作成）
Password="$(openssl rand -base64 30)"

# CloudFormation スタックを作成
aws cloudformation create-stack --stack-name vpn --template-url \
https://s3.amazonaws.com/awsinaction-code2/chapter05/vpn-cloudformation.yaml \
--parameters "ParameterKey=KeyName,ParameterValue=mykey" \
"ParameterKey=VPC,ParameterValue=$VpcId" \
"ParameterKey=Subnet,ParameterValue=$SubnetId" \
"ParameterKey=IPSecSharedSecret,ParameterValue=$SharedSecret" \
"ParameterKey=VPNUser,ParameterValue=vpn" \
"ParameterKey=VPNPassword,ParameterValue=$Password"
```

第5章 | デプロイの自動化［CloudFormation、Elastic Beanstalk、OpsWorks］

```
# スタックが CREATE_COMPLETE になるまで待つ
aws cloudformation wait stack-create-complete --stack-name vpn

# スタックを出力
aws cloudformation describe-stacks --stack-name vpn \
--query "Stacks[0].Outputs"
```

次に示すように、最後のコマンドの出力には、VPN サーバーの IP アドレス、共有シークレット、VPN ユーザー名、VPN パスワードが含まれているはずです。この情報をもとに、各自のコンピュータから VPN 接続を確立することもできます。

```
[
    {
        "OutputKey": "VPNUser",
        "OutputValue": "vpn",
        "Description": "The username for the vpn connection"
    },
    {
        "OutputKey": "IPSecSharedSecret",
        "OutputValue": "HWPckRuSGvq3mhnyjVg5VxFIOS04v7RQ3SNh5yL+",
        "Description": "The shared key for the VPN connection (IPSec)"
    },
    {
        "OutputKey": "ServerIP",
        "OutputValue": "100.24.99.12",
        "Description": "Public IP address of the vpn server"
    },
    {
        "OutputKey": "VPNPassword",
        "OutputValue": "uglH2csmi0pWsxqJC4ul/+7l2Ibu7c7L1d1HYOpT",
        "Description": "The password for the vpn connection"
    }
]
```

VPN サーバーのデプロイメントプロセスを詳しく見ていきましょう。次項では、ここで使用した次のタスクを調べることにします。

- AWS CloudFormation を使って、仮想マシンをカスタムユーザーデータで起動し、仮想マシンのファイアウォールを設定する。
- 起動プロセスの最後にシェルスクリプトを実行することで、パッケージマネージャを使ってアプリケーションと依存リソースをインストールし、構成ファイルを編集する。

CloudFormation を使って仮想マシンをユーザーデータで開始する

AWS CloudFormation を利用すれば、仮想マシンを起動してファイアウォールを設定できます。VPN サーバーのテンプレートには、ユーザーデータにまとめられたシェルスクリプトが含まれています（リスト 5-2）。

!Sub と !Base64

　CloudFormation テンプレートには、!Sub と !Base64 という 2 つの新しい関数が含まれています。!Sub 関数は、${} で囲まれた参照をすべて実際の値に置き換えます。実際の値は !Ref から返される値になりますが、参照にドット (.) が含まれている場合は !GetAtt から返された値になります。

```
!Sub 'Your VPC ID: ${VPC}'    # 'Your VPC ID: vpc-123456' になる
!Sub '${VPC}'                 # !Ref VPC と同じ
!Sub '${VPC.CidrBlock}'       # !GetAtt 'VPC.CidrBlock' と同じ
!Sub '${!VPC}'                # '${VPC}' と同じ
```

　!Base64 関数は、入力を Base64 でエンコードします。この関数が必要となるのは、ユーザーデータが Base64 でエンコードされていなければならないためです。

```
!Base64 'value' # becomes 'dmFsdWU='
```

リスト 5-2　CloudFormation テンプレートの仮想マシンをユーザーデータで起動する部分

```
---
AWSTemplateFormatVersion: '2010-09-09'
Description: 'AWS in Action: chapter 5 (OpenSwan acting as VPN IPSec endpoint)'

# テンプレートの再利用を可能にするパラメータ
Parameters:
  KeyName:
    Description: 'Key pair name for SSH access'
    Type: 'AWS::EC2::KeyPair::KeyName'
  VPC:
    Description: 'Just select the one and only default VPC.'
    Type: 'AWS::EC2::VPC::Id'
  Subnet:
    Description: 'Just select one of the available subnets.'
    Type: 'AWS::EC2::Subnet::Id'
  IPSecSharedSecret:
    Description: 'The shared secret key for IPSec.'
    Type: String
  VPNUser:
    Description: 'The VPN user.'
    Type: String
  VPNPassword:
    Description: 'The VPN password.'
    Type: String
...
Resources:
  # 仮想マシンの説明
  EC2Instance:
    Type: 'AWS::EC2::Instance'
    Properties:
      InstanceType: 't2.micro'
```

第5章 | デプロイの自動化［CloudFormation、Elastic Beanstalk、OpsWorks］

```
      SecurityGroupIds:
      - !Ref InstanceSecurityGroup
      KeyName: !Ref KeyName
      ImageId: !FindInMap [RegionMap, !Ref 'AWS::Region', AMI]
      SubnetId: !Ref Subnet
      # シェルスクリプトを仮想マシンのユーザーデータとして定義
      UserData:
        # 複数行の文字列値の置換と符号化
        'Fn::Base64': !Sub |
          #!/bin/bash -x
          export IPSEC_PSK="${IPSecSharedSecret}"
          # パラメータを環境変数にエクスポート
          export VPN_USER="${VPNUser}"
          export VPN_PASSWORD="${VPNPassword}"
          # シェルスクリプトを取得して実行
          curl -s https://raw.githubusercontent.com/AWSinAction/code2/master/
chapter05/vpn-setup.sh | bash -ex
          # スクリプトの終了を CloudFormation に通知
          /opt/aws/bin/cfn-signal -e $? --stack ${AWS::StackName} --resource
EC2Instance --region ${AWS::Region}
      # ユーザーデータを実行する cfn-signal からの通知を 10 秒間待機
    CreationPolicy:
      ResourceSignal:
        Timeout: PT10M
  InstanceSecurityGroup:
    Type: 'AWS::EC2::SecurityGroup'
    Properties:
      GroupDescription: 'Enable access to VPN server'
      VpcId: !Ref VPC
      SecurityGroupIngress:
      - IpProtocol: tcp
        FromPort: 22
        ToPort: 22
        CidrIp: '0.0.0.0/0'
      - IpProtocol: udp
        FromPort: 500
        ToPort: 500
        CidrIp: '0.0.0.0/0'
      - IpProtocol: udp
        FromPort: 1701
        ToPort: 1701
        CidrIp: '0.0.0.0/0'
      - IpProtocol: udp
        FromPort: 4500
        ToPort: 4500
        CidrIp: '0.0.0.0/0'

Outputs:
  ...
```

ユーザーデータには、小さなスクリプトが含まれており、そのスクリプトが実際のスクリプト（vpn-setup.sh）を取得して実行します。このスクリプトには、実行ファイルのインストールとサービスの設定を行うコマンドがすべて含まれています。このようにすると、CloudFormation テンプ

5.3　CloudFormation を使った仮想マシンの作成と起動時のスクリプトの実行　　**157**

レートに複雑なスクリプトを追加する必要がなくなります。

スクリプトを使って VPN サーバーのインストールと設定を行う

　リスト 5-3 に示す `vpn-setup.sh` スクリプトは、パッケージマネージャ `yum` を使ってパッケージをインストールし、構成ファイルを書き出します。VPN サーバーの設定を細かい部分まで理解する必要はありません。このシェルスクリプトが起動プロセスの途中で実行され、VPN サーバーのインストールと設定を行うことだけ理解していれば十分です。

リスト 5-3　**仮想マシンの起動時にパッケージをインストールし、構成ファイルを書き出す**

```bash
#!/bin/bash -ex
...
# 仮想マシンのプライベート IP アドレスを取得
PRIVATE_IP="$(curl -s http://169.254.169.254/latest/meta-data/local-ipv4)"
# 仮想マシンのパブリック IP アドレスを取得
PUBLIC_IP="$(curl -s http://169.254.169.254/latest/meta-data/public-ipv4)"

yum-config-manager --enable epel     # yum に別のパッケージを追加
yum clean all
yum install -y openswan xl2tpd       # ソフトウェアパッケージをインストール

# IPsec の構成ファイルを書き出す
cat > /etc/ipsec.conf <<EOF
...
EOF

# IPsec の共有シークレットを含んだファイルを書き出す
cat > /etc/ipsec.secrets <<EOF
$PUBLIC_IP %any : PSK "${IPSEC_PSK}"
EOF

# L2TP トンネルの構成ファイルを書き出す
cat > /etc/xl2tpd/xl2tpd.conf <<EOF
...
EOF

# PPP サービスの構成ファイルを書き出す
cat > /etc/ppp/chap-secrets <<EOF
${VPN_USER} l2tpd ${VPN_PASSWORD} *
EOF

cat > /etc/ppp/options.xl2tpd <<EOF
...
EOF
...
service ipsec start                  # VPN サーバーに必要なサービスを開始
service xl2tpd start

chkconfig ipsec on                   # VPN サービスの実行レベルを設定
chkconfig xl2tpd on
```

VPN サーバーのインストールと設定はこれで完了です。EC2 のユーザーデータとシェルスクリプトを使って仮想マシンに VPN サーバーをデプロイすることができました。VPN サーバーをテストしたい場合は、VPN クライアントを起動し、VPN タイプとして L2TP over IPsec を選択します。仮想マシンを終了したら、次はカスタムスクリプトを書かずに一般的な Web アプリケーションをデプロイする方法を見てみましょう。

Cleaning up

VPN サーバーの例はこれで終わりです。次のコマンドを入力して、仮想マシンを終了し、VPN 環境を削除してください。

```
$ aws cloudformation delete-stack --stack-name vpn
```

5.3.3　仮想マシンを更新するのではなく新たに起動する

本節では、ユーザーデータを使ってアプリケーションをデプロイする方法について説明してきました。ユーザーデータに含まれているスクリプトは起動プロセスの最後に実行されます。ですが、この方法を使ってアプリケーションを更新したい場合はどうすればよいのでしょうか。

仮想マシンの起動時のソフトウェアのインストールと設定は自動化されているため、余分な作業は何もせずに新しい仮想マシンを開始できます。したがって、アプリケーションやアプリケーションが依存しているリソースを更新する場合は、次の手順に従って最新の状態の仮想マシンを作成するのが最も簡単です。

1. アプリケーションまたはソフトウェアの最新バージョンが OS のパッケージリポジトリで提供されていることを確認するか、ユーザーデータスクリプトを編集します。
2. CloudFormation テンプレートとユーザーデータスクリプトを使って新しい仮想マシンを起動します。
3. 新しい仮想マシンにデプロイされたアプリケーションをテストします。何も問題がなければ、次の手順に進みます。
4. DNS レコードを更新するなどして、新しい仮想マシンに切り替えます。
5. 古い仮想マシンを終了し、不要な依存リソースを削除します。

5.4 Elastic Beanstalk を使った 単純な Web アプリケーションのデプロイメント

デプロイしたい Web アプリケーションが一般的なものであれば、作業を一から行う必要はありません。AWS には、**AWS Elastic Beanstalk** というサービスがあります。このサービスは、Go、Java（SE または Tomcat）、PHP、Python、Ruby、Docker、.NET（IIS を搭載した Windows Server 上の .NET）といった環境に基づく Web アプリケーションのデプロイに役立ちます。Elastic Beanstalk を利用すれば、OS や仮想マシンが（自動更新を有効にしている場合は）自動的に管理されるため、OS や仮想マシンの心配をせずに済みます。ユーザーはアプリケーションを管理するだけでよく、Apache ＋ Tomcat といった OS とランタイムは AWS が管理してくれます。

AWS Elastic Beanstalk では、繰り返し発生する次の問題に対処できます。

- Web アプリケーションの実行環境の提供（PHP、Java など）
- Web アプリケーションの実行環境の更新
- Web アプリケーションのインストールと更新の自動化
- Web アプリケーションとその環境の設定
- Web アプリケーションのスケーリングによる負荷分散
- Web アプリケーションの監視とデバッグ

5.4.1 Elastic Beanstalk の構成要素

AWS Elastic Beanstalk のさまざまな構成要素（図 5-4）を知っておけば、その機能を理解するのに役立ちます。

- **アプリケーション**
  論理的なコンテナであり、アプリケーションの特定のバージョン、環境、構成を含んでいます。特定のリージョンで Elastic Beanstalk を使用する場合は、先にアプリケーションを作成しておく必要があります。

- **バージョン**
  アプリケーションの特定のリリースを含んでいます。新しいバージョンを作成するには、アーカイブ化された実行ファイルを（静的ファイルを保持する）Amazon S3 にアップロードする必要があります。基本的には、バージョンはこの実行ファイルのアーカイブへのポインタです。

- **構成テンプレート**
  デフォルトの設定を含んでいます。カスタム構成テンプレートを使用すれば、アプリケーションの設定（アプリケーションの待ち受けポートなど）や環境の設定（仮想マシンのインスタンスタイプなど）も管理できます。

- **環境**
  Elastic Beanstalk がアプリケーションを実行する場所であり、**バージョン**と**設定**で構成されます。バージョンと設定をさまざまな方法で組み合わせることで、1つのアプリケーションに対して複数の環境を実行できます。

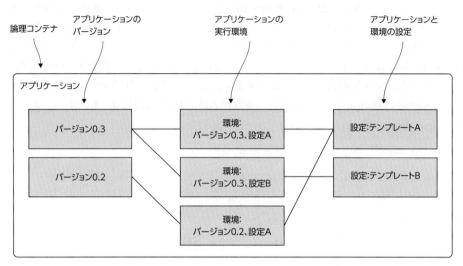

図 5-4：Elastic Beanstalk アプリケーションはバージョン、環境、設定で構成される

理論的なことはこれくらいにして、単純な Web アプリケーションをデプロイしてみましょう。

5.4.2　Elastic Beanstalk を使って Etherpad アプリケーションをデプロイする

ドキュメントを共同で編集する場合は、不適切なツールを使用すると苦労することがあります。**Etherpad** はオープンソースのオンラインエディタであり、多くの人々がドキュメントをリアルタイムに編集できます。この Node.js ベースのアプリケーションを、AWS Elastic Beanstalk でデプロイする手順は次の 3 つです。

1. アプリケーション（論理コンテナ）を作成します。
2. バージョン（Etherpad の特定のバージョンへのポインタ）を作成します。
3. 環境（Etherpad を実行する場所）を作成します。

Elastic Beanstalk 用のアプリケーションを作成する

ローカルマシンのターミナルで次のコマンドを実行し、AWS Elastic Beanstalk サービス用のアプリケーションを作成します。

```
$ aws elasticbeanstalk create-application --application-name etherpad
```

アプリケーション（論理コンテナ）はこれで完成です。このコンテナには、Elastic Beanstalk で Etherpad をデプロイするのに必要なコンポーネントが格納されます。

Elastic Beanstalk 用のバージョンを作成する

次のコマンドを使って Etherpad アプリケーションの新しいバージョンを作成します。

```
$ aws elasticbeanstalk create-application-version --application-name etherpad \
> --version-label 1 \
> --source-bundle "S3Bucket=awsinaction-code2,S3Key=chapter05/etherpad.zip"
```

このコマンドを実行すると、1 という名前のバージョンが作成されます。なお、本書の GitHub リポジトリには、この例に使用できる Etherpad が含まれた zip アーカイブがアップロードしてあります。

Elastic Beanstalk を使って Etherpad を実行するための環境を作成する

AWS Elastic Beanstalk を使って Etherpad をデプロイするには、Amazon Linux と先ほど作成した Etherpad のバージョンに基づき、Node.js 用の環境を作成する必要があります。最新の Node.js 環境のバージョンは**ソリューションスタック名**と呼ばれます。このバージョンを取得するには、次のコマンドを実行します。

```
$ aws elasticbeanstalk list-available-solution-stacks --output text \
> --query "SolutionStacks[?contains(@, 'running Node.js')] | [0]"
64bit Amazon Linux 2018.03 v4.8.3 running Node.js
```

AWS が新しいソリューションスタックをリリースした場合は、出力が異なることがあります。

新しい環境を起動するには、次のコマンドを実行します。＜ソリューションスタック名＞部分は先のコマンドの出力に置き換えてください。

```
$ aws elasticbeanstalk create-environment --environment-name etherpad \
> --application-name etherpad \
> --option-settings Namespace=aws:elasticbeanstalk:environment,\
> OptionName=EnvironmentType,Value=SingleInstance \
> --solution-stack-name "＜ソリューションスタック名＞" --version-label 1
```

ここでは、自動的なスケーリングと負荷分散の能力を持たない仮想マシンを 1 台起動しています。

162　第 5 章 ｜ デプロイの自動化 [CloudFormation、Elastic Beanstalk、OpsWorks]

Etherpad を試してみる

Etherpad 用の環境はこれで完成です。ブラウザを使って Etherpad システムにアクセスできる状態になるのに数分ほどかかります。次のコマンドは Etherpad 環境の状態を監視するのに役立ちます。

```
$ aws elasticbeanstalk describe-environments --environment-names etherpad
```

Status の値が Ready に変化し、Health の値が Green に変化したら、最初の Etherpad ドキュメントを作成する準備は万全です。この describe-environments コマンドの出力はリスト 5-4 と同じようなものになるはずです。

リスト 5-4 Elastic Beanstalk 環境のステータスの説明

```
{
  "Environments": [
    {
      "EnvironmentName": "etherpad",
      "EnvironmentId": "e-yxmmg9se6f",
      "ApplicationName": "etherpad",
      "VersionLabel": "1",
      "SolutionStackName": "64bit Amazon Linux 2018.03 v4.8.3 running Node.js",
      "PlatformArn": "arn:aws:elasticbeanstalk:us-east-1::platform/Node.js
running on 64bit Amazon Linux/4.8.3",
      "EndpointURL": "3.214.6.43",
      "CNAME": "etherpad.3fiu2tfhuf.us-east-1.elasticbeanstalk.com",
      "DateCreated": "2019-05-17T10:46:48.866Z",
      "DateUpdated": "2019-05-17T10:49:09.948Z",
      "Status": "Ready",
      "AbortableOperationInProgress": false,
      "Health": "Green",
      "Tier": {
          "Name": "WebServer",
          "Type": "Standard",
          "Version": "1.0"
      },
      "EnvironmentLinks": [],
      "EnvironmentArn": "arn:aws:elasticbeanstalk:us-east-1:315730004636:
environment/etherpad/etherpad"
    }
  ]
}
```

3 つの簡単な手順で Node.js Web アプリケーションを AWS にデプロイすることができました。ブラウザで CNAME に示されている URL にアクセスし、任意のパッド名を入力して [OK] をクリックすると、新しいドキュメントが開きます（図 5-5）。このページが表示されない場合は、パブリック IP アドレスである EndpointURL を試してみてください。CNAME は数分ほどで有効になるはずです。

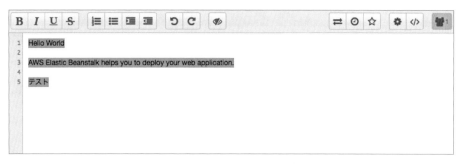

図 5-5：実行中のオンラインテキストエディタ Etherpad

　他の Node.js アプリケーションをデプロイしたい場合、異なるのは Elastic Beanstalk にアップロードする zip ファイルだけです。Node.js アプリケーション以外のアプリケーションを実行したい場合は、`aws elasticbeanstalk list-available-solution-stacks` を使って適切なソリューションスタック名を確認しておく必要があります。

AWS マネジメントコンソールで Elastic Beanstalk を管理する

　アプリケーション、バージョン、環境を作成することで、AWS Elastic Beanstalk と AWS CLI を使って Etherpad をデプロイしました。Elastic Beanstalk は AWS マネジメントコンソールを使って管理することもできます。私たちの経験では、AWS マネジメントコンソールは Elastic Beanstalk を管理するのに最適です。

1. AWS マネジメントコンソールを開きます[1]。
2. 最上部のナビゲーションバーで［サービス］をクリックし、Elastic Beanstalk を選択します。
3. 緑のボックスで表された Etherpad 環境をクリックすると、Etherpad アプリケーションの概要が表示されます（図 5-6）。

　アプリケーションで何か問題が起きた場合はどうなるのでしょうか。どうすればその問題をデバッグできるのでしょうか。通常は、仮想マシンに接続し、ログメッセージを調べます。ログメッセージは Elastic Beanstalk を使ってアプリケーション（またはその他のコンポーネント）から取得できます。具体的な手順は次のようになります。

1. 左のナビゲーションメニューから［ログ］を選択します。図5-7のような画面が表示されます。
2. ［ログのリクエスト］をクリックして［最後の 100 行］を選択します。
3. 数秒後に新しいエントリが表示されます。［ダウンロード］をクリックし、ログファイルをローカルコンピュータにダウンロードします。

---

[1] https://console.aws.amazon.com

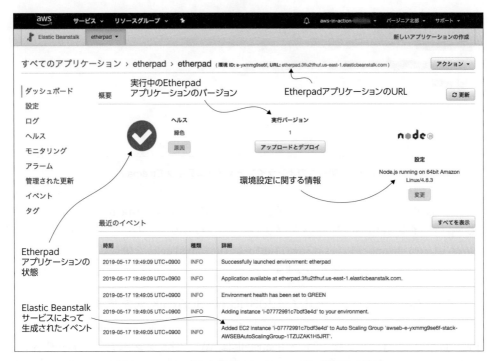

図 5-6：Etherpad を実行中の Elastic Beanstalk 環境の概要

図 5-7：Elastic Beanstalk を使って Node.js アプリケーションからログをダウンロードする

> **AWS Elastic Beanstalk を削除する**
>
> AWS Elastic Beanstalk を使って Etherpad をデプロイし、このサービスのさまざまなコンポーネントを確認しました。次は、このサービスを削除する番です。次のコマンドを実行し、Etherpad 環境を終了します。

```
$ aws elasticbeanstalk terminate-environment --environment-name etherpad
```

この環境の状態を確認するには、次のコマンドを実行します。

```
$ aws elasticbeanstalk describe-environments --environment-names etherpad \
> --output text --query "Environments[].Status"
```

このコマンドの出力が Terminating から Terminated に変化したら、次のコマンドを使ってアプリケーションを削除します。

```
$ aws elasticbeanstalk delete-application --application-name etherpad
```

作業は以上です。Etherpad の実行環境を提供していた仮想マシンが終了し、AWS Elastic Beanstalk のコンポーネントがすべて削除されました。

5.5 OpsWorks を使った多層アプリケーションのデプロイメント

AWS Elastic Beanstalk は、基本的な Web アプリケーションのデプロイには便利ですが、複数のサービス（**レイヤ**）で構成されたもっと複雑なアプリケーションをデプロイしなければならない場合は、Elastic Beanstalk の限界に達してしまいます。ここでは、多層アプリケーションをデプロイするために AWS が提供している AWS OpsWorks スタックという無償サービスについて説明します。

AWS OpsWorks の種類

AWS OpsWorks には次の 2 種類があります。

- **AWS OpsWorks スタック**
  構成管理ツール Chef のバージョン 11 と 12 をサポートしています。Chef 11 の OpsWorks には組み込みのレイヤが揃っているため、初心者に最適です。Chef の知識がある場合は、逆に足かせになることがあります。その場合は、決め打ちの組み込みレイヤが含まれていない Chef 12 の OpsWorks スタックを使用することをお勧めします。

- **AWS OpsWorks for Chef Automate**
  Chef Automate サーバーを提供し、バックアップ、復元、ソフトウェアの更新をサポートします。Chef Automate は、インフラの自動化に加えて、セキュリティ / コンプライアンス管理、アプリケーション管理にも対応するソフトウェアスイート製品です。Chef で管理されている既存のインフラがあり、そのインフラを AWS に移行したい場合は、OpsWorks for Chef Automate を使用してください。

第5章 | デプロイの自動化［CloudFormation、Elastic Beanstalk、OpsWorks］

AWS OpsWorks スタックでは、仮想マシン、ロードバランサー、コンテナクラスタ、データベースといった AWS リソースの管理と、アプリケーションのデプロイメントが可能であり、次のランタイムを備えた標準レイヤが用意されています。

- HAProxy（ロードバランサー）
- 静的 Web サーバー
- Rails アプリケーションサーバー（Ruby on Rails）
- PHP アプリケーションサーバー
- Node.js アプリケーションサーバー
- Java アプリケーションサーバー（Tomcat サーバー）
- AWS Flow（Ruby）
- MySQL（データベース）
- Memcached（インメモリキャッシュ）
- Ganglia（監視）

何か必要なものをデプロイするためにカスタムレイヤを追加することもできます。デプロイメントは構成管理ツール **Chef** を使って制御されます。Chef は、あらゆる種類のシステムにアプリケーションをデプロイするために、**クックブック**にまとめられた**レシピ**を使用します。標準レシピをそのまま利用してもよいですし、カスタムレシピを作成することもできます。

Chef について

Chef は、Puppet、SaltStack、CFEngine、Ansible と同じような構成管理ツールであり、ドメイン固有言語（DSL）で書かれたテンプレート（レシピ）をアクションに変換することで、アプリケーションの設定とデプロイメントを行います。レシピには、インストールするパッケージ、実行するサービス、または記述する構成ファイルなどを追加できます。関連するレシピはクックブックにまとめることができます。Chef は現在の状態を分析し、レシピで説明された状態にするために必要に応じてリソースを変更します。

クックブックの再利用や、他の人が作成したレシピの利用も可能です。Chef のコミュニティでは、オープンソースライセンスのもとでさまざまなクックブックやレシピが公開されています。

Chef は、単独でも、クライアント／サーバーモードでも実行できます。クライアント／サーバーモードではフリート管理ツールとして機能するため、多数の仮想マシンからなる分散システムを管理するのに役立つことがあります。単独モードでは、1 台の仮想マシンでレシピを実行できます。AWS OpsWorks は、独自のフリート（グループ）管理に統合された単独モードを使用するため、クライアント／サーバーモードでの設定や運用は必要ありません。

https://supermarket.chef.io/

AWS OpsWorks スタックは、アプリケーションのデプロイメントに加えて、さまざまなレイヤのもとで動作している仮想マシンのスケーリング、監視、更新にも役立ちます。

5.5.1 OpsWorks スタックの構成要素

AWS OpsWorks スタックのさまざまな構成要素を知っておけば、その機能を理解する上で参考になるでしょう（図 5-8）。

- **スタック**
  OpsWorks スタックのその他すべてのコンポーネントのコンテナ。1 つまたは複数のスタックを作成し、各スタックにレイヤを 1 つ以上追加できます。異なるスタックを使って本番環境をテスト環境から切り離すことや、アプリケーションどうしを切り離すことも可能です。

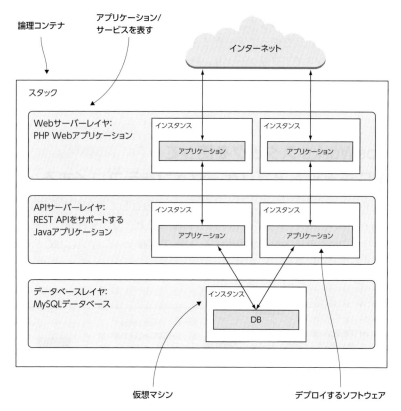

図 5-8：スタック、レイヤ、インスタンス、アプリケーションは
AWS OpsWorks スタックの主な構成要素である

- **レイヤ**
  レイヤはスタックに属しています。レイヤはアプリケーションを表すため、サービスと呼んでもよいかもしれません。OpsWorksスタックには、PHPやJavaといった標準のWebアプリケーション用のレイヤがあらかじめ定義されていますが、思いつく限りのアプリケーションに対してカスタムスタックを自由に作成できます。それぞれのレイヤはソフトウェアの設定と仮想マシンへのデプロイメントを受け持ちます。レイヤには仮想マシンを1つ以上追加できます。このコンテキストでは、仮想マシンは**インスタンス**と呼ばれます。

- **インスタンス**
  仮想マシンを表します。Amazon Linux/Ubuntuのさまざまなバージョンやカスタム AMI をベースとしてインスタンスを1つ以上起動できます。スケーリングを制御するために、負荷や時間枠に基づいてインスタンスを起動/終了するルールを指定できます。

- **アプリケーション**
  デプロイしたいソフトウェアを表します。OpsWorksスタックはアプリケーションを適切なレイヤに自動的にデプロイします。アプリケーションは、GitまたはSubversionリポジトリから取得するか、HTTPを使ってアーカイブとして取得できます。OpsWorksスタックは1つ以上のインスタンスでアプリケーションをインストール/更新するのに役立ちます。

AWS OpsWorksスタックを使って多層アプリケーションをデプロイする方法をさっそく見ていきましょう。

5.5.2 OpsWorksスタックを使ってIRCチャットアプリケーションをデプロイする

IRC（Internet Relay Chat）は、コミュニケーションの手段として現在もよく使用されています。ここでは、WebベースのIRCクライアントである**kiwiIRC**と、カスタムIRCサーバーをデプロイします。図5-9は、IRCクライアントを提供するWebアプリケーションとIRCサーバーで構成された分散システムを示しています。

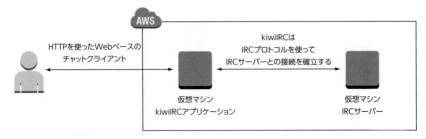

図5-9：WebアプリケーションとIRCサーバーで構成されたカスタムIRCインフラの構築

kiwiIRC は Node.js 用の JavaScript で書かれたオープンソースの Web アプリケーションです。AWS OpsWorks スタックを使って、kiwiIRC を 2 層アプリケーションとしてデプロイするには、次の作業を行うスクリプトが必要です。

1. 他のすべてのコンポーネントのコンテナとなるスタックを作成します。
2. kiwiIRC 用の Node.js レイヤを作成します。
3. IRC サーバー用のカスタムレイヤを作成します。
4. kiwiIRC を Node.js レイヤにデプロイするためのアプリケーション（論理コンテナ）を作成します。
5. 各レイヤにインスタンスを追加します。

ここでは、AWS マネジメントコンソールを使ってこれらの手順を実行する方法について説明します。AWS Elastic Beanstalk や AWS CloudFormation と同じように、AWS CLI を使って OpsWorks スタックを制御することもできます。

新しい OpsWorks スタックを作成する

`https://console.aws.amazon.com/opsworks` にアクセスし、[Go to OpsWorks Stacks] ボタンをクリックします。この OpsWorks Stacks ダッシュボードで新しいスタックを作成できます。

1. [Start fresh] セクションの [Add your first stack] をクリックします。図 5-10 の画面が表示されます。
2. [Chef 11 stack] を選択します。
3. [Stack name] フィールドに irc と入力します。
4. [Region] ドロップダウンリストから [US East (N. Virginia)] を選択します。
5. 利用可能な VPC はデフォルトのものだけなので、デフォルトの VPC を使用します。
6. [Default subnet] ドロップダウンリストから [us-east-1a] を選択します。
7. [Default operating system] で [Ubuntu 14.04 LTS] を選択します。Ubuntu には IRC サーバーパッケージがデフォルトで含まれています。
8. [Default SSH key] で [mykey] を選択します。SSH 接続を使ってサーバーをデバッグするには、SSH キーが必要です。
9. [Add stack] をクリックしてスタックを作成します。

そうすると、IRC OpsWorks スタックのオーバービューが表示されます。最初のレイヤを作成する準備がこれで整いました。

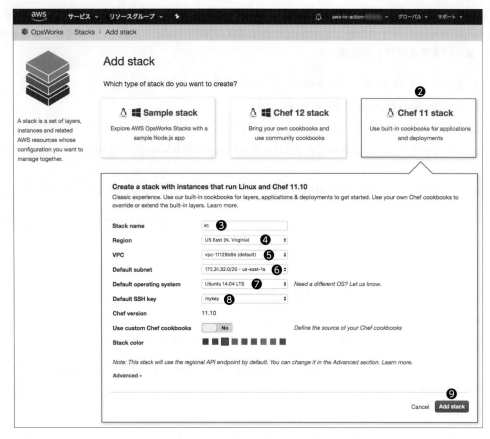

図5-10：AWS OpsWorks スタックを使ってスタックを作成する

IRC アプリケーション用の Node.js レイヤを作成する

kiwiIRC は Node.js アプリケーションであるため、次の手順に従って IRC アプリケーション用の Node.js レイヤを作成する必要があります。

1. 左のナビゲーションメニューから［Layers］を選択します。
2. ［Add layer］ボタンをクリックします。図 5-11 の画面が表示されます。
3. ［Layer type］ドロップダウンリストから、Node.js 上で実行する kiwiIRC のランタイムとして［Node.js App Server］を選択します。
4. ［Node.js version］ドロップダウンリストから最新の 0.12.x バージョンを選択します。
5. ［Add layer］をクリックします。

Node.js レイヤはこれで完成です。次に、同じ手順を繰り返して別のレイヤを追加し、カスタム IRC サーバーをデプロイする必要があります。

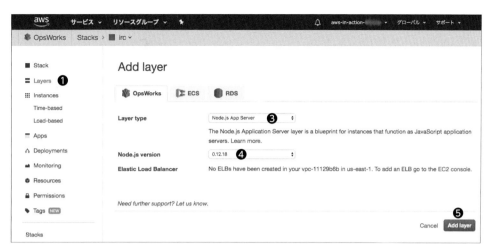

図5-11：Node.jsを使ってkiwiIRCのレイヤを作成する

IRCサーバー用のカスタムレイヤを作成する

　IRCサーバーは標準的なWebアプリケーションではないため、デフォルトのレイヤタイプを選択するのは問題外です。IRCサーバーのデプロイメントにはカスタムレイヤを使用します。Ubuntuパッケージリポジトリにはさまざまなircサーバー実装が含まれています。この例では、`ircd-ircu`パッケージを使用します。次の手順に従ってIRCサーバー用のカスタムレイヤを作成してください。

1. ［Add layer］ボタンをクリックします。図5-12の画面が表示されます。
2. ［Layer type］ドロップダウンリストから［Custom］を選択します。

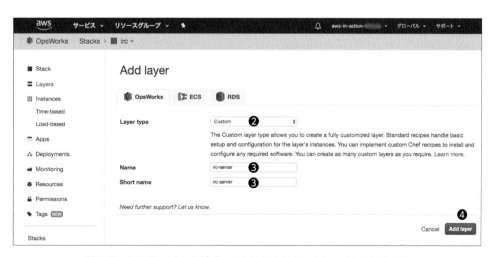

図5-12：IRCサーバーをデプロイするためのカスタムレイヤを作成する

3. [Name] フィールドと [Short name] フィールドに `irc-server` と入力します。

4. [Add layer] をクリックします。

　カスタムレイヤはこれで完成です。他のアプリケーションをデプロイしたい場合は、最初にあらかじめ組み込まれているレイヤを選択し、うまくいかない場合はカスタムレイヤを使用してください。このようにすると、OpsWorks のメリットを最大限に活かすことができます。

　IRC サーバーはポート 6667 からアクセスできるようにしておく必要があります。このポートへのアクセスを許可するには、カスタムファイアウォールを定義する必要があります。IRC サーバー用のカスタムファイアウォールを作成するには、リスト 5-5 のコマンドを実行します。

Linux と macOS のショートカット

　次のコマンドを使って Bash スクリプトをダウンロードし、ローカルマシン上で直接実行すれば、リスト5-5のコマンドを入力せずに済みます。このBashスクリプトには、リスト5-5と同じ手順が含まれています。

```
$ curl -s https://raw.githubusercontent.com/AWSinAction/code2/master/ \
> chapter05/irc-create-cloudformation-stack.sh | bash -ex
```

リスト 5-5 CloudFormation を使ってカスタムファイアウォールを作成する

```
# デフォルトの VPC を取得
VpcId="$(aws ec2 describe-vpcs --query "Vpcs[0].VpcId" --output text)"

# CloudFormation スタックを作成
aws cloudformation create-stack --stack-name irc \
--template-url https://s3.amazonaws.com/awsinaction-code2/\
chapter05/irc-cloudformation.yaml \
--parameters "ParameterKey=VPC,ParameterValue=$VpcId"

# スタックが CREATE_COMPLETE になるまで待つ
aws cloudformation wait stack-create-complete --stack-name irc
```

　続いて、このカスタムファイアウォールの設定を OpsWorks カスタムレイヤに追加します。

1. 左のナビゲーションメニューから [Layers] を選択します。

2. irc-server レイヤをクリックして開きます。

3. [Security] タブを選択し、[Edit] をクリックします。図 5-13 の画面が表示されます。

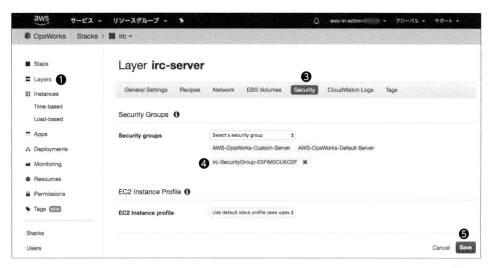

図 5-13：IRC サーバーレイヤにカスタムファイアウォール設定を追加する

4. カスタムセキュリティグループとして名前が irc で始まるセキュリティグループを選択します。
5. [Save] をクリックして変更内容を保存します。

IRC サーバーレイヤに追加しなければならないものがもう 1 つ残っています。IRC サーバーをデプロイするためのレイヤのレシピです。

1. 左のナビゲーションメニューから [Layers] を選択します。
2. irc-server レイヤをクリックして開きます。
3. [Recipes] タブを選択し、[Edit] をクリックします。図 5-14 の画面が表示されます。
4. [OS Packages] セクションの [Package name] フィールドに `ircd-ircu` と入力します。[+] ボタンをクリックするか Enter キーを押して、このパッケージを追加するのを忘れないでください。
5. [Save] をクリックして変更内容を保存します。

IRC サーバーをデプロイするためのカスタムレイヤはこれで完成です。次に、kiwiIRC を OpsWorks スタックにアプリケーションとして追加します。

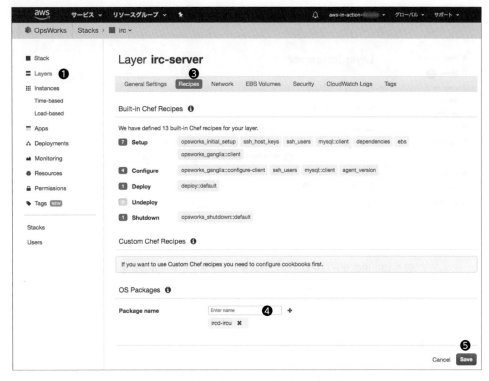

図 5-14：カスタムレイヤに IRC パッケージを追加する

Node.js レイヤにアプリケーションを追加する

次の手順に従って、先ほど作成した Node.js レイヤにアプリケーションをデプロイします。

1. 左のナビゲーションメニューから［Apps］を選択します。
2. ［Add app］ボタンをクリックします。図 5-15 の画面が表示されます。
3. ［Name］フィールドに kiwiIRC と入力します。
4. ［Type］ドロップダウンリストからアプリケーションの環境として［Node.js］を選択します。
5. ［Repository type］ドロップダウンリストから［Git］を選択し、［Repository URL］に GitHub リポジトリの URL として https://github.com/AWSinAction/KiwiIRC.git と入力します。
6. ［Add App］ボタンをクリックします。

最初の OpsWorks スタックの設定はこれで完了です。残っている作業はあと 1 つだけであり、インスタンスを起動する必要があります。

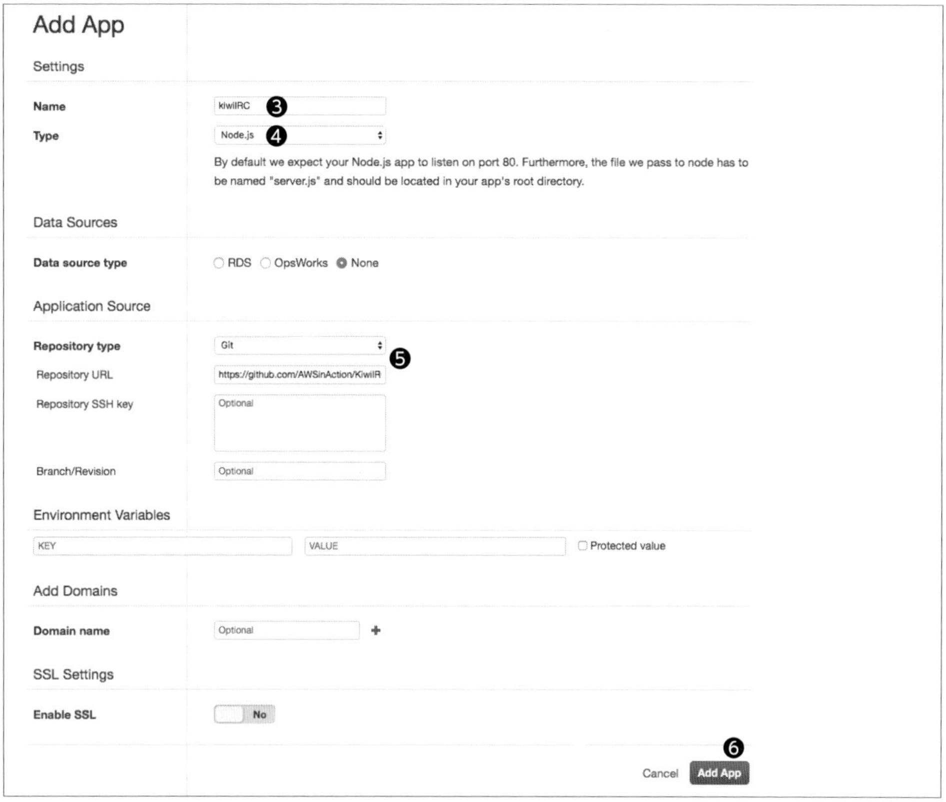

5.5 OpsWorks を使った多層アプリケーションのデプロイメント　175

Add App

Settings

Name　kiwiIRC　❸

Type　Node.js　❹

By default we expect your Node.js app to listen on port 80. Furthermore, the file we pass to node has to be named "server.js" and should be located in your app's root directory.

Data Sources

Data source type　○ RDS　○ OpsWorks　◉ None

Application Source

Repository type　Git　❺

Repository URL　https://github.com/AWSinAction/KiwiIR

Repository SSH key　Optional

Branch/Revision　Optional

Environment Variables

KEY　VALUE　☐ Protected value

Add Domains

Domain name　Optional　✦

SSL Settings

Enable SSL　No

Cancel　Add App　❻

図 5-15：kiwiIRC アプリケーションを OpsWorks に追加する

IRC クライアントと IRC サーバーを実行するためのインスタンスを追加する

kiwiIRC クライアントと IRC サーバーを実行するための 2 つのインスタンスを追加します。次に示すように、レイヤに新しいインスタンスを追加するのは簡単です。

1. 左のナビゲーションバーで [Instances] をクリックします。

2. [Node.js App Server] セクションの [Add an instance] リンクをクリックします。図 5-16 の画面が表示されます。

3. [Size] ドロップダウンリストから [t2.micro] を選択します。t2.micro は最も小さい仮想マシンタイプであり、無料利用枠でカバーされます。

4. [Add instance] ボタンをクリックします。

5. これで、Node.js App Server レイヤにインスタンスが追加されました。同じ手順を繰り返して、irc-server レイヤにもインスタンスを追加してください。

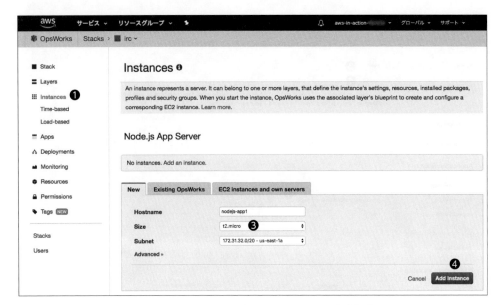

図 5-16：Node.js レイヤに新しいインスタンスを追加する

6. インスタンスのオーバービューは図 5-17 のようになるはずです。両方のインスタンスで [start] リンクをクリックするか、[Start All Instances] ボタンをクリックして、インスタンスを起動してください。

図 5-17：IRC Web クライアントと IRC Web サーバーのインスタンスを起動する

仮想マシンが起動し、デプロイメントが実行されるまでに少し時間がかかるため、ここでひと休みしましょう。

kiwiIRC を試してみる

2つのインスタンスの［Status］列の値がそれぞれ online に変わるまで、辛抱強く待ちましょう（図 5-18）。ステータスが online に変わったら、次の手順に従ってブラウザで kiwiIRC を開くことができます。

1. irc-server1 インスタンスのパブリック IP を覚えておくか、書き留めておきます。パブリック IP はあとから IRC サーバーに接続するために必要となります。
2. nodejs-app1 インスタンスのパブリック IP を右クリックし、ブラウザの新しいタブで kiwiIRC を開きます。

図 5-18：ブラウザで kiwiIRC が開くのを待つ

kiwiIRC アプリケーションがブラウザにロードされ、図 5-19 のようなログイン画面が表示されるはずです。次の手順に従って、kiwiIRC Web クライアントから IRC サーバーにログインしてみましょう。

1. ［Nickname］フィールドにチャットに使用するニックネームを入力します。
2. ［Channel］フィールドにチャットのチャンネルとして #awsinaction と入力します。
3. ［Server and network］をクリックして接続の詳細を開きます。

4. ［Server］フィールドに irc-server1 の IP アドレスを入力します。
5. ［Port］フィールドに 6667 と入力します。
6. ［SSL］チェックボックスをクリックして SSL を無効にします。
7. ［Start］をクリックして数秒間待ちます。

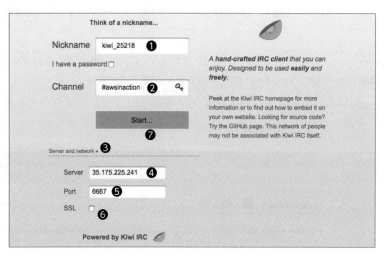

図 5-19：kiwiIRC を使って #awsinaction チャンネルで IRC サーバーに接続する

うまく接続できたでしょうか。AWS OpsWorks を使った Web ベースの IRC クライアントと IRC サーバーのデプロイメントはこれで完了です。

 AWS OpsWorks スタックを削除する

そろそろ削除の時間です。次の手順に従って、料金が発生しないようにしてください。

1. AWS マネジメントコンソールで AWS OpsWorks スタックサービスを開きます。
2. irc スタックを選択します。
3. 左のナビゲーションメニューから［Instances］を選択します。
4. ［Stop All Instances］をクリックし、確認のメッセージが表示されたら［Stop］をクリックします。
5. 各インスタンスの［Actions］で［delete］リンクをクリックし、確認のメッセージが表示されたら［Delete］をクリックします。それぞれのインスタンスが削除され、オーバービューに表示されなくなるのを待ちます。
6. 左のナビゲーションメニューから［Apps］を選択します。
7. kiwiIRC アプリケーションの［Actions］で［delete］リンクをクリックし、確認のメッセージが表示されたら［Delete］をクリックします。

8. 左のナビゲーションメニューから [Stack] を選択します。

9. [Delete Stack] ボタンをクリックし、確認のメッセージが表示されたら [Delete] をクリックします。

10. ターミナルに切り替え、`aws cloudformation delete-stack --stack-name irc` を実行します。

5.6 まとめ

- 仮想マシンに対するアプリケーションのデプロイメントを自動化すると、スケーラビリティと高可用性というクラウドの利点を最大限に活用できる。

- AWS には、アプリケーションを仮想マシンにデプロイするためのさまざまなツールが用意されている。これらのツールの 1 つを利用すれば、無駄な作業を行わずに済む。

- デプロイメントプロセスを自動化している場合は、古い仮想マシンを削除し、最新の状態の仮想マシンを起動することで、アプリケーションを更新できる。

- 仮想マシンの起動プロセスに Bash スクリプトや PowerShell スクリプトを追加すれば、ソフトウェアのインストールやサービスの構成など、仮想マシンの初期化を個別に行えるようになる。

- AWS OpsWorks は、Chef を使って多層アプリケーションをデプロイするのに適している。

- AWS Elastic Beanstalk は、一般的な Web アプリケーションをデプロイするのに最適である。

- AWS CloudFormation を利用すれば、より複雑なアプリケーションのデプロイメントを最もうまく制御できる。

CHAPTER 6: Securing your system: IAM, security groups, and VPC

▶ 第 **6** 章
システムのセキュリティ[IAM、セキュリティグループ、VPC]

本章の内容

- セキュリティの責任の所在をどう考えるか
- ソフトウェアを最新の状態に保つ
- ユーザーとロールによる AWS アカウントへのアクセスの制御
- セキュリティグループを使ってトラフィックを制御された状態に保つ
- CloudFormation を使ったプライベートネットワークの作成

セキュリティが壁であるとすれば、その壁を築くために多くのレンガが必要になります（図6-1）。本章では、AWS 上のシステムを安全に保つ上で最も重要な次の 4 つの「レンガ」を重点的に見ていきます。

1. **ソフトウェア更新プログラムのインストール**
   ソフトウェアの新しいセキュリティホールは毎日のように見つかっています。そうした脆弱性を修正するためにソフトウェアベンダーによって更新プログラムがリリースされています。更新プログラムがリリースされたら、できるだけ早くインストールする必要があります。そうしないと、あなたのシステムはハッカーの格好の餌食になってしまいます。

2. **AWS アカウントへのアクセスの制限**

   AWS アカウントを共同で使用している（同僚やスクリプトもアクセスする）場合は、AWS アカウントへのアクセスを制限することの重要性がさらに増します。スクリプトにバグがあれば、あなたが意図している EC2 インスタンスだけでなく、すべてのインスタンスをあっけなく終了させてしまうかもしれません。必要なアクセス許可だけを付与することが、偶発的または意図的な破壊行為から AWS リソースを保護する鍵となります。

3. **EC2 インスタンスとの間でやり取りされるネットワークトラフィックの制御**

   ポートへのアクセスを許可するのはどうしても必要な場合だけにしてください。Web サーバーを実行している場合、外部へ開く必要があるポートは、HTTP トラフィックのためのポート 80 と HTTPS トラフィックのためのポート 443 だけです。それ以外のポートはすべて閉じてください。

4. **AWS でのプライベートネットワークの作成**

   インターネットからアクセスできないサブネットの作成が可能です。外部からアクセスできないサブネットには、誰もアクセスできません。本当でしょうか。本章では、外部からのアクセスを遮断した上で、あなたがサブネットにアクセスできるようにする方法を紹介します。

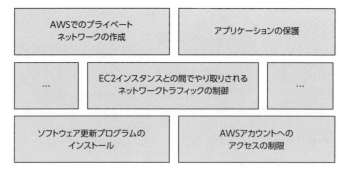

図 6-1：クラウドのインフラとアプリケーションをセキュリティで保護するには、すべてのレンガが揃っていなければならない

この 4 つのレンガの他に、重要なレンガがもう 1 つあります。アプリケーションをセキュリティで保護することです。本書では、アプリケーションの保護は取り上げません。アプリケーションを購入または開発するときには、次のセキュリティ基準に従ってください。たとえば、ユーザー入力をチェックして必要な文字だけを許可する、パスワードを平文で保存しない、TLS/SSL を使って仮想マシンとユーザー間のトラフィックを暗号化するといった措置が必要です。OS のパッケージマネージャを使ってアプリケーションをインストールする場合は、Amazon Inspector[1] を使ってセキュリティを自動的に診断できます。

4 つのレンガについて見ていく前に、あなた（顧客、つまり AWS ユーザー）と AWS の間の役割分担について説明しておきましょう。

※1　https://aws.amazon.com/inspector/

無料利用枠でカバーされない例について

本章には、無料利用枠によってカバーされない例が含まれています。料金が発生する場合は、そのつど明記します。それ以外の例については、数日以上にわたって実行したままにしない限り、料金は発生しません。ただし、本書で使用する AWS アカウントを新たに作成していて、その AWS アカウントで他の作業を行わないことが前提となります。この AWS アカウントは本書の最後に削除するため、本章の内容は数日以内に読み終えるようにしてください。

本章の前提条件

本章の内容を完全に理解するには、次の概念を理解している必要があります。

- サブネット
- ゲートウェイ
- アクセス管理
- ルートテーブル
- ファイアウォール
- IP (Internet Protocol) の基礎 (IP アドレスを含む)
- アクセス制御リスト (ACL)
- ポート

6.1　セキュリティの責任の所在をどう考えるか

クラウドは責任共有環境です。つまり、AWS と AWS ユーザーの間で責任が共有されます。AWS が責任を負う部分は次の 4 つです。

- 自動監視システムと堅牢なインターネットアクセスを通じてネットワークを保護し、DDoS (Distributed Denial of Service) 攻撃を阻止する。
- 機密領域にアクセスできる従業員に対してバックグラウンドチェックを行う。
- 使い終えたストレージデバイスを物理的に破壊した上で廃棄する。
- 防火対策や警備員を含め、データセンターの物理的および環境的なセキュリティを保証する。

セキュリティ基準は第三者による監査の対象となります[2]。
AWS ユーザーの責任は何でしょうか。

- AWS IAM を使って、S3 や EC2 といった AWS リソースへのアクセスを最小限に抑えるアクセス管理を実装する。
- HTTPS を使用するなどしてネットワークトラフィックを暗号化し、攻撃者がデータを読んだり改ざんしたりするのを防ぐ。
- 仮想ネットワークのファイアウォールを設定する。ファイアウォールはセキュリティグルー

---

[2]　最新の概要については、http://aws.amazon.com/compliance/ を参照。

184　第6章　｜　システムのセキュリティ［IAM、セキュリティグループ、VPC］

プと ACL を使ってインバウンド / アウトバウンドトラフィックを制御する。

● データを暗号化した状態で保存する。たとえば、データベースなどのストレージシステムで
データの暗号化を有効にする。

● 仮想マシンの OS とその他のソフトウェアのパッチを管理する。

セキュリティは AWS と顧客であるあなたの共同作業です。ルールに従って行動すれば、クラウ
ドで高度なセキュリティ基準を確立できます。

6.2　ソフトウェアを最新の状態に保つ

何らかのソフトウェアのセキュリティホールが発見されると、そのセキュリティホールを修正す
るための重要な更新プログラムが 1 週間以内にリリースされます。OS が対象になることもあれば、
OpenSSL といったソフトウェアライブラリが対象になることもあります。また、Java、Apache、
PHP といった環境が対象になることもあれば、WordPress などのアプリケーションが対象になる
こともあります。セキュリティ更新プログラムがリリースされたら、すぐにインストールしなけれ
ばなりません。すでにエクスプロイト（脆弱性を狙ったコード）がリリースされていたり、たちの悪
い連中がソースコードを調べてその脆弱性を再現したりする可能性があるからです。実行中のすべ
ての仮想マシンに更新プログラムをできるだけ速やかに適用するために、事前に作業計画を立てて
ください。

6.2.1　セキュリティ更新プログラムを確認する

EC2 の Amazon Linux インスタンスに SSH でログインすると、次のようなメッセージが表示され
ます。

```
$ ssh ec2-user@ec2-34-230-84-110.compute-1.amazonaws.com

     __|  __|_  )
     _|  (     /   Amazon Linux AMI
    ___|\___|___|

https://aws.amazon.com/amazon-linux-ami/2017.03-release-notes/
8 package(s) needed for security, out of 8 available
Run "sudo yum update" to apply all updates.
```

下から 2 行目のメッセージにより、セキュリティ更新プログラムが 8 つ利用可能であることがわ
かります。実際に更新プログラムを調べたときには、これとは別の数が表示されるでしょう。AWS
が顧客の EC2 インスタンスに更新プログラムを自動的に適用することはありません。更新プログ
ラムは自分で適用しなければなりません。

Amazon Linux の更新プログラムはパッケージマネージャ yum を使って管理できます。セキュリ

ティ更新プログラムが必要なパッケージを確認するには、次のコマンドを実行します。

```
$ yum --security check-update
Loaded plugins: priorities, update-motd, upgrade-helper
8 package(s) needed for security, out of 8 available

authconfig.x86_64       6.2.8-30.31.amzn1    amzn-updates
bash.x86_64             4.2.46-28.37.amzn1   amzn-updates
curl.x86_64             7.51.0-9.75.amzn1    amzn-updates
glibc.x86_64            2.17-196.172.amzn1   amzn-updates
glibc-common.x86_64     2.17-196.172.amzn1   amzn-updates
kernel.x86_64           4.9.43-17.38.amzn1   amzn-updates
libcurl.x86_64          7.51.0-9.75.amzn1    amzn-updates
wget.x86_64             1.18-3.27.amzn1      amzn-updates
```

　このコマンドを実際に実行したときには、異なる出力が生成されます。これらはデフォルトでインストールされるパッケージであり、セキュリティ更新プログラムがリリースされていることがわかります。

　Amazon Linux Security Center [3] の RSS フィードに登録し、Amazon Linux を対象とするセキュリティ情報を受信できるようにしておくとよいでしょう。新しいセキュリティ更新プログラムがリリースされたら、該当するかどうかを確認し、それに応じて対処してください。別の Linux ディストリビューションや OS を使用している場合は、それらに関連するセキュリティ情報に従ってください。

　セキュリティ更新プログラムを扱うときには、次のいずれかの状況に直面するかもしれません。

- 仮想マシンを最初に起動するときには、マシンを最新の状態にするために、多くのセキュリティ更新プログラムのインストールが必要になるかもしれません。
- 仮想マシンの実行中に新しいセキュリティ更新プログラムがリリースされ、仮想マシンを実行したままそれらの更新プログラムをインストールする必要があるかもしれません。

これらの状況に対処する方法について見ていきましょう。

本書のサンプルコード

　本書のサンプルコードはすべて本書の GitHub リポジトリからダウンロードできます。本章のコードは /chapter06 フォルダに含まれています。

https://github.com/AWSinAction/code2

※ 3　https://alas.aws.amazon.com

186　第6章　│　システムのセキュリティ［IAM、セキュリティグループ、VPC］

6.2.2　仮想マシンの開始時にセキュリティ更新プログラムを インストールする

CloudFormation テンプレートを使って EC2 インスタンスを作成する場合、インスタンスの開始時にセキュリティ更新プログラムをインストールする方法として次の3つがあります。

1. **ブートプロセスの最後に更新プログラムをすべてインストールする**
   ユーザーデータスクリプトに yum -y update を追加します。

2. **ブートプロセスの最後にセキュリティ更新プログラムだけをインストールする**
   ユーザーデータスクリプトに yum -y --security update を追加します。

3. **パッケージのバージョンを明示的に定義する**
   バージョン番号によって識別された更新プログラムをインストールします。

最初の2つの方法は、EC2 インスタンスのユーザーデータに簡単に追加できます。そのためのコードは本書の GitHub リポジトリの /chapter06/ec2-yum-update.yaml ファイルに含まれています。更新プログラムをすべてインストールするコードは次のようになります。

```
Instance:
  Type: 'AWS::EC2::Instance'
  Properties:
    ...
    UserData:
      'Fn::Base64': |
        #!/bin/bash -x
        yum -y update
```

セキュリティ更新プログラムだけをインストールするコードは次のようになります。

```
Instance:
  Type: 'AWS::EC2::Instance'
  Properties:
    ...
    UserData:
      'Fn::Base64': |
        #!/bin/bash -x
        yum -y --security update
```

更新プログラムをすべてインストールする方法には、システムの動作が予測不可能になるという問題があります。仮想マシンを開始したのが先週であるとしたら、それまでにリリースされた更新プログラムはすべて適用されています。ただし、仮想マシンの開始以降に新しい更新プログラムがリリースされている可能性がないとは言えません。新しい仮想マシンを今日開始し、更新プログラムをすべてインストールした場合、先週開始した仮想マシンとは異なるマシンになるでしょう。「異なる」とは、何らかの理由で動作しなくなる可能性があることを意味します。このため、インストー

ルしたい更新プログラムを明示的に定義し、テストしておくことをお勧めします。セキュリティ更新プログラムの特定のバージョンをインストールするには、yum update-to コマンドを使用します。このコマンドは、パッケージを最新バージョンではなく特定のバージョンに更新します。

```
# Bash をバージョン 4.2.46-28.37.amzn1 に更新
yum update-to bash-4.2.46-28.37.amzn1
```

CloudFormation テンプレートを使って、更新プログラムが明示的に定義された EC2 インスタンスを作成する方法は次のようになります。

```
Instance:
  Type: 'AWS::EC2::Instance'
  Properties:
    ...
    UserData:
      'Fn::Base64': |
        #!/bin/bash -x
        yum update-to bash-4.2.46-28.37.amzn1
```

非セキュリティ関連の更新プログラムを適用する方法も同じです。新しいセキュリティ更新プログラムがリリースされるたびに、該当するかどうかを確認し、新しいシステムを安全に保つためにユーザーデータを変更するようにしてください。

6.2.3 実行中の仮想マシンにセキュリティ更新プログラムをインストールする

基本的な構成要素のセキュリティ更新プログラムを数十あるいは数百もの仮想マシンにインストールしなければならない場合はどうなるのでしょうか。SSH を使って仮想マシンの 1 つ 1 つにログインし、yum -y --security update や yum update-to を実行するという手もありますが、仮想マシンの数が多い場合やこれから増えることが予想される場合は、手に負えなくなるかもしれません。このタスクを自動化する方法の 1 つは、仮想マシンのリストを取得し、すべての仮想マシンで yum を実行する小さなスクリプトを使用することです。リスト 6-1 は、Bash スクリプトを使用する方法を示しています。このコードは本書の GitHub リポジトリの /chapter06/update.sh ファイルに含まれています。

リスト 6-1 実行中の EC2 インスタンスのすべてにセキュリティ更新プログラムをインストールする

```
# 実行中の EC2 インスタンスのパブリック名をすべて取得
PUBLICIPADDRESSES="$(aws ec2 describe-instances \
--filters "Name=instance-state-name,Values=running" \
--query "Reservations[].Instances[].PublicIpAddress" --output text)"

# SSH で接続し、yum update コマンドを実行
```

第6章 | システムのセキュリティ［IAM、セキュリティグループ、VPC］

```
for PUBLICIPADDRESS in $PUBLICIPADDRESSES; do
  ssh -t "ec2-user@$PUBLICIPADDRESS" "sudo yum -y --security update"
done
```

このようにすると、実行中の仮想マシンのすべてに更新プログラムをすばやく適用できます。

AWS Systems Manager：パッチの自動適用

SSHを使ってすべての仮想マシンにセキュリティ更新プログラムをインストールするのは大仕事です。仮想マシンごとにネットワーク接続と各マシンのキーが必要になります。パッチの適用中に発生するエラーの処理も一筋縄ではいきません。

AWS Systems Managerサービスは、仮想マシンを管理するにあたって頼りになるツールです。まず、各仮想マシンにエージェントをインストールします。次に、AWS Systems Managerを使ってEC2インスタンスを管理します。たとえば、すべてのEC2インスタンスに最新のパッチを適用するジョブをAWS Systems Managerコンソールで作成します。

セキュリティ更新プログラムの中には、Linux上で動作している仮想マシンのカーネルにパッチを当てる必要があるなど、仮想マシンの再起動を要求するものがあります。その場合は、仮想マシンを自動的に再起動するか、更新されたAMIに切り替え、新しい仮想マシンを開始することができます。たとえば、最新のパッケージが含まれたAmazon Linuxの新しいAMIが絶えずリリースされています。

6.3　AWSアカウントをセキュリティで保護する

AWSアカウントをセキュリティで保護することは不可欠です。誰かがあなたのAWSアカウントにアクセスできれば、データを盗み出したり、リソースを使用したり（あなたが支払うことになります）、データをすべて削除したりできます。AWSアカウントは、EC2インスタンス、CloudFormationスタック、IAMユーザーなど、あなたが所有しているリソースがすべて入ったバスケットのようなものです（図6-2）。AWSアカウントにはそれぞれrootユーザーが含まれており、すべてのリソースに無制限にアクセスできる状態です。本書のここまでの部分では、AWSマネジメントコンソールにログインするときにはrootユーザーを使用し、コマンドラインインターフェイス（CLI）を使用するときには4.2節で作成したmycliユーザーを使用してきました。ここでは、rootユーザーをまったく使用せずにAWSマネジメントコンソールにログインするための新しいユーザーを作成します。このようにすると、複数のユーザーを管理し、各ユーザーのアクセスをそれらの役割に必要なリソースに限定できるようになります。

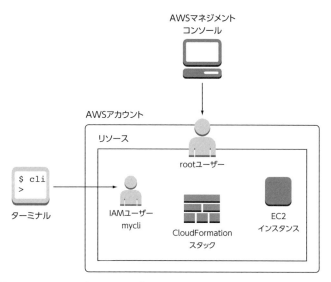

図6-2：AWSアカウントにはデフォルトでrootユーザーが含まれており、
すべてのリソースにアクセスできる

　攻撃者があなたのAWSアカウントにアクセスするには、あなたのアカウントで認証を行うことができなければなりません。そのための方法は3つあります。rootユーザーを使用するか、一般ユーザーを使用するか、EC2インスタンスなどのAWSリソースとして認証を行うかです。rootユーザーまたは一般ユーザーとして認証を行うには、ユーザー名とパスワードか、アクセスキーが必要です。EC2インスタンスなどのAWSリソースとして認証を行うには、その仮想マシンからAPI/CLIリクエストを送信する必要があります。

　あなたのパスワードやアクセスキーの窃取や解読を防ぐために、次項では、rootユーザーの多要素認証（MFA）を有効にし、認証プロセスのセキュリティレベルを引き上げることにします。

6.3.1　AWSアカウントのrootユーザーをセキュリティで保護する

　AWSアカウントのrootユーザーに対してMFAを有効にすることをお勧めします。MFAを有効にした後、rootユーザーとしてログインするには、パスワードと一時的なトークンが必要となります。MFAを有効にする手順は次のとおりです。

1. スマートフォンにGoogle AuthenticatorなどのTOTP（Time-based One Time Password）規格をサポートしているMFAアプリをインストールします。
2. AWSマネジメントコンソールの最上部のナビゲーションバーでアカウント名をクリックし、［マイセキュリティ資格情報］を選択します。
3. ポップアップウィンドウが表示されたら、［Continue to Security Credentials］をクリックします。

4. ［多要素認証（MFA）］セクションを展開します（図 6-3）。

5. ［MFA の有効化］をクリックします。ウィザードが起動します。

6. ［仮想 MFA デバイス］オプションを選択し、［続行］をクリックします。

7. ウィザードの指示に従い、スマートフォンの MFA アプリを使って、表示された QR コードをスキャンします。この後、MFA アプリ上に表示されたコードを入力し、設定を完了させます。

図 6-3：多要素認証（MFA）を使って root ユーザーを保護する

仮想 MFA デバイスとしてスマートフォンを使用する場合、そのスマートフォンから AWS マネジメントコンソールにログインしたり、root ユーザーのパスワードをスマートフォンに保存したりするのはよい考えではありません。MFA トークンはパスワードとは別にしておいてください。

6.3.2　AWS IAM

図 6-4 は、AWS Identity and Access Management（IAM）サービスの基本概念についてのオーバービューを示しています。このサービスは、AWS API に対して認証と認可を提供します。AWS API にリクエストを送信すると、IAM があなたの身元を確認し、そのアクションの実行が許可されているかどうかを確認します。そのユーザーに新しい仮想マシンの起動が許可されているかどうかなど、IAM はあなたの AWS アカウントで誰が（認証）何をできるか（認可）を管理します。

- **IAM ユーザー**
  AWS アカウントにアクセスする人々を認証するために使用されます。

- **IAM グループ**
  IAM ユーザーのコレクションです。

- **IAM ロール**
  EC2 インスタンスなどの AWS リソースの認証に使用されます。
- **IAM ポリシー**
  ユーザー、グループ、ロールのいずれかに対するアクセス許可の定義に使用されます。

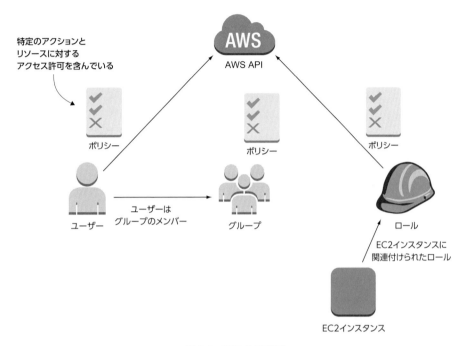

図 6-4：IAM の概念図

表 6-1 は、ユーザーとロールの違いを示しています。ロールは EC2 インスタンスなどの AWS リソースの認証に使用されます。ユーザーは、システム管理者、DevOps エンジニア、ソフトウェア開発者など、AWS リソースを管理する人々の認証に使用されます。

表 6-1：root ユーザー、IAM ユーザー、IAM ロールの違い

	root ユーザー	IAM ユーザー	IAM ロール
パスワードを使用できる（AWS マネジメントコンソールへのログインに必要）	常に可	可	不可
アクセスキーを使用できる（CLI、SDK などの AWS API へのリクエストの送信に必要）	可（非推奨）	可	不可
グループに所属できる	不可	可	不可
EC2 インスタンスに関連付けることができる	不可	不可	可

デフォルトでは、ユーザーとロールは何もできません。何かをできるようにするには、ポリシーを作成し、そこで許可すべきアクションを指定する必要があります。IAM ユーザーと IAM ロールの認可にはポリシーが使用されます。まず、ポリシーから見ていきましょう。

192 第6章 ｜ システムのセキュリティ［IAM、セキュリティグループ、VPC］

6.3.3 IAM ポリシーを使ってアクセス許可を定義する

　AWS リソースを管理するためのアクセス許可を付与するには、IAM ユーザーまたは IAM ロール
に IAM ポリシーを 1 つ以上関連付けます。これらのポリシーは JSON で定義され、1 つ以上のステー
トメントで構成されます。ステートメントでは、特定のリソースに対する特定のアクションを許可
または拒否できます。ワイルドカード文字 * を使用すると、より汎用的なステートメントを作成で
きます。

　次のポリシーには、EC2 サービスのすべてのリソースに対するすべてのアクションを許可するス
テートメントが 1 つ含まれています。

```
{
  "Version": "2012-10-17",          ◀────┐ バージョンを固定にするために 2012-10-17 を指定
  "Statement": [{
    "Sid": "1",
    "Effect": "Allow",              ◀──┐ 許可
    "Action": "ec2:*",              ◀──┐ あらゆる EC2 アクション
    "Resource": "*"                 ◀──┐ あらゆるリソース
  }]
}
```

　同じアクションに適用されるステートメントが複数ある場合は、Deny が Allow よりも優先され
ます。次のポリシーでは、EC2 インスタンスの終了以外の EC2 アクションがすべて許可されます。

```
{
  "Version": "2012-10-17",
  "Statement": [{
    "Sid": "1",
    "Effect": "Allow",
    "Action": "ec2:*",
    "Resource": "*"
  }, {
    "Sid": "2",
    "Effect": "Deny",                        ◀──┐ 拒否
    "Action": "ec2:TerminateInstances",      ◀──┐ EC2 インスタンスの終了
    "Resource": "*"
  }]
}
```

　次のポリシーでは、EC2 のすべてのアクションが拒否されます。Deny は Allow よりも優先され
るため、ec2:TerminateInstances ステートメントは決定打にはなりません。あるアクションを
拒否する場合、別のステートメントでそのアクションを許可することはできません。

```
{
  "Version": "2012-10-17",
  "Statement": [{
    "Sid": "1",
```

```
    "Effect": "Deny",
    "Action": "ec2:*",          ←── EC2アクションをすべて拒否
    "Resource": "*"
  }, {
    "Sid": "2",
    "Effect": "Allow",
    "Action": "ec2:TerminateInstances",  ←── DenyはAllowに優先する
    "Resource": "*"
  }]
}
```

これらの例では、Resource部分にすべてのリソースを対象とする"*"が指定されています。AWSのリソースには、ARN（Amazon Resource Name）が割り当てられています。EC2インスタンスのARNは図6-5のようになります。

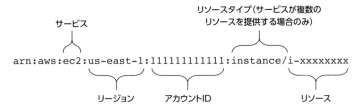

図6-5：EC2インスタンスを識別するARNの構成要素

アカウントIDはCLIを使って突き止めることができます。

```
$ aws iam get-user --query "User.Arn" --output text
arn:aws:iam::111111111111:user/mycli
```

この例では、アカウントIDは12桁の数字（111111111111）です。アカウントIDがわかれば、ARNを使ってサービスの特定のリソースに対してアクセスを許可できます。

```
{
  "Version": "2012-10-17",
  "Statement": [{
    "Sid": "2",
    "Effect": "Allow",
    "Action": "ec2:TerminateInstances",
    "Resource": "arn:aws:ec2:us-east-1:111111111111:instance/i-xxxxxxxx"
  }]
}
```

IAMポリシーには、管理ポリシーとインラインポリシーの2種類があります。

1. **管理ポリシー**

   アカウント内で再利用できるポリシーを作成したい場合は、管理ポリシーを使用します。管理ポリシーには、次の2種類があります。

   - **AWS 管理ポリシー**

     AWS によって管理されるポリシー。管理者の権限、読み取り専用の権限などを付与するポリシーがあります。

   - **カスタマー管理ポリシー**

     あなた（顧客）が管理するポリシーであり、組織内での役割を表すポリシーなどを作成できます。

2. **インラインポリシー**

   特定の IAM ロール、IAM ユーザー、IAM グループに属するポリシー。インラインポリシーは、その所属先となるロール、ユーザー、グループなしには存在できません。

CloudFormation を利用すれば、インラインポリシーを管理するのは簡単です。そこで本書では、ほとんどの場合、インラインポリシーを使用します。ただし、mycli ユーザーは例外です。このユーザーには、AWS 管理ポリシーである **AdministratorAccess** が関連付けられます。IAM サービスで利用可能なすべてのアクセス許可は、オープンソースのリスト[※4] として提供されています。

6.3.4　認証のためのユーザーと、ユーザーをまとめるためのグループ

ユーザーの認証には、ユーザー名とパスワードか、アクセスキーのどちらかを使用できます。AWS マネジメントコンソールにログインする際には、ユーザー名とパスワードを使って認証を行います。コンピュータで CLI を使用する際には、アクセスキーを使って mycli ユーザーとして認証を行います。

現時点では、root ユーザーを使って AWS マネジメントコンソールにログインしています。次の2つの理由により、root ユーザーの代わりに使用する IAM ユーザーを作成すべきです。

- IAM ユーザーを作成すると、AWS アカウントが必要な人に対してそれぞれ一意のユーザーを用意できるようになる。

- 各ユーザーに必要なリソースへのアクセスだけを許可すればよいため、最小権限の原則に従うことができる。

将来ユーザーを追加する際には、次のようにすると簡単です。最初に、すべてのユーザーが所属するグループを作成し、AdministratorAccess を付与します。グループは認証に使用できませんが、認可を一元的に管理するのに役立ちます。つまり、たとえば管理者ユーザーが EC2 インスタンスを終了できないようにしたい場合は、管理者ユーザーごとにポリシーを変更するのではなく、そのグループのポリシーを変更するだけで済みます。ユーザーは1つ以上のグループに所属できますが、グループに所属していなくてもかまいません。

※4　https://iam.cloudonaut.io/

CLIを利用すれば、グループとユーザーを簡単に作成できます。次に示すコマンドの〈パスワード〉部分は安全なパスワードに置き換えてください。

```
$ aws iam create-group --group-name "admin"
$ aws iam attach-group-policy --group-name "admin" \
> --policy-arn "arn:aws:iam::aws:policy/AdministratorAccess"
$ aws iam create-user --user-name "myuser"
$ aws iam add-user-to-group --group-name "admin" --user-name "myuser"
$ aws iam create-login-profile --user-name "myuser" --password "<パスワード>"
```

これで、myuserユーザーが利用可能な状態になりました。ただし、rootユーザーを使用している場合以外は、別のURLを使ってAWSマネジメントコンソールにアクセスしなければなりません。

```
https://<アカウントID>.signin.aws.amazon.com/console
```

〈アカウントID〉部分は、6.3.3項の中で`aws iam get-user`コマンドを使って取得したアカウントID（12桁の数字）に置き換えてください。

IAMユーザーのMFAを有効にする

すべてのユーザーに対してMFAを有効にすることをお勧めします。できれば、一般ユーザーに使用するのと同じMFAデバイスをrootユーザーに使用するのはやめておきましょう。MFAデバイスは、GemaltoなどのAWSパートナーから13ドルで購入できます。ユーザーに対してMFAを有効にする手順は次のとおりです。

1. AWSマネジメントコンソールでIAMサービスを選択します。
2. IAMダッシュボードの左のナビゲーションメニューから[ユーザー]を選択します。
3. myuserユーザーを選択します。
4. [認証情報]タブを選択します。
5. [MFAデバイスの割り当て]の[管理]をクリックします。IAMユーザーのMFAを有効にするウィザードは、rootユーザーで使用したものと同じです。

すべてのユーザー、特に（すべてまたは一部の）サービスに対する管理者アクセスが付与されているユーザーについては、ぜひMFAを有効にしてください。

WARNING

ここからは、rootユーザーを使用するのは控え、常にmyuserとAWSマネジメントコンソールの新しいURLを使用してください。

196 第 6 章 | システムのセキュリティ［IAM、セキュリティグループ、VPC］

> **WARNING**
>
> ユーザーのアクセスキーを EC2 インスタンスにコピーするのは絶対に避け、代わりに IAM ロールを使用してください。セキュリティ情報はソースコードに保存しないようにし、何があっても Git リポジトリや SVN リポジトリにチェックインしないでください。可能な限り、IAM ロールを使用してください。

6.3.5 AWS リソースの認証に IAM ロールを使用する

EC2 インスタンスから AWS リソースにアクセスしたり、それらを管理したりする状況はさまざまです。たとえば、次のような操作が必要になるかもしれません。

- S3 にデータをバックアップする。
- ジョブが完了した後に EC2 インスタンスを自動的に終了する。
- クラウドのプライベートネットワーク環境の設定を変更する。

EC2 インスタンスから AWS API にアクセスできるようにするには、EC2 インスタンスの認証が必要です。アクセスキーを使って IAM ユーザーを作成し、認証用のアクセスキーを EC2 インスタンスに格納するという手もありますが、特にアクセスキーを定期的に切り替えるような場合は、かなり面倒なことになります。

EC2 インスタンスといった AWS リソースの認証が必要な場合は常に IAM ユーザーではなく IAM ロールを使用してください。IAM ロールを使用すると、アクセスキーが自動的に EC2 インスタンスに注入されます。

IAM ロールが EC2 インスタンスに関連付けられている場合は、リクエストが許可されるかどうかを判断するために、それらのロールに割り当てられているポリシーがすべて評価されます。デフォルトでは、EC2 インスタンスにはロールが 1 つも関連付けられていないため、EC2 インスタンスは AWS API をまったく呼び出せない状態です。

次の例では、EC2 インスタンスに IAM ロールを適用する方法を示します。第 4 章で一時的な EC2 インスタンスを作成したことを覚えているでしょうか。それらの仮想マシンを終了し忘れた場合は、多額の料金を支払うことになります。そこで、自動的に終了する EC2 インスタンスを作成することにしましょう。EC2 インスタンスを 5 分後に終了する 1 行スクリプトは次のようになります。at コマンドは、5 分間待機した後、aws ec2 stop-instances を実行するためのものです。

```
echo "aws ec2 stop-instances --instance-ids <インスタンス ID>" | at now + 5 minutes
```

EC2 インスタンスを自主的に終了させるには、そのためのアクセス許可が必要です。そこで、この EC2 インスタンスに IAM ロールを割り当てる必要があります。この IAM ロールには、ec2:StopInstances アクションへのアクセスを許可するインラインポリシーが含まれるようにし

ます。CloudFormation を使って IAM ロールを定義するコードは次のようになります。

```
Role:
  Type: 'AWS::IAM::Role'
  Properties:
    AssumeRolePolicyDocument:       # このロールの権限を EC2 インスタンスに委譲
      Version: '2012-10-17'
      Statement:
      - Effect: Allow
        Principal:
          Service: 'ec2.amazonaws.com'
        Action:
        - 'sts:AssumeRole'
    Policies:                       # ポリシーを開始
    - PolicyName: ec2
      PolicyDocument:               # ポリシーの定義
        Version: '2012-10-17'
        Statement:
        - Sid: Stmt1425388787000
          Effect: Allow
          Action: 'ec2:StopInstances'
          Resource: '*'
          Condition:                # 問題を条件付きで解決：
            StringEquals:           # スタック ID でタグ付けされている場合のみ許可
              'ec2:ResourceTag/aws:cloudformation:stack-id': !Ref 'AWS::StackId'
```

インラインロールを EC2 インスタンスに追加するには、まずインスタンスプロファイルを作成する必要があります。

```
InstanceProfile:
  Type: 'AWS::IAM::InstanceProfile'
  Properties:
    Roles:
    - !Ref Role
```

インラインロールを EC2 インスタンスに追加するコードは次のようになります。

```
Instance:
  Type: 'AWS::EC2::Instance'
  Properties:
    ...
    IamInstanceProfile: !Ref InstanceProfile
    UserData:
      'Fn::Base64': !Sub |
        #!/bin/bash -x
        INSTANCEID="$(curl -s http://169.254.169.254/latest/meta-data/
instance-id)"
        echo "aws ec2 stop-instances --instance-ids $INSTANCEID
--region ${AWS::Region}" | at now + ${Lifetime} minutes
```

本書で用意したテンプレート[5]がパラメータとして指定されているCloudFormationマネジメントコンソールの［スタックのクイック作成］リンク（下記のURL）にアクセスします。

```
https://us-east-1.console.aws.amazon.com/cloudformation/home
?region=us-east-1#/stacks/quickcreate
?templateURL=https://s3.amazonaws.com/awsinaction-code2/chapter06/ec2-iamrole.yaml
&stackName=ec2-iamrole
```

スタックの名前として`ec2-iamrole`が設定されていることを確認します。［パラメータ］セクションでEC2インスタンスの有効期限を指定し、デフォルトのサブネットとVPCを選択します。なお、このテンプレートにはIAMリソースが含まれているため、［AWS CloudFormationによってIAMリソースが作成される場合があることを承認します。］チェックボックスをオンにする必要があります。［スタックの作成］をクリックし、CloudFormationスタックを作成します。有効期限として指定した時間が経過するのを待ってから、EC2インスタンスが停止するかどうかをEC2ダッシュボードで確認します。有効期限はEC2インスタンスが完全に起動した時点からカウントされます。

IAMユーザーを使ってユーザーを認証する方法と、IAMロールを使ってEC2インスタンスなどのAWSリソースを認証する方法は以上です。また、IAMポリシーを使って特定のアクションやリソースへのアクセスを付与する方法もわかりました。次節では、仮想マシンで送受信されるトラフィックの制御方法について説明します。

Cleaning up

最後に`ec2-iamrole`スタックを削除し、使用していたリソースをすべて解放してください。そうしないと、使用したリソースに対して料金が請求されることになります（EC2インスタンスが停止していても、ネットワーク接続型ストレージの料金が発生します）。

6.4　仮想マシンのネットワークトラフィックを制御する

EC2インスタンスとの間でやり取りされるトラフィックは本当に必要なものだけに制限したいところです。入力方向のトラフィックと出力方向のトラフィックはファイアウォールを使って制御します。入力方向のトラフィックは「インバウンド」または「イングレス」と呼ばれます。出力方向のトラフィックは「アウトバウンド」または「イグレス」と呼ばれます。Webサーバーを実行する場合、外部に対して開く必要があるポートはHTTPトラフィック用のポート80とHTTPSトラフィック用のポート443だけであり、それ以外のポートはすべて閉じておくべきです。IAMを使って必要なアクセス許可だけを付与するのと同じように、アクセス可能でなければならないポートだけを開

---

[5] http://mng.bz/Z35X

いてください。ファイアウォールを使って正当なトラフィックだけを許可すれば、多くのセキュリティホールが未然に塞がれます。また、人為的なミスを防ぐこともできます。たとえば、テストシステムのアウトバウンド SMTP 接続を閉じておけば、誤ってテストシステムから顧客にメールが送信されてしまう、ということもありません。

ネットワークトラフィックが EC2 インスタンスに送信される、または EC2 インスタンスから送信される際には、最初に AWS によって提供されるファイアウォールを通過しなければなりません。このファイアウォールは、ネットワークトラフィックを調べ、そのトラフィックが許可されているかどうかをルールに基づいて判断します。

> **IP と IP アドレス**
>
> **IP** とはインターネットプロトコルのことであり、**IP アドレス**は 84.186.116.47 といった特定のアドレスを表します。

図 6-6 は、送信元 IP アドレス 10.0.0.10 から送信された SSH リクエストが、ファイアウォールを通過し、送信先 IP アドレス 10.10.0.20 によって受信されるまでの流れを示しています。この例では、送信元と送信先の間でポート 22 の TCP トラフィックが許可されることを示すルールが存在するため、ファイアウォールはリクエストを許可します。

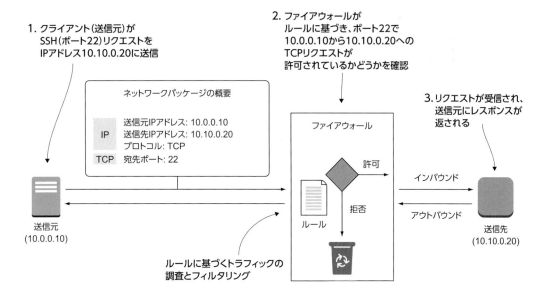

図 6-6：送信元から送信先へ伝送される SSH トラフィックがファイアウォールによって制御される仕組み

200　第 6 章　┃　システムのセキュリティ［IAM、セキュリティグループ、VPC］

> **送信元と送信先**
>
> 　セキュリティグループのインバウンドのルールは、送信元の情報に基づいてトラフィックをフィルタリングします。送信元の情報は IP アドレスかセキュリティグループのどちらかになります。このため、インバウンドトラフィックを特定の送信元 IP アドレスレンジからのものだけに制限できます。
>
> 　セキュリティグループのアウトバウンドのルールは、送信先の情報に基づいてトラフィックをフィルタリングします。送信先の情報は IP アドレスかセキュリティグループのどちらかになります。このため、アウトバウンドトラフィックを特定の送信先 IP アドレスレンジのものだけに制限できます。

　このファイアウォールを管理するのは AWS ですが、ルールを管理するのはあなた（顧客）です。デフォルトでは、セキュリティグループはインバウンドトラフィックをいっさい許可しません。このため、特定のインバウンドトラフィックを許可するルールを独自に追加する必要があります。デフォルトでは、セキュリティグループにはアウトバウンドトラフィックをすべて許可するルールが含まれています。高度なネットワークセキュリティが要求される状況では、このデフォルトのルールを削除し、アウトバウンドトラフィックを制御するルールを独自に追加する必要があります。

> **ネットワークトラフィックのデバッグと監視**
>
> 　たとえば、EC2 インスタンスによる SSH トラフィックの受信が思うようにいかないものの、ファイアウォールのルールを調べても設定ミスが見つからないとしましょう。このような場合は、VPC フローログを有効にし、拒否された接続を含んでいるログメッセージにまとめてアクセスできるようにするとよいでしょう。詳細については、VPC フローログに関する AWS のドキュメントを参照してください。
>
> 　VPC フローログを調べれば、許可された接続と拒否された接続について参考になる情報が得られます。
>
> https://docs.aws.amazon.com/ja_jp/vpc/latest/userguide/flow-logs.html

6.4.1　セキュリティグループを使って 仮想マシンへのトラフィックを制御する

　トラフィックを制御するには、EC2 インスタンスなどの AWS リソースにセキュリティグループを関連付けます。EC2 インスタンスに複数のセキュリティグループを関連付けたり、同じセキュリティグループを複数の EC2 インスタンスに関連付けたりするのはよくあることです。

　セキュリティグループは一連のルールで構成されます。これらのルールはそれぞれ次の要素に基づいてトラフィックを許可します。

6.4 仮想マシンのネットワークトラフィックを制御する　201

- 方向（インバウンドまたはアウトバウンド）
- IP プロトコル（TCP、UDP、ICMP）
- ポート
- IP アドレス、IP アドレスレンジ、またはセキュリティグループ（AWS 内でのみ有効）に基づく送信元と送信先

　理論的には、仮想マシンですべてのインバウンド／アウトバウンドトラフィックを許可するルールを定義しようと思えばできないことはありませんし、AWS もあなたを引き止めません。しかし、できるだけ制限的なルールを定義するのが最善です。

　CloudFormation のセキュリティグループのリソースタイプは AWS::EC2::SecurityGroup です。リスト 6-2 に示すテンプレートは、1 つの EC2 インスタンスに関連付けられている空のセキュリティグループを表しています。このコードは本書の GitHub リポジトリの /chapter06/firewall1.yaml ファイルに含まれています。

リスト 6-2　セキュリティグループを定義する CloudFormation テンプレート

```
---
...
Parameters:
  KeyName:
    Description: 'Key Pair name'
    Type: 'AWS::EC2::KeyPair::KeyName'
    Default: mykey
  VPC:                                  # 6.5 節を参照
    ...
  Subnet:                               # 6.5 節を参照
    ...
Resources:
  SecurityGroup:                        # セキュリティグループを定義
    Type: 'AWS::EC2::SecurityGroup'     # （リスト 6-2 の後の説明を参照）
    Properties:
      GroupDescription: 'Learn how to protect your EC2 Instance.'
      VpcId: !Ref VPC
      Tags:
      - Key: Name
        Value: 'AWS in Action: chapter 6 (firewall)'
  Instance:                             # EC2 インスタンスを定義
    Type: 'AWS::EC2::Instance'
    Properties:
      ImageId: 'ami-6057e21a'
      InstanceType: 't2.micro'
      KeyName: !Ref KeyName
      SecurityGroupIds:
      - !Ref SecurityGroup              # セキュリティグループを関連付ける
      SubnetId: !Ref Subnet
      Tags:
      - Key: Name
        Value: 'AWS in Action: chapter 6 (firewall)'
```

202 第 6 章 ｜ システムのセキュリティ［IAM、セキュリティグループ、VPC］

このセキュリティグループの定義では、ルールを指定していません。デフォルトでは、インバウンドトラフィックが拒否され、アウトバウンドトラフィックが許可されます。ルールは次節で追加します。

セキュリティグループを調べたい場合は、本書の GitHub リポジトリにある `/chapter06/firewall1.yaml` テンプレートを試してみるとよいでしょう。このテンプレートがパラメータとして指定されている CloudFormation マネジメントコンソールの［スタックのクイック作成］リンク（下記の URL）にアクセスします。

```
https://us-east-1.console.aws.amazon.com/cloudformation/home
?region=us-east-1#/stacks/quickcreate
?templateURL=https://s3.amazonaws.com/awsinaction-code2/chapter06/firewall1.yaml
&stackName=firewall1
```

このテンプレートに基づいてスタックを作成した後、スタックの［出力］タブに表示されている `PublicName` の値をコピーしてください。具体的な手順は 6.3.5 項とほぼ同じです。

6.4.2 ICMP トラフィックを許可する

自分のコンピュータから EC2 インスタンスに `ping` を実行したい場合は、インバウンドの ICMP（Internet Control Message Protocol）トラフィックを許可しなければなりません。デフォルトでは、インバウンドトラフィックはすべてブロックされます。`ping` <`PublicName` の値 > を試して、うまくいかないことを確認してください。

```
$ ping ec2-52-5-109-147.compute-1.amazonaws.com
PING ec2-52-5-109-147.compute-1.amazonaws.com (52.5.109.147): 56 data bytes
Request timeout for icmp_seq 0
Request timeout for icmp_seq 1
...
```

セキュリティグループにインバウンドトラフィックを許可するルールを追加する必要があります。このルールのプロトコルは ICMP に設定されていなければなりません。リスト 6-3 のコードは、本書の GitHub リポジトリの `/chapter06/firewall2.yaml` ファイルに含まれています。

リスト 6-3 ICMP を許可するセキュリティグループを定義する CloudFormation テンプレート

```
SecurityGroup:
  Type: 'AWS::EC2::SecurityGroup'
  Properties:
    GroupDescription: 'Learn how to protect your EC2 Instance.'
    VpcId: !Ref VPC
    Tags:
    - Key: Name
```

```
      Value: 'AWS in Action: chapter 6 (firewall)'
    SecurityGroupIngress:          # インバウンド ICMP トラフィックを許可するルール
    - IpProtocol: icmp             # プロトコルとして ICMP を指定
      FromPort: '-1'               # ICMP はポートを使用しない
      ToPort: '-1'                 # -1 はすべてのポートを意味する
      CidrIp: '0.0.0.0/0'          # 任意の送信元 IP アドレスからのトラフィックを許可
```

CloudFormation マネジメントコンソールで［更新する］をクリックし、このテンプレート[6]を使って CloudFormation スタックを更新した後、ping コマンドをもう一度試してみましょう。今後はうまくいくはずです。

```
$ ping ec2-52-5-109-147.compute-1.amazonaws.com
PING ec2-52-5-109-147.compute-1.amazonaws.com (52.5.109.147): 56 data bytes
64 bytes from 52.5.109.147: icmp_seq=0 ttl=49 time=112.222 ms
64 bytes from 52.5.109.147: icmp_seq=1 ttl=49 time=121.893 ms
...
round-trip min/avg/max/stddev = 112.222/117.058/121.893/4.835 ms
```

これで、あらゆる（あらゆる送信元 IP アドレスからの）インバウンド ICMP トラフィックを EC2 インスタンスに送信できる状態になりました。

6.4.3　SSH トラフィックを許可する

EC2 インスタンスの ping が可能になったところで、次は SSH を使って仮想マシンにログインできるようにしてみましょう。そのためには、ポート 22 でインバウンド TCP トラフィックを許可するルールを作成しなければなりません。リスト 6-4 のコードは、本書の GitHub リポジトリの /chapter06/firewall3.yaml ファイルに含まれています。

リスト 6-4 SSH を許可するセキュリティグループを定義する CloudFormation テンプレート

```
SecurityGroup:
  Type: 'AWS::EC2::SecurityGroup'
  Properties:
    GroupDescription: 'Learn how to protect your EC2 Instance.'
    VpcId: !Ref VPC
    Tags:
    - Key: Name
      Value: 'AWS in Action: chapter 6 (firewall)'
    SecurityGroupIngress:
    - IpProtocol: icmp
      FromPort: '-1'
      ToPort: '-1'
      CidrIp: '0.0.0.0/0'
    # インバウンド SSH トラフィックを許可するルール
    - IpProtocol: tcp              # SSH は TCP プロトコルに基づいている
```

※6　http://mng.bz/0caa

```
FromPort: '22'        # デフォルトの SSH ポートは 22
ToPort: '22'          # ポートの範囲、または FromPort=ToPort の設定が可能
CidrIp: '0.0.0.0/0'   # 任意の送信元 IP アドレスからのトラフィックを許可
```

CloudFormationマネジメントコンソールで［更新する］をクリックし、このテンプレート[7]を使っ
て CloudFormation スタックを更新すると、SSH を使って EC2 インスタンスにログインできるよう
になるはずです。ただし、正しいプライベートキーが必要であることに変わりはありません。ファ
イアウォールはネットワーク層を制御するだけであり、キーやパスワードに基づく認証の代わりに
はなりません。

6.4.4　送信元 IP アドレスからの SSH トラフィックを許可する

　現時点では、ポート 22（SSH）であらゆる送信元 IP アドレスからのインバウンドトラフィックを
許可している状態です。アクセスを自分の IP アドレスだけに制限すれば、セキュリティをさらに
強化できます。

パブリック IP アドレスとプライベート IP アドレスの違い

　筆者はローカルネットワークで 192.168.0.* から始まるプライベート IP アドレスを使用しています。筆
者のラップトップは 192.168.0.10、iPad は 192.168.0.20 を使用しています。ただし、インターネットに
アクセスするときには、ラップトップと iPad に同じ IP アドレス（79.241.98.155 など）を使用します。とい
うのも、パブリック IP アドレスが割り当てられているのは筆者のインターネットゲートウェイ（インターネッ
トに接続するデバイス）だけであり、すべてのリクエストがこのゲートウェイによってリダイレクトされるか
らです。この点について詳しく知りたい場合は、インターネットで「ネットワークアドレス変換」を検索して
みてください。ローカルネットワークは、このパブリック IP アドレスのことを知りません。ラップトップと
iPad が知っているのは、プライベートネットワーク上のインターネットゲートウェイに 192.168.0.1 でア
クセスできることだけです。

　パブリック IP アドレスを確認したい場合は、http://api.ipify.org にアクセスしてください。ほとんどの場
合、パブリック IP アドレスはその時々で変化します。通常は、インターネットに接続し直すとき（筆者の場
合は 24 時間おき）に変化します。

　パブリック IP アドレスはその時々で変換するため、テンプレートに直接記述するのはよくあり
ません。ですが、解決策ならもうわかっています。パラメータを使用するのです。現在のパブリッ
ク IP アドレスが格納されるパラメータを追加し、セキュリティグループを変更する必要がありま
す。リスト 6-5 のコードは、本書の GitHub リポジトリの /chapter06/firewall4.yaml ファイル
に含まれています。

---

[7]　http://mng.bz/P8cm

6.4 仮想マシンのネットワークトラフィックを制御する 205

リスト 6-5 送信元 IP アドレスからのトラフィックを許可するセキュリティグループ

```
Parameters:
  ...
  IpForSSH:      # パブリック IP アドレスパラメータ
    Description: 'Your public IP address to allow SSH access'
    Type: String
  ...
Resources:
  SecurityGroup:
    Type: 'AWS::EC2::SecurityGroup'
    Properties:
      GroupDescription: 'Learn how to protect your EC2 Instance.'
      VpcId: !Ref VPC
      Tags:
      - Key: Name
        Value: 'AWS in Action: chapter 6 (firewall)'
      SecurityGroupIngress:
      - IpProtocol: icmp
        FromPort: '-1'
        ToPort: '-1'
        CidrIp: '0.0.0.0/0'
      - IpProtocol: tcp
        FromPort: '22'
        ToPort: '22'
        CidrIp: !Sub '${IpForSSH}/32'      # 値として ${IpForSSH}/32 を使用
```

　CloudFormation マネジメントコンソールで［更新する］をクリックし、このテンプレート[8]を使って CloudFormation スタックを更新します。［スタックの詳細を指定］ページで、パラメータ IpForSSH の値としてあなたのパブリック IP アドレスを入力し、［次へ］をクリックします。これで、あなたの IP アドレスだけが EC2 インスタンスに対して SSH 接続を開ける状態になりました。

CIDR (Classless Inter-Domain Routing)

　リスト 6-5 の /32 が何を意味するのか疑問に思っているかもしれません。何が起きているのかを理解するには、頭をバイナリモードに切り替える必要があります。IP アドレスは 4 バイト (32 ビット長) です。/32 は、IP アドレスレンジの指定に使用するビットの数 (この場合は 32) を定義しています。許可される IP アドレスを厳密に定義したい場合は、32 ビットをすべて使用しなければなりません。

　ただし、許可される IP アドレスレンジを定義するのが理にかなっている場合もあります。たとえば、10.0.0.0/8 を使って 10.0.0.0 から 10.255.255.255 までのレンジを作成したり、10.0.0.0/24 を使って 10.0.0.0 から 10.0.0.255 までのレンジを作成したりできます。バイナリ境界 (8、16、24、32) を使用する必要はありませんが、ほとんどの人はそのほうが理解しやすいようです。本章では、あらゆる IP アドレスがカバーされるレンジを作成するために、すでに 0.0.0.0/0 を使用しています。

※ 8　http://mng.bz/S2f9

このように、プロトコル、ポート、送信元 IP アドレスに基づくフィルタリングを適用すること
で、外部から仮想マシンに送信されるネットワークトラフィックや仮想マシンから送信されるトラ
フィックを制御できます。

6.4.5　送信元セキュリティグループからの SSH トラフィックを許可する

　送信元または送信先が特定のセキュリティグループに属しているかどうかに基づいてネットワー
クトラフィックを制御することも可能です。たとえば、Web サーバーから送信されるトラフィック
にのみ MySQL データベースへのアクセスを許可したり、プロキシサーバーにのみ Web サーバー
へのアクセスを許可したりできます。クラウドには伸縮性があるため、おそらく仮想マシンの数は
動的に変動することになるでしょう。このため、送信元 IP アドレスに基づくルールを維持するの
は困難です。ルールが送信元セキュリティグループに基づいていれば、問題はずっと簡単になりま
す。

　送信元セキュリティグループに基づくツールの威力を探るために、SSH アクセスの**踏み台ホスト**
（bastion host）という概念を調べてみましょう。踏み台ホストは**要塞ホスト**または**ジャンプボック
ス**とも呼ばれるもので、1 台の仮想マシン（踏み台ホスト）にのみインターネットから SSH を使っ
てアクセスできるというものです（ただし、特定の送信元 IP アドレスに制限されるべきです）。他
の仮想マシンにアクセスするには、踏み台ホストから SSH で接続する必要があります。このアプ
ローチには、次の 2 つの利点があります。

- システムへの入口が 1 つだけとなり、その入口は SSH 以外は受け付けない。このマシンが
  不正にアクセスされる可能性はほとんどない。
- Web サーバー、メールサーバー、FTP サーバーなどが動作している仮想マシンの 1 つが不
  正にアクセスされたとしても、攻撃者がそのマシンから他のマシンに飛び移ることはできな
  い。

踏み台ホストの概念を実装するには、次の 2 つのルールに従わなければなりません。

- 0.0.0.0/0 または特定の送信元 IP アドレスから踏み台ホストへの SSH アクセスを許可する。
- トラフィックの送信元が踏み台ホストの場合にのみ、他の仮想マシンへの SSH アクセスを
  許可する。

　図 6-7 は、踏み台ホストと、この踏み台ホストから SSH でのみアクセスできる 2 つの EC2 イン
スタンスを示しています。

　あらゆる送信元からの SSH トラフィックを許可するセキュリティグループが踏み台ホストに関
連付けられている必要があります。他の仮想マシンが関連付けられるセキュリティグループは、送
信元が踏み台ホストのセキュリティグループである場合にのみ SSH トラフィックを許可するもの
になります。

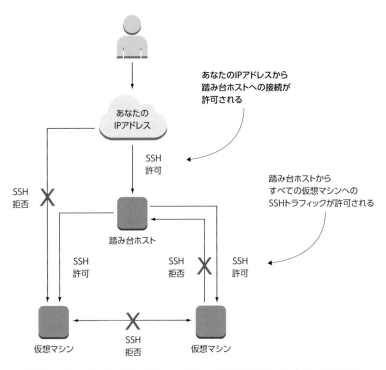

図 6-7：踏み台ホストはシステムへの唯一の SSH アクセスポイントであり、
そこから他のすべてのマシンに SSH でアクセスできる（セキュリティグループによって実現される）

　CloudFormation テンプレートで定義されるセキュリティグループはリスト 6-6 のようになります。リスト 6-6 のコードは、本書の GitHub リポジトリの /chapter06/firewall5.yaml ファイルに含まれています。

リスト 6-6 踏み台ホストからの SSH アクセスを許可するセキュリティグループ

```yaml
SecurityGroupBastionHost:      # 踏み台ホストに関連付けられるセキュリティグループ
  Type: 'AWS::EC2::SecurityGroup'
  Properties:
    GroupDescription: 'Allowing incoming SSH and ICPM from anywhere.'
    VpcId: !Ref VPC
    SecurityGroupIngress:
    - IpProtocol: icmp
      FromPort: "-1"
      ToPort: "-1"
      CidrIp: '0.0.0.0/0'
    - IpProtocol: tcp
      FromPort: '22'
      ToPort: '22'
      CidrIp: !Sub '${IpForSSH}/32'
    ...
SecurityGroupInstance:         # 他の VM に関連付けられるセキュリティグループ
```

第6章 | システムのセキュリティ［IAM、セキュリティグループ、VPC］

```
    Type: 'AWS::EC2::SecurityGroup'
    Properties:
      GroupDescription: 'Allowing incoming SSH from the Bastion Host.'
      VpcId: !Ref VPC
      SecurityGroupIngress:     # 踏み台ホストからのインバウンドSSHトラフィックのみを許可
      - IpProtocol: tcp
        FromPort: '22'
        ToPort: '22'
        SourceSecurityGroupId: !Ref SecurityGroupBastionHost
      ...
```

CloudFormationマネジメントコンソールで［更新する］をクリックし、このテンプレート※9を使って CloudFormation スタックを更新します。更新が完了すると、スタックの［出力］タブに次の3つの情報が表示されます。

1. `BastionHostPublicName`
   この踏み台ホストを使って各自のコンピュータからSSHで接続する。

2. `Instance1PublicName`
   このEC2インスタンスにアクセスするには踏み台ホストを使用するしかない。

3. `Instance2PublicName`
   このEC2インスタンスにアクセスするには踏み台ホストを使用するしかない。

次のコマンドを実行し、SSHエージェントにキーを追加します。＜キーのパス名＞はSSHキーのパスに置き換えてください。

```
ssh-add <キーのパス名>/mykey.pem
```

続いて、SSHを使って踏み台ホスト（`BastionHostPublicName`）に接続します。次のコマンドの＜踏み台ホスト名＞は `BastionHostPublicName` の値に置き換えてください。

```
ssh -A ec2-user@<踏み台ホスト名>
```

`-A` オプションは、`AgentForwarding` を有効にする上で重要となります。このエージェント転送を利用すれば、踏み台ホストへのログインに使用したのと同じキーを、踏み台ホストから新たに開始されるSSHログインの認証に使用できるようになります。

次に、踏み台ホストから `Instance1PublicName` または `Instance2PublicName` にログインしてみましょう※10。

※9　http://mng.bz/VrWk

※10　［訳注］Are you sure you want to continue connecting (yes/no) というメッセージが表示された場合は、yes と入力する。

```
$ ssh -A ec2-user@<BastionHostPublicNameの値>
Last login: Tue Jun 11 11:28:31 2019 from ...

<踏み台ホストのアドレス>$ ssh <Instance1PublicNameまたはInstance2PublicNameの値>
Last login: Tue Jun 11 11:28:43 2019 from ...
```

PuTTYでのエージェント転送

　PuTTYでエージェント転送を有効にするには、プライベートキーファイルをダブルクリックして、キーがPuTTY Pageantに読み込まれるようにする必要があります。また、[Connection] → [SSH] → [Auth]を選択し、[Allow Agent Forwarding]をオンにすることで、エージェント転送を有効にする必要もあります。

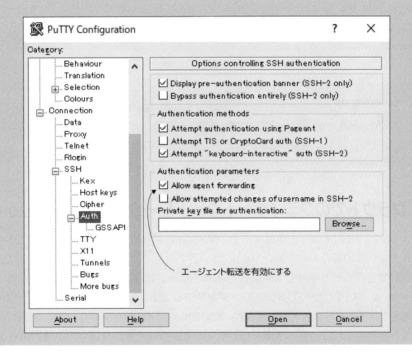

　踏み台ホストを利用すれば、システムのセキュリティをさらに強化できます。仮想マシンの1つが不正にアクセスされたとしても、攻撃者がそこからシステム内の他のマシンに飛び移ることは不可能になるため、攻撃者からの潜在的な被害を抑えるのに役立ちます。踏み台ホストがセキュリティリスクとなる可能性を低下させるには、踏み台ホストがSSHのみを使用することが重要となります。本書では、クライアントのインフラを保護するために、踏み台ホストパターンを頻繁に使用します。

エージェント転送はセキュリティリスク

本書の例では、踏み台ホストから 2 つの EC2 インスタンスへの SSH 接続を確立するときにエージェント転送を使用しています。踏み台ホストはローカルコンピュータからプライベートキーを読み取るため、エージェント転送は潜在的なセキュリティリスクです。このため、エージェント転送を使用する際には、踏み台ホストを全面的に信頼する必要があります。

踏み台ホストはプロキシとして使用するほうが安全です。踏み台ホストをプロキシとして使用し、インスタンス 1 への SSH 接続を確立するコマンドは次のようになります。

```
ssh -J ec2-user@<BastionHostPublicName の値> ec2-user@<Instance1PublicName の値>
```

この場合は、踏み台ホストがプライベートキーにアクセスする必要はなく、エージェント転送を無効にすることができます。

Cleaning up

本節を読み終えたらスタックを忘れずに削除し、使用していたリソースをすべて削除してください。そうしないと、使用したリソースに対して料金が請求されることになります。

6.5 クラウドでのプライベートネットワークの作成：Amazon VPC

VPC（Virtual Private Cloud）を作成すると、AWS 上でプライベートネットワークを使用できるようになります。この場合の「プライベート」は、必ずしもインターネットに接続されないネットワークを設計できることを意味します。このネットワークには、10.0.0.0/8、172.16.0.0/12、192.168.0.0/16 のいずれかのアドレスレンジを使用します。サブネット、ルートテーブル、ACL の作成に加えて、インターネットまたは VPN エンドポイントへのゲートウェイの作成が可能です。

サブネットを利用すれば、懸案事項を切り離すことが可能です。サブネットは、データベース、Web サーバー、プロキシサーバー、アプリケーションサーバーに対して作成するか、2 つのシステムを分離できる場合に作成します。もう 1 つの原則は、少なくともパブリックとプライベートの 2 つのサブネットを使用すべきであることです。パブリックサブネットにはインターネットへのルートがありますが、プライベートサブネットにはありません。ロードバランサーや Web サーバーはパブリックサブネットに配置すべきであり、データベースはプライベートサブネットに配置すべきです。

VPC の仕組みを理解するために、エンタープライズ Web アプリケーションをホストする VPC を作成してみましょう。踏み台ホストサーバーだけで構成されたパブリックサブネットを作成するこ

とで、前節で説明した踏み台ホストの概念を再び実装します。また、Web サーバー用のプライベートサブネットと、プロキシサーバー用のパブリックサブネットも作成します。プロキシサーバーは、キャッシュに追加された最新バージョンのページを返すことでトラフィックのほとんどを吸収し、プライベート Web サーバーにトラフィックを転送します。この Web サーバーにインターネットから直接アクセスすることはできません。この Web サーバーへのアクセスは、Web キャッシュを通じたアクセスに限定されます。

この VPC はアドレス空間 10.0.0.0/16 を使用します。懸案事項を切り離すために、この VPC に 2 つのパブリックサブネットと 1 つのプライベートサブネットを作成します。

- 10.0.1.0/24：パブリック SSH 踏み台ホストサブネット
- 10.0.2.0/24：パブリック Varnish プロキシサブネット
- 10.0.3.0/24：プライベート Apache Web サーバーサブネット

10.0.0.0/16 の意味

10.0.0.0/16 は、10.0.0.0 と 10.0.255.255 の間のすべての IP アドレスを表すもので、少し前に説明した CIDR 表記を使用しています。

サブネット間を流れるトラフィックを制御するネットワーク ACL は、ファイアウォールの役割を果たします。ACL は仮想マシン間のトラフィックを制御するセキュリティグループの上位層として実装されます。前節の SSH 踏み台ホストは、次の ACL を使って実装できます。

- 0.0.0.0/0 から 10.0.1.0/24 への SSH を許可
- 10.0.1.0/24 から 10.0.2.0/24 への SSH を許可
- 10.0.1.0/24 から 10.0.3.0/24 への SSH を許可

Varnish プロキシと Apache Web サーバーに対するトラフィックを許可するには、さらに次の ACL が必要です。

- 0.0.0.0/0 から 10.0.2.0/24 への HTTP を許可
- 10.0.2.0/24 から 10.0.3.0/24 への HTTP を許可

この VPC のアーキテクチャ図は次ページの図 6-8 のようになります。

ここでは、CloudFormation を使って VPC とそのサブネットを定義します。本書では、読みやすいように CloudFormation テンプレートを小さく分割しています。ここで使用する CloudFormation テンプレートは本書の GitHub リポジトリの /chapter06/vpc.yaml ファイルに含まれています。

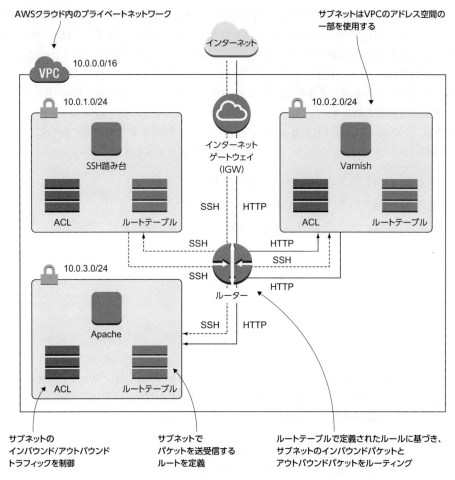

図 6-8：Web アプリケーションを保護するための 3 つのサブネットからなる VPC

6.5.1　VPC とインターネットゲートウェイを作成する

　このテンプレートで定義されている最初のリソースは、VPC とインターネットゲートウェイ（IGW）です。IGW は NAT（Network Address Translation）を使用することで、仮想マシンのパブリック IP アドレスをプライベート IP アドレスに変換します（後述するように、NAT は無料利用枠の対象外です）。この VPC で使用されるパブリック IP アドレスはすべて、この IGW によって制御されます（リスト 6-7）。

リスト 6-7　VPC とインターネットゲートウェイの定義

```
VPC:
  Type: 'AWS::EC2::VPC'
  Properties:
```

6.5 クラウドでのプライベートネットワークの作成：Amazon VPC **213**

```
    CidrBlock: '10.0.0.0/16'      # プライベートネットワークの IP アドレス空間
    EnableDnsHostnames: 'true'
    Tags:                         # VPC に Name タグを追加
    - Key: Name
      Value: 'AWS in Action: chapter 6 (VPC)'
InternetGateway:                  # インターネットトラフィックの送受信には IGW が必要
  Type: 'AWS::EC2::InternetGateway'
  Properties: {}
VPCGatewayAttachment:             # IGW を VPC に関連付ける
  Type: 'AWS::EC2::VPCGatewayAttachment'
  Properties:
    VpcId: !Ref VPC
    InternetGatewayId: !Ref InternetGateway
```

次に、踏み台ホスト用のサブネットを定義します。

6.5.2　踏み台ホストのパブリックサブネットを定義する

踏み台ホスト用のサブネットでは、SSH アクセスをセキュリティで保護するために、仮想マシンを 1 つだけ実行します（リスト 6-8）。

リスト 6-8 踏み台ホスト用のパブリックサブネットの定義

```
SubnetPublicBastionHost:
  Type: 'AWS::EC2::Subnet'
  Properties:
    AvailabilityZone: 'us-east-1a'      # 第 11 章を参照
    CidrBlock: '10.0.1.0/24'            # IP アドレス空間
    VpcId: !Ref VPC
    Tags:
    - Key: Name
      Value: 'Public Bastion Host'
RouteTablePublicBastionHost:           # ルートテーブル
  Type: 'AWS::EC2::RouteTable'
  Properties:
    VpcId: !Ref VPC
RouteTableAssociationPublicBastionHost:   # ルートテーブルをサブネットに追加
  Type: 'AWS::EC2::SubnetRouteTableAssociation'
  Properties:
    SubnetId: !Ref SubnetPublicBastionHost
    RouteTableId: !Ref RouteTablePublicBastionHost
RoutePublicBastionHostToInternet:
  Type: 'AWS::EC2::Route'
  Properties:
    RouteTableId: !Ref RouteTablePublicBastionHost
    DestinationCidrBlock: '0.0.0.0/0'      # すべて (0.0.0.0/0) を IGW へ転送
    GatewayId: !Ref InternetGateway
  DependsOn: VPCGatewayAttachment
NetworkAclPublicBastionHost:               # ネットワーク ACL (NACL)
Type: 'AWS::EC2::NetworkAcl'
  Properties:
```

214 第6章 │ システムのセキュリティ［IAM、セキュリティグループ、VPC］

```
    VpcId: !Ref VPC
SubnetNetworkAclAssociationPublicBastionHost:    # NACL をサブネットに追加
  Type: 'AWS::EC2::SubnetNetworkAclAssociation'
  Properties:
    SubnetId: !Ref SubnetPublicBastionHost
    NetworkAclId: !Ref NetworkAclPublicBastionHost
```

ACL の定義はリスト 6-9 のようになります。

リスト6-9 ACL の定義

```
NetworkAclEntryInPublicBastionHostSSH:                # 任意のアドレスからの
  Type: 'AWS::EC2::NetworkAclEntry'                   # インバウンド SSH を許可
  Properties:
    NetworkAclId: !Ref NetworkAclPublicBastionHost
    RuleNumber: '100'                  # ルール番号を使ってツールの順序を定義
    Protocol: '6'
    PortRange:
      From: '22'
      To: '22'
    RuleAction: 'allow'
    Egress: 'false'                    # インバウンド
    CidrBlock: '0.0.0.0/0'
NetworkAclEntryInPublicBastionHostEphemeralPorts:    # 一時的な TCP/IP 接続に使用する
  Type: 'AWS::EC2::NetworkAclEntry'                   # エフェメラル（短命な）ポート
  Properties:
    NetworkAclId: !Ref NetworkAclPublicBastionHost
    RuleNumber: '200'
    Protocol: '6'
    PortRange:
      From: '1024'
      To: '65535'
    RuleAction: 'allow'
    Egress: 'false'
    CidrBlock: '10.0.0.0/16'
NetworkAclEntryOutPublicBastionHostSSH:              # VPC に対して
  Type: 'AWS::EC2::NetworkAclEntry'                   # アウトバウンド SSH を許可
  Properties:
    NetworkAclId: !Ref NetworkAclPublicBastionHost
    RuleNumber: '100'
    Protocol: '6'
    PortRange:
      From: '22'
      To: '22'
    RuleAction: 'allow'
    Egress: 'true'                     # アウトバウンド
    CidrBlock: '10.0.0.0/16'
NetworkAclEntryOutPublicBastionHostEphemeralPorts:   # エフェメラルポート
  Type: 'AWS::EC2::NetworkAclEntry'
  Properties:
    NetworkAclId: !Ref NetworkAclPublicBastionHost
    RuleNumber: '200'
    Protocol: '6'
```

```
PortRange:
  From: '1024'
  To: '65535'
RuleAction: 'allow'
Egress: 'true'
CidrBlock: '0.0.0.0/0'
```

セキュリティグループと ACL の間には重要な違いがあります。セキュリティグループはステートフルですが、ACL はそうではありません。つまり、セキュリティグループでインバウンドポートを許可した場合は、リクエストに対するレスポンスもそのポートで許可されます。セキュリティグループのルールは期待どおりに動作します。セキュリティグループでインバウンドポート 22 を開く場合は、SSH を使って接続できます。

ACL には、このようなことは当てはまりません。サブネットの ACL でインバウンドポート 22 を開いたとしても、SSH で接続できるとは限りません。さらに、sshd（SSH デーモン）はポート 22 で接続を受け入れますが、クライアントとの通信にはエフェメラル（短命な）ポートを使用します。このため、アウトバウンドのエフェメラルポートを許可する必要があります。エフェメラルポートは 1024 ～ 65535 の範囲から選択されます。

サブネットの中から SSH 接続を開始したい場合は、アウトバウンドポート 22 とインバウンドのエフェメラルポートも開いておく必要があります。

セキュリティグループのルールと ACL のルールには、もう 1 つ違いがあります。ACL のルールでは、優先順位を定義する必要があるのです。ルールの番号が小さいほど、優先順位が高くなります。ACL を評価する際には、パケットと一致する最初のルールが適用され、それ以外のルールはすべて無視されます。

本書が推奨するのは、セキュリティグループを使ってトラフィックを制御することから始めることです。セキュリティを強化したい場合は、その上位層として ACL を使用してください。

6.5.3　Apache Web サーバーのプライベートサブネットを追加する

Varnish Web キャッシュ用のサブネットもパブリックサブネットであるため、踏み台ホスト用のサブネットと似ています。そこで、このサブネットは省略することにし、Apache Web サーバー用のプライベートサブネットを見てみましょう（リスト 6-10）。

リスト 6-10 Apache Web サーバー用のプライベートサブネットの定義

```
SubnetPrivateApacheWebserver:
  Type: 'AWS::EC2::Subnet'
  Properties:
    AvailabilityZone: 'us-east-1a'
    CidrBlock: '10.0.3.0/24'          # アドレス空間
    VpcId: !Ref VPC
    Tags:
    - Key: Name
      Value: 'Private Apache Webserver'
```

```
RouteTablePrivateApacheWebserver:        # IGWへのルートはない
  Type: 'AWS::EC2::RouteTable'
  Properties:
    VpcId: !Ref VPC
RouteTableAssociationPrivateApacheWebserver:
  Type: 'AWS::EC2::SubnetRouteTableAssociation'
  Properties:
    SubnetId: !Ref SubnetPrivateApacheWebserver
    RouteTableId: !Ref RouteTablePrivateApacheWebserver
```

図6-9に示すように、パブリックサブネットとプライベートサブネットの違いは、プライベートサブネットにIGWへのルートがないことだけです。

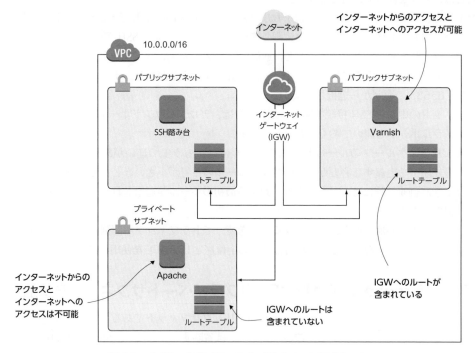

図6-9：パブリックサブネットとプライベートサブネット

デフォルトでは、VPCのサブネット間を流れるトラフィックは常に転送されます。サブネット間のルートを削除することはできません。VPC内のサブネット間のトラフィックを止めたい場合は、サブネットに関連付けられているACLを使用する必要があります。

6.5.4　サブネット内で仮想マシンを起動する

サブネットの準備ができたので、EC2インスタンスの作業に進みましょう。まず、踏み台ホストを定義します（リスト6-11）。

6.5　クラウドでのプライベートネットワークの作成：Amazon VPC　**217**

リスト 6-11　踏み台ホストの定義

```
BastionHost:
  Type: AWS::EC2::Instance
  Properties:
    ImageId: 'ami-6057e21a'
    InstanceType: 't2.micro'
    KeyName: mykey
    NetworkInterfaces:
    - AssociatePublicIpAddress: 'true'          # パブリック IP アドレスを割り当てる
      DeleteOnTermination: 'true'
      SubnetId: !Ref SubnetPublicBastionHost   # 踏み台ホストのサブネットで起動
      DeviceIndex: '0'
      GroupSet:
      - !Ref SecurityGroup                      # このセキュリティグループは
    Tags:                                       # すべてを許可する
    - Key: Name
      Value: 'Bastion Host'
  DependsOn: VPCGatewayAttachment
```

　Varnish プロキシサーバーの設定も似たようなものになりますが、プライベート Apache Web サーバーの設定はやはり異なります（リスト 6-12）。

リスト 6-12　プライベート Apache Web サーバーの定義

```
ApacheWebserver:
  Type: 'AWS::EC2::Instance'
  Properties:
    ImageId: 'ami-6057e21a'
    InstanceType: 't2.micro'
    KeyName: mykey
    NetworkInterfaces:
    - AssociatePublicIpAddress: false                    # パブリック IP アドレスはない
      DeleteOnTermination: true
      SubnetId: !Ref SubnetPrivateApacheWebserver        # Apache Web サーバーの
      DeviceIndex: '0'                                    # サブネットで起動
      GroupSet:
      - !Ref SecurityGroup
    UserData:
      'Fn::Base64': !Sub |
        #!/bin/bash -x
        bash -ex << "TRY"                                 # このリストの後の説明を参照
          yum -y install httpd
          service httpd start
        TRY
        /opt/aws/bin/cfn-signal -e $? --stack ${AWS::StackName}
--resource ApacheWebserver --region ${AWS::Region}
    Tags:
    - Key: Name
      Value: 'Apache Webserver'
  CreationPolicy:
    ResourceSignal:
      Timeout: PT10M
```

218　第 6 章 ｜ システムのセキュリティ ［IAM、セキュリティグループ、VPC］

```
DependsOn: RoutePrivateApacheWebserverToInternet
```

　bash -ex << "TRY" コマンドは、その後にある 2 つのコマンドのどちらかが失敗した時点で、このコマンドが 0 以外の終了コードを返すことを示しています。yum コマンドはインターネットから Apache をインストールし、service コマンドは Apache Web サーバーを起動します。

　ここで、深刻なトラブルが発生します。プライベートサブネットにはインターネットへのルートがないため、Apache のインストールはうまくいきません。

6.5.5　NAT ゲートウェイを使ってプライベートサブネットから インターネットにアクセスする

　パブリックサブネットには、インターネットゲートウェイ（IGW）へのルートがあります。インターネットへの直接のルートを定義しなくても、同じようなメカニズムを使ってプライベートサブネットからインターネットにアクセスできます。つまり、パブリックサブネットで NAT ゲートウェイを使用し、プライベートサブネットから NAT ゲートウェイへのルートを作成するのです。このようにすると、プライベートサブネットからインターネットにアクセスできるようになる一方で、インターネットからはプライベートサブネットにアクセスできなくなります。NAT ゲートウェイは AWS によって提供されるマネージドサービスであり、ネットワークアドレス変換を処理します。プライベートサブネットからのインターネットトラフィックは、NAT ゲートウェイのパブリック IP アドレスからインターネットに送信されることになります。

　懸案事項を切り離した状態に保つために、NAT ゲートウェイ用のサブネットを作成します（リスト 6-13）。

リスト 6-13　**NAT ゲートウェイ用のサブネットの定義**

```
SubnetPublicNAT:
  Type: 'AWS::EC2::Subnet'
  Properties:
    AvailabilityZone: !Select [0, !GetAZs '']
    CidrBlock: '10.0.0.0/24'       # 10.0.0.0/24 は NAT サブネット
    VpcId: !Ref VPC
    Tags:
    - Key: Name
      Value: 'Public NAT'
RouteTablePublicNAT:
  Type: 'AWS::EC2::RouteTable'
  Properties:
    VpcId: !Ref VPC
...

RoutePublicNATToInternet:          # NAT サブネットはインターネットへのルートを
  Type: 'AWS::EC2::Route'          # 持つ点でパブリック
  Properties:
    RouteTableId: !Ref RouteTablePublicNAT
    DestinationCidrBlock: '0.0.0.0/0'
```

```
      GatewayId: !Ref InternetGateway
    DependsOn: VPCGatewayAttachment
...
EIPNatGateway:                        # NAT ゲートウェアには
    Type: 'AWS::EC2::EIP'             # 静的なパブリック IP アドレスが使用される
    Properties:
      Domain: 'vpc'
NatGateway:                           # NAT ゲートウェイはプライベートサブネットに配置され、
    Type: 'AWS::EC2::NatGateway'      # 静的なパブリック IP アドレスが割り当てられる
    Properties:
      AllocationId: !GetAtt 'EIPNatGateway.AllocationId'
      SubnetId: !Ref SubnetPublicNAT
...
RoutePrivateApacheWebserverToInternet:
    Type: 'AWS::EC2::Route'
    Properties:
      RouteTableId: !Ref RouteTablePrivateApacheWebserver
      DestinationCidrBlock: '0.0.0.0/0'
      NatGatewayId: !Ref NatGateway   # Apache サブネットから NAT ゲートウェイへのルート
```

　このテンプレート[11]がパラメータとして指定されている CloudFormation マネジメントコンソールの［スタックのクイック作成］リンク（下記の URL）にアクセスし、CloudFormation スタックを作成します。

```
https://us-east-1.console.aws.amazon.com/cloudformation/home
?region=us-east-1#/stacks/quickcreate
?templateURL=https://s3.amazonaws.com/awsinaction-code2/chapter06/vpc.yaml
&stackName=vpc
```

　スタックの作成が完了したら、［出力］タブに表示されている VarnishProxyPublicName の値をコピーし、ブラウザで開きます。そうすると、Varnish によってキャッシュされている Apache のテストページが表示されるはずです。

WARNING

　この例に含まれている NAT ゲートウェイは無料利用枠の対象外です。NAT ゲートウェイについては 1 時間あたり 0.045 ドルの料金がかかります。バージニア北部リージョンでスタックを作成する場合に処理されるデータについては、1GB あたり 0.045 ドルの料金がかかります。現在の料金については、「Amazon VPC の料金」で確認してください。

https://aws.amazon.com/vpc/pricing/

※ 11　http://mng.bz/NRLj

> **NAT ゲートウェイのコスト削減**
>
> 　NAT ゲートウェイによって処理されるトラフィックについては料金が発生します。詳細については、「Amazon VPC の料金」ページを確認してください。プライベートサブネット内の EC2 インスタンスからインターネットに大量のデータを送信する必要がある場合は、コストを削減する方法が 2 つあります。
>
> - EC2 インスタンスをプライベートサブネットからパブリックサブネットへ移動すると、NAT ゲートウェイを利用せずにインターネットにデータを送信できるようになります。インターネットから送信されるトラフィックについては、ファイアウォールを使って厳しく制限します。
> - Amazon S3 や Amazon DynamoDB などの AWS サービスにインターネット経由でデータが転送される場合は、VPC エンドポイントと呼ばれるものを使用します。これらのエンドポイントにより、EC2 インスタンスが NAT ゲートウェイを介さずに S3 や DynamoDB と直接やり取りできるようになります。さらに、一部のサービスには、AWS PrivateLink (Amazon Kinesis、AWS SSM など) を通じてプライベートサブネットからアクセスできます。なお、AWS PrivateLink がまだ利用できないリージョンがあるので注意してください。
>
> https://aws.amazon.com/vpc/pricing/

> **Cleaning up**
> 本節を読み終えたらスタックを忘れずに削除し、使用していたリソースをすべて削除してください。そうしないと、使用したリソースに対して料金が請求されることになります。

6.6　まとめ

- AWS は責任共有環境であり、あなたと AWS が協力して初めてセキュリティが実現される。あなたの責任は AWS リソースと EC2 インスタンスで実行するソフトウェアを安全に設定することであり、AWS の責任は施設とホストシステムを保護することである。
- ソフトウェアを最新の状態に保つことが鍵となる。この作業は自動化できる。
- IAM サービスは、AWS API での認証と認可に必要なものをすべて提供する。AWS API に対するリクエストはすべて IAM を通過し、そのリクエストが許可されているかどうかが IAM で確認される。IAM は、あなたの AWS アカウントで誰が何をできるのかを制御する。あなたの AWS アカウントを保護するために、ユーザーとロールには必要なアクセス許可だけを付与する。
- EC2 インスタンスといった AWS リソースとの間でやり取りされるトラフィックは、プロトコル、ポート、送信元、または送信先に基づいてフィルタリングできる。

- 踏み台ホストは、システムに対して明確に定義された単一のアクセスポイントであり、仮想マシンへのSSHアクセスを保護するために使用できる。踏み台ホストはセキュリティグループまたはACLを使って実装できる。

- VPCは、顧客が完全に制御できるAWS内のプライベートネットワークである。VPCでは、「ルーティング」、「サブネット」、「ACL」、「インターネットまたは社内ネットワークへのゲートウェイ」を、VPN経由で制御できる。

- ネットワークでは、懸案事項を切り離すことで、たとえばサブネットの1つが不正にアクセスされた場合に予想される被害を抑えるべきである。攻撃可能な領域を減らすために、インターネットからアクセスする必要のないシステムはすべてプライベートサブネットに配置する。

CHAPTER 7: Automating operational tasks with Lambda

▶ 第7章
運用タスクの自動化
[Lambda]

本章の内容
- ヘルスチェックを定期的に行うためのLambda関数の作成
- CloudWatchのイベントを使ったLambda関数の呼び出し
- CloudWatchを使ったLambda関数のログの検索
- CloudWatchのアラームを使ったLambda関数の監視
- Lambda関数から他のサービスにアクセスするためのIAMロールの設定
- AWS Lambdaを使ったWebアプリケーション、データ処理、IoT
- AWS Lambdaの制限

本章では、新しいレパートリーを追加します。ここで説明するAWS Lambdaは、スイスアーミーナイフのように柔軟なツールです。AWS Lambdaでは、Java、Node.js、C#、Python、Go、Rubyのための実行環境が提供されるため、コードを実行するために仮想マシンを作成する必要はもうありません。関数を実装し、コードをアップロードし、実行環境を設定すればよいだけです。その後、アップロードされたコードは完全に管理されたコンピューティング環境で実行されます。AWS LambdaはAWSのすべての部分とうまく統合されるため、インフラ内で運用タスクを完全に自動

化できます。私たちは AWS Lambda を使ってインフラを定期的に自動化しています。たとえば、カスタムアルゴリズムに基づくコンテナクラスタへのインスタンスの追加、コンテナクラスタからのインスタンスの削除、ログファイルの処理や分析に AWS Lambda を使用しています。

AWS Lambda は、メンテナンスが不要で、可用性の高いコンピューティング環境を提供します。セキュリティ更新プログラムのインストール、ダウンした仮想マシンの交換、管理者用のリモートアクセスの管理（SSH、RDP など）はもはや不要です。しかも、AWS Lambda の料金は呼び出しごとに発生します。このため、（毎日 1 回だけ開始されるタスクのように）処理を待っているアイドル状態のリソースに対して料金が発生することはありません。

最初の例では、Web サイトのヘルスチェックを定期的に行う Lambda 関数を作成します。AWS マネジメントコンソールの使い方を説明し、AWS Lambda をすぐに使い始めるためのブループリント（設計図）を提供します。2 つ目の例では、カスタム Python コードを記述し、CloudFormation を使って Lambda 関数を自動的にデプロイする方法を紹介します。この Lambda 関数は、新たに起動される EC2 インスタンスにタグを自動的に追加します。本章では最後に、AWS Lambda を使った Web アプリケーションの構築、IoT（Internet of Things）バックエンド、またはデータ処理といったその他のユースケースを紹介します。

ところで、AWS Lambda とはいったいどのようなものでしょうか。現実の例にいきなり飛び込む前に、AWS Lambda について簡単に紹介することにしましょう。

> 本章の例は、無料利用枠で完全にカバーされるはずです。本章の例を数日以上にわたって実行したままにしない限り、料金は発生しません。ただし、本書で使用する AWS アカウントを新たに作成していて、その AWS アカウントで他の作業を行わないことが前提となります。この AWS アカウントは本書の最後に削除するため、本章の内容は数日以内に読み終えるようにしてください。

7.1 AWS Lambda を使ったコードの実行

AWS のコンピューティング能力は、仮想マシン、コンテナ、関数など、さまざまな抽象化の層として提供されます。第 3 章では、Amazon の EC2 サービスによって提供される仮想マシンについて説明しました。コンテナは仮想マシンの上にさらに抽象化の層を追加します。なお、本書では、コンテナは取り上げていません。AWS Lambda もコンピューティング能力を提供しますが、完全な OS やコンテナではなく、小さな関数のための実行環境を提供します。

7.1.1 サーバーレスとは何か

AWS Lambda のことを調べていて、**サーバーレス**（serverless）という用語をたまたま見つけたことがあるかもしれません。この挑発的な表現によって生み出される混乱ぶりをまとめた文章を紹介します。

・・・サーバーレスというのは少し不適切な名称である。AWS Lambda のようなコンピュートサービスを使ってコードを実行しているときでも、あるいは API とやり取りしているときでも、バックグラウンドではやはりサーバーが実行されている。違いは、あなたがサーバーの存在を意識しないことである。配慮しなければならないインフラもなければ、OS に手を加える手段もない。インフラ管理の細かい部分は他の誰かが引き受けてくれるため、あなたは他のことに専念できるというわけである。

—Peter Sbarski 著『Serverless Architectures on AWS』(Manning、2017 年)[※1]

本書では、サーバーレスシステムを、次の条件を満たすものとして定義します。

- 仮想マシンの管理やメンテナンスが不要
- スケーラビリティと高可用性を実現する完全に管理されたサービス
- リクエストごと、およびリソース使用量に基づく課金
- 関数を呼び出すことで、クラウド内でコードを実行

サーバーレスプラットフォームを提供しているのは AWS だけではありません。Google(Cloud Functions)と Microsoft(Azure Functions)は、この分野の競合相手です。

7.1.2　AWS Lambda でコードを実行する

AWS Lambda でコードを実行する手順は次のようになります(図 7-1)。

1. コードを記述します。
2. コードと依存リソース(ライブラリやモジュールなど)をアップロードします。
3. 「実行環境」と「設定」を決定する関数を作成します。
4. 関数を呼び出してクラウドでコードを実行します。

仮想マシンを起動する必要はいっさいありません。AWS により、完全に管理されたコンピューティング環境でコードが実行されます。

※1　『AWS によるサーバーレスアーキテクチャ』(翔泳社、2018 年)

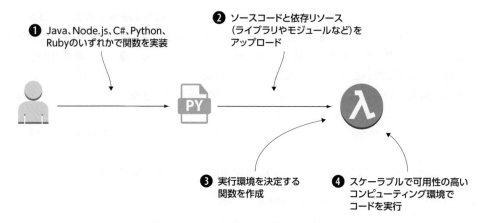

図7-1：AWS Lambda でのコードの実行

本書の執筆時点では、AWS Lambda は次の言語に対する実行環境を提供しています。

- Java
- Node.js
- C#
- Python
- Go
- Ruby

次に、AWS Lambda を EC2 インスタンスと比較してみましょう

7.1.3　AWS Lambda と仮想マシン（Amazon EC2）の比較

　AWS Lambda と仮想マシンを使用する場合の違いは何でしょうか。まず、仮想化の粒度があります。仮想マシンは、1つまたは複数のアプリケーションを実行するための完全な OS を提供します。これに対し、AWS Lambda が提供するのは、アプリケーションのごく一部である1つの関数に対する実行環境です。

　さらに、Amazon EC2 は仮想マシンをサービスとして提供しますが、それらの仮想マシンのセキュリティ、スケーラビリティ、高可用性を維持する責任はあなた（顧客）にあります。このため、メンテナンスに相当な労力を注ぐことが要求されます。これに対し、AWS Lambda が提供するのは、完全に管理された実行環境です。インフラは AWS によって自動的に管理され、すぐに利用できる状態のインフラが提供されます。

　それだけでなく、仮想マシンが1秒単位で課金されるのに対し、AWS Lambda の課金は実行ごとです。リクエストやタスクを待っているアイドル状態のリソースに対して料金を支払う必要はありません。たとえば、仮想マシン上で Web サイトのヘルスチェックを行うスクリプトを5分おき

に実行するとしたら、最低でも 4 ドルはかかります。同じヘルスチェックを AWS Lambda で実行すれば、料金はかかりません。AWS Lambda の毎月の無料利用枠を超えることすらありません。

表 7-1 は、AWS Lambda と仮想マシンを細かく比較したものです。AWS Lambda の制限については、本章の最後に説明します。

表 7-1：AWS Lambda と Amazon EC2 の比較

	AWS Lambda	Amazon EC2
仮想化の粒度	コード（関数）	OS 全体
スケーラビリティ	自動的なスケーリング。スロットリング上限を設定することで予想外の料金の発生を防ぐ。必要であれば、AWS サポートを通じて増やすことができる	第 17 章で説明するように、Auto Scaling Group を使ってリクエストを処理する EC2 インスタンスの数を自動的にスケーリングできる。ただし、スケーリングアクティビティの設定と監視は顧客が行わなければならない
高可用性	デフォルトでフォールトトレラント。コンピューティングインフラは複数のマシンやデータセンターにまたがる	デフォルトでは、仮想マシンは高可用性ではない。とはいえ、第 14 章で説明するように、EC2 インスタンスに基づいて高可用性インフラを構成することは可能
メンテナンス作業	ほとんどない。関数を設定する必要があるだけ	仮想マシンの OS とアプリケーションの実行環境の間にあるすべてのレイヤを管理する必要がある
デプロイメント作業	明確に定義された API のおかげで、ほとんどない	アプリケーションを複数の仮想マシンにデプロイするにはツールやノウハウが必要であるため、簡単ではない
料金モデル	リクエストごと、および実行時間とメモリに対して料金を支払う	仮想マシンの稼働時間に対して料金を支払う（1 秒単位で課金）

AWS Lambda の制限と落とし穴については、本章の最後に説明します。

最初の現実の例に取り組むために AWS Lambda について知っておかなければならないことはこれですべてです。さっそく始めましょう。

7.2 AWS Lambda を使って Web サイトのヘルスチェックを構築する

あなたは Web サイトや Web アプリケーションのアップタイムの責任者でしょうか。私たちは cloudonaut.io というブログを 24 時間年中無休でアクセス可能な状態に保つために最善を尽くしています。外部のヘルスチェックは、ブログがダウンしていることを読者よりも先に私たちが知るためのセーフティネットとなります。コンピューティングリソースを常時必要とせず、数分おきに数マイクロ秒間だけ使用する AWS Lambda は、Web サイトのヘルスチェックを構築するのに最適です。ここでは、AWS Lambda に基づいて Web サイトのヘルスチェックを構築する手順を紹介します。

この例では、AWS Lambda に加えて Amazon CloudWatch サービスも使用します。デフォルトでは、Lambda 関数は CloudWatch にメトリクスを発行します。一般的には、グラフを使ってそれらのメトリクスを調べ、しきい値を定義することでアラームを作成します。たとえば、メトリクスを使って関数の実行中に発生したエラーの数を数えることもできます。CloudWatch では、Lambda 関数の呼び出しに使用できるイベントも提供されます。ここでは、スケジュールを使ってイベントを 5 分おきに発行します。

図 7-2 に示すように、ここで構築する Web サイトのヘルスチェックは次の 3 つの部分で構成されます。

1. **Lambda 関数**
   Python スクリプトを実行します。このスクリプトは、Web サイトに HTTP リクエスト（GET https://cloudonaut.io など）を送信し、そのレスポンスに特定のテキスト（cloudonaut など）が含まれていることを確認します。

2. **スケジュールされたイベント**
   Lambda 関数を 5 分おきに呼び出します。Linux の cron サービスに相当します。

3. **アラーム**
   失敗したヘルスチェックの数を監視し、Web サイトがダウンしたときにメールで通知します。

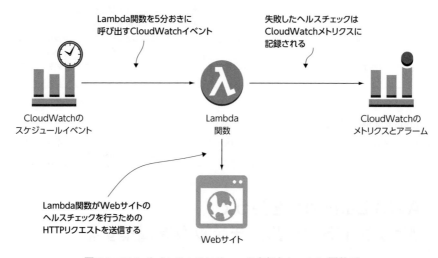

図 7-2：Web サイトのヘルスチェックを行う Lambda 関数がスケジュールイベントによって 5 分おきに呼び出され、エラーが CloudWatch に報告される

この例では、AWS マネジメントコンソールを使って必要な要素の作成と設定を手動で行います。本書の見解では、そのほうが AWS Lambda によりスムーズに慣れるのに役立つはずです。Lambda 関数を自動的にデプロイする方法については、7.3 節で説明します。

7.2.1　Lambda 関数を作成する

ここでは、AWS Lambda に基づいて Web サイトのヘルスチェックを準備する方法を順番に説明します。

1. AWS マネジメントコンソールで AWS Lambda を開きます[※2]。
2. [関数の作成]をクリックし、Lambda 関数ウィザードを開始します（図 7-3）。

図 7-3：最初の Lambda 関数を作成する

　AWS では、コードや Lambda 関数の設定を含め、さまざまなユースケースのブループリントが用意されています。Web サイトのヘルスチェックは、これらのブループリントを使って作成することにします。

1. [関数の作成]ページ（図 7-4）で[設計図の使用]を選択し、canary を検索します。
2. `lambda-canary` ブループリントの見出しをクリックします。

図 7-4：AWS のブループリントを使って Lambda 関数を作成する

[※2] https://console.aws.amazon.com/lambda/home

3. 次のステップでは、Lambda 関数の名前を指定する必要があります（図 7-5）。関数名は AWS アカウントおよび現在のリージョン（バージニア北部）において一意でなければならず、64 文字以内でなければなりません。たとえば、API を使って関数を呼び出すには、関数名を指定する必要があります。[関数名] フィールドに website-health-check と入力します。

図 7-5：Lambda 関数の名前の選択と IAM ロールの定義

4. Lambda 関数用の IAM ロールを作成します。Lambda 関数が IAM ロールをどのように使用するかについては、7.3 節で説明します。[実行ロール] ドロップダウンリストから [AWS ポリシーテンプレートから新しいロールを作成] を選択します。
5. ロール名として [ロール名] フィールドに lambda_basic_execution と入力します。
6. [ポリシーテンプレート] ドロップダウンリストから [基本的な Lambda@Edge のアクセス権限（CloudFront トリガーの場合）] ポリシーを選択します。このポリシーは、CloudWatch ログへの書き込みアクセスを Lambda 関数に許可します。

Lambda 関数の名前と IAM ロールを指定した後は、ヘルスチェックを繰り返し実行するスケジュールイベントを設定します。この例では、インターバルを 5 分に設定します。

1. イベントに基づいて Lambda 関数を呼び出すためのルールを作成します。[ルール] ドロップダウンリストから [新規ルールの作成] を選択します（図 7-6）。
2. [ルール名] フィールドに website-health-check と入力します。
3. あとで見たときに理解できるような説明を入力します。

4. ［ルールタイプ］オプションとして［スケジュール式］を選択します。［イベントパターン］オプションについては、後ほど説明します。

5. Lambda関数を5分おきに呼び出すイベントを作成するためのスケジュール式を設定します。［スケジュール式］フィールドに rate(5 minutes) と入力します。

6. ［トリガーの有効化］チェックボックスを忘れずにオンにします。

図7-6：Lambda 関数を5分おきにスケジュールイベントの作成

　rate(<値> <単位>) 形式の**スケジュール式**（schedule expression）を使用すると、具体的な時間を指定せずに、繰り返し実行するタスクを定義できます。たとえば、5分おき、1時間おき、1日1回といった間隔でタスクを開始できます。<単位>には、minute、minutes、hour、hours、day、days のいずれかを使用します。たとえば、Web サイトのヘルスチェックを5分おきに開始する代わりに、rate(1 hour) というスケジュール式を使ってヘルスチェックを1時間おきに開始することもできます。なお、1分未満の間隔はサポートされていないので注意してください。

　スケジュール式を定義する際には、crontab 形式も使用できます[3]。

```
cron($minutes $hours $dayOfMonth $month $dayOfWeek $year)

# 毎日午前8時（協定世界時）にLambda関数を実行
```

---

[3]　詳細については、「Rate または Cron を使用したスケジュール式」を参照。
https://docs.aws.amazon.com/ja_jp/lambda/latest/dg/tutorial-scheduled-events-schedule-expressions.html

```
cron(0 8 * * ? *)

# 毎週月曜から金曜の午後4時（協定世界時）にLambda関数を実行
cron(0 16 ? * MON-FRI *)
```

このLambda関数には肝心な部分が欠けています。そう、コードです。この例ではブループリントを使用しているため、Webサイトのヘルスチェックを実装するPythonコードが自動的に挿入されています（図7-7）。

図7-7：Webサイトのヘルスチェックを実装する定義済みのコードと、Lambda関数に設定を渡す環境変数

このPythonコードは、siteとexpectedの2つの環境変数を参照します。環境変数は、Lambda関数に設定を動的に渡すためによく使用されます。

このLambda関数は、実行中に次の環境変数を読み取ります。

```
SITE = os.environment['site']
EXPECTED = os.environment['expected']
```

環境変数はキーと値で構成されます。このLambda関数のために次の2つの環境変数を指定します。

1. `site`環境変数に監視対象のWebサイトのURLを指定します。監視対象のWebサイトがない場合は、`https://cloudonaut.io`を使用してください。
2. `expected`環境変数にWebサイトに含まれているはずのテキストを指定します。Lambda関数がこのテキストを検出できない場合、ヘルスチェックは失敗します。`site`として`https://cloudonaut.io`を使用している場合は、`cloudonaut`を使用してください。
3. Lambda関数の環境変数を設定したら、下部の[関数の作成]をクリックします。

Lambda関数の作成はこれで完了です。この関数は5分おきに自動的に呼び出され、Webサイトのヘルスチェックを実行します。次項では、このLambda関数を監視し、ヘルスチェックに失敗した場合にメールで通知を受ける方法について見ていきましょう。

7.2.2　CloudWatchを使ってLambda関数のログを検索する

Webサイトのヘルスチェックが正しく実施されているかどうかを確認するにはどうすればよいでしょうか。そもそもLambda関数が実際に実行されているかどうかを知るにはどうすればよいでしょうか。ここでは、Lambda関数を監視する方法を調べます。まず、Lambda関数のログメッセージにアクセスする方法を紹介し、Lambda関数が失敗したことを通知するアラームを作成します。

1. Lambda関数の詳細ビューで[モニタリング]タブをクリックします。そうすると、この関数が呼び出された回数を示すグラフが表示されます(図7-8)。グラフに呼び出し回数が表示されない場合は、数分後に[リロード]ボタンを押してみてください。
2. Lambda関数のログに移動するには、[CloudWatchのログを表示]をクリックします。

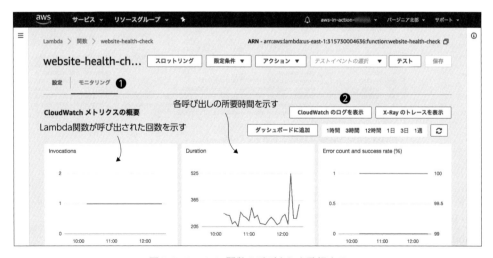

図7-8：Lambda関数の呼び出しを監視する

デフォルトでは、Lambda 関数は CloudWatch にログメッセージを送信します。図 7-9 に示されている /aws/lambda/website-health-check という名前のロググループは自動的に作成されたもので、この Lambda 関数のログを集めます。一般に、ロググループには複数のログストリームが含まれており、ロググループの調整が可能となっています。［イベントの検索］をクリックすると、すべてのログストリームからのログメッセージがまとめて表示されます。

図 7-9：ロググループは複数のログストリームに格納されている Lambda 関数からのログメッセージを集める

［イベントの検索］をクリックすると、すべてのログメッセージがまとめて表示されます（図 7-10）。たとえば、Web サイトのヘルスチェックが開始され、正常終了したことを示す Check passed! というメッセージが見つかるはずです。

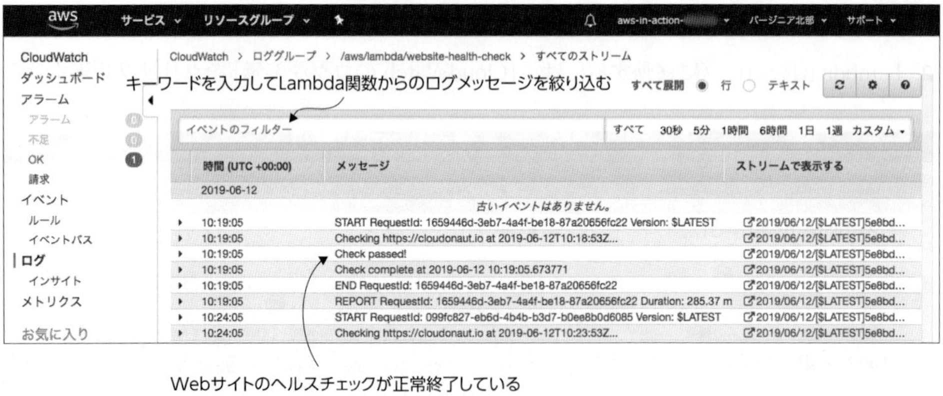

図 7-10：CloudWatch に表示された Lambda 関数のログメッセージ

ログメッセージは表示されるのに数分ほどかかります。表示されないログメッセージがある場合は、［リロード］ボタンをクリックしてみてください。

Lambda 関数のコードを自分で書いているときは特にそうですが、Lambda 関数のデバッグ時にログメッセージを 1 か所で検索できるのはとても便利です。Python を使用している場合は、print

文を使用するか、`logging`モジュールを使用すると、ログメッセージをそのまま CloudWatch に送信できます。

7.2.3　CloudWatch のメトリクスとアラームを使って Lambda 関数を監視する

　この Lambda 関数は 5 分おきに Web サイトのヘルスチェックを開始し、各ヘルスチェックの結果を含んだログメッセージが CloudWatch に書き出されます。ところで、ヘルスチェックに失敗した場合にメールで通知を受けるにはどうすればよいのでしょうか。デフォルトでは、Lambda 関数はそれぞれ表 7-2 に示すメトリクスを CloudWatch に発行します。

表 7-2：各 Lambda 関数によって発行される CloudWatch メトリクス

名前	説明
`Invocations`	関数が呼び出される回数。正常終了した呼び出しと異常終了した呼び出しの両方が含まれる
`Errors`	例外やタイムアウトなど、関数の内部エラーによって関数が失敗した回数
`Duration`	コードの実行が開始してから終了するまでにかかる時間
`Throttles`	本章の最初の部分で説明したように、一度に実行できる Lambda 関数の数には制限がある。このメトリクスは、この制限に達したために抑制されている呼び出しの数を示す。必要であれば、AWS サポートに問い合わせて上限を引き上げる

　Web サイトのヘルスチェックに失敗した場合、Lambda 関数はエラーを返すため、`Errors` メトリクスの数が 1 つ増えることになります。ここでは、`Errors` メトリクスの数が 0 ではなくなったときにメールで通知するアラームを作成します。一般的には、Lambda 関数を監視するために `Errors` メトリクスと `Throttles` メトリクスに関するアラームを作成することが推奨されます。

　Web サイトのヘルスチェックを監視する CloudWatch アラームの作成手順は次のようになります。

1. CloudWatch マネジメントコンソールに戻って、左のナビゲーションバーで［アラーム］をクリックします。第 1 章で請求アラーム（`BillingAlarm`）を作成した場合は、このアラームが表示されるはずです（図 7-11）。
2. ［アラームの作成］をクリックします。

図 7-11：Lambda 関数を監視する CloudWatch アラームを作成する

3. まず、Lambda 関数の Errors メトリクスを選択する必要があります。[メトリクスの選択] をクリックし、続いて [Lambda] → [関数の名称別] をクリックします。
4. website-health-check 関数に属しているメトリクスのうち、メトリクス名が [エラー (Errors)] のチェックボックスをオンにします (図 7-12)。

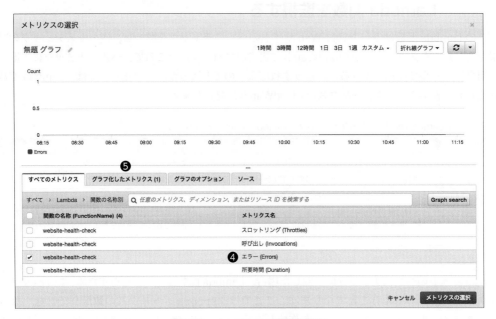

図 7-12：メトリクスの選択と準備

5. [グラフ化したメトリクス] タブをクリックします。
6. [統計] から [合計] を選択します (図 7-13)。これにより、エラーの総数に基づいて呼び出されるアラームが設定されます。
7. アラームの更新頻度として 5 分が設定されていることを確認します。
8. エラーの数を集計する時間枠として、5 分前から現在までの期間を選択します。
9. [メトリクスの選択] をクリックします。

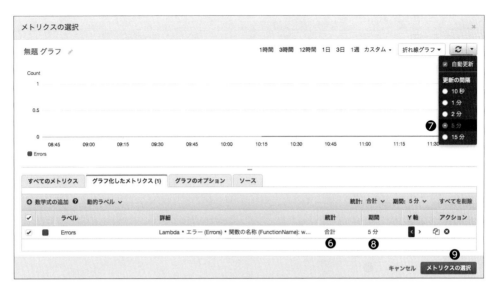

図7-13：アラームのメトリクスの表示設定

アラームを作成するには、名前、しきい値、実行するアクションを定義する必要があります。

1. ［新しいアラームの作成］ページ（図7-14）に戻ったら、［アラーム詳細］セクションの［名前］フィールドに website-health-check-error と入力します。
2. ［説明］フィールドにアラームの説明を入力します。
3. アラームのしきい値を指定します。ドロップダウンボックスを使って、「次の時：エラー > 0、期間：1 / 1データポイント」というアラームを定義し、メトリクスのエラーの数が初めて0ではなくなったときに警告するように設定します。
4. ［アクション］セクションの［アラームが次の時］の設定はデフォルトの［状態：警告］のままにします。
5. ［通知の送信先］の［新しいリスト］リンクをクリックし、フィールドに website-health-check と入力します。
6. ［メールリスト］フィールドにメールアドレスを入力します。
7. ［アラームの作成］をクリックします。

そうすると、確認リンクが含まれたメールがAWSから送信されてきます（図7-15）。受信トレイを確認し、通知リストへの登録を確認するリンクをクリックしてください。続いて、ダイアログボックスの［アラームの表示］をクリックします。

第7章 ｜ 運用タスクの自動化 ［Lambda］

[スクリーンショット: 新しいアラームの作成画面]

図7-14：アラームの名前、しきい値、実行するアクションを定義する

メールに含まれている
リンクをクリックし、
アラームトピックへの
登録を確認

アラームを表示する

図7-15：受信トレイを確認し、通知リストへの登録を確認する

これにより、Web サイトのヘルスチェックに失敗するたびにアラームがメールで通知されるようになります。アラームを確認したいからといって Web サイトをダウンさせるわけにはいかないため、Lambda 関数の環境変数を変更してみるとよいかもしれません。たとえば、`expected` の値を Web サイトに含まれていないテキストに変更するという方法があります。この環境変数を変更した数分後に、アラームがメールで送られてくるはずです。

Cleaning up

AWS マネジメントコンソールを開いて、本節で作成したリソースをすべて削除してください。

1. AWS Lambda サービスへ移動し、`website-health-check` という名前の関数を削除します。
2. AWS CloudWatch サービスへ移動し、左のナビゲーションバーで [ログ] を選択し、ロググループの `/aws/lambda/website-health-check` を削除します。
3. CloudWatch ダッシュボードの左のナビゲーションバーで [イベント] → [ルール] を選択し、`website-health-check` ルールを削除します。
4. CloudWatch ダッシュボードの左のナビゲーションバーで [アラーム] を選択し、`website-health-check-error` アラームを削除します。
5. AWS IAM サービスへ移動し、左のナビゲーションバーで [ロール] を選択し、`lambda_basic_execution` ロールを削除します。

7.2.4　VPC 内のエンドポイントにアクセスする

デフォルトでは、Lambda 関数は VPC によって定義されたネットワークの外側で実行されます（図 7-16）。ただし、Lambda 関数はインターネットに接続するため、他のサービスにアクセスできます。これはまさに、Web サイトのヘルスチェックを作成したときに実行したことです。Lambda 関数はインターネット経由で HTTP リクエストを送信していました。

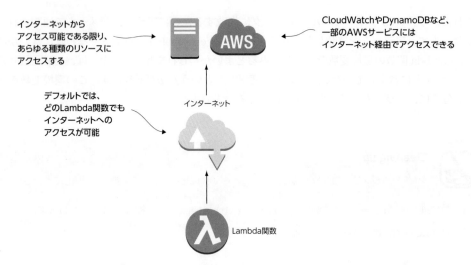

図 7-16：Lambda 関数はデフォルトでインターネットに接続し、VPC の外側で動作する

　VPC 内のプライベートネットワークで稼働しているリソースにアクセスしなければならない場合はどうなるのでしょうか。たとえば、社内の Web サイトに対してヘルスチェックを実施したい場合はどうするのでしょうか。Lambda 関数にネットワークインターフェイスを追加すると、その Lambda 関数は VPC 内のリソースにアクセスできるようになります（図 7-17）。

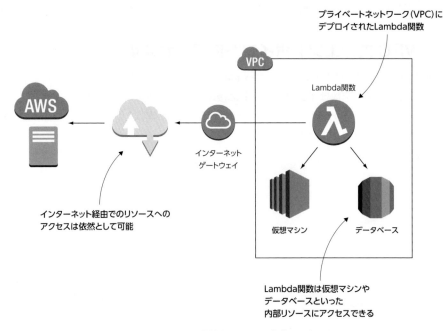

図 7-17：Lambda 関数を VPC にデプロイすると、
データベースや仮想マシンといった内部リソースにアクセスできるようになる

Lambda 関数を VPC にデプロイするには、VPC、サブネット、そして Lambda 関数用のセキュリティグループを定義する必要があります。詳細については、「Amazon VPC 内のリソースにアクセスできるように Lambda 関数を構成する」[4] を参照してください。私たちはさまざまなプロジェクトで、VPC の内部リソースにアクセスする機能を使ってデータベースにアクセスしてきました。

AWS では、他の方法ではアクセスできないリソースにどうしてもアクセスする必要がある場合にのみ、Lambda 関数を VPC にデプロイすることを推奨しています。同時実行数を増やす場合は特にそうですが、Lambda 関数を VPC にデプロイすれば、それだけ複雑さが増すことになります。たとえば、VPC で利用できるプライベート IP アドレスの数は限られていますが、Lambda 関数を同時実行数に対してスケーリングさせるには、複数のプライベート IP アドレスが必要になります。

7.3　EC2 インスタンスの所有者が含まれたタグを自動的に追加する

AWS にあらかじめ定義されているブループリントの 1 つを使って Lambda 関数を作成した後は、Lambda 関数を一から実装することにします。本書では、クラウドインフラの準備を自動的に行うことに重点を置いています。そこで、AWS マネジメントコンソールを使用せずに、Lambda 関数とその依存リソースをデプロイする方法について説明します。

AWS アカウントを共同で使用している場合、特定の EC2 インスタンスを誰が起動したのかを知りたいと考えたことはないでしょうか。次のような理由により、EC2 インスタンスの所有者を突き止めなければならないことがあります。

- 使用されていないインスタンスを終了しても問題がなく、重要なデータを失わずに済むかどうかをダブルチェックしたい。
- ファイアウォールの設定を変更するなど、インスタンスの所有者にインスタンスの設定変更を相談したい。
- コストを個人、プロジェクト、部署に配賦したい。
- インスタンスの終了をその所有者にのみ許可するなど、インスタンスへのアクセスを制限したい。

インスタンスの所有者を示すタグを追加すれば、上記の問題はすべて解決します。タグはキーと値で構成され、EC2 インスタンスや他のほぼすべての AWS リソースに追加できます。タグは、リソースへのアクセスの制限だけでなく、リソースへの情報の追加、リソースのフィルタリング、リソースへのコストの配賦という目的でも使用できます。詳細については、「Amazon EC2 リソースにタグを付ける」[5] を参照してください。

EC2 インスタンスの所有者を示すタグを手動で追加することは可能です。しかし、遅かれ早かれ、所有者タグを付け忘れる人が出てくるでしょう。次項では、EC2 インスタンスを起動したユーザーの名前が含まれたタグを自動的に追加する Lambda 関数の実装とデプロイメントに取り組みます。

※ 4　https://docs.aws.amazon.com/ja_jp/lambda/latest/dg/vpc.html

※ 5　https://docs.aws.amazon.com/ja_jp/AWSEC2/latest/UserGuide/Using_Tags.html

しかし、EC2 インスタンスが起動するたびに Lambda 関数を実行し、タグを追加できるようにするにはどうすればよいのでしょうか。

7.3.1　イベント駆動：CloudWatch イベントをサブスクライブする

　CloudWatch は複数の部分で構成されています。本章では、すでにメトリクス、アラーム、ログを取り上げました。CloudWatch には、**イベント**（event）という機能も組み込まれています。インフラ内で何かが変化すると、ほぼリアルタイムにイベントが生成されます。

- CloudTrail は、AWS API が呼び出されるたびにイベントを生成する。
- EC2 は、EC2 インスタンスの状態が変化するたびに（状態が pending から running に変わるなど）イベントを生成する。
- AWS は、サービスの障害やダウンタイムを通知するためのイベントを生成する。

　ユーザーが新しい EC2 インスタンスを起動するたびに、AWS API が呼び出されることになります。そうすると、CloudTrail が CloudWatch イベントを生成します。ここでの目標は、新しい EC2 インスタンスを起動するたびにタグを追加することです。そこで、新しい EC2 インスタンスの起動を示すイベントが生成されるたびに関数を実行します。そのようなイベントが生成されるたびに Lambda 関数を呼び出すには、ルールが必要です。図 7-18 に示すように、このルールは生成されたイベントを照合し、ターゲット（この場合は Lambda 関数）に転送します。

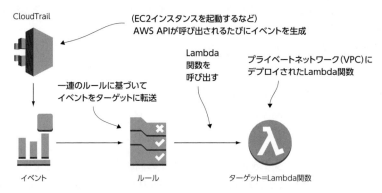

図 7-18：CloudTrail は AWS API が呼び出されるたびにイベントを生成し、
ルールはそのイベントを Lambda 関数に転送する

　リスト 7-1 は、誰かが EC2 インスタンスを起動するたびに CloudTrail によって生成されるイベントの詳細の一部を示しています。ここで関心があるのは次の情報です。

- `detail-type`：CloudTrail によってイベントが作成されている。
- `source`：イベントの発生源は EC2 サービス。

- eventName：RunInstances というイベント名は、このイベントが EC2 インスタンスを起動する AWS API 呼び出しによって生成されたことを示す。
- userIdentity：インスタンスを起動するために AWS API を呼び出したユーザー。
- responseElements：インスタンス起動時の AWS API からのレスポンス。起動した EC2 インスタンスの ID が含まれており、あとからインスタンスにタグを追加するために必要となる。

リスト 7-1 EC2 インスタンスの起動時に CloudTrail によって生成される CloudWatch イベント

```
{
  "version": "0",
  "id": "8a50bfef-33fd-2ea3-1056-02ad1eac7210",     ←─┐CloudTrail がイベントを生成
  "detail-type": "AWS API Call via CloudTrail",
  "source": "aws.ec2",     ←─── EC2 サービスに影響を与える呼び出しを誰かが送信
  "account": "XXXXXXXXXXX",
  "time": "2017-11-30T09:51:25Z",
  "region": "us-east-1",
  "resources": [],
  "detail": {
    "eventVersion": "1.05",
    "userIdentity": {     ←─── インスタンスを起動したユーザーの情報
      "type": "IAMUser",
      "principalId": "...",                                   ┌ インスタンスを起動
      "arn": "arn:aws:iam::XXXXXXXXXXXX:user/myuser",   ←─┘ したユーザーの ID
      "accountId": "XXXXXXXXXXXX",
      "accessKeyId": "...",
      "userName": "myuser",
      "sessionContext": {
        "attributes": {
          "mfaAuthenticated": "false",
          "creationDate": "2017-11-30T09:51:05Z"
        }
      },
      "invokedBy": "signin.amazonaws.com"
    },
    "eventTime": "2017-11-30T09:51:25Z",
    "eventSource": "ec2.amazonaws.com",     ┌ RunInstances 呼び出しが AWS API によって
    "eventName": "RunInstances",     ←─────┘ 処理されたため、イベントが生成された
    "awsRegion": "us-east-1",
    "sourceIPAddress": "XXX.XXX.XXX.XXX",
    "userAgent": "signin.amazonaws.com",
    "requestParameters": {
      ...
    },
    "responseElements": {     ←─── インスタンス起動時の AWS API のレスポンス
      "requestId": "327f5231-c65a-468c-83a8-b00b7c949f78",
      "reservationId": "r-0234df5d03e3ad6a5",
      "ownerId": "XXXXXXXXXXXX",
      "groupSet": {},
      "instancesSet": {
        "items": [
```

7

```
        {
          "instanceId": "i-06133867ab0f704e7",        ←──┤ 起動したインスタンスの ID
          "imageId": "ami-55ef662f",
          ...
        }
      ]
    }
  },
  "requestID": "327f5231-c65a-468c-83a8-b00b7c949f78",
  "eventID": "134d35c6-6a76-49b9-9ff8-5a4130474b6f",
  "eventType": "AwsApiCall"
  }
}
```

RunInstances 呼び出しは、EC2 インスタンスを起動するために使用されます。

ルールは、イベントを選択するためのイベントパターンと、1つ以上のターゲットの定義で構成されます。リスト 7-2 のパターンは、EC2 サービスに影響をおよぼす AWS API 呼び出しによって生成された、CloudTrail からのイベントをすべて選択します。このパターンは、先に示したイベントの3つの属性（detail-type、source、eventName）を照合します。

リスト 7-2 CloudTrail からのイベントを絞り込むためのルール

```
{
  "detail-type": [
    "AWS API Call via CloudTrail"        ←──┤ AWS API 呼び出しによって生成される
  ],                                          CloudTrail イベントをフィルタリング
  "source": [
    "aws.ec2"            ←──┤ EC2 サービスからのイベントをフィルタリング
  ],
  "detail": {
    "eventName": [
      "RunInstances"       ←──┤ イベント名 RunInstances でイベントをフィルタリング
    ]
  }
}
```

将来、別のルールを追加する計画がある場合は、他のイベント属性に対するフィルタを定義しておくことも可能です。ルールのフォーマットは同じです。

イベントパターンを指定する際には、一般に、すべてのイベントに含まれている次のフィールドを使用します。

- source：イベントを生成したサービスの名前空間。詳細については、「Amazon リソースネーム（ARN）と AWS サービスの名前空間」[6] を参照。
- detail-type：さらに細かいイベントの分類。

※ 6　https://docs.aws.amazon.com/ja_jp/general/latest/gr/aws-arns-and-namespaces.html

7.3 EC2 インスタンスの所有者が含まれたタグを自動的に追加する **245**

イベントパターンの詳細については、「CloudWatch イベントのイベントパターン」[7]を参照してください。

Lambda 関数を呼び出すイベントを定義したところで、Lambda 関数の実装に取りかかりましょう。

7.3.2 Lambda 関数を Python で実装する

EC2 インスタンスを所有者のユーザー名でタグ付けするための Lambda 関数の実装は簡単です。たった 10 行の Python コードを記述するだけで済みます。Lambda 関数のプログラミングモデルは、どのプログラミング言語を選択するかによって決まります。この例では Python を使用しますが、Java、Node.js、C#、Go、Ruby のいずれかを使用する場合も、以下の内容を応用できます。リスト 7-3 に示すように、Lambda 関数を Python で記述する場合は、明確に定義された構造を実装しなければなりません。

リスト 7-3 Python で書かれた Lambda 関数

```
def lambda_handler(event, context):
    # 関数を実装するコードをここに挿入
    return
```

Python 関数の名前は AWS Lambda によって関数ハンドラとして参照されます。`event` パラメータは CloudWatch イベントを渡すために使用されます。`context` パラメータにはランタイム情報が含まれています。関数の実行は `return` を使って終了します。Lambda 関数は CloudWatch イベントによって非同期で呼び出されるため、この例では、値を返しても意味はありません。

さっそく Python コードを書いてみましょう。リスト 7-4 は、Lambda 関数の実装が含まれている `lambda_function.py` ファイルのコードを示しています。このコードは、EC2 インスタンスが最近起動されていることを示す CloudTrail イベントを受け取り、インスタンスの所有者の名前を示すタグを追加します。AWS SDK for Python（`boto3`）は、Python 3.6/3.7 用の Lambda 実行環境に最初から含まれています。`boto3` の詳細については、Boto 3 のドキュメント[8]を参照してください。

リスト 7-4 EC2 インスタンスにタグを追加する Lambda 関数

```
import boto3

# EC2 サービスを管理する AWS SDK クライアントを作成
ec2 = boto3.client('ec2')

# Lambda 関数のエントリポイントとして使用する関数の名前
def lambda_handler(event, context):
    # CloudTrail イベントからユーザーの名前を取り出す
```

---

[7]　https://docs.aws.amazon.com/ja_jp/AmazonCloudWatch/latest/events/CloudWatchEventsandEventPatterns.html

[8]　https://boto3.amazonaws.com/v1/documentation/api/latest/index.html

246 第 7 章 ｜ 運用タスクの自動化［Lambda］

```
    if "/" in event['detail']['userIdentity']['arn']:
        userName = event['detail']['userIdentity']['arn'].split('/')[1]
    else:
        userName = event['detail']['userIdentity']['arn']
    # CloudTrail イベントからインスタンスの ID を取り出す
    instanceId = event['detail']['responseElements']['instancesSet']['items']\
                    [0]['instanceId']
    print("Adding owner tag " + userName + " to instance " + instanceId + ".")
    # キーとして所有者、値としてユーザー名を使ってインスタンスにタグを追加
    ec2.create_tags(Resources=[instanceId,],
                    Tags=[{'Key': 'Owner', 'Value': userName},])
    return
```

Python で関数を実装した後は、Lambda 関数とすべての依存リソースをデプロイします。

7.3.3 SAM を使って Lambda 関数を準備する

おそらくもう気づいていると思いますが、私たちは CloudFormation を使ったインフラの自動化に目がありません。AWS マネジメントコンソールの使用は、AWS の新しいサービスを理解するための第一歩を踏み出すのには最適です。しかし、Web インターフェイスをクリックすることから卒業し、インフラのデプロイメントを完全に自動化する次の段階へ進むときです。

AWS は 2016 年に **AWS Serverless Application Model**（AWS SAM）をリリースしました。SAM はサーバーレスアプリケーションのためのフレームワークであり、Lambda 関数をデプロイしやすいように標準の CloudFormation テンプレートを拡張します。

リスト 7-5 は、SAM と CloudFormation テンプレートを使って Lambda 関数を定義する方法を示しています。

リスト 7-5 CloudFormation テンプレート内で SAM を使って Lambda 関数を定義する

```
---
AWSTemplateFormatVersion: '2010-09-09'    # CloudFormation テンプレートのバージョン
Transform: AWS::Serverless-2016-10-31     # テンプレートの処理に SAM 変換を使用
Description: Adding an owner tag to EC2 instances automatically
...
Resources:
  EC2OwnerTagFunction:
    # SAM の特別なリソースを使って Lambda 関数を簡易的に定義できる
    # CloudFormation は変換時にこの宣言から複数のリソースを生成する
    Type: AWS::Serverless::Function
    Properties:
      # ハンドラはスクリプトのファイル名と Python 関数名を組み合わせたもの
      Handler: lambda_function.lambda_handler
      # Python 3.6 実行環境を使用
      Runtime: python3.6
      # 現在のディレクトリをバンドル、アップロード、デプロイ
      CodeUri: '.'
      # Lambda 関数が他の AWS サービスを呼び出すことを許可
      Policies:
```

```
    - Version: '2012-10-17'
      Statement:
      - Effect: Allow
        Action: 'ec2:CreateTags'
        Resource: '*'
# トリガーの定義
Events:
  CloudTrail:
    Type: CloudWatchEvent       # CloudWatch イベントにサブスクライブしている
    Properties:
      Pattern:                  # 前述のパターンを使ってルールを作成
        detail-type:
        - 'AWS API Call via CloudTrail'
        source:
        - 'aws.ec2'
        detail:
          eventName:
          - 'RunInstances'
```

7.3.4 IAM ロールを使って
Lambda 関数による他の AWS サービスの使用を許可する

Lambda 関数はたいてい AWS の他のサービスとやり取りします。たとえば、Lambda 関数の監視やデバッグを可能にするために、CloudWatch にログメッセージを書き込むかもしれません。あるいは、この例のように、EC2 インスタンスのタグを作成することもあるでしょう。このため、AWS API の呼び出しを認証し、認可する必要があります。図 7-19 では、Lambda 関数から他の AWS サービスにリクエストが送信されています。この例では、IAM ロールにより、それらのリクエストが認証・認可されていることが前提となります。

IAM ロールに基づいて一時的な資格情報が生成され、AWS_ACCESS_KEY_ID、AWS_SECRET_ACCESS_KEY、AWS_ACCESS_KEY_ID などの環境変数を通じて、その資格情報が各呼び出しに注入されます。AWS SDK は、これらの環境変数を使ってリクエストに自動的に署名します。

最小権限の原則に従い、関数に許可するのは、その関数のタスクを実行するのに必要なサービスとアクションへのアクセスだけにしてください。特定のアクションやリソースへのアクセスを付与する詳細な IAM ポリシーを定義してください。

リスト 7-6 は、SAM に基づく Lambda 関数の CloudFormation テンプレートの一部を示しています。SAM を使用すると、Lambda 関数ごとに IAM ロールがデフォルトで作成されます。CloudWatch ログへの書き込みアクセスを許可するマネージドポリシーも IAM ロールにデフォルトで関連付けられます。これにより、Lambda 関数からの CloudWatch ログへの書き込みが可能になります。

この時点では、Lambda 関数には EC2 インスタンスのタグの作成が許可されていません。そのためには、ec2:CreateTags へのアクセスを付与するカスタムポリシーが必要です（リスト 7-6）。

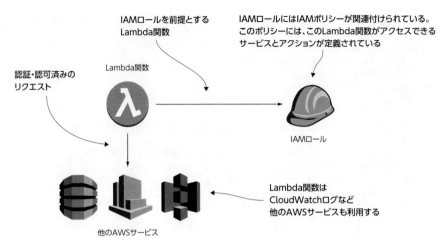

図 7-19：IAM ロールによって他の AWS サービスへのリクエストが
認証・認可されていることを前提とする Lambda 関数

リスト 7-6　EC2 インスタンスにタグを追加するためのカスタムポリシー

```
...
EC2OwnerTagFunction:
  Type: AWS::Serverless::Function
  Properties:
    Handler: lambda_function.lambda_handler
    Runtime: python3.6
    CodeUri: '.'
    # Lambda 関数の IAM ロールに関連付けるカスタム IAM ポリシーを定義
    Policies:
    - Version: '2012-10-17'
      Statement:
      - Effect: Allow                # このステートメントは以下を許可：
        Action: 'ec2:CreateTags'     # タグの作成
        Resource: '*'                # すべてのリソースが対象
```

　将来、別の Lambda 関数を実装する際には、その関数に必要なすべてのサービスへのアクセスを許可する IAM ロールを必ず作成してください。そのようなアクセスには、S3 からのオブジェクトの読み取りや、DynamoDB データベースへのデータの書き出しなどがあります。IAM について復習しておきたい場合は、第 6 章の 6.3 節をもう一度読んでください。

本書のサンプルコード

　本書のサンプルコードはすべて本書の GitHub リポジトリからダウンロードできます。本章のコードは /chapter07 フォルダのファイルに含まれています。

https://github.com/AWSinAction/code2

7.3.5　SAM を使って Lambda 関数をデプロイする

　Lambda 関数をデプロイするには、デプロイメントパッケージを S3 にアップロードする必要があります。デプロイメントパッケージは、あなたのコードと追加のモジュールを含んだ zip ファイルです。続いて、Lambda 関数とすべての依存リソース（IAM ロール、イベントルールなど）の作成と設定を行う必要があります。SAM を AWS CLI と併用すれば、両方のタスクを実行できます。

　まず、ターミナルで次のコマンドを実行することで、デプロイメントパッケージを格納する S3 バケットを作成する必要があります。バケットの名前が他のユーザーと競合しないようにするために、＜あなたの名前＞部分は各自の名前に置き換えてください。

```
$ aws s3 mb s3://ec2-owner-tag-<あなたの名前>
```

　次に、デプロイメントパッケージを作成して S3 にアップロードします。GitHub リポジトリの chapter07 フォルダに含まれている template.yaml ファイルと lambda_function.py ファイルを作業フォルダにコピーし、作業フォルダに移動して次のコマンドを実行します。S3 にアップロードされたデプロイメントパッケージへの参照とともに、テンプレートのコピーが output.yaml として格納されます。

```
$ aws cloudformation package --template-file template.yaml --s3-bucket \
> ec2-owner-tag-<あなたの名前> --output-template-file output.yaml
```

　続いて、次のコマンドを実行して Lambda 関数をデプロイします。そうすると、ec2-owner-tag という名前の CloudFormation スタックが作成されます。

```
$ aws cloudformation deploy --stack-name ec2-owner-tag \
> --template-file output.yaml --capabilities CAPABILITY_IAM
```

　これで Lambda 関数が稼働します。EC2 インスタンスを起動して数分ほど待つと、あなたのユーザー名 myuser が追加されたタグが見つかるはずです[9]。

※9　　[訳注] CloudFormation スタックが完全に作成されるまでに数時間以上かかることがある（進行状況はスタックの［イベント］タグで確認できる）。EC2 インスタンスにタグが追加されるのは、スタックの作成が完了した後になる。

Cleaning up
Lambda 関数をテストするために EC2 インスタンスを起動した場合は、そのインスタンスを忘れずに終了してください。

Lambda 関数とすべての依存リソースを削除するのは簡単です。ターミナルで次のコマンドを実行するだけです。

```
$ aws cloudformation delete-stack --stack-name ec2-owner-tag
$ aws s3 rb s3://ec2-owner-tag-<あなたの名前> --force
```

7.4　AWS Lambda を使って他に何ができるか

本章の締めくくりとして、AWS Lambda で他にどのようなことができるのかを見てもらうことにします。まず、Lambda の制限と、サーバーレス料金モデルの説明から始めます。続いて、私たちがコンサルティングを行っている顧客のために構築したサーバーレスアプリケーションのユースケースを 3 つ紹介します。

7.4.1　AWS Lambda の制限

Lambda 関数の呼び出しはそれぞれ、長くても 300 秒以内に完了する必要があります[※10]。つまり、Lambda 関数を使って解決する問題は 300 秒の制限に収まるほど小さなものでなければなりません。Lambda 関数の 1 回の呼び出しで、S3 から 10GB のデータをダウンロードし、そのデータを処理し、一部をデータベースに挿入する、というのはおそらく不可能です。しかし、ユースケースが 300 秒の制限に収まるとしても、すべての状況下でこの制限に収まることを確認する必要があります。ここで、私たちが初めて取り組んだサーバーレスプロジェクトの 1 つにまつわるエピソードを紹介しましょう。私たちが構築したのはニュースサイトからの分析データの前処理を行うサーバーレスアプリケーションであり、Lambda 関数によるデータの処理はたいてい 180 秒以内に完了していました。ところが、2017 年のアメリカの選挙のときに、分析データの量が誰も予想しなかったほど爆発的に増加したのです。私たちの Lambda 関数は処理を 300 秒以内に完了できなくなりました。私たちのサーバーレスアプローチはまるで使いものにならなかったのです。

AWS Lambda は関数の実行に必要なリソースのプロビジョニング（準備）と管理を行います。また、状況に応じて、AWS Lambda の新しい実行コンテキストがバックグラウンドで作成されます。たとえば、新しいバージョンのコードをデプロイするとき、長期間にわたって呼び出しがないとき、あるいは同時呼び出しの数が増加するときに新しい実行コンテキストが開始されます。新しい実行コ

※10　[訳注] 2019 年 6 月時点では 900 秒（15 分）。

ンテキストを開始するには、AWS Lambda がコードをダウンロードし、実行環境を初期化し、コードを読み込まなければなりません。このプロセスは**コールドスタート**(cold-start)と呼ばれます。デプロイメントパッケージのサイズ、実行環境、設定内容によっては、コールドスタートにかかる時間は数ミリ秒から数分におよびます。このため、応答時間に関して厳格な要件があるアプリケーションは、AWS Lambda には向いていません。逆に言えば、コールドスタートによる遅延の増加を許容できるユースケースはいくらでもあります。たとえば、本章の2つの例は、コールドスタートによる影響をまったく受けません。コールドスタートの時間をできるだけ短縮するには、デプロイメントパッケージのサイズをできるだけ小さく保ち、追加のメモリのプロビジョニングを行い、C# や Java の代わりに Python、Node.js、Go といった実行環境を使用すべきです。

もう1つの制限は、Lambda 関数のためにプロビジョニングできるメモリの最大量が 3,008MB であることです。Lambda 関数のメモリ使用量がこの制限を超えた場合は、実行が終了されます。

また、プロビジョニングされたメモリに基づいて CPU とネットワークキャパシティが Lambda 関数に割り当てられることも知っておく必要があります。このため、Lambda 関数で計算量が多いタスクやネットワークの負荷が高いタスクを実行している場合は、プロビジョニングされるメモリを増やせば、おそらくパフォーマンスがよくなるでしょう。

それに加えて、圧縮されたデプロイメントパッケージ(zip ファイル)のデフォルトの最大サイズは 50MB となっています。Lambda 関数を実行する際には、最大で 512MB の非永続ディスク領域を /tmp にマウントできます。

Lambda の制限について詳しく知りたいは、「AWS Lambda の制限」[11] を参照してください。

7.4.2　サーバーレス料金モデルの影響

仮想マシンを起動した場合は、全稼働時間に対して1秒刻みの料金が発生します。仮想マシンが提供しているリソースを使用しているかどうかに関係なく、料金を支払うことになります。あなたの Web サイトに誰もアクセスしていなくても、あるいはあなたのアプリケーションを誰も使用していなくても、仮想マシンの料金を支払わなければなりません。

AWS Lambda の料金モデルはまったく異なっています。Lambda はリクエストごとに課金されるため、誰かがあなたの Web サイトにアクセスしたり、アプリケーションを使用したりしたときだけ料金が発生します。アクセスパターンが一定ではないアプリケーションや滅多に使用されないアプリケーションでは特にそうですが、これは画期的な料金モデルです。表 7-3 は、Lambda の料金モデルをまとめたものです。

表 7-3：AWS Lambda の料金モデル

	無料利用枠	有料
Lambda 関数の呼び出し回数	毎月最初の 100 万件まで	リクエストごとに 0.0000002 ドル
Lambda 関数用にプロビジョニングしたメモリ量に基づいて 100 ミリ秒刻みで課金される期間	毎月 1GB メモリのプロビジョニングで、400,000 秒相当の Lambda 関数の使用	1秒あたり 1GB の使用につき 0.00001667 ドル

---

[11]　https://docs.aws.amazon.com/ja_jp/lambda/latest/dg/limits.html

> ### AWS Lambda の無料利用枠
>
> AWS Lambda の無料利用枠は 12 か月が経過しても失効しません。その点で、他の AWS サービス（EC2 など）の無料利用枠とは大きく異なっています。他の AWS サービス（EC2 など）の無料利用枠は、AWS アカウントの作成後 12 か月間となっています。

ややこしく聞こえるでしょうか。図 7-20 は、AWS の利用明細の一部を示しています。この利用明細は 2017 年 11 月のもので、私たちがチャットボット[※12] の実行に使用している AWS アカウントに対するものです。このチャットボット実装は 100 パーセントサーバーレスです。2017 年 11 月には Lambda 関数が 120 万回実行されたため、0.04 ドルが課金されています。Lambda 関数はどれも、1,536MB のメモリをプロビジョニングするように設定されています。2017 年 11 月の全 Lambda 関数の実行時間の合計は 216,000 秒 = 60 時間でした。それでも、毎月 1GB のプロビジョニングメモリで 400,000 秒という無料利用枠に収まっています。したがって、2017 年 11 月に AWS Lambda を使用するために支払わなければならなかった金額は合計で 0.04 ドルであり、チャットボットの 400 人ほどの顧客に対応することができました。

▾ Lambda		$0.04
▾ US East (Northern Virginia) Region		$0.04
AWS Lambda Lambda-GB-Second		$0.00
AWS Lambda - Compute Free Tier - 400,000 GB-Seconds - US East (Northern Virginia)	331,906.500 seconds	$0.00
AWS Lambda Request		$0.04
0.0000000367 USD per AWS Lambda - Requests Free Tier - 1,000,000 Requests - US East (Northern Virginia) (blended price)*	1,209,096 Requests	$0.04

図 7-20：AWS Lambda の料金を示す 2017 年 11 月の利用明細の一部

この金額は AWS の利用明細のごく一部にすぎません。たとえば、データの格納など、AWS Lambda と同時に利用した他のサービスに対して請求されている料金はずっと高額です。

AWS Lambda と EC2 の料金を忘れずに比較してみてください。特に 1 日あたりのリクエスト数が 1,000 万件を超えるような負荷の高いシナリオでは、AWS Lambda を使用するほうが EC2 を使用するよりもおそらく割高になるでしょう。ただし、インフラの料金の比較は検討すべき内容の一部にすぎません。ぜひ総所有コスト（TOC）について検討してください。TOC には、仮想マシンの管理、負荷テストとレジリエンステストの実施、デプロイメントの自動化のコストも含まれます。

私たちの経験では、一般に、AWS Lambda でアプリケーションを実行しているときのほうが、Amazon EC2 を使用しているときよりも TOC が小さくなります。

AWS Lambda には、ここまで見てきたような運用タスクの自動化以外のユースケースもあります。最後に、それらのユースケースを紹介します。

※ 12　https://marbot.io/

7.4.3　ユースケース：Web アプリケーション

　AWS Lambda の一般的なユースケースは、Web アプリケーションやモバイルアプリケーションのバックエンドを構築することです。図 7-21 に示すように、サーバーレス Web アプリケーションのアーキテクチャは、一般に、次の要素で構成されます。

- **Amazon API Gateway**
  Web アプリケーションのフロントエンドまたはモバイルアプリケーションからの HTTPS リクエストを受け取る、スケーラブルでセキュアな REST API を提供します。
- **AWS Lambda**
  Lambda 関数は API Gateway によって呼び出されます。Lambda 関数はリクエストからデータを受け取り、レスポンス用のデータを返します。
- **オブジェクトストアと NoSQL データベース**
  通常、Lambda 関数はデータの格納と検索にオブジェクトストレージか NoSQL データベースを提供する別のサービスを利用します。

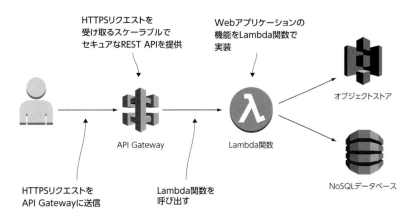

図 7-21：API Gateway と Lambda を使って構築された Web アプリケーション

　AWS Lambda をベースとして Web アプリケーションを構築したい場合は、Danilo Poccia 著『AWS Lambda in Action』（Manning、2016 年）が参考になるでしょう（ただし英語版です）。

7.4.4　ユースケース：データ処理

　AWS Lambda のよく知られているもう 1 つのユースケースは、イベント駆動型のデータ処理です。新しいデータが利用可能になると、すぐにイベントが生成されます。そのイベントにより、データの取得や変換に必要なデータ処理が開始されます（図 7-22）。

1. ロードバランサーがアクセスログを収集し、オブジェクトストアに定期的にアップロードします。

2. オブジェクトが作成または変更されるたびに、オブジェクトストアがLambda関数を自動的に呼び出します。
3. Lambda関数は、アクセスログが含まれているファイルをオブジェクトストアからダウンロードし、データをElasticsearchデータベースに送信することで、分析に利用できるようにします。

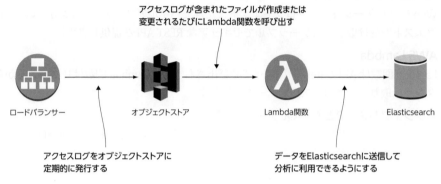

図7-22：AWS Lambdaを使ってロードバランサーから取得したアクセスログを処理する

私たちはこのシナリオをさまざまなプロジェクトでうまく実装してきました。AWS Lambdaでデータ処理ジョブを実装する際には、実行時間に制限があることを覚えておいてください。

7.4.5　ユースケース：IoTバックエンド

AWS IoTサービスは、さまざまなデバイスとのやり取りやイベント駆動型アプリケーションの構築に必要な構成要素を提供します（図7-23）。各デバイスは、メッセージブローカーにセンサーデータを発行します。そうすると、関連するメッセージがルールに基づいてフィルタリングされ、Lambda関数が呼び出されます。Lambda関数は指定されたビジネスロジックに基づいて、イベントを処理し、必要な手順を判断します。

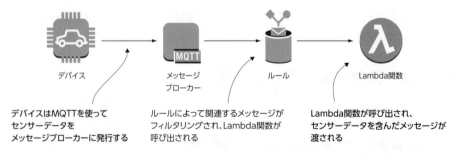

図7-23：AWS Lambdaを使ってロードバランサーからのアクセスログを処理する

たとえば、AWS IoT と AWS Lambda を使ってセンサーデータを収集し、ダッシュボードにメトリクスを発行するための概念実証を構築したことがあります。

AWS Lambda の 3 つのユースケースを見てきましたが、本書ではそれらをすべて取り上げていません。AWS Lambda は他のさまざまなサービスと統合されています。AWS Lambda について詳しく知りたい場合は、次の書籍をお勧めします。

- Danilo Poccia 著『AWS Lambda in Action』(Manning、2016 年)では、バックエンドでイベントベースのアプローチを使ってアプリケーションを構築する方法について、例を用いて解説しています[13]。
- Peter Sbarski 著『Serverless Architectures on AWS』(Manning、2017 年)[14] では、最も厳しい要件を持つ Web アプリケーションやモバイルアプリケーションにも利用できるサーバーレスアーキテクチャの構築、セキュリティ、管理について説明しています。

7.5　まとめ

- AWS Lambda を利用すれば、スケーラビリティと高可用性を実現する完全に管理された環境において、Java、Node.js、C#、Python、Go、Ruby のコードを実行できる。
- AWS マネジメントコンソールと AWS によって提供されているブループリントを使用することで、すぐに作業を開始できる。
- スケジュール式を使って Lambda 関数を定期的に呼び出すことができる。この方法は、cron ジョブを使ってスクリプトを開始することと同等である。
- AWS SAM を利用すれば、AWS CloudFormation を使った Lambda 関数の自動的なデプロイメントが可能となる。
- Lambda 関数をイベント駆動方式で利用できるイベントソースは多数存在する。たとえば、AWS API にリクエストを送信するたびに CloudTrail によってイベントが生成されるが、そのイベントをサブスクライブできる。
- Lambda 関数の最も重要な制限は、呼び出しごとの実行時間に上限があることだ。

※ 13　[訳注] その他に『AWS Lambda 実践ガイド』(インプレス、2017 年)などがある。なお、紙面上のユーザーインターフェイスは古い可能性がある。

※ 14　『AWS によるサーバーレスアーキテクチャ』(翔泳社、2018 年)

Part 3 | データ格納の手法

　職場にSingletonという名前の人がいて、会社のファイルサーバーのことなら何でも知っているとしましょう。Singletonが職場にいないときは、ファイルサーバーを管理できる者は他に誰もいません。案の定、Singletonが休暇を取っている間にファイルサーバーがクラッシュします。Singleton以外は誰もバックアップの保管場所を知りませんが、上司がドキュメントを今すぐ必要としており、さもないと会社が大損害を被ることになります。Singletonが自分の知識をデータベースに保存していたら、同僚はその情報を調べることができました。しかし、その知識はそっくりSingletonが抱えており、情報はどこにもありません。

　重要なファイルがハードディスクに保存されている仮想マシンを思い浮かべてください。仮想マシンが稼働している間は、問題は何もありません。しかし、ものは壊れるものであり、仮想マシンも例外ではありません。ユーザーがWebサイトにドキュメントをアップロードした場合、そのドキュメントはどこに格納されるのでしょうか。可能性が高いのは、ドキュメントが仮想マシンのハードディスクに保存されることです。ドキュメントがWebサイトにアップロードされ、独立したオブジェクトストアにオブジェクトとして保存されたとしましょう。この場合は、仮想マシンが故障したとしても、ドキュメントは依然として利用可能です。Webサイトの負荷に対処するために仮想マシンが2つ必要である場合、ドキュメントは1つの仮想マシンと密に結び付いていないため、両方の仮想マシンからアクセスできます。仮想マシンから処理の状態を分離すると、耐障害性と伸縮性を実現できるようになります。状態はオブジェクトストアやデータベースといった専門性の高いソリューションに保存すべきです。

AWSには、データを格納するための方法がいろいろ用意されています。各自のデータに使用するサービスを大まかに判断する上で、次の表が参考になるでしょう。ここでの比較はオーバービューにすぎません。各自のユースケースに最適なサービスを2〜3個選択し、各章を読みながら詳細を調べた上で判断することをお勧めします。

データストレージサービスの概要

サービス	アクセス	最大記憶容量	遅延	ストレージのコスト
S3	AWS API（SDK、CLI）、サードパーティツール	無制限	高	わずか
Glacier	S3、AWS API（SDK、CLI）、サードパーティツール	無制限	きわめて高い	きわめて低い
EBS（SSD）	ネットワーク経由でEC2インスタンスにアタッチされる	16TB	低	低
EC2インスタンスストア（SSD）	EC2インスタンスに直接アタッチされる	15TB	非常に低い	非常に低い
EFS	NFSv4.1（EC2インスタンスから、またはオンプレミスなど）	無制限	中	中
RDS（MySQL、SSD）	SQL	6TB	中	低
ElastiCache	Redis/Memcachedプロトコル	6.5TB	低	高
DynamoDB	AWS API（SDK、CLI）	無制限	中	中

第8章では、S3（Simple Storage Service）を紹介します。S3はオブジェクトストレージを提供するサービスです。オブジェクトストレージをアプリケーションに統合し、ステートレスサーバーを実装する方法について説明します。

第9章では、AWSが提供している仮想マシン用のブロックレベルのストレージについて説明します。ブロックレベルのストレージでレガシーソフトウェアを運用する方法を紹介します。

第10章では、AWSが提供している可用性の高いブロックレベルのストレージを取り上げます。このストレージはAWSが提供している複数の仮想マシンの間で共有できます。

第11章では、RDS（Relational Database Service）を紹介します。RDSは、PostgreSQL、MySQL、Oracle、またはMicrosoft SQL Serverといったマネージドリレーショナルデータベースシステムを提供するサービスです。アプリケーションがそうしたリレーショナルデータベースシステムを使用する場合は、RDSを使ってステートレスサーバーアーキテクチャを簡単に実装できます。

第12章では、ElastiCacheを紹介します。ElastiCacheは、RedisやMemcachedといったマネージドインメモリデータベースシステムを提供するサービスです。アプリケーションでデータをキャッシュする必要がある場合は、インメモリデータベースを使って一時的な状態を外部に格納できます。

第13章では、DynamoDBを紹介します。DynamoDBはNoSQLデータベースを提供するサービスです。このNoSQLデータベースをアプリケーションに統合すれば、ステートレスサーバーを実装できます。

CHAPTER 8: Storing your objects: S3 and Glacier

▶ 第 8 章
オブジェクトの格納
[S3、Glacier]

本章の内容
- ターミナルを使ったS3へのファイル転送
- SDKを使ったS3とアプリケーションの統合
- S3を使った静的なWebサイトのホスティング
- S3のオブジェクトストアの仕組み

データの格納には2つの課題が伴います。1つは増え続けるデータの量への対応であり、もう1つは耐久性の確保です。1台のマシンに接続されたディスクを使用している場合、これらの課題に取り組むのは難しく、不可能なことさえあります。そこで本章では、ネットワーク経由で接続された多くのマシンからなる分散データストアという画期的な方法を取り上げます。この方法では、分散データシステムに新しいマシンを追加することで、ほぼ無制限にデータを格納できます。そして、データは常に複数のマシンに格納されるため、データが失われるリスクも劇的に低下します。

本章では、画像、動画、ドキュメント、実行ファイル、またはその他の種類のデータをAmazon S3に格納する方法について説明します。Amazon S3は、AWSによって完全に管理された、使いやすい分散データストアです。データはオブジェクトとして管理されるため、このストレージシステムは**オブジェクトストア**（object store）と呼ばれます。ここでは、S3を使ってデータをバックアッ

プする方法、S3 をアプリケーションに統合し、ユーザーが生成したコンテンツを格納する方法、そして、静的な Web サイトを S3 でホストする方法を示します。

それに加えて、Amazon Glacier も紹介します。Glacier はバックアップ / アーカイブストアです。データは Glacier に格納するほうが S3 よりも割安ですが、Glacier からデータを取得するには最大で 5 時間かかります。これに対し、S3 ではデータにすぐにアクセスできます。

> 本章の例は、無料利用枠で完全にカバーされるはずです。本章の例を数日以上にわたって実行したままにしない限り、料金は発生しません。ただし、本書で使用する AWS アカウントを新たに作成していて、その AWS アカウントで他の作業を行わないことが前提となります。この AWS アカウントは本書の最後に削除するため、本章の内容は数日以内に読み終えるようにしてください。

8.1　オブジェクトストアとは何か

ひと昔前は、データはフォルダとファイルからなる階層構造で管理されていました。ファイルはデータを表すものでした。**オブジェクトストア**では、データはオブジェクトとして格納されます。各オブジェクトは、GUID（Globally Unique Identifier）、メタデータ、実際のデータで構成されます（図 8-1）。オブジェクトの **GUID** は、オブジェクトの**キー**とも呼ばれる一意な識別子です。分散システム内のさまざまなデバイスやマシンに格納されているオブジェクトは GUID で識別できます。

図 8-1：オブジェクトストアに格納されているオブジェクトは、GUID、コンテンツを説明するメタデータ、画像などのコンテンツという 3 つの部分で構成される

メタデータを使用すれば、オブジェクトを追加の情報で拡張できます。オブジェクトの代表的なメタデータは次のとおりです。

- 最終変更日
- オブジェクトのサイズ

- オブジェクトの所有者
- オブジェクトのコンテンツタイプ

データそのものをリクエストせず、オブジェクトのメタデータだけをリクエストすることも可能です。特定のオブジェクトのデータにアクセスする前に、オブジェクトとそのメタデータを列挙したい場合に役立ちます。

8.2　Amazon S3

　Amazon S3（Amazon Simple Storage Service）は分散データストアであり、AWS が当初から提供しているサービスの 1 つです。Amazon S3 は一般的な Web サービスであり、HTTPS からアクセス可能な API を通じて、オブジェクトとして構成されたデータの格納と取得を行うことができます。
　次に、一般的なユースケースをいくつか挙げておきます。

- **静的な Web サイトのコンテンツの格納と提供**。たとえば、私たちが運営しているブログサイト cloudonaut.io は S3 でホストされています。
- **データのバックアップ**。たとえば、著者の 1 人である Andreas は AWS CLI を使ってローカルコンピュータのフォトライブラリを S3 にバックアップしています。
- **分析用の構造化データの格納**。このようなリポジトリは**データレイク**（data lake）とも呼ばれます。たとえば、筆者はパフォーマンスベンチマークの結果が含まれた JSON ファイルを S3 に格納しています。
- **ユーザーが生成したコンテンツの格納と提供**。たとえば、筆者は AWS SDK を使って、ユーザーがアップロードしたデータを S3 に格納する Web アプリケーションを構築しました。

　Amazon S3 は無制限のストレージ空間を提供し、可用性と耐久性の高い方法でデータを格納します。1 つのオブジェクトのサイズが 5TB を超えない限り、画像、ドキュメント、バイナリなど、あらゆる種類のデータを格納できます。S3 に格納するデータは 1GB ごとに課金されます。それに加えて、リクエストごとの料金と、すべての転送データの料金が発生します。図 8-2 に示すように、S3 へのアクセスには、AWS マネジメントコンソール、AWS CLI、AWS SDK、またはサードパーティツールを使用できます。

図 8-2：HTTPS を通じた S3 間でのオブジェクトのアップロードとダウンロード

S3は**バケット**（bucket）を使ってオブジェクトをグループにまとめます。バケットはオブジェクトのコンテナです。バケットを複数作成し、それぞれにグローバルに一意な名前を付けることで、シナリオごとにデータを分けておくことができます。「一意」とは、本当の意味での一意のことです。つまり、他のどのリージョンのどのAWS顧客によっても使用されていないバケット名を選択する必要があります。この概念を図解すると、図8-3のようになります。

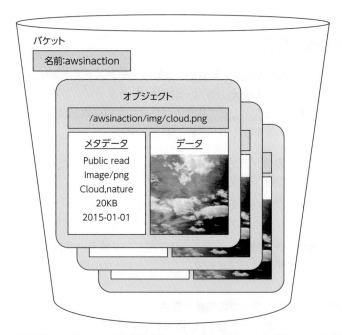

図8-3：S3はグローバルに一意な名前を持つバケットを使ってオブジェクトを分類する

次節では、AWS CLIを使ったS3でのデータのアップロードとダウンロードの方法について説明します。

8.3　AWS CLIを使ってデータをS3にバックアップする

重要なデータは紛失を避けるためにバックアップする必要があります。データを離れた場所にバックアップしておくと、自然災害などの極端な状況下でもデータが失われるリスクが低下します。しかし、バックアップはどこに格納すればよいのでしょうか。S3では、あらゆるデータをオブジェクト形式で格納できます。データの保存先の選択が可能で、従量制の料金モデルに基づいてデータをいくらでも格納できるAWSのオブジェクトストアは、バックアップに最適です。

ここでは、AWS CLIを使ってデータをS3にアップロードする方法とS3からダウンロードする方法について説明します。このアプローチは離れたサイトのバックアップに限定されるわけではなく、他のシナリオにも利用できます。

8.3 AWS CLI を使ってデータを S3 にバックアップする   263

- 特に別々の場所で作業を行っている場合に、同僚やパートナーとファイルを共有する。
- アプリケーションバイナリ、ライブラリ、構成ファイルなど、仮想マシンのプロビジョニングに必要な要素の格納と取得を行う。
- 滅多にアクセスされないデータは特にそうだが、ストレージキャパシティのアウトソーシングによりローカルストレージシステムの負担を軽減する。

まず、データを格納するためのバケットを作成します。すでに述べたように、バケットの名前は他のどのバケットとも異なっていなければならず、AWS の他のリージョンや他の顧客のバケットとも異なっていなければなりません。プレフィックスやサフィックスとして会社の名前や自分の名前を使用すると、バケット名の一意性を確保するのに役立ちます。ターミナルで次のコマンドを入力します。＜あなたの名前＞部分は適宜に置き換えてください。実際のコマンドの例は、次の 2 行目のようになります。

```
$ aws s3 mb s3://awsinaction-<あなたの名前>

$ aws s3 mb s3://awsinaction-awittig
```

バケット名が既存のバケットと競合する場合は、次のようなエラーが表示されます。

```
... An error occurred (BucketAlreadyExists) ...
```

この場合は、＜あなたの名前＞に別の値を使用する必要があります。

データをアップロードする準備が整ったところで、バックアップしたいフォルダ（デスクトップフォルダなど）を選択します。合計サイズが 1GB を超えないようにしてください。そうしないと、長時間待たされることや、無料利用枠を超えることがあります。ローカルフォルダから S3 バケットにデータをアップロードするコマンドは次のようになります。＜パス＞部分はフォルダのパスに置き換え、＜あなたの名前＞部分は実際の名前に置き換えてください。sync コマンドは、ローカルフォルダを S3 バケット内の /backup フォルダと比較し、新しいファイルか変更されたファイルだけをアップロードします。実際のコマンドの例は、次の 2 行目のようになります。

```
$ aws s3 sync <パス> s3://awsinaction-<あなたの名前>/backup

$ aws s3 sync /Users/andreas/Desktop s3://awsinaction-awittig/backup
```

フォルダのサイズと使用しているインターネット接続の速度によっては、アップロードに少し時間がかかることがあります。

ローカルフォルダを S3 バケットにアップロードしてバックアップしたら、復元プロセスをテストできます。ターミナルで次のコマンドを実行します。＜パス＞部分を復元先のフォルダのパスに

第 8 章 | オブジェクトの格納［S3、Glacier］

置き換え、〈あなたの名前〉部分は実際の名前に置き換えてください。復元先のフォルダはバックアップしたフォルダとは別のフォルダにしてください。ダウンロードフォルダは復元プロセスのテストにうってつけです。実際のコマンドの例は、次の 2 行目のようになります。

```
$ aws s3 cp --recursive s3://awsinaction-< あなたの名前 >/backup < パス >

$ aws s3 cp --recursive s3://awsinaction-awittig/backup \
> /Users/andreas/Downloads/restore
```

　この場合も、フォルダのサイズと使用しているインターネット接続の速度によっては、ダウンロードに少し時間がかかることがあります。

オブジェクトのバージョニング

　デフォルトでは、S3 のバージョニングはすべてのバケットで無効になっています。次の手順に従って 2 つのオブジェクトをアップロードするとしましょう。

1. キー A とデータ 1 を含んだオブジェクトを追加する。

2. キー A とデータ 2 を含んだオブジェクトを追加する。

　この後、キー A のオブジェクトをダウンロード (または取得) すると、データ 2 がダウンロードされます。古いデータ 1 はもう存在していないからです。

　バケットの**バージョニング**を有効にすると、この振る舞いを変更できます。バケットのバージョニングを有効にするコマンドは次のようになります。〈あなたの名前〉部分を忘れずに置き換えてください。

```
$ aws s3api put-bucket-versioning --bucket awsinaction-< あなたの名前 > \
> --versioning-configuration Status=Enabled
```

　その上で、先の手順 1 〜 2 を実行した場合、キー A とデータ 2 を含むオブジェクトを追加した後も、データ 1 を含んでいるオブジェクト A の 1 つ目のバージョンにアクセスできます。すべてのオブジェクトとバージョンを取得するコマンドは次のようになります。

```
$ aws s3api list-object-versions --bucket awsinaction-< あなたの名前 >
```

　これで、オブジェクトのどのバージョンでもダウンロードできるようになります。

　バージョニングはバックアップとアーカイブに役立つことがあります。なお、新しいバージョンが追加されるたびに、課金の対象となるバケットのサイズが大きくなることに注意してください。

これで、データが失われる心配はもうありません。設計上、S3 のオブジェクトの耐久性は年間 99.999999999% です。たとえば、S3 に 100,000,000,000 個のオブジェクトを格納した場合、1 年間に失われるオブジェクトの数は平均でたった 1 つです。

S3 バケットからのデータの復元がうまくいったら、今度はバックアップを空にしてみましょう。すべてのオブジェクトが含まれている S3 バケットをバックアップから削除するコマンドは次のようになります。正しいバケットを選択するために＜あなたの名前＞部分は実際の名前に置き換えてください。rb コマンドはバケットを削除します。force オプションを指定すると、バケット内のオブジェクトがすべて削除された後にバケット自体が削除されます。実際のコマンドの例は、次の 2 行目のようになります。

```
$ aws s3 rb --force s3://awsinaction-<あなたの名前>

$ aws s3 rb --force s3://awsinaction-awittig
```

AWS CLI を使った S3 でのファイルのアップロードとダウンロードはこれで完了です。

バケットの削除に起因する BucketNotEmpty エラー

バージョニングを有効にしている場合、バケットを削除すると BucketNotEmpty エラーが発生します。この場合は、AWS マネジメントコンソールを使ってバケットを削除してください。

1. ブラウザで AWS マネジメントコンソールを開きます。

2. 最上部のナビゲーションバーで [サービス] をクリックし、S3 を選択します。

3. バケットを選択します。

4. [削除] ボタンをクリックし、ダイアログボックスの指示に従います。

8.4　コスト最適化のためにオブジェクトをアーカイブする

前節では、S3 を使ってデータをバックアップしました。バックアップストレージのコストを削減したい場合は、**Amazon Glacier** というさらに別の AWS サービスを検討してください。Glacier を使ってデータを格納する場合の料金は、S3 を使用する場合の約 5 分の 1 です。では、どのような欠点があるのでしょうか。S3 を使用する場合はデータを瞬時に取得できますが、Glacier を使用する場合は、データをリクエストしてからデータが利用可能になるまでに 1 分から 12 時間ほどかかります。S3 と Glacier の違いを表 8-1 にまとめておきます。

表 8-1：S3 と Glacier にデータを格納するときの違い

	S3	Glacier
米国東部（バージニア北部）での 1GB あたりの月額ストレージコスト	0.023 ドル	0.004 ドル
データ挿入のコスト	低	高
データ取得のコスト	低	高
アクセシビリティ	リクエストしてすぐ	リクエストしてから 1 分〜 12 時間後。取得にかかる時間が短いほど高額になる
耐久性	設計上は年間 99.999999999%（小数部は 9 桁）	設計上は年間 99.999999999%（小数部は 9 桁）

　Amazon Glacier は、アップロードした後は滅多にダウンロードしない大きなファイルのアーカイブ用として設計されています。大量の小さなファイルのアップロードやダウンロードは高くつくため、小さなファイルを大きなアーカイブにまとめてから Glacier にアップロードするのが得策です。Glacier については、HTTPS を使ってアクセスできるスタンドアロンサービスとして、バックアップソリューションに統合した上で、あるいは次に示すように S3 と統合した上で利用できます。

8.4.1　Glacier で使用するための S3 バケットを作成する

　ここでは、S3 に格納されているオブジェクトを Glacier へ移動することで、ストレージコストを削減する方法について説明します。原則として、S3 のデータを Glacier にアーカイブするのは、そのデータにあとからアクセスする見込みが低い場合に限られます。

　たとえば、温度センサーからの観測データを S3 に格納しているとしましょう。観測データは絶えず S3 にアップロードされ、1 日に 1 回処理されます。そして、観測データの分析結果がデータベースに格納されます。この時点で S3 の観測データは不要になりますが、将来データの再処理が必要になった場合に備えて、アーカイブしておくべきです。そこで、前日の観測データを Glacier へ移動することで、ストレージコストを最小限に抑えることにします。

　次の例では、オブジェクトを S3 に格納し、そこから Glacier へ移動し、Glacier からオブジェクトを取得する手順を示します。まず、新しい S3 バケットを作成する必要があります。

1. AWS マネジメントコンソール[1] を開きます。
2. 最上部のナビゲーションバーで［サービス］をクリックし、S3 を選択します。
3. ［バケットを作成する］をクリックします。図 8-4 に示すウィザードが起動します。

※ 1　https://console.aws.amazon.com

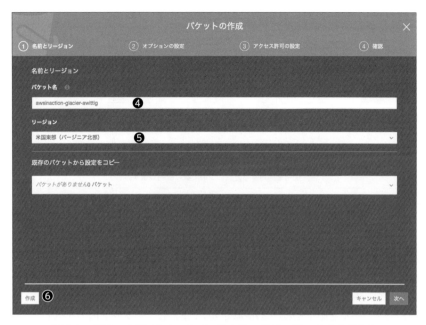

図 8-4：AWS マネジメントコンソールを使って S3 バケットを作成する

4. `awsinaction-glacier-<あなたの名前>` など、バケットの一意な名前を入力します。
5. バケットのリージョンとして［米国東部（バージニア北部）］を選択します。
6. ［作成］ボタンをクリックします。

8.4.2　バケットにライフサイクルルールを追加する

　先ほどの例に戻りましょう。あなたは観測データを S3 バケットに格納しています。観測データの分析は済んでいるため、このデータを Glacier にアーカイブする必要があります。そこで、バケットに**ライフサイクルルール**（lifecycle rule）を追加します。ライフサイクルルールを利用すれば、指定された日数が経過したオブジェクトを「アーカイブ」または「削除」できます。オブジェクトを Glacier に移動するライフサイクルルールを追加する手順は次のとおりです。

1. S3 バケットのオーバービューを開いて、前項で作成したバケットをクリックします。
2. ［管理］タブをクリックします。図 8-5 の画面が表示されます。
3. ［ライフサイクルルールの追加］をクリックします。

図8-5：オブジェクトをGlacierへ自動的に移動するライフサイクルルールを追加

そうすると、新しいライフサイクルルールを作成するためのウィザードが起動します（図8-6）。最初のステップでは、ライフサイクルルールの名前とスコープを指定します。

4. ルール名として glacier と入力します。
5. ルールのスコープを限定するフィルタは空のままにし、バケット内のすべてのオブジェクトにルールが適用されるようにします。他のシナリオでは、プレフィックスに基づいてオブジェクトをフィルタリングすることもできます。
6. ［次へ］をクリックします。

図8-6：ライフサイクルルールの名前とスコープを選択する

ウィザードの次のステップでは、オブジェクトを Glacier にアーカイブするためのライフサイクルルールを設定します（図 8-7）。

7. ［現行バージョン］チェックボックスをオンにし、オブジェクトの現行バージョンの移行を有効にします。このバケットではバージョニングを有効にしていないため、以前のバージョンのオブジェクトは利用できません。
8. ［移行を追加する］をクリックします。
9. ［オブジェクト作成］ドロップダウンリストから［Glacier への移行の期限］を選択します。
10. ［オブジェクト作成からの日数］フィールドに 0 と入力し、オブジェクトができるだけ早く Glacier に移動されるようにします。
11. ［次へ］をクリックします。

図 8-7：オブジェクトの現行バージョンの移行を有効にする

12. ウィザードの次のステップでは、指定された期間が経過したオブジェクトを削除するようにライフサイクルルールを設定できます。［次へ］をクリックし、このステップはスキップします。
13. 最後のステップには、ライフサイクルルールの概要が表示されます。［保存］をクリックしてライフサイクルルールを作成します。

8.4.3　Glacierとライフサイクルルールを試してみる

これで、バケットのすべてのオブジェクトを Glacier へ自動的に移動するライフサイクルルールが作成されました。

> **NOTE**
> 次の例では、ここまでの例よりも時間がかかります。ライフサイクルルールによってオブジェクトが Glacier へ移動するのに最大で 24 時間かかることがあります。Glacier から S3 への復元プロセスには 3 〜 5 時間かかります。

次の例では、観測データのアーカイブプロセスをテストします。Glacier 用のバケットの［概要］タブをクリックし、［アップロード］をクリックします。温度センサーの観測データが含まれたファイルはおそらくないと思うので、どのようなデータを使ってもかまいません。ファイルをアップロードした後、バケットは図 8-8 のようになります。デフォルトでは、すべてのファイルが S3 に格納されることを意味する［スタンダード］ストレージクラスで格納されます。

図 8-8：アップロード直後のストレージクラスのオブジェクト

作成したオブジェクトはライフサイクルルールによって Glacier へ移動されます。ただし、選択した時間差が 0 日であったとしても、オブジェクトの移動には最大で 24 時間かかります。オブジェクトが Glacier へ移動した後は、ストレージクラスが Glacier に切り替わります（図 8-9）。

図 8-9：24 時間後にはオブジェクトが Glacier へ移動している

　観測データの処理にバグが見つかったとしましょう。観測データから誤った分析データが生成され、データベースに格納されています。データ分析をやり直すには、Glacier から元の観測データを復元する必要があります。

　Glacier に格納されているファイルを直接ダウンロードすることは不可能ですが、Glacier から S3 にオブジェクトを戻すことは可能です。AWS マネジメントコンソールを使って復元を開始する手順は次のようになります。

1. Glacier 用のバケットの［概要］タブをクリックします。
2. Glacier から S3 に戻したいオブジェクトを右クリックし、［復元］を選択します。図 8-10 に示すダイアログボックスが表示されます。
3. Glacier から取り戻したいオブジェクトを S3 で利用可能にする日数を入力します。
4. ［復元の階層］セクションの［標準取り出し（通常は 3〜5 時間以内）］オプションを入力します。
5. ［復元］をクリックして復元を開始します。

　［標準取り出し］オプションを使ってオブジェクトを復元すると、通常は 3〜5 時間かかります。復元が完了したら、オブジェクトをダウンロードできます。この時点で、元の観測データで分析をやり直すことができます。

　ここまでは、AWS CLI と AWS マネジメントコンソールを使って S3 を操作する方法について説明してきました。次節では、AWS SDK を使って S3 をアプリケーションに統合する方法について見ていきます。

図 8-10：Glacier から S3 にオブジェクトを復元する

取り出しオプション

Amazon Glacier は次の 3 つの取り出しオプションをサポートしています。

- **一括取得**
  5 〜 12 時間以内にデータが利用可能になる最も料金の安いオプション。
- **標準取り出し**
  3 〜 5 時間以内にデータが利用可能になる手頃な料金のオプション。
- **迅速取り出し**
  1 〜 5 分以内にデータが利用可能になる最も料金の高い復元オプション。

 Cleaning up

Glacier の例が終わったらバケットを削除してください。AWS マネジメントコンソールでバケットを削除する手順は次のとおりです。

1. S3 のマネジメントコンソールで [バケット] を選択します。
2. Glacier 用に作成したバケットを選択し、[削除] をクリックします。
3. 表示されたダイアログボックスの指示に従います。

8.5 プログラムによるオブジェクトの格納

S3 には、AWS API と HTTPS を使ってアクセスできます。このため、AWS API にプログラムからリクエストを送信することで、S3 をアプリケーションに統合できます。このようにすると、スケーラブルで可用性の高いデータストアをアプリケーションで利用できるようになります。AWS では、Go、Java、JavaScript、PHP、Python、Ruby、.NET などの一般的なプログラミング言語の SDK が無償で提供されています。AWS SDK を利用すれば、アプリケーションから直接次の操作を行うことができます。

- バケットとそれらに含まれているオブジェクトの一覧表示
- オブジェクトとバケットの作成、読み取り、更新、削除（CRUD）
- オブジェクトへのアクセスの管理

S3 をアプリケーションに統合する例をいくつか挙げてみましょう。

- **ユーザーにプロファイル画像のアップロードを許可する**
  画像を S3 に格納し、外部からアクセスできるようにします。HTTPS を使って画像を Web サイトに組み込みます。

- **月次報告（PDF など）を生成し、ユーザーがアクセスできるようにする**
  ドキュメントを作成して S3 にアップロードします。ユーザーがドキュメントをダウンロードしたい場合は、S3 から取得します。

- **アプリケーション間でデータを共有する**
  さまざまなアプリケーションからドキュメントにアクセスできます。たとえば、アプリケーション A が売上に関する最新情報が含まれたオブジェクトを書き込み、アプリケーション B がドキュメントをダウンロードしてデータを分析できます。

S3 をアプリケーションに統合すると、**ステートレスサーバー**の概念を実装することになります。ここでは、Simple S3 Gallery という単純な Web アプリケーションを組み立てながら、アプリケーションに S3 を統合する方法を示します。この Web アプリケーションは Node.js に基づいて構築されており、AWS SDK for JavaScript と Node.js を使用します。Node.js のインストール方法については、第 4 章のコラム「Node.js のインストールと設定」（127 ページ）を参照してください。ここで説明する内容は、他の言語の SDK にも簡単に応用できます。考え方は同じです。

Simple S3 Gallery では、S3 への画像のアップロードが可能であり、これまでにアップロードされた画像がすべて表示されます。次ページの図 8-11 は実行中の Simple S3 Gallery を示しています。さっそくカスタムギャラリーを作成するための S3 の準備に取りかかりましょう。

図 8-11：Simple S3 Gallery アプリでは、S3 バケットに画像をアップロードした後、バケットから画像をダウンロードして表示することができる

本書のサンプルコード

本書のサンプルコードはすべて本書の GitHub リポジトリからダウンロードできます。

https://github.com/AWSinAction/code2

Simple S3 Gallery アプリケーションのコードは /chapter08/gallery/ フォルダに含まれています。このフォルダへ移動し、ターミナルで `npm install` を実行して必要な依存リソースをすべてインストールしてください[※2]。

```
$ cd /chapter08/gallery
$ npm install
```

8.5.1　S3 バケットを作成する

まず、次のコマンドを実行し、空のバケットを作成する必要があります。＜あなたの名前＞部分は適宜に置き換えてください。

※2　［訳注］脆弱性に関するメッセージが表示された場合は、`npm audit fix` を実行するとよいかもしれない。

```
$ aws s3 mb s3://awsinaction-sdk-<あなたの名前>
```

バケットの準備はこれで完了です。次のステップは、Webアプリケーションのインストールです。

8.5.2 S3を使用するWebアプリケーションをインストールする

Webアプリケーションを開始するには、/chapter08/gallery/フォルダで次のコマンドを実行します。<あなたの名前>部分を忘れずに置き換えてください。そうすると、S3バケットの名前がWebアプリケーションに渡されます。

```
$ node server.js awsinaction-sdk-<あなたの名前>
```

Server startedというメッセージが表示されたら、Simple S3 Galleryアプリケーションにアクセスできます。ブラウザでhttp://localhost:8080にアクセスし、画像をいくつかアップロードしてみてください。

8.5.3 SDKを使ってS3にアクセスするコードを調べる

Simple S3 Galleryに画像をアップロードし、S3に格納されている画像を表示することができました。コードの一部を調べてみると、S3を各自のアプリケーションに統合する方法を理解するのに役立ちます。プログラミング言語（JavaScript）やNode.jsプラットフォームの詳細をすべて把握しなくても問題はありません。SDKを使ってS3にアクションする方法さえ理解できれば十分です。

S3に画像をアップロードする

S3に画像をアップロードするには、SDKのputObject関数を使用します。そうすると、アプリケーションがS3サービスに接続し、HTTPSを使って画像を転送します。画像をアップロードするコードはリスト8-1のようになります。

リスト8-1 AWS SDK for S3を使って画像をアップロードする（server.js）

```
var AWS = require('aws-sdk');          // AWS SDKをrequire
var uuid = require('uuid');
// 追加の設定を使ってS3クライアントをインスタンス化
var s3 = new AWS.S3({'region': 'us-east-1'});

var bucket = ...;

function uploadImage(image, response) {
  var params = {                       // 画像をアップロードするためのパラメータ
    Body: image,                       // 画像データ
    Bucket: bucket,                    // バケットの名前
    Key: uuid.v4(),                    // オブジェクトの一意なキーを生成
```

276　第 8 章 ｜ オブジェクトの格納［S3、Glacier］

```
    ACL: 'public-read',              // バケットからの画像の読み取りを全員に許可
    ContentLength: image.byteCount,  // 画像のサイズ（バイト）
    ContentType: image.headers['content-type']  // コンテンツタイプ（image/png）
  };
  // S3 に画像をアップロード
  s3.putObject(params, function(err, data) {
    if (err) {                       // エラー（ネットワーキングの問題など）を処理
      console.error(err);
      response.status(500);
      response.send('Internal server error.');
    } else {                         // 成功した場合
      response.redirect('/');
    }
  });
}
```

　必要な HTTPS リクエストをすべて S3 API に送信する作業は AWS SDK がバックグラウンドで処
理します。

S3 バケット内の画像を一覧表示する

　画像を一覧表示するには、アプリケーションがバケット内のオブジェクトをリストアップする必
要があります。この作業には、S3 サービスの listObjects 関数を使用します。画像をリストアッ
プするコードはリスト 8-2 のようになります。

リスト 8-2　S3 バケットからすべての画像の場所を取得する（server.js）

```
var bucket = ...;

function listImages(response) {
  var params = {                     // listObjects 関数のパラメータを定義
    Bucket: bucket
  };
  // listObjects 関数の呼び出し
  s3.listObjects(params, function(err, data) {
    if (err) {
      console.error(err);
      response.status(500);
      response.send('Internal server error.');
    } else {
      var stream = mu.compileAndRender(
        'index.html',
        {
          Objects: data.Contents,    // 結果として得られるデータには、バケット内の
          Bucket: bucket             // すべてのオブジェクトが含まれている
        }
      );
      stream.pipe(response);
    }
  });
}
```

オブジェクトをリストアップすると、バケット内のすべての画像の名前が返されますが、画像データは含まれていません。アップロードプロセスでは、画像へのアクセス権は`public-read`に設定されています。つまり、バケット名とランダムなキーを使って誰でも画像をダウンロードできます。リスト8-3は、リクエストに応じてレンダリングされる`index.html`テンプレートの一部を示しています。`Objects`変数には、バケット内のすべてのオブジェクトが含まれています。

リスト 8-3 データを HTML としてレンダリングするテンプレート（index.html）

```
...
<h2>Images</h2>
<!-- すべてのオブジェクトを順番に処理 -->
{{#Objects}}
  <!-- バケットから画像を取得するための URL を組み立てる -->
  <p><img src="https://s3.amazonaws.com/{{Bucket}}/{{Key}}"
          width="400px" /></p>
{{/Objects}}
...
```

Simple S3 Gallery を S3 と統合する上で重要となる3つの部分 —— 画像のアップロード、すべての画像の取得、画像データのダウンロード —— は以上です。

ここでは、AWS SDK for JavaScript と Node.js を使って S3 にアクセスする方法について説明しました。他のプログラミング言語用の AWS SDK でも考え方は同じです。

Cleaning up

次のコマンドを使って、本節で使用した S3 バケットを忘れずに削除してください。＜あなたの名前＞部分は実際の名前に置き換えてください。

```
$ aws s3 rb --force s3://awsinaction-sdk-<あなたの名前>
```

8.6　S3 を使った静的な Web ホスティング

私たちはブログサイト cloudonaut.io を 2015 年 3 月に開設しました。「5 AWS mistakes you should avoid」、「Integrate SQS and Lambda: serverless architecture for asynchronous workloads」、「AWS Security Primer」[3] など、最も人気のある記事の閲覧回数は 165,000 回を超えています。しかし、ブログ記事を公開するために仮想マシンを稼働させる必要はまったくありませんでした。私

※3　https://cloudonaut.io/5-aws-mistakes-you-should-avoid/
　　　https://cloudonaut.io/integrate-sqs-and-lambda-serverless-architecture-for-asynchronous-workloads/
　　　https://cloudonaut.io/aws-security-primer/

278　第 8 章 ｜ オブジェクトの格納［S3、Glacier］

たちは代わりに、Hexo[4]という静的 Web サイトジェネレータを使って構築した静的な Web サイトを S3 でホストすることにしました。このアプローチにより、コスト効率がよく、スケーラブルで、メンテナンスの必要がないインフラが提供されています。

　静的な Web サイトを S3 でホストする場合は、HTML、JavaScript、CSS、画像（PNG、JPG など）、オーディオ、動画といった静的なコンテンツを提供できます。ただし、PHP や JSP といったサーバー側のスクリプトは実行できないことに注意してください。たとえば、WordPress は PHP ベースの CMS であるため、S3 でホストすることはできません。

　S3 では、静的な Web サイトをホストするために次の機能もサポートされています。

- **カスタムインデックスドキュメントとエラードキュメントの定義**
　たとえば、`index.html` をデフォルトのインデックスドキュメントとして定義できます。

- **すべてまたは特定のリクエストに対するリダイレクトの定義**
　たとえば、`/img/old.png` に対するリクエストをすべて `/img/new.png` に転送できます。

- **S3 バケットのカスタムドメインの設定**
　たとえば、バケットに対して `mybucket.andreaswittig.info` のようなドメインを設定できます。

CDN を使った高速化

　CDN（Content Delivery Network）を利用すれば、静的な Web コンテンツのロード時間を短縮できます。CDN により、HTML、CSS、画像などの静的なコンテンツは世界中のノードに分散されます。ユーザーが静的なコンテンツに対するリクエストを送信すると、利用可能な最寄りのノードのうち、遅延時間が最も短いノードからレスポンスが返されます。

　CDN はさまざまなプロバイダから提供されています。Amazon CloudFront は、AWS が提供する CDN です。CloudFront を使用する場合は、ユーザーが CloudFront に接続してコンテンツにアクセスすると、S3 または他のソースからコンテンツが取り出されます。CloudFront のセットアップについては、CloudFront のドキュメントを参照してください。

http://mng.bz/Kctu

8.6.1　バケットの作成と静的な Web サイトのアップロード

　まず、新しい S3 バケットを作成する必要があります。ターミナルを開いて、次のコマンドを実行します。＜バケット名＞は適宜置き換えてください（先に述べたように、バケット名はグローバルに一意でなければなりません。ドメイン名を S3 へリダイレクトしたい場合は、ドメイン名全体をバケット名として使用する必要があります）。

※ 4　https://hexo.io/

```
$ aws s3 mb s3://<バケット名>
```

　このバケットは空なので、HTML ドキュメントを配置することにします。HTML ドキュメントはすでに用意してあるので、ローカルマシンにダウンロードしてください[5]。続いて、次のコマンドを実行してこの HTML ドキュメントを S3 にアップロードします。<パス> はダウンロードした HTML ドキュメントのパスに変更し、<バケット名> は実際の名前に置き換えてください。

```
$ aws s3 cp <パス>/helloworld.html s3://<バケット名>/helloworld.html
```

　バケットの作成と、helloworld.html という HTML ドキュメントのアップロードはこれで完了です。次に、このバケットを設定する必要があります。

8.6.2　静的な Web ホスティングのためにバケットを設定する

　デフォルトでは、S3 バケット内のファイルにアクセスできるのは所有者だけです。ここでの目的は、S3 を使って静的な Web サイトを提供することなので、バケットに含まれているドキュメントを誰でも表示したりダウンロードしたりできるようにする必要があります。バケットオブジェクトへのアクセスをグローバルに制御するには、**バケットポリシー**（bucket policy）が役立ちます。第6章ですでに説明したように、ポリシーは JSON で定義され、特定のリソースにおいて特定のアクセスを許可または拒否するステートメントを 1 つ以上含んでいます。バケットポリシーは IAM ポリシーとほとんど同じです。
　バケットポリシーファイル bucketpolicy.json[6] をダウンロードし、普段使用しているエディタでリスト 8-4 のように編集してください。<バケット名> は実際の名前に置き換えてください。

リスト 8-4　バケット内の全オブジェクトへの読み取り専用アクセスを許可するバケットポリシー

```
{
  "Version":"2012-10-17",
  "Statement":[
    {
      "Sid":"AddPerm",            ──── アクセスを許可
      "Effect":"Allow",       ◀──┘
      "Principal": "*",       ◀──── 全員に対して
      "Action":["s3:GetObject"],   ◀──── オブジェクトの読み取り
      "Resource":["arn:aws:s3:::<バケット名>/*"]   ◀──── あなたのバケット
    }
  ]
}
```

---

[5]　http://mng.bz/8ZPS

[6]　http://mng.bz/HhgR

次のコマンドを使ってバケットにバケットポリシーを追加します。＜バケット名＞は実際の名前に置き換え、＜パス＞は編集した`bucketpolicy.json`ファイルのパスに置き換えてください。

```
$ aws s3api put-bucket-policy --bucket ＜バケット名＞ \
> --policy file://＜パス＞/bucketpolicy.json
```

これで、このバケット内のすべてのオブジェクトを誰でもダウンロードできるようになります。続いて、S3の静的Webホスティング機能を有効にし、設定する必要があります。そのためのコマンドは次のようになります。＜バケット名＞は実際の名前に置き換えてください。

```
$ aws s3 website s3://＜バケット名＞ --index-document helloworld.html
```

これで、バケットが静的Webサイトを提供するように設定されました。HTMLドキュメント`helloworld.html`はインデックスページとして使用されます。次に、このWebサイトにアクセスする方法を見てみましょう。

8.6.3　S3でホストされているWebサイトにアクセスする

この時点で、この静的なWebサイトにブラウザを使ってアクセスできる状態です。このWebサイトにアクセスするには、正しいエンドポイントを選択する必要があります。S3の静的Webホスティングのエンドポイントは、バケットのリージョンによって異なります。

```
http://＜バケット名＞.s3-website-＜リージョン＞.amazonaws.com
```

＜バケット名＞は実際の名前に、＜リージョン＞は現在のリージョンに置き換えます。デフォルトのバージニア北部（us-east-1）でバケットが作成されている場合、エンドポイントは次のようになります。

```
http://AwesomeBucket.s3-website-us-east-1.amazonaws.com
```

ブラウザでこのURLにアクセスすると、Hello World! Webサイトが表示されるはずです。

Cleaning up

次のコマンドを使って、本節で使用したS3バケットを忘れずに削除してください。＜バケット名＞は実際の名前に置き換えてください。

```
$ aws s3 rb --force s3://＜バケット名＞
```

8.7 S3 を使用するためのベストプラクティス **281**

> **カスタムドメインを S3 バケットにリンクする**
>
> 　静的なコンテンツを `awsinaction.s3-web-site-us-east-1.amazonaws.com` のようなドメインでホストしたくない場合は、`awsinaction.example.com` などのカスタムドメインを S3 バケットにリンクすることができます。そのために必要なのは、このドメインの CNAME レコードを追加し、バケットの S3 エンドポイントを指定することだけです。
>
> 　CNAME レコードを有効にするには、次のルールに従う必要があります。
>
> - **バケット名が CNAME レコード名と一致していなければならない**
>   たとえば、awsinaction.example.com に対する CNAME を作成したい場合は、バケット名も awsinaction.example.com でなければなりません。
>
> - **CNAME レコードはプライマリドメイン名には対応しない**
>   CNAME に使用するのは awsinaction や www などのサブドメインでなければなりません。example.com などのプライマリドメイン名を S3 バケットにリンクしたい場合は、AWS の Route 53 DNS サービスを使用する必要があります。
>
> 　カスタムドメインを S3 バケットにリンクする方法がうまくいくのは HTTP だけです。HTTPS を使用したい場合は (おそらくそうすべきですが)、S3 と AWS CloudFront を組み合わせて使用してください。AWS CloudFront はクライアントから HTTPS リクエストを受け取り、そのリクエストを S3 に転送します。

8.7　S3 を使用するためのベストプラクティス

　AWS CLI を使って S3 にアクセスしている場合、または S3 をアプリケーションに統合している場合は、オブジェクトストアの仕組みを知っていると非常に役立ちます。S3 とさまざまなストレージソリューションとの大きな違いの 1 つは、S3 が**結果整合性** (eventually consistency) を提供することです。つまり、オブジェクトを変更してから少しの間は、古いデータを読み取ってしまうことがあります。通常は、書き込みから 1 秒も経たないうちにオブジェクトの最新バージョンが提供されますが、まれに、長い期間にわたって古いデータが読み取られることがあります。このことを考慮に入れておかないと、オブジェクトを変更した直後に読み取ろうとして、その結果に驚くことになるかもしれません。もう 1 つの課題は、S3 の I/O パフォーマンスを最大化するようなオブジェクトキーの設計です。ここでは、この 2 つのテーマについて説明します。

8.7.1　データの整合性を確保する

　S3 でのオブジェクトの作成、更新、削除は**アトミック** (atomic) です。つまり、オブジェクトを作成、更新、削除し、その後にオブジェクトを読み取ったとしても、破損したデータや部分的なデータが返されることはありません。ただし、しばらくの間、読み取り操作によって古いデータが返される可能性があります。

オブジェクトの作成、更新、削除を行い、そのリクエストが正常終了した場合、変更内容は安全に保存されます。ただし、変更したオブジェクトにすぐにアクセスすると、古いバージョンが返されることがあります（図8-12）。オブジェクトに再びアクセスを試みる場合は、しばらくすると、新しいバージョンが利用できるようになります。

PUTリクエストを使ってオブジェクトを作成する前に、オブジェクトのキーに対するGETまたはHEADリクエストを送信しない場合、S3はすべてのリージョンで書き込み後の読み取り整合性（read-after-write consistency）を提供します。

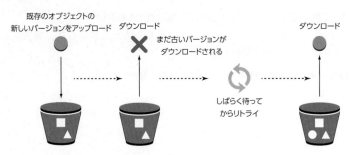

図8-12：結果整合性：オブジェクトを更新した後に読み取ろうとすると、古いデータが返されることがある。しばらく待つと、新しいバージョンが利用できるようになる

8.7.2　正しいキーを選択する

変数やファイルに名前を付けるのはそう簡単ではありません。S3に格納したいオブジェクトに対して正しいキーを選択するのは特に大変です。S3では、キーはインデックスのアルファベット順に格納されます。キーが格納されるパーティションは、キーの名前によって決まります。キーがどれも同じ文字で始まっているとしたら、S3バケットのI/Oパフォーマンスが制限されてしまいます。毎秒100件以上のリクエストが要求されるワークロードでは、異なる文字で始まるオブジェクトキーを選択すべきです。図8-13に示すように、このようにすると、I/Oパフォーマンスが最適化されます。

キー名にスラッシュ（/）を使用することには、オブジェクトに対してフォルダを作成するような効果があります。たとえば、`folder/object.png`というキーを使ってオブジェクトを作成した場合、AWSマネジメントコンソールなどのGUIを使ってバケットにアクセスすると、名前として`folder`が表示されます。ですが厳密に言えば、オブジェクトのキーはやはり`folder/object.png`です。

さまざまなユーザーがアップロードした画像を格納する必要があるとしましょう。オブジェクトキーに名前を付ける方法として、次のようなものを思いつくかもしれません。

```
upload/images/$ImageId.png
```

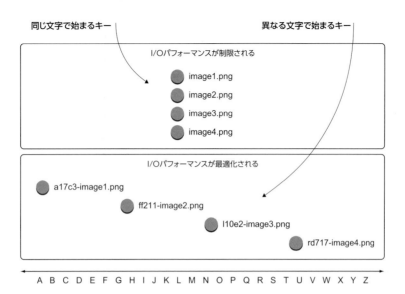

図 8-13：S3 の I/O パフォーマンスを向上させるために、同じ文字で始まるキーの使用は避ける

`$ImageId`は数値を含む ID であり、新しい画像がアップロードされるたびに 1 ずつ増えていきます。オブジェクトを一覧表示した場合は、次のようになります。

```
image1.png
image2.png
image3.png
image4.png
```

オブジェクトキーはアルファベット順に並べられ、S3 での最大スループットは最適化されません。この問題を解決するには、各オブジェクトにハッシュプレフィックスを追加するとよいでしょう。たとえば、元のキー名に対する MD5 ハッシュを作成し、キーの先頭に追加できます。

```
a17c3-image1.png
ff211-image2.png
l10e2-image3.png
rd717-image4.png
```

このようにすると、キーが複数のパーティションに分散し、S3 の I/O パフォーマンスがよくなります。S3 の仕組みに関する知識は、S3 を最も効率よく利用するのに役立ちます。

8.8 まとめ

- オブジェクトは、一意なID、メタデータ、オブジェクトの内容自体で構成される。メタデータはオブジェクトの説明と管理に使用される。オブジェクトストアには、オブジェクトとして画像、ドキュメント、実行ファイル、その他のコンテンツを格納できる。

- Amazon S3はHTTP（S）でのみアクセスできるオブジェクトストアである。AWS CLI、AWS SDK、またはAWSマネジメントコンソールを使って、オブジェクトのアップロード、管理、ダウンロードを行うことができる。

- S3をアプリケーションに統合すると、近くのサーバーにオブジェクトを格納する必要がなくなるため、ステートレスサーバーを実装するのに役立つ。

- オブジェクトのライフサイクルを定義し、Amazon S3からAmazon Glacierへオブジェクトを移動できる。Glacierは頻繁にアクセスする必要のないデータをアーカイブするための特別なサービスであり、コストを大幅に削減できる。

- S3は結果整合性という性質を持つオブジェクトストアである。S3をアプリケーションやプロセスに統合する場合は、思わぬ結果に驚かないよう、この性質を考慮に入れる必要がある。

CHAPTER 9: Storing data on hard drives: EBS and instance store

▶ 第 9 章

ハードディスクへのデータの格納
[EBS、インスタンスストア]

本章の内容
- EC2 インスタンスへの永続的なストレージボリュームのアタッチ（割り当て）
- ホストシステムにアタッチされた一時ストレージの使用
- ボリュームのバックアップ
- ボリュームのパフォーマンスのテストと調整
- 永続ボリューム（EBS）と一時ボリューム（インスタンスストア）の違い

　オンプレミスでホストしているエンタープライズアプリケーションを AWS へ移行しなければならないとしましょう。一般に、レガシーアプリケーションはデータの読み書きをファイルシステムで行います。このため、第 8 章で説明したオブジェクトストレージへの切り替えは不可能です。幸いにも、AWS では従来のブロックレベルのストレージも提供されているため、コストのかかる変更を行わなくても、レガシーアプリケーションを移行させることができます。

　FAT32、NTFS、ext3、ext4、XFS など、ディスクファイルシステムを持つブロックレベルのストレージを使用すれば、パーソナルコンピュータと同じようにファイルを格納できます。**ブロック**（block）とはバイトシーケンスのことであり、アドレス指定可能な最も小さな単位を表します。OSは、ファイルシステムにアクセスしたいアプリケーションと、ファイルシステム / ブロックレベル

のストレージとの仲介役となります。ディスクファイルシステムは、ファイルが格納される場所（ブロックアドレス）を管理します。ブロックレベルのストレージは、OS が実行されている EC2 インスタンスと組み合わせることで初めて利用可能になります。

OS からブロックレベルのストレージにアクセスするには、ファイルを開く、ファイルに書き込む、ファイルから読み取るためのシステムコールを使用します。読み取りリクエストの手順は次のようになります。

1. ＜パス＞/file.txt というファイルを読み取りたいアプリケーションが、読み取りシステムコールを実行します。

2. OS が読み取りリクエストをファイルシステムに転送します。

3. ファイルシステムにより、＜パス＞/file.txt のデータが格納されているディスク上のブロックが特定されます。

システムコールを使ってファイルを読み書きするデータベースなどでは、ファイルを永続化する際にブロックレベルのストレージにアクセスできなければなりません。MySQL はシステムコールを使ってファイルにアクセスするため、オブジェクトストアでのファイルの格納を MySQL に命令することはできません。

無料利用枠でカバーされない例について

本章には、無料利用枠によってカバーされない例が含まれています。料金が発生する場合は、そのつど明記します。それ以外の例については、数日以上にわたって実行したままにしない限り、料金は発生しません。ただし、本書で使用する AWS アカウントを新たに作成していて、その AWS アカウントで他の作業を行わないことが前提となります。この AWS アカウントは本書の最後に削除するため、本章の内容は数日以内に読み終えるようにしてください。

AWS はブロックレベルのストレージとして次の 2 種類を提供しています。

- **永続的なブロックレベルのストレージ**
  ネットワーク接続されたストレージボリュームです。仮想マシンのライフサイクルから独立しており、耐久性と可用性を向上させるためにデータを複数のボリュームに自動的にレプリケートするため、ほとんどの場合に最適な選択肢になります。

- **一時的なブロックレベルのストレージ**
  このストレージボリュームは仮想マシンのホストシステムに物理的にアタッチされ、データアクセス時の遅延の抑制とスループットの向上を実現するため、パフォーマンスを最適化したい場合は検討してみる価値があります。

次の 3 つの節では、ストレージを EC2 インスタンスに接続し、パフォーマンステストを実施し、データのバックアップ方法を調べることにより、これら 2 つのソリューションを比較します。

9.1　EBS：ネットワーク接続されたブロックレベルの永続的なストレージ

EBS（Elastic Block Store）は、データレプリケーション機能が組み込まれた永続的なブロックレベルのストレージです。一般に、EBS は次のシナリオで使用されます。

- 仮想マシンでリレーショナルデータベースシステムを運用する。
- EC2 でデータを格納するためのファイルシステムを必要とする（レガシー）アプリケーションを実行する。
- 仮想マシンの OS を格納し、起動する。

EBS ボリュームは EC2 インスタンスから切り離されており、ネットワーク経由で接続されます（図 9-1）。次に、EBS ボリュームの特徴をまとめておきます。

- EC2 インスタンスの一部ではなく、ネットワーク接続を通じて EC2 インスタンスにアタッチされる。EC2 インスタンスを終了しても、EBS ボリュームは残っている。
- EC2 インスタンスにアタッチされていない状態であるか、一度に 1 つの EC2 インスタンスにアタッチされる。
- 通常のハードディスクと同じように使用できる。
- データを複数のディスクにレプリケートすることで、ハードウェアの故障によるデータの損失を防ぐ。

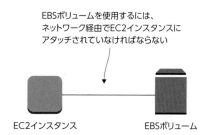

図 9-1：EBS ボリュームは独立したストレージだが、
EC2 インスタンスにアタッチされた状態でなければ使用できない

EBS ボリュームの大きな利点は、EC2 インスタンスの一部ではなく、独立したリソースであることです。仮想マシンを停止した場合、あるいはハードウェアの故障によって仮想マシンを正常に実行できない場合でも、ボリュームとデータは失われずに残っています。

第9章 │ ハードディスクへのデータ格納［EBS、インスタンスストア］

> **WARNING**
>
> 1つの EBS ボリュームを複数の仮想マシンにアタッチすることはできません、ネットワークファイルシステムを検討している場合は、第10章を参照してください。

9.1.1　EBS ボリュームの作成と EC2 インスタンスへのアタッチ

本章の最初の例に戻りましょう。あなたはレガシーアプリケーションを AWS へ移行させようとしています。このアプリケーションは、データを格納するためにファイルシステムにアクセスする必要があります。このデータには業務に不可欠な情報が含まれているため、耐久性と可用性が重要となります。そこで、永続的なブロックストレージとして EBS ボリュームを作成することにします。レガシーアプリケーションは仮想マシン上で実行され、ブロックレベルのストレージへのアクセスを可能にするために EBS ボリュームが仮想マシンにアタッチされます。

CloudFormation を使って EBS ボリュームを作成し、EC2 インスタンスにアタッチするコードは次のようになります。

```
# EC2 インスタンスを定義
EC2Instance:
  Type: 'AWS::EC2::Instance'
  Properties:
    ...                          # この例では EC2 インスタンスのプロパティを省略

# EBS ボリュームを定義
Volume:
  Type: 'AWS::EC2::Volume'
  Properties:
    AvailabilityZone: !Sub ${EC2Instance.AvailabilityZone}
    Size: 5                      # 5GB のボリュームを作成
    VolumeType: gp2              # デフォルトの SSD ベースのボリュームタイプ
    Tags:
    - Key: Name
      Value: 'AWS in Action: chapter 9 (EBS)

# EBS ボリュームを EC2 インスタンスにアタッチ
VolumeAttachment:
  Type: 'AWS::EC2::VolumeAttachment'
  Condition: Attached
  Properties:
    Device: '/dev/xvdf'         # EC2 インスタンスが使用するデバイスの名前
    InstanceId: !Ref EC2Instance  # EC2 インスタンスを参照
    VolumeId: !Ref Volume        # EBS ボリュームを参照
```

EBS ボリュームはスタンドアロンリソースです。つまり、EBS ボリュームが存在するにあたって EC2 インスタンスは必要ありませんが、EBS ボリュームにアクセスするには EC2 インスタンスが必要です。

9.1.2　EBS を使用する

　EBS を検証するにあたって、本書では CloudFormation テンプレートを用意しました[1]。このテンプレートがパラメータとして指定されている CloudFormation マネジメントコンソールの［スタックのクイック作成］リンク（下記の URL）にアクセスします。

```
https://us-east-1.console.aws.amazon.com/cloudformation/home
?region=us-east-1#/stacks/quickcreate
?templateURL=https://s3.amazonaws.com/awsinaction-code2/chapter09/ebs.yaml
&stackName=ebs
```

　［AttachVolume］パラメータが yes に設定されていることを確認し、デフォルトのサブネットと VPC を選択します。最後に、［AWS CloudFormation によって IAM リソースが作成される場合があることを承認します。］チェックボックスを忘れずにオンにし、［スタックの作成］をクリックして CloudFormation スタックを作成します。スタックが作成されたら、スタックの［出力］タブに表示されている PublicName の値をコピーし、次のコマンドを入力して SSH で接続します[2]。

```
$ ssh -i <mykey.pem ファイルへのパス名 > ec2-user@<PublicName の値 >
例：
$ ssh -i mykey.pem ec2-user@ec2-xx-xx-xx-xx.compute-1.amazonaws.com
```

　アタッチされた EBS ボリュームは fdisk コマンドで確認できます。通常、EBS ボリュームは /dev/xvdf から /dev/xvdp までのどこかにあります。ルートボリューム /dev/xvda は例外で、EC2 インスタンスの起動時に選択した AMI に基づいており、EC2 インスタンスの起動に必要なものをすべて含んでいます。

```
$ sudo fdisk -1
...
Disk /dev/xvda: 8589 MB, ...   ◀────────┤ ルートボリューム (8GiB の EBS ボリューム)
Units = sectors of 1 * 512 = 512 bytes
Sector size (logical/physical): 512 bytes / 512 bytes
I/O size (minimum/optimal): 512 bytes / 512 bytes
Disk label type: gpt


  #      Start        End    Size  Type           Name
  1       4096   16777182     8G   Linux filesyste Linux
128       2048       4095     1M   BIOS boot parti BIOS Boot Partition

Disk /dev/xvdf: 5368 MB, ...   ◀────────┤ 追加ボリューム (5GiB の EBS ボリューム)
```

※1　http://mng.bz/6q51

※2　Are you sure you want to continue connecting (yes/no) というメッセージが表示された場合は、yes と入力する。

```
Units = sectors of 1 * 512 = 512 bytes
Sector size (logical/physical): 512 bytes / 512 bytes
I/O size (minimum/optimal): 512 bytes / 512 bytes
```

　作成したばかりのEBSボリュームを最初に使用するときには、ファイルシステムを作成しなければなりません。パーティションを作成することも可能ですが、この場合はボリュームのサイズがたった5GBなので、それ以上分割しないほうがよいでしょう。作成できるEBSボリュームのサイズは特に制限されておらず、仮想マシンには複数のEBSボリュームをアタッチできるため、1つのEBSボリュームをパーティションに分割することは滅多にありません。

　ボリュームを分割するのではなく、必要なサイズのボリュームを作成すべきです。独立したスコープが2つ必要な場合は、ボリュームを2つ作成します。Linuxでは、追加ボリュームにファイルシステムを作成するには、mkfsコマンドを使用します。ext4ファイルシステムを作成する例を見てみましょう。

```
$ sudo mkfs -t ext4 /dev/xvdf
mke2fs 1.42.12 (29-Aug-2014)
Creating filesystem with 1310720 4k blocks and 327680 inodes
Filesystem UUID: e9c74e8b-6e10-4243-9756-047ceaf22abc
Superblock backups stored on blocks:
        32768, 98304, 163840, 229376, 294912, 819200, 884736

Allocating group tables: done
Writing inode tables: done
Creating journal (32768 blocks): done
Writing superblocks and filesystem accounting information: done
```

ファイルシステムが作成されたら、デバイスをマウントできます。

```
$ sudo mkdir /mnt/volume/
$ sudo mount /dev/xvdf /mnt/volume/
```

マウントしたボリュームを確認するには、df -h を使用します。

```
$ df -h
Filesystem      Size  Used Avail Use% Mounted on
devtmpfs        488M   60K  488M   1% /dev
tmpfs           497M     0  497M   0% /dev/shm
/dev/xvda1      7.8G  1.1G  6.7G  14% /            ←───┐ ルートボリューム
/dev/xvdf       4.8G   10M  4.6G   1% /mnt/volume  ←──┐ 追加ボリューム
```

　EBSボリュームは仮想マシンから独立しています。その効果を確かめるために、空のファイルを作成してボリュームに保存します。

```
$ sudo touch /mnt/volume/testfile
```

続いて、ボリュームのマウントを解除し、デタッチします（取り外します）。

```
$ sudo umount /mnt/volume/
```

その後、ボリュームを再びアタッチしてマウントすれば、引き続きデータにアクセスできるはずです。

　マウントを解除した後、CloudFormation スタックを更新し、[AttachVolume]パラメータの値を no に変更してみましょう[3]。更新が完了すると、EBS ボリュームが EC2 インスタンスからデタッチされます。残っているのはルートボリュームだけです。

```
$ sudo fdisk -l
Disk /dev/xvda: 8589 MB, 8589934592 bytes, 16777216 sectors
Units = sectors of 1 * 512 = 512 bytes
Sector size (logical/physical): 512 bytes / 512 bytes
I/O size (minimum/optimal): 512 bytes / 512 bytes
Disk label type: gpt


  #       Start        End   Size  Type             Name
  1        4096   16777182    8G   Linux filesyste  Linux
128        2048       4095    1M   BIOS boot parti  BIOS Boot Partition
```

/mnt/volume/ から testfile もなくなっています。

```
$ ls /mnt/volume/testfile
ls: cannot access /mnt/volume/testfile: No such file or directory
```

　ここで、EBS ボリュームを再びアタッチしてみましょう。CloudFormation スタックを更新し、[AttachVolume]パラメータの値を yes に戻します。更新が完了したら、アタッチされたボリュームを再びマウントします。

```
$ sudo mount /dev/xvdf /mnt/volume/
```

　そうすると、/dev/xvdf が再び利用できる状態になります。/mnt/volume/ に作成した testfile が復活していることがわかります。

---

[3]　［訳注］この CloudFormation スタックの更新は、ボリュームのマウントを解除し、デタッチした状態で行う必要がある。そうしないと更新がエラーになる。

```
$ ls /mnt/volume/testfile
/mnt/volume/testfile
```

9.1.3　パフォーマンスの調整

　ハードディスクのパフォーマンステストは、読み取りテストと書き込みテストの2つに分かれます。ボリュームのパフォーマンスをテストするには、dd というシンプルなツールを使用します。このツールを利用すれば、ソース（if=〈ソースへのパス〉）とターゲット（of=〈ターゲットへのパス〉）の間でブロックレベルの読み取りと書き込みを行うことができます。まず、1MBの書き込みを1,024回実行します。書き込みパフォーマンスが毎秒63.2MBであることがわかります。

```
$ sudo dd if=/dev/zero of=/mnt/volume/tempfile bs=1M count=1024 \
> conv=fdatasync,notrunc
1024+0 records in
1024+0 records out
1073741824 bytes (1.1 GB) copied, 16.9858 s, 63.2 MB/s
```

次に、キャッシュを空にします。

```
$ echo 3 | sudo tee /proc/sys/vm/drop_caches
3
```

　続いて、1MBの読み取りを1,024回実行します。読み取りパフォーマンスが毎秒65.8MBであることがわかります。

```
$ sudo dd if=/mnt/volume/tempfile of=/dev/null bs=1M count=1024
1024+0 records in
1024+0 records out
1073741824 bytes (1.1 GB) copied, 16.3157 s, 65.8 MB/s
```

　パフォーマンスは実際のワークロードに応じて異なることに注意してください。この例では、ファイルのサイズを1MBと想定しています。Webサイトをホストする場合は、もっと小さなファイルを大量に扱うことになる可能性があります。

　ただし、EBSのパフォーマンスはもっと複雑であり、EC2のインスタンスタイプとEBSのボリュームタイプによって異なります。表9-1は、デフォルトでEBSに対して最適化されているEC2インスタンスタイプを示していますが、それに加えて、1時間あたりの追加料金に対して最適化できるインスタンスタイプも含まれています。EBSに対して最適化されたEC2インスタンスでは、EBSボリュームに専用の帯域幅を割り当てる必要があります。1秒あたりのI/O操作の数（IOPS）は、標準

の16KBのI/O処理サイズを使って測定されます。EBSのパフォーマンスは、ワークロード（読み取りまたは書き込み）とI/O処理のサイズに大きく左右されます。I/O処理のサイズが大きいほど、スループットも高くなります。表9-1の数字はあくまでも例であり、実際の状況に応じて異なることがあります。

表9-1：EBSに対して最適化されたEC2インスタンスタイプのパフォーマンスの期待値

ユースケース	インスタンスタイプ	最大帯域幅 (MiB/秒)	最大IOPS	デフォルトでEBSに対して最適化
汎用（第3世代）	m3.xlarge 〜 m3.2xlarge	60 〜 119	4,000 〜 8,000	×
汎用（第4世代）	m4.large 〜 m4.16xlarge	54 〜 1192	3,600 〜 65,000	○
汎用（第5世代）	m5.large 〜 m5.24xlarge	57 〜 1192	3,600 〜 65,000	○
コンピューティング最適化（第3世代）	c3.xlarge 〜 c3.4xlarge	60 〜 238	4,000 〜 16,000	×
コンピューティング最適化（第4世代）	c4.large 〜 c4.8xlarge	60 〜 477	4,000 〜 32,000	○
コンピューティング最適化（第5世代）	c5.large 〜 c5.18xlarge	63 〜 1073	4,000 〜 64,000	○
メモリ最適化	r4.large 〜 r4.16xlarge	51 〜 1,669	3,000 〜 75,000	○
ストレージ最適化	i3.large 〜 i3.16xlarge	51 〜 1,669	3,000 〜 65,000	○
ストレージ最適化	d2.xlarge 〜 d2.8xlarge	89 〜 477	6,000 〜 32,000	○

　ストレージのワークロードに応じて、必要な帯域幅を提供できるEC2インスタンスを選択しなければなりません。それに加えて、EBSボリュームは帯域幅の量と釣り合うものでなければなりません。表9-2は、EBSボリュームタイプとそのパフォーマンスを示しています。

表9-2：各EBSボリュームタイプの違い

ボリュームタイプ	ボリュームサイズ	MiB/秒	IOPS	パフォーマンスバースト	料金
汎用SSD（gp2）	1GiB 〜 16TiB	160	1GiB あたり 3（最大 10,000）	3,000 IOPS	$$$
プロビジョンド IOPS SSD（io1）	4GiB 〜 16TiB	500	プロビジョニングの量に応じて（最大で 1GiB あたり 50 IOPS または 32,000 IOPS）	N/A	$$$$
スループット最適化 HDD（st1）	500GiB 〜 16TiB	1TiB あたり 40（最大 500）	500	1TiB あたり 250MiB/秒（最大 500MiB/秒）	$$
コールド HDD（sc1）	500GiB 〜 16TiB	1TiB あたり 12（最大 250）	250	1TiB あたり 80MiB/秒（最大 250MiB/秒）	$
EBSマグネティック HDD（標準）	1GiB 〜 1TiB	40 〜 90	40-200（平均 100）	数百	$$

　次に、各ボリュームタイプの一般的なシナリオを挙げておきます。

- **汎用SSD（gp2）**
  標準的な負荷とランダムなアクセスパターンを伴うほとんどのワークロードでデフォルトのボリュームタイプとなります。たとえば、ブートボリュームとして、あるいはI/Oの負荷が中程度までのあらゆる種類のアプリケーションに使用されます。

- **プロビジョンド IOPS SSD（io1）**
  I/O主体のワークロードは少量のデータにランダムにアクセスします。このボリュームタイ

プは、たとえば業務上不可欠な大規模なデータベースワークロードに対してスループットを
保証します。

● **スループット最適化 HDD (st1)**

ビッグデータのワークロードなど、シーケンシャル I/O と大量のデータを伴うワークロード
に使用されます。少量のランダム I/O を必要とするワークロードには使用されません。

● **コールド HDD (sc1)**

アクセスの頻度が低く、シーケンシャルであるデータに対して低コストのストレージオプ
ションを探している場合に適したボリュームタイプです。少量のランダム I/O を必要とする
ワークロードには使用されません。

● **EBS マグネティック HDD (標準)**

旧世代の古いボリュームタイプであり、頻繁にアクセスされないデータに適しているかもし
れません。

ギビバイト (GiB) とテビバイト (TiB)

　ギビバイト (GiB) と**テビバイト** (TiB) はあまり使用されない用語です。おそらくギガバイトとテラバイト
のほうがなじみがあるはずです。しかし、AWS ではギビバイトとテビバイトが使用されることがあります。
これらの意味は次のとおりです。

● 1TiB = 2^{40} バイト= 1,099,511,627,776 バイト

● 1TiB は〜 1.0995TB

● 1TB = 10^{12} バイト= 1,000,000,000,000 バイト

● 1GiB = 2^{30} バイト= 1,073,741,824 バイト

● 1GiB は〜 1.074GB

● 1GB = 10^9 バイト= 1,000,000,000 バイト

　EBS ボリュームは、ボリュームに格納しているデータの量に関係なく、ボリュームのサイズに基
づいて課金されます。100GiB のボリュームをプロビジョニングする場合は、ボリュームにデータ
をまったく格納していなくても、100GiB 分の料金を支払うことになります。EBS Magnetic HDD（標
準）ボリュームを使用する場合は、I/O 処理を実行するたびに追加料金が発生します。プロビジョ
ンド IOPS SSD (io1) ボリュームを使用する場合は、プロビジョニングされた IOPS に基づいて追加
料金が発生します。各ストレージ構成の料金は AWS Simple Monthly Calculator[4] を使って調べる
ことができます。

　本書では、デフォルトとして汎用 (SSD) ボリュームを使用することをお勧めします。ワークロー

※4　http://aws.amazon.com/calculator

ドの IOPS が多い場合は、プロビジョンド IOPS（SSD）を選択してください。複数の EBS ボリューム
を 1 つの EC2 インスタンスにアタッチして全体的なキャパシティを増やしたり、パフォーマンス
を改善したりすることが可能です。

9.1.4　EBS スナップショットを使ってデータをバックアップする

　EBS ボリュームは、複数のディスクにデータを自動的にレプリケートするようになっており、年
間平均故障率（AFR）が 0.1 ～ 0.2% に収まるように設計されています。つまり、平均すると、1 年
間に 500 ボリュームのうち 0.5 ～ 1 ボリュームが失われる計算になります。EBS ボリュームの思
わぬ障害や人為的なミスに備えて、ボリュームのバックアップを定期的に作成しておくべきです。
幸いなことに、最適化された使いやすい EBS ボリュームのバックアップ方法として、EBS スナップ
ショットが用意されています。**スナップショット**（snapshot）とは、S3 に格納されるブロックレベ
ルの増分バックアップのことです。5GiB のボリュームで 1GiB のデータを使用している場合、最初
のスナップショットのサイズはおよそ 1GiB になります。最初のスナップショットが作成された後
は、バックアップのサイズを減らすために、変更内容だけが S3 に保存されます。EBS スナップショッ
トの料金は、使用したギガバイト数に基づいて計算されます。

　次に、AWS CLI を使ってスナップショットを作成してみましょう。スナップショットを作成す
るには、EBS ボリュームの ID を知っていなければなりません。EBS ボリュームの ID を調べるには、
CloudFormation スタックの［出力］タブで `VolumeId` の値を確認するか、次のコマンドを実行しま
す。

```
$ aws ec2 describe-volumes --region us-east-1 --filters "Name=size,Values=5" \
> --query "Volumes[].VolumeId" --output text
vol-0317799d61736fc5f
```

　ボリューム ID を確認したら、スナップショットの作成に進むことができます。＜ボリューム ID＞
は実際の ID に置き換えてください。

```
$ aws ec2 create-snapshot --region us-east-1 --volume-id <ボリューム ID>
{
    "Description": "",
    "Encrypted": false,
    "OwnerId": "486555357186",
    "Progress": "",
    "SnapshotId": "snap-0070dc0a3ac47e21f"  ←――――| スナップショットの ID
    "StartTime": "2019-06-20T09:00:14.000Z",
    "State": "pending",  ←――――| スナップショットのステータス
    "VolumeId": "vol-0317799d61736fc5f",
    "VolumeSize": 5,
    "Tags": []
}
```

ボリュームの大きさや、最後のバックアップ以降に変更されたブロックの数によっては、スナップショットの作成に少し時間がかかることがあります。スナップショットのステータスは次のコマンドで確認できます。＜スナップショットID＞は実際のIDに置き換えてください。

```
$ aws ec2 describe-snapshots --region us-east-1 --snapshot-ids <スナップショットID>
{
    "Snapshots": [
        {
            "Description": "",
            "Encrypted": false,          ┌─ スナップショットの進行状況
            "OwnerId": "486555357186",   ◄────────┘
            "Progress": "100%",
            "SnapshotId": "snap-0070dc0a3ac47e21f"
            "StartTime": "2019-06-20T09:00:14.000Z",   ┐ スナップショットのステータス
            "State": "completed",                      ┘
            "VolumeId": "vol-0317799d61736fc5f",
            "VolumeSize": 5,
        }
    ]
}
```

スナップショットは、アタッチされ、マウントされたボリュームで作成できますが、書き込まれるデータがディスクにフラッシュされていない場合は問題になることがあります。スナップショットを作成する前に、EC2インスタンスからボリュームをデタッチするか、EC2インスタンスを停止する必要があります。ボリュームの使用中にどうしてもスナップショットを作成する必要がある場合は、次の手順に従って安全な方法で作成してください。

1. 仮想マシンで次のコマンドを実行し、すべての書き込みを凍結します。

   fsfreeze -f /mnt/volume

2. スナップショットを作成し、pending状態になるまで待ちます。

3. 仮想マシンで次のコマンドを実行し、書き込みの凍結を解除します。

   fsfreeze -u /mnt/volume/

4. スナップショットが完成するのを待ちます。

スナップショットのステータスがpendingになったらすぐにボリュームの凍結を解除してください。スナップショットが完成するのを待つ必要はありません。

EBSスナップショットを作成しておけば、EBSボリュームの故障や人為的なミスによってデータが失われる心配をせずに済みます。データはEBSスナップショットから復元できます。

スナップショットからデータを復元するには、そのスナップショットに基づいて新しいEBSボリュームを作成する必要があります。そのためには、ターミナルで次のコマンドを実行します。＜スナップショットID＞は実際のIDに置き換えてください。

```
$ aws ec2 create-volume --region us-east-1 --snapshot-id <スナップショット ID> \
> --availability-zone us-east-1a
{
    "AvailabilityZone": "us-east-1a",
    "CreateTime": "2019-06-20T12:46:13.000Z",
    "Encrypted": false,
    "Size": 5,
    "SnapshotId": "snap-0dcadf095a785e0bc",
    "State": "creating",
    "VolumeId": "vol-0a1afe956678f5f36",
    "Tags": [],
    "VolumeType": "standard",
}
```

VolumeId は、スナップショットから復元されたボリュームの ID を表します。

EC2 インスタンスを AMI から起動すると、スナップショットに基づいて新しい EBS ボリューム（ルートボリューム）が作成されます（AMI には EBS スナップショットが含まれています）。

EBS ボリュームの削除

本節を読み終えたら、次のコマンドを使ってスナップショットとボリュームを忘れずに削除してください。

```
$ aws ec2 delete-snapshot --region us-east-1 --snapshot-id <スナップショット ID>
$ aws ec2 delete-volume --region us-east-1 --volume-id <復元ボリューム ID>
```

また、CloudFormation スタックを削除し、使用していたリソースをすべて解放してください。スタックの作成には GUI を使用したので、スタックの削除にも GUI を使用してください。そうしないと、使用しているリソースの料金が発生する可能性があります。

9.2　インスタンスストア：ブロックレベルの一時的なストレージ

インスタンスストア（instance store）は、仮想マシンをホストしているマシンに直接アタッチされるブロックレベルのストレージです。図 9-2 に示すように、インスタンスストアは EC2 インスタンスの一部であり、EC2 インスタンスの実行時にのみ利用できます。EC2 インスタンスを停止または終了する場合、データは保存されません。インスタンスストアの料金を別に支払う必要はありません。インスタンスストアの料金は EC2 インスタンスの料金に含まれています。

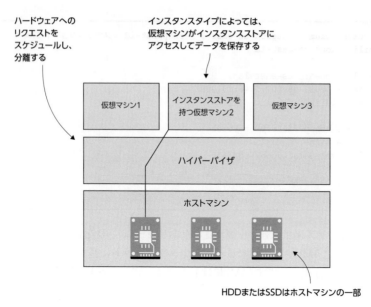

図9-2：インスタンスストアは EC2 インスタンスの一部であり、ホストマシンの HDD または SSD を使用する

　ネットワーク経由で仮想マシンに接続される EBS ボリュームとは対照的に、インスタンスストアは仮想マシンに依存しており、仮想マシンがなければ存在できません。このため、仮想マシンを停止または終了するとインスタンスストアも削除されます。

　失ってはならないデータはインスタンスストアに格納しないでください。インスタンスストアの用途は、キャッシュ、一時的な処理、または複数のサーバーにデータをレプリケートするアプリケーション（データベースなど）に限定してください。NoSQL データベースをセットアップしたい場合、データレプリケーションはアプリケーションで処理されている可能性が高いため、インスタンスストアを利用してもよいでしょう。

> **WARNING**
> EC2 インスタンスを停止または終了すると、インスタンスストアも削除されます。インスタンスストアの「削除」は、すべてのデータが破壊され、復元できないことを意味します。

　AWS では、4GB から 48TB までの SSD インスタンスストアと HDD インスタンスストアを取り揃えています。インスタンスストアを提供する EC2 インスタンスファミリは表9-3のとおりです。

表9-3：インスタンスストアを備えたEC2インスタンスファミリ

ユースケース	インスタンスタイプ	インスタンスストアタイプ	インスタンスストアのサイズ（GB）
汎用	m3.medium 〜 m3.2xlarge	SSD	(1 × 4) 〜 (2 × 80)
コンピューティング最適化	c3.large 〜 c3.8xlarge	SSD	(2 × 16) 〜 (2 × 320)
メモリ最適化	r3.large 〜 r3.8xlarge	SSD	(1 × 32) 〜 (2 × 320)
ストレージ最適化	i3.large 〜 i3.16xlarge	SSD	(1 × 950) 〜 (8 × 1,900)
ストレージ最適化	d2.xlarge 〜 d2.8xlarge	HDD	(3 × 2,000) 〜 (24 × 2,000)

WARNING

インスタンスタイプ m3.medium で仮想マシンを起動すると料金が発生します。本書の執筆時点での1時間あたりの料金は、「Amazon EC2 料金表」で確認できます。

https://aws.amazon.com/ec2/pricing/on-demand/

インスタンスストアを持つEC2インスタンスを手動で起動するには、第3章の3.1節で説明したように、AWSマネジメントコンソールを起動して、EC2を選択し、[インスタンスの作成]をクリックしてEC2インスタンスの作成ウィザードを起動します。AMIを選択した後、インスタンスタイプの選択で[すべての世代]を選択し、m3.mediumを選択します。続いて、ストレージの追加に進みます（図9-3）。

1. [新しいボリュームの追加]ボタンをクリックします。
2. ボリュームタイプとして[インスタンスストア0]を選択します。
3. デバイス名を /dev/sdb に設定します。
4. [次の手順：タグの追加]をクリックします。

図9-3：インスタンスストアのボリュームを手動で追加する

インスタンスにタグ付けし、セキュリティグループを設定し、インスタンスを起動します。これにより、EC2 インスタンスでインスタンスストアが利用できる状態になります。

リスト 9-1 は、CloudFormation でインスタンスストアを使用する方法を示しています。EC2 インスタンスを EBS ルートボリュームから起動する場合（デフォルト）は、`BlockDeviceMappings` を定義して EBS とインスタンスストアをデバイス名にマッピングしなければなりません。インスタンスストアは EBS ボリュームのようなスタンドアロンリソースではなく、EC2 インスタンスの一部です。インスタンスタイプによっては、インスタンスストアボリュームをマッピングできないものや、1 つまたは複数のインスタンスストアボリュームをマッピングできるものがあります。

リスト 9-1 CloudFormation を使ってインスタンスストアを EC2 インスタンスに接続する

```
EC2Instance:
  Type: AWS::EC2::Instance
  Properties:
    ...
    InstanceType: 'm3.medium'   # インスタンスストアを使用するインスタンスタイプを選択
    BlockDeviceMappings:
    - DeviceName: '/dev/xvda'   # EBS ルートボリューム（OS はここにある）
      Ebs:
        VolumeSize: '8'
        VolumeType: gp2
    - DeviceName: '/dev/xvdb'   # インスタンスストアデバイスは /dev/xvdb
      VirtualName: ephemeral0   # インスタンスストアの仮想名
```

Windows ベースの EC2 インスタンス

Windows ベースの EC2 インスタンスにも同じ `BlockDeviceMappings` が適用されるため、`DeviceName` はドライブ文字（`C:/`、`D:/` など）と同じではありません。`DeviceName` をドライブ文字に変換するには、そのボリュームがマウントされていなければなりません。Windows を使用するときもリスト 9-1 の内容は有効ですが、インスタンスストアはドライブ文字 `Z:/` として提供されます。

Linux でのマウントの仕組みについては、続きを読んでください。

Cleaning up

本節を読み終えたら、手動で開始した EC2 インスタンスを忘れずに削除し、使用したリソースをすべて解放してください。そうしないと、使用しているリソースに対して料金が発生することになります。

9.2.1 インスタンスストアを使用する

本書では、インスタンスストアを調べるための CloudFormation テンプレートを用意しました[5]。このテンプレートがパラメータとして指定されている CloudFormation マネジメントコンソールの［スタックのクイック作成］リンク（下記の URL）アクセスします。

```
https://us-east-1.console.aws.amazon.com/cloudformation/home
?region=us-east-1#/stacks/quickcreate
?templateURL=https://s3.amazonaws.com/awsinaction-code2/chapter09/instancestore.yaml
&stackName=instancestore
```

デフォルトのサブネットと VPC を選択し、［スタックの作成］をクリックします。

WARNING

インスタンスタイプ m3.medium で仮想マシンを開始すると料金が発生します。本書の執筆時点での 1 時間あたりの料金は「Amazon EC2 料金表」で確認できます。

https://aws.amazon.com/ec2/pricing/on-demand/

テンプレートベースのスタックを作成したら、スタックの［出力］タブに表示されている PublicName の値をコピーし、SSH で接続します。通常、インスタンスストアは /dev/xvdb から /dev/xvde までのどこかにあります。

```
$ sudo fdisk -l
Disk /dev/xvda: 8589 MB, 8589934592 bytes, ...       ◄── OS を含んだルートボリュームとして
Units: sectors of 1 * 512 = 512 bytes                     使用される EBS デバイス
Sector size (logical/physical): 512 bytes / 512 bytes
I/O size (minimum/optimal): 512 bytes / 512 bytes
Disklabel type: gpt


  #      Start         End   Size  Type          Name
  1       4096    16777182     8G  Linux filesyste Linux
128       2048        4095     1M  BIOS boot parti BIOS Boot Partition

Disk /dev/xvdb: 4 GiB, 4289200128 bytes, ...       ◄──┐ インスタンスストアデバイス
Units: sectors of 1 * 512 = 512 bytes
Sector size (logical/physical): 512 bytes / 512 bytes
I/O size (minimum/optimal): 512 bytes / 512 bytes
```

---

[5]　http://mng.bz/Zu54

マウントされたボリュームを調べるには、次のコマンドを使用します。

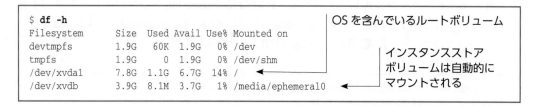

インスタンスストアボリュームは自動的に /media/ephemeral0 にマウントされます。EC2 インスタンスが複数のインスタンスストアボリュームを使用する場合は、ephemeral1、ephemeral2 の要領で使用されます。次に、パフォーマンステストを実施して、インスタンスストアボリュームと EBS ボリュームのパフォーマンスを比較してみましょう。

9.2.2　パフォーマンスをテストする

9.1.3 項で使用したものと同じパフォーマンステストを使って、インスタンスストアボリュームと EBS ボリュームの違いを確認してみましょう。

```
$ sudo dd if=/dev/zero of=/media/ephemeral0/tempfile bs=1M count=1024 \
> conv=fdatasync,notrunc
1024+0 records in
1024+0 records out
1073741824 bytes (1.1 GB) copied, 2.49478 s, 430 MB/s     ◀── 9.1.3 節の EBS と比べて
                                                               6 倍の書き込み
                                                               パフォーマンス

$ echo 3 | sudo tee /proc/sys/vm/drop_caches
3

$ sudo dd if=/media/ephemeral0/tempfile of=/dev/null bs=1M count=1024
1024+0 records in
1024+0 records out
1073741824 bytes (1.1 GB) copied, 0.273889 s, 3.9 GB/s    ◀── 9.1.3 節の EBS と
                                                               比べて 60 倍の
                                                               読み取り
                                                               パフォーマンス
```

実際のワークロードに応じてパフォーマンスが異なることに注意してください。この例では、ファイルサイズとして 1MB を想定しています。Web サイトをホストするとしたら、ほとんどの場合は、小さなファイルを大量に扱うことになるでしょう。パフォーマンス特性から、インスタンスストアが仮想マシンを実行するのと同じハードウェアで実行されることがわかります。EBS ボリュームとは異なり、インスタンスストアのボリュームはネットワーク経由で仮想マシンに接続されるわけではありません。

Cleaning up
本節を読み終えたら、手動で開始した EC2 インスタンスを忘れずに削除し、使用したリソースをすべて解放してください。そうしないと、使用しているリソースに対して料金が発生することになります。

9.2.3　データのバックアップ

インスタンスストアボリュームに対する組み込みのバックアップメカニズムはありません。第 8 章の 8.2 節の内容に基づいて、スケジュールされたジョブと S3 を組み合わせれば、データを定期的にバックアップできます。

```
$ aws s3 sync <データへのパス> s3://<backupフォルダへのパス>/instancestore-backup
```

しかし、データをバックアップする必要がある場合は、EBS のような耐久性の高いブロックレベルのストレージを使用すべきです。インスタンスストアは、一時的な保存に使用するほうが適しています。

次章では、データを格納するもう 1 つの方法であるネットワークファイルシステムについて見ていきます。

9.3　まとめ

- ブロックレベルのストレージにアクセスするには、パーティション、ファイルシステム、読み取り / 書き込みシステムコールを含め、OS が必要である。このため、ブロックレベルのストレージは EC2 インスタンスと組み合わせた場合にのみ使用できる。
- EBS ボリュームは 1 つの EC2 インスタンスにネットワーク経由で接続される。インスタンスタイプによっては、このネットワーク接続によって多少なりとも帯域幅が使用される可能性がある。
- EBS スナップショットはブロックレベルの増分バックアップであるため、EBS ボリュームを S3 に効果的にバックアップできる。
- インスタンスストアは単一の EC2 インスタンスの一部であり、高速かつ安価なストレージである。ただし、EC2 インスタンスを停止または終了した場合はすべてのデータが失われる。

CHAPTER 10: Sharing data volumes between machines: EFS

▶ 第10章
仮想マシン間のデータボリューム共有[EFS]

本章の内容
- 可用性の高い共有ファイルシステムの作成
- 複数のEC2インスタンスでの共有ファイルシステムのマウント
- EC2インスタンス間でのファイルの共有
- 共有ファイルシステムのパフォーマンステスト
- 共有ファイルシステムのバックアップ

　多くのレガシーアプリケーションは、ディスク上のファイルに状態を格納します。このため、第8章で説明したように、デフォルトでは、オブジェクトストアであるAmazon S3を使用することはできません。第9章で説明したブロックレベルのストレージを使用するという手もありますが、複数の仮想マシンからファイルに同時にアクセスすることは不可能になります。そこで、仮想マシン間でファイルを共有する方法が必要です。EFS（Elastic File System）を利用すれば、複数のEC2インスタンス間でデータを共有できるようになり、複数の**アベイラビリティゾーン**（availability zone）にデータがレプリケート（複製）されるようになります。

　EFSはNFSv4.1プロトコルに基づいているため、他のファイルシステムと同じようにマウントできます。本章では、EFSのセットアップ、パフォーマンスの調整、データのバックアップの方法について説明します。

> **NOTE**
> 本書の執筆時点では、EFS は Windows ベースの EC2 インスタンスではサポートされていません。

　ここでは、第 9 章で説明した EBS（Elastic Block Store）およびインスタンスストアと比較しながら、EFS の仕組みを詳しく見ていきます。EBS ボリュームはデータセンターに関連付けられ、同じデータセンター内の 1 つの EC2 インスタンスにのみネットワーク経由でアタッチできます。一般的な EBS ボリュームは、OS を含んでいるルートボリュームとして使用されるか、状態を格納するためのリレーショナルデータベースシステムとして使用されます。インスタンスストアを構成するのは、仮想マシンを実行しているハードウェアに直接アタッチされたハードディスクです。インスタンスストアは一時的なストレージと見なすことができるため、キャッシュや（データレプリケーション機能が組み込まれた）NoSQL データベースに使用されます。これに対し、EFS ファイルシステムはさまざまなデータセンターに存在する複数の EC2 インスタンスで同時に使用できます。それに加えて、EFS のデータは複数のデータセンター間でレプリケートされるため、1 つのデータセンターが機能停止に陥った場合でもデータを引き続き利用できます。EBS とインスタンスストアには、このようなことは当てはまりません。図 10-1 は、EBS、インスタンスストア、EFS の違いを示しています。

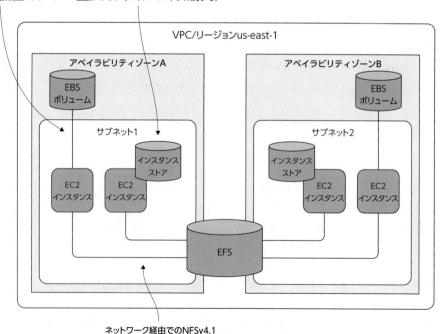

図 10-1：EBS、インスタンスストア、EFS の比較

では、EFSについて詳しく見ていきましょう。EFSには、知っておく必要がある主要なコンポーネントが2つあります。

1. **ファイルシステム** … データを格納する
2. **マウントターゲット** … データにアクセスできるようにする

ファイルシステムはデータをAWSリージョンに格納するリソースですが、直接アクセスすることはできません。ファイルシステムにアクセスするには、EFSのマウントターゲットをサブネット内に作成しなければなりません。マウントターゲットはネットワークエンドポイントであり、NFSv4.1を通じてEC2インスタンスにファイルシステムをマウント可能にします。このEC2インスタンスはEFSのマウントターゲットと同じサブネットに属していなければなりませんが、マウントターゲットは複数のサブネットで作成できます。図10-2は、複数のサブネットで稼働しているEC2インスタンスからファイルシステムにアクセスする仕組みを示しています。

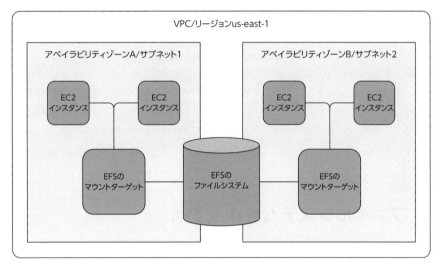

図10-2：マウントターゲットはEC2インスタンスがファイルシステムを
サブネットにマウントするためのエンドポイント

ファイルシステムとマウントターゲットに関するEFSの理論を理解すれば、その知識を現実の問題の解決に応用できます。

LinuxはマルチユーザーOSであり、多くのユーザーが互いに独立した状態でデータを格納し、プログラムを実行できます。ユーザーはそれぞれホームディレクトリ（通常は /home/＜ユーザー名＞）を持つことができます。ユーザー名がmichaelであるとすれば、ホームディレクトリは /home/michael であり、このユーザーのみが /home/michael での読み書きを許可されます。すべてのホームディレクトリを一覧表示するには、`ls -d -l /home/*` コマンドを実行します。

```
$ ls -d -l /home/*
drwx------ 2 andreas   andreas   4096 Jul 24 06:25 /home/andreas
drwx------ 3 michael   michael   4096 Jul 24 06:38 /home/michael
```

/home/andreas にアクセスできるのは andreas というユーザーとグループだけであり、/home/
michael にアクセスできるのは、michael というユーザーとグループだけです。

　複数の EC2 インスタンスを使用している場合、ユーザーはそれぞれの EC2 インスタンス上で別々
のホームディレクトリを持つことになります。Linux ユーザーがある EC2 インスタンスにファイル
をアップロードした場合、そのファイルに別の EC2 インスタンスからアクセスすることはできま
せん。この問題を解決するには、EFS を作成し、各 EC2 インスタンスの /home の下にマウントし
ます。このようにすると、ホームディレクトリがすべての EC2 インスタンスによって共有される
ようになり、ユーザーはどの仮想マシンにログインしたとしてもホームディレクトリに同じように
アクセスできるようになります。ここでは、このソリューションを段階的に構築していきます。ま
ず、ファイルシステムを作成します。

> 　本章の例は、無料利用枠で完全にカバーされるはずです。本章の例を数日以上にわたって実行したままに
> しない限り、料金は発生しません。ただし、本書で使用する AWS アカウントを新たに作成していて、その
> AWS アカウントで他の作業を行わないことが前提となります。この AWS アカウントは本書の最後に削除
> するため、本章の内容は数日以内に読み終えるようにしてください。

10.1　ファイルシステムを作成する

　ファイルシステムは、ファイル、ディレクトリ、リンクを格納するリソースです。S3 と同様に、
EFS はストレージのニーズに応じて拡大します。ストレージのプロビジョニングを事前に行う必要
はありません。ファイルシステムは AWS リージョンに配置され、複数のアベイラビリティゾーン
（AZ）にわたってデータを自動的にレプリケートします。ここでは、CloudFormation を使ってファ
イルシステムを準備することにします。

10.1.1　CloudFormation を使ってファイルシステムを定義する

　ファイルシステムリソースを定義する必要最低限のコードはリスト 10-1 のようになります。

10.2 マウントターゲットを作成する **309**

> **リスト 10-1** EFS ファイルシステムリソースの CloudFormation コード

```
Resources:              # スタックリソースとそれらのプロパティを指定
  ...
  FileSystem:
    Type: 'AWS::EFS::FileSystem'
    Properties: {}       # プロパティの設定は不要
```

　必要であれば、`FileSystemTags` プロパティを使用することで、料金を監視するためのタグを追加したり、他の有益なメタデータを追加したりできます。

10.1.2　料金モデル

　EFS の料金を計算するのは簡単です。使用するストレージの量を GB 単位で調べればよいだけです。EFS の料金は毎月ギガバイト単位で計算されます。バージニア北部（us-east-1）の場合、EFS ファイルシステムのサイズが 5GB であるとすれば、1 か月の料金は 5GB × 0.30 ドル＝ 1.50 ドルになります。各リージョンの最新の料金については、「Amazon EFS の料金」[※1] で確認してください。AWS アカウントを取得してから 1 年間は、毎月最初の 5GB が無料となります（無料利用枠）。

　CloudFormation でファイルシステムを定義した後、ファイルシステムを使用するには、マウントターゲットを少なくとも 1 つ作成する必要があります。次節では、マウントターゲットの作成について説明します。

10.2　マウントターゲットを作成する

　EFS のマウントターゲットにより、1 つの AZ 内にある EC2 インスタンスが NFSv4.1 プロトコルを使ってデータを利用できるようになります。EC2 インスタンスは TCP/IP ベースのネットワーク接続を通じてマウントターゲットと通信します。第 6 章の 6.4 節で説明したように、AWS では、セキュリティグループを使ってネットワークトラフィックを制御します。セキュリティグループを利用すれば、EC2 インスタンスまたは RDS データベースのインバウンドトラフィックを許可できます。マウントターゲットにも同じことが当てはまります。セキュリティグループはマウントターゲットで許可されるインバウンドトラフィックを制御します。NFS（Network File System）プロトコルはインバウンド通信にポート 2049 を使用します。マウントターゲットを保護する仕組みは図 10-3 のようになります。

※ 1　　https://aws.amazon.com/jp/efs/pricing/

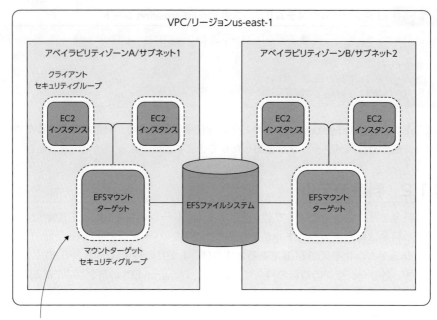

ポート2049でクライアントセキュリティグループからの
インバウンドトラフィックのみを許可

図10-3：EFSのマウントターゲットはセキュリティグループによって保護される

　この例では、トラフィックをできるだけ厳しく制御するために、IPアドレスをホワイトリストに登録する代わりに、セキュリティグループを2つ作成します。2つのセキュリティグループとは、クライアントセキュリティグループとマウントターゲットセキュリティグループです。クライアントセキュリティグループに関連付けられるのは、ファイルシステムをマウントしたいすべてのEC2インスタンスです。マウントターゲットセキュリティグループは、ポート2049でのインバウンドトラフィックを許可します。ただし、この許可の対象となるのは、クライアントセキュリティグループから送信されるトラフィックだけです。このようにすると、マウントターゲットにトラフィックを送信できるクライアントのグループを動的に定義できます。このアプローチは6.4節の踏み台ホストで使用したものと同じです。

　EFSのマウントターゲットはCloudFormationを使って管理できます。マウントターゲットはファイルシステムを参照するものであり、サブネットにリンクされなければならず、少なくとも1つのセキュリティグループによる保護が必要です。そこで、セキュリティグループを定義し、続いてマウントターゲットを定義します（リスト10-2）。

リスト10-2 CloudFormationでのEFSのマウントターゲットとセキュリティグループの定義

```
Resources:
    ...
    Resources:
    ...
```

10.3 EC2 インスタンスで EFS 共有をマウントする **311**

```
  # クライアントセキュリティグループはトラフィックの分類にのみ使用され、ルールは必要ない
  EFSClientSecurityGroup:
    Type: 'AWS::EC2::SecurityGroup'
    Properties:
      GroupDescription: 'EFS Mount target client'
      VpcId: !Ref VPC
MountTargetSecurityGroup:
  Type: 'AWS::EC2::SecurityGroup'
  Properties:
    GroupDescription: 'EFS Mount target'
    # ポート2049でクライアントセキュリティグループからのトラフィックのみを許可
    SecurityGroupIngress:
    - FromPort: 2049
      IpProtocol: tcp
      SourceSecurityGroupId: !Ref EFSClientSecurityGroup
      ToPort: 2049
    VpcId: !Ref VPC
MountTargetA:
  Type: 'AWS::EFS::MountTarget'
  Properties:
    FileSystemId: !Ref FileSystem       # マウントターゲットをファイルシステムに結び付ける
    SecurityGroups:                     # セキュリティグループの割り当て
    - !Ref MountTargetSecurityGroup
    SubnetId: !Ref SubnetA              # サブネットと結び付け、それによりAZも特定
```

MountTargetA リソースをコピーし、SubnetB のマウントターゲットも作成します。

```
Resources:
  ...
  MountTargetB:
    Type: 'AWS::EFS::MountTarget'
    Properties:
      FileSystemId: !Ref FileSystem
      SecurityGroups:
      - !Ref MountTargetSecurityGroup
      SubnetId: !Ref SubnetB            # 別のサブネットを使用
```

これでマウントターゲットを使用できるようになりました。次節では、いよいよ /home ディレクトリをマウントします。

10.3 　EC2 インスタンスで EFS 共有をマウントする

EFS は、次の形式に従ってファイルシステムごとに DNS 名を作成します。

```
<ファイルシステム>.efs.<リージョン>.amazonaws.com
```

この名前は EC2 インスタンスの内部でインスタンスの AZ のマウントターゲットに解決されます。AWS が提案しているマウントオプションは次のとおりです。

312　第 10 章 ｜ 仮想マシン間のデータボリューム共有［EFS］

- nfsvers=4.1 … 使用する NFS プロトコルのバージョン
- rsize=1048576 … 一度に転送される読み取りデータのブロックサイズ（バイト）
- wsize=1048576 … 一度に転送される書き込みデータのブロックサイズ（バイト）
- hard … EFS 共有がダウンした場合、再稼働するまで待つ
- timeo=600 … NFS クライアントが NFS リクエストをリトライする前にレスポンスを待つ時間（デシ秒、1/10 秒）
- retrans=2 … NFS クライアントが別のリカバリアクションを試みる前にリクエストをリトライする回数

完全なマウントコマンドは次のようになります。

```
$ mount -t nfs4 -o nfsvers=4.1,rsize=1048576,wsize=1048576,hard,timeo=600,\
> retrans=2 $FileSystemID.efs.$Region.amazonaws.com:/ $EFSMountPoint
```

$FileSystemID 部分は、fs-123456 といった EFS ファイルシステムの ID に置き換えてください。$Region 部分は us-east-1 などのリージョン ID に置き換え、$EFSMountPoint 部分はファイルシステムがマウントされるローカルパスに置き換えてください。また、/etc/fstab ファイルを使って起動時に自動的にマウントすることもできます。

```
$FileSystemID.efs.$Region.amazonaws.com:/ $EFSMountPoint nfs4 nfsvers=4.1,
rsize=1048576,wsize=1048576,hard,timeo=600,retrans=2,_netdev 0 0
```

マウントターゲットの準備ができている（DNS 名の解決が可能で、相手側がポートをリッスンしている）ことを確認したい場合は、次の Bash スクリプトを使用します。このスクリプトはマウントターゲットの準備ができるまで待機します。

```
$ while ! nc -z $FileSystemID.efs.$Region.amazonaws.com 2049; do sleep 10; done
$ sleep 10
```

　ファイルシステムを使用するには、作成したマウントターゲットの 1 つを使って、EC2 インスタンスにマウントする必要があります。ここで、CloudFormation テンプレートに EC2 インスタンスを 2 つ追加することにしましょう。EC2 インスタンスをそれぞれ異なるサブネットに配置し、ファイルシステムを /home にマウントします。このようにすると、/home ディレクトリが両方の EC2 インスタンスに存在するようになり、（ec2-user フォルダなど）何らかのデータを持つようになります。EFS ファイルシステムはデフォルトでは空の状態なので、マウントする前に元のデータを 1 回だけコピーしておく必要があります。そこで、共有ホームディレクトリをマウントする前に既存の /home ディレクトリをコピーするように EC2 インスタンスを定義します（リスト 10-3）。

10.3 EC2 インスタンスで EFS 共有をマウントする 313

リスト 10-3 SubnetA の EC2 インスタンスとセキュリティグループ

```
Resources:
  ...
  # インターネットからの SSH トラフィックを許可するセキュリティグループ
  EC2SecurityGroup:
    Type: 'AWS::EC2::SecurityGroup'
    Properties:
      GroupDescription: 'EC2 instance'
      SecurityGroupIngress:
      - CidrIp: '0.0.0.0/0'
        FromPort: 22
        IpProtocol: tcp
        ToPort: 22
      VpcId: !Ref VPC
  EC2InstanceA:
    Type: 'AWS::EC2::Instance'
    Properties:
      ImageId: !FindInMap [RegionMap, !Ref 'AWS::Region', AMI]
      InstanceType: 't2.micro'
      KeyName: !Ref KeyName
      NetworkInterfaces:
      # EC2 インスタンスに SSH アクセス用のパブリック IP アドレスを取得させる
      - AssociatePublicIpAddress: true
        DeleteOnTermination: true
        DeviceIndex: 0
        GroupSet:
        - !Ref EC2SecurityGroup        # SSH を許可するセキュリティグループを追加
        - !Ref EFSClientSecurityGroup  # クライアントセキュリティグループを追加
        SubnetId: !Ref SubnetA         # SubnetA にインスタンスを配置
      UserData:
        'Fn::Base64': !Sub |
          #!/bin/bash -x
          bash -ex << "TRY"
            while ! nc -z ${FileSystem}.efs.${AWS::Region}.amazonaws.com 2049;
do sleep 10; done                      # ファイルシステムが利用可能になるまで待機
            sleep 10

            mkdir /oldhome               # /home 用の一時フォルダを作成
            cp -a /home/. /oldhome       # 既存の /home を /oldhome にコピーし、
                                         # アクセス許可を維持 (-a)
            echo "${FileSystem}.efs.${AWS::Region}.amazonaws.com:/ /home nfs4
nfsvers=4.1,rsize=1048576,wsize=1048576,hard,timeo=600,retrans=2,
_netdev 0 0" >> /etc/fstab
            mount -a                     # ファイルシステムをマウント

            cp -a /oldhome/. /home       # /oldhome を新しい /home にコピー
          TRY
          # EC2 インスタンスリソースが efs-with-backup であることを
          # CloudFormation に知らせる
          /opt/aws/bin/cfn-signal -e $? --stack ${AWS::StackName}
--resource EC2InstanceA --region ${AWS::Region}
    CreationPolicy:
      ResourceSignal:
        Timeout: PT10M
```

314　第 10 章　｜　仮想マシン間のデータボリューム共有［EFS］

```
      DependsOn:
      - VPCGatewayAttachment          # インターネットゲートウェイを待機
      - MountTargetA                  # マウントターゲットを待機
```

　EC2 インスタンスが起動すると、EFS 共有に最初のデータが含まれているはずです。2つ目の
EC2 インスタンスも同様ですが、異なるサブネットに属しており、既存の /home の内容をコピー
しません。というのも、1つ目の EC2 インスタンスによってすでにコピーされているはずだからで
す（リスト 10-4）。

リスト 10-4　**SubnetB の EC2 インスタンスとセキュリティグループ**

```
Resources:
  ...
  EC2InstanceB:
    Type: 'AWS::EC2::Instance'
    Properties:
      ImageId: !FindInMap [RegionMap, !Ref 'AWS::Region', AMI]
      InstanceType: 't2.micro'
      KeyName: !Ref KeyName
      NetworkInterfaces:
      - AssociatePublicIpAddress: true
        DeleteOnTermination: true
        DeviceIndex: 0
        GroupSet:
        - !Ref EC2SecurityGroup
        - !Ref EFSClientSecurityGroup
        SubnetId: !Ref SubnetB          # 別のサブネットに配置する
      UserData:
        'Fn::Base64': !Sub |
        #!/bin/bash -x
        bash -ex << "TRY"
          while ! nc -z ${FileSystem}.efs.${AWS::Region}.amazonaws.com 2049;
do sleep 10; done
          sleep 10

          echo "${FileSystem}.efs.${AWS::Region}.amazonaws.com:/ /home nfs4
nfsvers=4.1,rsize=1048576,wsize=1048576,hard,timeo=600,retrans=2,
_netdev 0 0" >> /etc/fstab
          # 既存の /home はコピーしない
          # （SubnetA の 1 つ目の EC2 インスタンスですでに行われている）
          mount -a
        TRY
        /opt/aws/bin/cfn-signal -e $? --stack ${AWS::StackName}
--resource EC2InstanceB --region ${AWS::Region}
    CreationPolicy:
      ResourceSignal:
        Timeout: PT10M
    DependsOn:
    - VPCGatewayAttachment
    - MountTargetB
```

作業をもっと楽にするために、テンプレートに Outputs を追加して、EC2 インスタンスのパブリック IP アドレスを表示することもできます。

```
Outputs:
  EC2InstanceAIPAddress:
    Value: !GetAtt 'EC2InstanceA.PublicIp'
    Description: 'EC2 Instance (AZ A) public IP address (connect via SSH ...)'
  EC2InstanceBIPAddress:
    Value: !GetAtt 'EC2InstanceB.PublicIp'
    Description: 'EC2 Instance (AZ B) public IP address (connect via SSH ...)'
```

CloudFormation テンプレートはこれで完成です。このテンプレートには次のリソースが含まれています。

- ファイルシステム（EFS）
- SubnetA と SubnetB の 2 つの EFS マウントターゲット
- マウントターゲットへのトラフィックを制御するセキュリティグループ
- 両方のサブネットに配置された EC2 インスタンス（ファイルシステムをマウントするための UserData スクリプトを含んでいる）

本書のサンプルコード

　本書のサンプルコードはすべて本書の GitHub リポジトリからダウンロードできます。この例に必要なコードは /chapter10/template.yaml ファイルに含まれています。このファイルは http://mng.bz/XlUE からもダウンロードできます。

https://github.com/AWSinAction/code2

このテンプレートを使って CloudFormation スタックを作成するために、ターミナルで次のコマンドを実行します。

```
$ aws cloudformation create-stack --stack-name efs --template-url \
> https://s3.amazonaws.com/awsinaction-code2/chapter10/template.yaml
```

スタックのステータスが CREATE_COMPLETE に変化した後、EC2 インスタンスが 2 つ実行されていることがわかります。どちらのインスタンスも EFS 共有を /home にマウントしています。また、/home の元のデータが EFS 共有にコピーされています。次節では、これらのインスタンスに SSH で接続し、ユーザーが EC2 インスタンスのホームディレクトリでファイルを実際に共有できるかどうかテストしてみましょう。

316　第 10 章 ｜ 仮想マシン間のデータボリューム共有［EFS］

10.4　EC2 インスタンスの間でファイルを共有する

SubnetA の仮想マシンに対して SSH 接続を確立します。AWS CLI を使ってスタックの出力から
パブリック IP アドレスを取得します。

```
$ aws cloudformation describe-stacks --stack-name efs --query "Stacks[0].Outputs"
[
    {
        "OutputKey": "EC2InstanceAIPAddress",
        "OutputValue": "3.92.28.227",
        "Description": "EC2 Instance (AZ A) public IP address ..."
    },
    {
        "OutputKey": "EC2InstanceBIPAddress",
        "OutputValue": "3.94.148.105",
        "Description": "EC2 Instance (AZ B) public IP address ..."
    }
]
```

　認証には、SSH キー mykey を使用します。＜パブリック IP アドレス＞は上記の出力に含まれてい
る EC2InstanceAIPAddress の IP アドレスに置き換えてください[2]。

```
$ ssh -i <mykey.pem へのパス >/mykey.pem ec2-user@< パブリック IP アドレス >
```

　別のターミナルで SubnetB の仮想マシンへの SSH 接続を確立します。SubnetA と同じコマンド
を使用しますが、＜パブリック IP アドレス＞は上記の出力に含まれている EC2InstanceBIPAddress
の IP アドレスに置き換えます。
　これで、SSH 接続が 2 つ確立されました。どちらの SSH セッションでも /home/ec2-user フォ
ルダにいるはずです。両方の仮想マシンで確認してください。

```
$ pwd
/home/ec2-user
```

/home/ec2-user フォルダにファイルやフォルダが存在するかどうかも確認してみましょう。

```
$ ls
```

データが返されなければ、/home/ec2-user フォルダは空の状態です。

※ 2　　［訳注］Are you sure you want to continue connecting (yes/no) というメッセージが表示された場合は、
　　　　yes と入力する。

次に、SubnetA の仮想マシンでファイルを作成します。touch コマンドは空のファイルを作成します。

```
$ touch i-was-here
```

SubnetB の仮想マシンで、新しいファイルを参照できることを確認してみましょう。

```
$ ls
i-was-here
```

これで、両方の仮想マシンで同じホームディレクトリにアクセスできるようになりました。この例に数百もの EC2 インスタンスを追加しようと思えばできないことはありません。すべての EC2 インスタンスが同じホームディレクトリを共有し、すべての EC2 インスタンスでユーザーが同じホームディレクトリにアクセスできるようになるはずです。このメカニズムを応用すれば、一連の Web サーバー間でファイルを共有したり（/var/www/html フォルダなど）、可用性の高い Jenkins サーバー（/var/lib/jenkins など）を設計したりできます。

このソリューションをうまく機能させるには、バックアップ、パフォーマンスチューニング、監視に対処する必要もあります。ここからは、これらの機能について見ていきましょう。

10.5　パフォーマンスを調整する

EFS を他のストレージオプションと比較するために、第 9 章の 9.1.3 項で使用した単純なパフォーマンステストを使って EBS ボリュームのパフォーマンスをテストすることにします。まず、dd を使って 1MB の書き込みを 1,024 回実行します。書き込みパフォーマンスが毎秒 103MB であることがわかります。

```
$ sudo dd if=/dev/zero of=/home/ec2-user/tempfile bs=1M count=1024 \
> conv=fdatasync,notrunc
1024+0 records in
1024+0 records out
1073741824 bytes (1.1 GB) copied, 10.4138 s, 103 MB/s
```

次に、キャッシュを空にします。

```
$ echo 3 | sudo tee /proc/sys/vm/drop_caches
3
```

続いて、1MB の読み取りを 1,024 回実行します。読み取りパフォーマンスが毎秒 104MB であ

ることがわかります。

```
$ sudo dd if=/home/ec2-user/tempfile of=/dev/null bs=1M count=1024
1024+0 records in
1024+0 records out
1073741824 bytes (1.1 GB) copied, 10.2916 s, 104 MB/s
```

このパフォーマンステストでは1MBのファイルを想定していることに注意してください。ファイルのサイズは実際のワークロードに応じて変更できます。それにより、異なる結果が得られます。通常は、ファイルが小さいほどスループットが低下します。これらの数字をEBSインスタンスストアでのddの結果と比較しても、比較の結果以上の情報を見出すのは難しそうです。

10.5.1　パフォーマンスモード

ここまでは、General Purposeパフォーマンスモードを使用してきました。このパフォーマンスモードは、ほとんどのワークロードに適しています。特に適しているのは、ほとんどの状況で小さなファイルが処理され、遅延が許されない場合です。そうしたワークロードの格好の例はホームディレクトリです。ユーザーはひっきりなしにファイルを開いたり保存したりするわけではなく、ときどきファイルを一覧表示し、特定のファイルを開くだけです。ユーザーがファイルを開くときには、ファイルがすぐに表示されることを期待します。

しかし、分析用の大量のデータを格納するためにEFSが使用されることもあります。データ分析では、遅延はそれほど問題視されません。この場合に最適化したいメトリクスはスループットのほうです。数ギガバイト、あるいは数テラバイトものデータを分析したい場合、最初の1バイトが返されるまでにかかる時間が1ミリ秒か100ミリ秒かは重要ではありません。スループットがほんの少し改善されるだけでも、データの分析にかかる時間が短くなります。たとえば、1TBのデータを毎秒100MBのスループットで分析すると、174分かかります。ほぼ3時間に相当するため、最初の数ミリ秒は度外視できます。スループットの最適化は、Max I/Oパフォーマンスモードを使って実現できます。EFSファイルシステムによって使用されるパフォーマンスモードはファイルシステムの作成時に設定され、あとから変更することはできません。パフォーマンスモードを変更するには、新しいファイルシステムを作成する必要があります。ワークロードに最適なモードがわからない場合は、最初にGeneral Purposeパフォーマンスモードを使用することをお勧めします。次項では、監視データを調べることで、正しい判断が下されているかどうかを確認する方法について説明します。

10.5.2　期待されるスループット

EFSのパフォーマンスは使用しているストレージの量に比例します。また、多くのワークロードが高いパフォーマンスを要求するのは短期間のことであり、残りの期間のほとんどはアイドル状態であるため、EFSはバーストにも対応できます。

基準となるレートは、ストレージ 1.1GB につき毎秒 51.2KB（または 1,100GB あたり 毎秒 52.4MB）です。ある期間の 50% はバーストが可能ですが、残りの時間はファイルシステムへのアクセスが発生しないことが前提となります。バーストレートの計算方法は表 10-1 のとおりです。

表 10-1：EFS のバーストレート

ファイルシステムのサイズ	バーストレート
1,100GB 未満	毎秒 104.9MB
1,100GB 以上	格納されているデータ 1,100GB あたり毎秒 104.9MB

バーストレートはまさに本節の最初に簡単なパフォーマンステストで測定したレートです。バーストできる正確な時間については、「Amazon EFS のパフォーマンス」[3] を参考にしてください。

スループットのルールは複雑ですが、CloudWatch を使って数値を観測し、クレジット（バーストがどのくらい実行可能かを表す数値）がなくなったらアラートを送信できます。次節では、ファイルシステムの監視について説明します。

10.6　ファイルシステムを監視する

CloudWatch は、あらゆる種類のメトリクスを格納する AWS サービスです。EFS は有益なメトリクスを送信します。そのうち最も重要なのは次の 4 つです。

- BurstCreditBalance
  現在のクレジットバランス。EFS ファイルシステムのスループットをバーストするにはクレジットが必要。

- PermittedThroughput
  現時点でのスループット。バーストクレジットとサイズが考慮される。

- DataReadIOBytes、DataWriteIOBytes、MetadataIOBytes、TotalIOBytes
  読み取り、書き込み、メタデータ、および I/O 全体の使用状況に関するバイト単位の情報。

- PercentIOLimit
  I/O の上限にどれだけ近づいているか。このメトリクスが 100% の場合は Max I/O パフォーマンスモードを選択するのが望ましい。

これらのメトリクスについて詳しく見ていきましょう。ここでは、これらのメトリクスに関するアラームを定義するための便利なしきい値のヒントも紹介します。

※ 3　https://docs.aws.amazon.com/ja_jp/efs/latest/ug/performance.html

320　第 10 章　｜　仮想マシン間のデータボリューム共有［EFS］

10.6.1　Max I/O パフォーマンスモードを使用すべき状況

　PercentIOLimit メトリクスは、ファイルシステムが General Purpose パフォーマンスモードの I/O の上限にどれくらい近づいているのかを示します（このメトリクスは、他のモードでは使用されません）。このメトリクスが大半の時間で 100% になっている場合は、Max I/O パフォーマンスモードを有効にした新しいファイルシステムの作成について検討すべきです。そこで、このメトリクスに関するアラームを作成するとよいでしょう（図 10-4）。

図 10-4：EFS の PercentIOLimit メトリクスに対する CloudWatch アラームを作成

　AWS マネジメントコンソールで CloudWatch アラームを作成する手順は次のようになります。

1. https://us-east-1.console.aws.amazon.com/cloudwatch/home にアクセスし、CloudWatch マネジメントコンソールを開きます。
2. 左のナビゲーションメニューから [アラーム] を選択します。
3. [アラームの作成] をクリックします。
4. [メトリクスの選択] をクリックし、[EFS]→[ファイルシステムメトリクス] をクリックします。
5. [PercentIOLimit] メトリクスのチェックボックスをオンにし、[メトリクスの選択] をクリックします。
6. 図 10-4 のように各フィールドに入力し、[次へ] をクリックします。
7. 通知の送信先としてメールリストを選択し、[次へ] をクリックします。
8. アラームの名前を設定し (efs-max-io など)、[次へ] をクリックします。
9. プレビューを確認し、[アラームの作成] をクリックします。

メトリクスの 15 分間の平均値が 4 つのデータポイントのすべてで 95% を超える場合にアラームを作動させることもできます。通常、アラームアクションはサブスクライブ可能な SNS トピックにメッセージを送信します。

10.6.2　許可されるスループットの監視

前節で説明したように、ファイルシステムの実際のスループットを (計算以外の方法で) もっと簡単に確認する方法があります。この重要な情報を提供するのが PermittedThrouphput メトリクスです。このメトリクスは、ファイルシステムのサイズとクレジットバランスを考慮に入れた上で、そのファイルシステムに許可されるスループットを計算します。クレジットバランスは (クレジットが消費されたり、新しいクレジットが追加されたりして) 随時変化するため、許可されるスループットは変動的です。図 10-5 は、クレジットがなくなったときの PermittedThroughput と BurstCreditBalance の折れ線グラフを示しています。

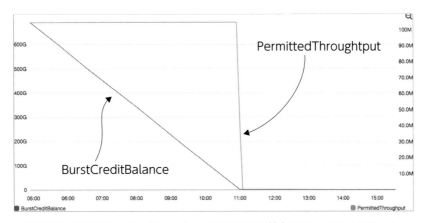

図 10-5：EFS の PermittedThroughout メトリクスに対する CloudWatch アラーム

322　第 10 章　｜　仮想マシン間のデータボリューム共有［EFS］

　期待されるパフォーマンスを実現するためにクレジットを使用する場合は、BurstCreditBalance
メトリクスを監視するアラームを作成すべきです。その場合に設定するアラームは、このメトリク
スの 10 分間の平均値が連続して 192GB を下回る場合（毎秒 100MB でバーストできる最後の時間）
に作動するものになるかもしれません。対処する時間を見ておく必要があるため、しきい値に小さ
すぎる値を設定しないように注意してください（ダミーファイルを追加して EFS ファイルシステム
のサイズを増やすと、スループットを向上させることができます）。

　BurstCreditBalance メトリクスの監視アラームとなる CloudFormation コードはリスト 10-5
のようになります。

リスト 10-5　**BurstCreditBalance メトリクスに対するアラームリソース**

```
Resources:
  ...
  FileSystemBurstCreditBalanceTooLowAlarm:
    Type: 'AWS::CloudWatch::Alarm'
    Properties:
      AlarmDescription: 'EFS file system is running out of burst credits.'
      Namespace: 'AWS/EFS'
      MetricName: BurstCreditBalance      # メトリクスの名前
      Statistic: Average
      Period: 600
      EvaluationPeriods: 1
      ComparisonOperator: LessThanThreshold
      Threshold: 192416666667             # 192GB（毎秒 100MB でバーストできる最後の時間）
      AlarmActions:
      # アラートの送信先の SNS トピック ARN
      # （テンプレートで SNS トピックリソースを定義し、ここで参照することも可能）
      - 'arn:aws:sns:us-east-1:123456789012:SNSTopicName'
      Dimensions:
      - Name: FileSystemId
        Value: !Ref FileSystem
```

10.6.3　使用状況の監視

　EFS へのアクセスは、読み取り、書き込み、メタデータのいずれかです（メタデータは読み取り
または書き込みに計上されません）。メタデータは、ファイルのサイズや所有者の情報かもしれま
せんし、ファイルへの同時アクセスを防ぐためのロックかもしれません。CloudWatch の積み上げ
面グラフは、すべてのアクティビティを大まかに把握する上で参考になります（図 10-6）。

　ワークロードについてよく知っている場合は、使用状況データに関するアラームを作成するとよ
いでしょう。それ以外の場合は、安全を期して、先に説明したメトリクスを使ってアラームを作成
してください。

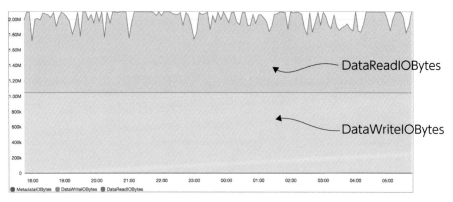

図 10-6：EFS の使用状況に関する CloudWatch のグラフ

10.7　データのバックアップ

　EFS では、すべてのファイルを複数のアベイラビリティゾーンの複数のディスクに格納します。したがって、ハードウェアの問題によってデータが失われる可能性は低いと考えられます。しかし、`rm -rf /` のような人為的なエラーについてはどうでしょうか。このコマンドは Linux 上のファイルをすべて（マウントされたフォルダのファイルを含め）削除してしまいます。あるいは、データを破壊するアプリケーションのバグについてはどうでしょうか。残念ながら、本書の執筆時点では、EFS ファイルシステムをバックアップする方法は EFS に組み込まれていません。ただし、バックアップソリューションを独自に作成する方法がいくつかあります。

- ときどきファイルを S3 と同期させる。
- ときどきファイルを EBS ボリュームと同期させ、同期した後にボリュームのスナップショットを作成する。
- ファイルを別の EFS ファイルシステムと同期させる。
- サードパーティのバックアップソリューションを使用する。EFS は OS 上のボリュームの 1 つにすぎない。

　EFS に対する変更履歴をバックアップするコスト効率のよい方法が必要な場合は、EBS ボリュームとスナップショットの使用をお勧めします。第 9 章の 9.1 節で説明したように、EBS スナップショットはブロックレベルの増分スナップショットです。つまり、複数のスナップショットを実行している場合は、ブロックに対する変更内容だけが格納されます。この方法の欠点は、データが 1 つの EBS ボリュームに収まる大きさでなければならないことです。1 つの EBS ボリュームに収まらない場合は、バックアップ用に 2 つ目の EFS ファイルシステムを使用することを検討してください。

　EBS バックアップ戦略を実装するには、EBS ボリュームを追加し、EC2 インスタンスの 1 つにアタッチする必要があります。その後、マウントされたファイルシステムを EBS と同期させ、スナップショットを開始する必要があります。まず、EBS ボリュームを追加してみましょう。

324 第 10 章 | 仮想マシン間のデータボリューム共有［EFS］

本書のサンプルコード

　本書のサンプルコードはすべて本書の GitHub リポジトリからダウンロードできます。この例に必要なコードは /chapter10/template-with-backup.yaml ファイルに含まれています。このファイルは http://mng.bz/K87P からもダウンロードできます。

https://github.com/AWSinAction/code2

10.7.1　CloudFormation を使って EBS ボリュームを定義する

　EBS ボリュームは CloudFormation テンプレートで定義されていなければなりません。また、このボリュームがたとえば SubnetA の EC2 インスタンスにアタッチされるように設定する必要もあります。CloudFormation テンプレートのコードはリスト 10-6 のようになります。

リスト 10-6　EC2 インスタンスにアタッチされる EBS ボリュームリソース

```
Resources:
  ...
  EBSBackupVolumeA:
    Type: 'AWS::EC2::Volume'
    Properties:
      # EBS ボリュームは EC2 インスタンスと同じ AZ に属している必要がある
      AvailabilityZone: !Select [0, !GetAZs '']
      Size: 5                       # 5GB（このサイズは増やすことができる）
      VolumeType: gp2               # SSD ベースの汎用ストレージタイプを使用
  EBSBackupVolumeAttachmentA:
    Type: 'AWS::EC2::VolumeAttachment'
    Properties:
      Device: '/dev/xvdf'
      InstanceId: !Ref EC2InstanceA   # ボリュームの一方を EC2 インスタンスにアタッチ
      VolumeId: !Ref EBSBackupVolumeA  # ボリュームのもう一方を EBS ボリュームにアタッチ
```

　CloudFormation テンプレートを使った EC2 インスタンスへのボリュームのアタッチはこれで完了です。

10.7.2　バックアップ用の EBS ボリュームを使用する

　EBS ボリュームが OS に新しいディスクとして認識されるまでに少し時間がかかるかもしれません。新しい EBS ボリュームはまだフォーマットされていないため、最初に使用するときにファイルシステムでディスクをフォーマットする必要があります。その後は、ディスクをマウントできるようになります。15 分おきに実行される cron ジョブを使って次の作業を行います。

1. rsync を使って /home（EFS）から /mnt/backup（EBS）にファイルをコピーします。

2. fsfreeze コマンドを使ってバックアップマウントを凍結し、追加の書き込みを防ぎます。

3. AWS CLI を使ってスナップショットの作成を開始します。

4. fsfreeze -u コマンドを使ってバックアップマウントの凍結を解除します。

EC2 インスタンスの起動時には、ユーザーデータスクリプトが実行されます。このスクリプトに上記の処理を追加します（リスト 10-7）。

リスト 10-7 EBS ボリュームをマウントし、EFS のデータを定期的にバックアップする

```
...
/opt/aws/bin/cfn-signal -e $? --stack ${AWS::StackName}
--resource EC2InstanceA --region ${AWS::Region}

# EBS ボリュームがアタッチされるまで待機
while ! [ "`fdisk -l | grep '/dev/xvdf' | wc -l`" -ge "1" ]; do
  sleep 10
done

# 必要に応じて EBS ボリュームをフォーマット
if [[ "`file -s /dev/xvdf`" != *"ext4"* ]]; then
  mkfs -t ext4 /dev/xvdf
fi

# EBS ボリュームをマウント
mkdir /mnt/backup
echo "/dev/xvdf /mnt/backup ext4 defaults,nofail 0 2" >> /etc/fstab
mount -a

# バックアップ cron ジョブをインストール
cat > /etc/cron.d/backup << EOF
SHELL=/bin/bash
PATH=/sbin:/bin:/usr/sbin:/usr/bin:/opt/aws/bin
MAILTO=root
HOME=/
*/15 * * * * root rsync -av --delete /home/ /mnt/backup/ ;
fsfreeze -f /mnt/backup/ ; aws --region ${AWS::Region} ec2 create-snapshot
--volume-id ${EBSBackupVolumeA} --description "EFS backup" ;
fsfreeze -u /mnt/backup/
EOF
```

EC2 インスタンスが自身の EBS ボリュームのスナップショットを作成できるようにするには、そのためのインスタンスプロファイル（InstanceProfile）を追加する必要があります。このインスタンスプロファイルには、ec2:CreateSnapshot アクションを許可する IAM ロールを設定します。CloudFormation テンプレートのその部分のコードはリスト 10-8 のようになります。

326　第 10 章　｜　仮想マシン間のデータボリューム共有［EFS］

| リスト 10-8 | CloudFormation テンプレートの EC2 インスタンスプロファイルリソースのコード |

```
Resources:
  ...
  InstanceProfile:
    Type: 'AWS::IAM::InstanceProfile'
    Properties:
      Roles:
      - !Ref Role
  Role:
    Type: 'AWS::IAM::Role'
    Properties:
      AssumeRolePolicyDocument:
        Version: '2012-10-17'
        Statement:
        - Effect: Allow
          Principal:
            Service: 'ec2.amazonaws.com'
          Action: 'sts:AssumeRole'
      Policies:
      - PolicyName: ec2
        PolicyDocument:
          Version: '2012-10-17'
          Statement:
          - Effect: Allow
            Action: 'ec2:CreateSnapshot'
            Resource: '*'
```

　最後に、既存の EC2InstanceA リソースを書き換えて、インスタンスプロファイルを EC2 インスタンスにアタッチする必要があります。

```
Resources:
  ...
  EC2InstanceA:
    Type: 'AWS::EC2::Instance'
    Properties:
      IamInstanceProfile: !Ref InstanceProfile
      ...
```

　では、新しいスタックをテストしてみましょう。最初に古いスタックを削除することを忘れてはなりません。続いて、拡張したテンプレートに基づいて新しいスタックを作成します。

```
$ aws cloudformation delete-stack --stack-name efs
$ aws cloudformation create-stack --stack-name efs-with-backup --template-url \
> https://s3.amazonaws.com/awsinaction-code2/chapter10/template-with-backup.yaml \
> --capabilities CAPABILITY_IAM
```

　スタックの状態が CREATE_COMPLETE に変化した後、EC2 インスタンスが 2 つ実行されているこ

とがわかります。15分おきに新しいEBSスナップショットが作成されます。しばらく待ってから、スナップショットが機能していることを確認してください。

Cleaning up

次のコマンドを実行して、CloudFormationスタックを削除してください。

```
$ aws cloudformation delete-stack --stack-name efs-with-backup
```

また、AWSマネジメントコンソールを使って、定期的なバックアップとして作成されたEBSスナップショットをすべて削除する必要もあります。

ユーザーによるバックアップソリューションの実装はこれで完成です。ここで注意しなければならないのは、EBSボリュームがEFSファイルシステムに合わせて自動的に拡張されないことです。EBSボリュームのサイズは手動で調整する必要があります。

10.8 まとめ

- EFSによって提供されるNFSv4.1互換ファイルシステムは、異なるアベイラビリティゾーン（AZ）のLinux EC2インスタンスの間で共有できる。
- EFSのマウントターゲットはAZに関連付けられ、セキュリティグループによって保護される。
- 高可用性を実現するには、少なくとも2つのマウントターゲットが別々のAZに関連付けられている必要がある。
- EFSはポイントインタイムリカバリ（特定の時点でのリカバリ）用のスナップショットを提供しない。
- EFSに格納されるデータは複数のAZにレプリケートされる。

MEMO

CHAPTER 11: Using a relational database service: RDS

▶第11章
リレーショナルデータベースサービスの活用[RDS]

本章の内容
- RDSを使ったリレーショナルデータベースの起動と初期化
- データベースのスナップショットの作成と復元
- 可用性の高いデータベースのセットアップ
- データベースのパフォーマンスの調整
- データベースの監視

リレーショナルデータベース(RDB)は、構造化データの格納とクエリに対するデファクトスタンダードであり、多くのアプリケーションがMySQLなどのRDBシステムに基づいて構築されています。基本的には、RDBはデータの整合性に重点を置き、ACID(Atomicit、Consistency、Isolation、Durability)を満たすようなデータベーストランザクションを保証します。会計アプリケーションでのアカウントやトランザクションといった構造化データの格納と取得は、その代表的な例です。

AWSでRDBを使用したい場合は、次の2つの方法があります。

- Amazon RDS(Relational Database Service)を使用する。RDSはAWSが提供しているマネージドリレーショナルデータベースである。

● 仮想マシン上で RDB を独自に稼働させる。

Amazon RDS は、PostgreSQL、MySQL、MariaDB、Oracle Database、Microsoft SQL Server など、すぐに利用できる状態の RDB を提供します。アプリケーションがこれらの RDB システムの 1 つをサポートしている場合、RDS への移行は簡単です。

それに加えて、AWS は Amazon Aurora という独自のエンジンを提供しています。Aurora は MySQL/PostgreSQL 互換のエンジンです。アプリケーションが MySQL または PostgreSQL をサポートしている場合、Aurora への移行は簡単です。

RDS はマネージドサービスであり、定義されているサービス（この場合は RDB システムの稼働）を提供する責任はマネージドサービスプロバイダ（この場合は AWS）にあります。表 11-1 は、RDS データベースを使用する場合と、仮想マシン上でデータベースを独自に稼働させる場合を比較したものです。

表 11-1：RDS と仮想マシン上のセルフホステッドデータベースの比較

	Amazon RDS	仮想マシン上でのセルフホステッド
AWS サービスの料金	より高い：RDS の料金は仮想マシン（EC2）よりも高い	より低い：仮想マシン（EC2）は RDS よりも安価である
総所有コスト	低い：OS のコストは多くの顧客間で分割される	はるかに高い：データベースを管理するための労力が発生する
品質	マネージドサービスを管理する責任は AWS の技術者にある	技術者チームの結成と品質管理を自ら行う必要がある
柔軟性	高い：RDB システムと設定パラメータのほとんどを選択できる	より高い：仮想マシンにインストールされた RDB システムのすべての部分を制御できる

仮想マシンに基づいて RDS と同等の RDB 環境を構築するには、かなりの時間と専門知識が必要となります。このため、RDB の運用コストを削減し、品質を向上させるために、できるだけ Amazon RDS を使用することをお勧めします。本書では、仮想マシン上でのカスタム RDB のホスティングは割愛し、Amazon RDS について詳しく説明します。

本章では、Amazon RDS を利用して MySQL データベースを起動します。第 2 章では、図 11-1 に示すような WordPress の構成を紹介しました。本章では、この例を再利用し、データベース部分に着目します。MySQL データベースを稼働させた後は、データのインポート、バックアップ、復元の方法について説明します。続いて、可用性の高いデータベースのセットアップやデータベースのパフォーマンスの改善など、高度なトピックを取り上げます。

本章の例は、無料利用枠で完全にカバーされるはずです。本章の例を数日以上にわたって実行したままにしない限り、料金は発生しません。ただし、本書で使用する AWS アカウントを新たに作成していて、その AWS アカウントで他の作業を行わないことが前提となります。この AWS アカウントは本書の最後に削除するため、本章の内容は数日以内に読み終えるようにしてください。

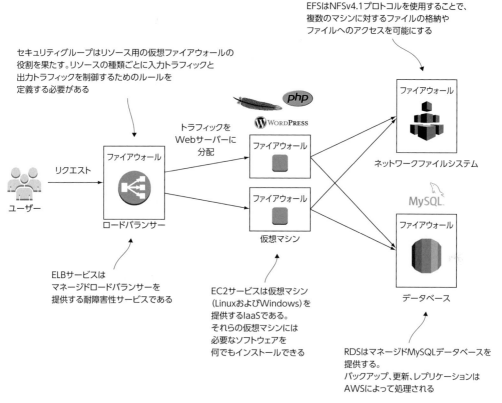

図 11-1：2 つの Web サーバーで負荷を分散するブログインフラ。
これらの Web サーバーでは WordPress と MySQL データベースサーバーが実行されている

　本章の例はすべて、WordPress アプリケーションによって使用される MySQL データベースを使用します。本章の内容は、Aurora、PostgreSQL、MariaDB、Oracle Database、Microsoft SQL Server などの他のデータベースエンジンや、WordPress 以外のアプリケーションにも簡単に応用できます。

11.1　MySQL データベースを起動する

　人気の高いブログプラットフォームである WordPress は、MySQL リレーショナルデータベースに基づいて構築されています。WordPress ブログを仮想マシン上でホストしたい場合は、Apache Web サーバーを利用するなどして PHP アプリケーションを実行する必要があります。また、WordPress の記事、コメント、作成者のアカウントを格納する MySQL データベースを稼働させる必要もあります。Amazon RDS は MySQL データベースをマネージドサービスとして提供しているため、MySQL データベースのインストール、設定、運用を独自に行う必要はもうありません。

332　第 11 章 ｜ リレーショナルデータベースサービスの活用［RDS］

11.1.1　RDS データベースを使って WordPress プラットフォームを起動する

データベースの起動は次の 2 つの手順で構成されます。

1. データベースインスタンスを起動します。
2. アプリケーションをデータベースのエンドポイントに接続します。

WordPress ブログプラットフォームを MySQL データベースに基づいて構築するには、第 2 章で使用したものと同じ CloudFormation テンプレートを使用します。第 2 章では Amazon RDS も使用しました。

本書のサンプルコード

本書のサンプルコードはすべて本書の GitHub リポジトリからダウンロードできます。この例に必要なコードは `chapter11/template.yaml` ファイルに含まれています。このファイルは http://mng.bz/a4C8 からもダウンロードできます。

https://github.com/AWSinAction/code2

まず、MySQL エンジンを搭載した RDS データベースインスタンスと、WordPress アプリケーションをホストする Web サーバーを作成します。ターミナルで次のコマンドを実行し、そのための CloudFormation スタックを作成します。

```
$ aws cloudformation create-stack --stack-name wordpress --template-url \
> https://s3.amazonaws.com/awsinaction-code2/chapter11/template.yaml \
> --parameters ParameterKey=KeyName,ParameterValue=mykey \
> ParameterKey=AdminPassword,ParameterValue=test1234 \
> ParameterKey=AdminEMail,ParameterValue=< メールアドレス >
```

CloudFormation スタックがバックグラウンドで作成されるのを待つ間、RDS データベースインスタンスについて詳しく説明しましょう。リスト 11-1 は、この `wordpress` スタックの作成に使用される CloudFormation テンプレートの一部を示しています。

リスト 11-1 RDS データベースを準備する CloudFormation テンプレートの一部

```
Resources:
  ...
  # データベースインスタンスのセキュリティグループ
  # Web サーバーのデフォルトの MySQL ポートでインバウンドトラフィックを許可する
  DatabaseSecurityGroup:
```

```
    Type: 'AWS::EC2::SecurityGroup'
    Properties:
      GroupDescription: 'awsinaction-db-sg'
      VpcId: !Ref VPC
      SecurityGroupIngress:
      - IpProtocol: tcp
        FromPort: 3306      # デフォルトの MySQL ポートは 3306
        ToPort: 3306
        # Web サーバーを実行している EC2 インスタンスのセキュリティグループを参照
        SourceSecurityGroupId: !Ref WebServerSecurityGroup
Database:
    # Amazon RDS を使ってデータベースインスタンスを作成
    Type: 'AWS::RDS::DBInstance'
    # バックアップを無効化（本番環境では Snapshot に切り替える）
    DeletionPolicy: Delete
    Properties:
      # このデータベースは 5GB のストレージを提供
      AllocatedStorage: 5
      # バックアップを無効化（本番環境では有効にする）
      BackupRetentionPeriod: 0
      # データベースインスタンスは t2.micro（利用可能な最小サイズ）
      DBInstanceClass: 'db.t2.micro'
      # wordpress という名前のデフォルトデータベースを作成
      DBName: wordpress
      # データベースエンジンとして MySQL を使用
      Engine: MySQL
      # MySQL データベースのマスターユーザーのユーザー名
      MasterUsername: wordpress
      # MySQL データベースのマスターユーザーのパスワード
      MasterUserPassword: wordpress
      # データベースインスタンスのセキュリティグループを参照
      VPCSecurityGroups:
      - !Sub ${DatabaseSecurityGroup.GroupId}
      # RDS データベースインスタンスを起動するサブネットを定義
      DBSubnetGroupName: !Ref DBSubnetGroup
    DependsOn: VPCGatewayAttachment
DBSubnetGroup:
    # データベースインスタンスのサブネットを定義するためのサブネットグループを作成
    Type: 'AWS::RDS::DBSubnetGroup'
    Properties:
      Description: DB subnet group
      # RDS データベースインスタンスを起動するために SubnetA または SubnetB を使用
      SubnetIds:
      - Ref: SubnetA
      - Ref: SubnetB
```

　CloudFormation または AWS マネジメントコンソールを使って RDS データベースを起動すると
きに必要な属性は次ページの表 11-2 のとおりです。
　RDS インスタンスを外部からアクセス可能な状態にすることは可能ですが、一般的には、不正な
アクセスを阻止するために、インターネットからデータベースにアクセスできるようにするのはお
勧めしません。代わりに、リスト 11-1 に示したように、RDS インスタンスには VPC 内でのみアク

334　第 11 章 ｜ リレーショナルデータベースサービスの活用［RDS］

セスできるようにしてください。

表 11-2：RDS データベースに接続するために必要な属性

属性	説明
AllocatedStorage	データベースのストレージサイズ（GB）
DBInstanceClass	仮想マシンのインスタンスタイプ
Engine	使用したいデータベースエンジン（Aurora、PostgreSQL、MySQL、MariaDB、Oracle Database、Microsoft SQL Server のいずれか）
DBName	データベースの ID
MasterUsername	マスターユーザーの名前
MasterUserPassword	マスターユーザーのパスワード

　RDS インスタンスに接続するには、EC2 インスタンスが同じ VPC 内で実行されている必要があります。まず、EC2 インスタンスに接続し、そこから RDS インスタンスに接続できます。

　wordpress という名前の CloudFormation スタックの状態が CREATE_COMPLETE に変化したかどうか確かめてみましょう。

```
$ aws cloudformation describe-stacks --stack-name wordpress
```

　ステータスが CREATE_COMPLETE かどうかを確認するには、出力の中から StackStatus を探します。ステータスが CREATE_COMPLETE に変化していない場合は、もう数分間待ってから同じコマンドを再び実行してみてください。ステータスが CREATE_COMPLETE である場合は、Outputs セクションに OutputKey が含まれているはずです。対応する OutputValue には、WordPress ブログプラットフォームの URL が含まれています。リスト 11-2 は、出力の詳細を示しています。ブラウザでこの URL にアクセスすると、実行中の WordPress システムが表示されるはずです。

リスト 11-2　CloudFormation スタックの状態を調べる

```
$ aws cloudformation describe-stacks --stack-name wordpress
{
  "Stacks": [
    {
      "StackId": "...",
      "StackName": "wordpress",
      "Description": "AWS in Action: chapter 11",
      "Parameters": [...],
      "CreationTime": "2019-06-30T09:25:22.580Z",
      "RollbackConfiguration": {},
      "StackStatus": "CREATE_COMPLETE",      ◀── CloudFormation スタックの状態が
      "DisableRollback": false,                  CREATE_COMPLETE になるのを待つ
      "NotificationARNs": [],
      "Outputs": [
        {
          "OutputKey": "URL",
```

```
            "OutputValue": "http://w...us-east-1.elb.amazonaws.com",  ◀─────┐
            "Description": "Wordpress URL"                                   │
          }                           ┌──────────────────────────────┐     │
      ],                              │ この URL にブラウザでアクセスし、│
      "Tags": [],                     │ WordPress アプリケーションを開く│
      "EnableTerminationProtection": false,
      "DriftInformation": {
        "StackDriftStatus": "NOT_CHECKED"
      }
    }
  ]
}
```

以上のように、MySQL のような RDB を稼働させるのは簡単です。もちろん、CloudFormation
テンプレートを使用する代わりに、Amazon RDS のマネジメントコンソール[1]を使って RDS デー
タベースのインスタンスを起動することも可能です。RDSはマネージドサービスであり、データベー
スを安全かつ信頼性の高い方法で運用するために必要なタスクのほとんどは AWS によって処理さ
れます。あなた（顧客）が実行しなければならないタスクは次の 2 つだけです。

● データベースの空き容量を監視し、必要に応じてストレージ割り当てを増やす。
● データベースのパフォーマンスを監視し、必要に応じて I/O パフォーマンスとコンピュー
　ティングパフォーマンスを向上させる。

後ほど説明するように、どちらのタスクも CloudWatch の監視機能を使って対処できます。

11.1.2　MySQL エンジンを搭載した RDS データベースインスタンスを調べる

　CloudFormation スタックにより、MySQL エンジンを搭載した RDS データベースインスタンスが
作成されています。これらのインスタンスはそれぞれ SQL リクエストのエンドポイントを提供し
ます。アプリケーションは、このエンドポイントに SQL リクエストを送信することで、データの
取得、挿入、削除、更新を行うことができます。たとえば、テーブル内の行をすべて取得するには、
SELECT * FROM ＜テーブル＞という SQL リクエストを送信します。RDS インスタンスのエンドポ
イントと詳細情報を取得するには、describe コマンドを使用します。

```
$ aws rds describe-db-instances --query "DBInstances[0].Endpoint"
{
  "Address": "wdwcoq2o8digyr.xxxxxxxxxxxx.us-east-1.rds.amazonaws.com",
  "Port": 3306,
  "HostedZoneId": "Z2R2ITUGPM61AM"
}
```

※ 1　　https://console.aws.amazon.com/rds/

336　第 11 章 │ リレーショナルデータベースサービスの活用［RDS］

Address はデータベースインスタンスのエンドポイントのホスト名、Port はデータベースイン
スタンスのポート番号です。この時点で、RDS データベースが稼働していますが、料金はどれくら
いかかるのでしょうか。

11.1.3　Amazon RDS の料金

Amazon RDS のデータベースの料金は、仮想マシンのサイズと、割り当てられたストレージの量
および種類によって決まります。RDS インスタンスの 1 時間あたりの料金は、通常の EC2 インス
タンスで実行されるデータベースよりも割高です。Amazon RDS サービスでは、インストール、パッ
チの適用、アップグレード、移行、バックアップ、復元といった一般的なデータベース管理タスク
が不要です。そう考えると、この割り増し料金を支払う価値があります。

表 11-3 は、中規模の RDS インスタンスの料金の一例です。このインスタンスには、高可用性を
実現するフェイルオーバー機能は搭載されていません。これらの金額は、2017 年 11 月 8 日時点
のバージニア北部の料金モデルに従って算出されています。現在の料金は「Amazon RDS の料金」[2]
で確認できます。

表 11-3：中規模の RDS インスタンスの月額（30.5 日分の）料金

説明	月額料金
データベースインスタンス db.m3.medium	65.88 ドル
50GB の汎用（SSD）	5.75 ドル
データベーススナップショット用の追加ストレージ（100GB）	9.50 ドル
合計	81.13 ドル

本節では、WordPress Web アプリケーションで使用する RDS データベースインスタンスを起動
しました。次節では、このインスタンスにデータをインポートする方法について説明します。

11.2　MySQL データベースにデータをインポートする

データが含まれていないデータベースなんて意味がありません。多くの場合は、古いデータベー
スのダンプを使用するなどして、データを新しいデータベースにインポートする必要があります。
ローカルでホストしていたシステムを AWS へ移行させる場合は、データベースも移行させる必
要があります。ここでは、MySQL エンジンを搭載した RDS データベースに MySQL データベース
のダンプをインポートする手順について説明します。データをインポートする手順は、他のデー
タベースエンジン（Aurora、PostgreSQL、MySQL、MariaDB、Oracle Database、Microsoft SQL
Server）でも同じです。

ローカル環境のデータベースを Amazon RDS にインポートする手順は次のようになります。

1. ローカルデータベースをエクスポートします。

※ 2　https://aws.amazon.com/rds/pricing/

2. RDS データベースと同じリージョンおよび VPC で仮想マシンを起動します。

3. 仮想マシンにデータベースダンプをアップロードします。

4. 仮想マシン上の RDS データベースに対してデータベースダンプをインポートします。

前節で作成した RDS インスタンスにはデータがまったく含まれていません。また、既存の WordPress データベースにアクセスできないことも考えられます。このため、MySQL データベースをエクスポートする最初のステップは省略します。MySQL データベースをエクスポートする方法については、次のコラムを参考にしてください。

MySQL データベースのエクスポート

MySQL (およびその他すべてのデータベースシステム) には、データベースをエクスポート / インポートする方法が用意されています。データベースのエクスポートとインポートには、MySQL のコマンドラインツールを使用することをお勧めします。その際には、mysqldump ツールに含まれている MySQL クライアントをインストールする必要があるかもしれません。

次のコマンドは、localhost からすべてのデータベースをエクスポートし、dump.sql というファイルにダンプします。<ユーザー名>を MySQL の管理者またはマスターユーザーに置き換え、プロンプトに従ってパスワードを入力する必要があります。

```
$ mysqldump -u <ユーザー名> -p --all-databases > dump.sql
```

また、エクスポートするデータベースを指定することもできます。その場合は、次のコマンドで<データベース名>をエクスポートしたいデータベースの名前に置き換えてください。

```
$ mysqldump -u <ユーザー名> -p <データベース名> > dump.sql
```

そしてもちろん、データベースをネットワーク経由でエクスポートすることもできます。データベースをエクスポートするためにサーバーに接続するには、次のコマンドで、<ホスト>をデータベースのホスト名または IP アドレスに置き換えます。

```
$ mysqldump -u <ユーザー名> -p <データベース名> --host <ホスト> > dump.sql
```

mysqldump ツールの詳しい情報が必要な場合は、MySQL のドキュメントを参照してください。

理論的には、オンプレミスまたはローカルネットワーク内のどのマシンからでもデータベースを RDS にインポートすることが可能です。しかし、インターネットや VPN 接続の遅延が大きい場合は、

インポートプロセスにかなり時間がかかってしまいます。このため、同じ AWS リージョンの同じ VPC 内で実行されている仮想マシンにデータベースダンプをアップロードし、そこから RDS にデータベースをインポートするという 2 つ目の手順を追加することをお勧めします。

AWS Database Migration Service

巨大なデータベースを最小限のダウンタイムで AWS に移行したい場合は、Database Migration Service (DMS) が役立つ可能性があります。本書では DMS を取り上げませんが、下記の AWS のドキュメントの内容が参考になるでしょう。

https://aws.amazon.com/dms/
https://docs.aws.amazon.com/ja_jp/dms/latest/userguide/Welcome.html

---

具体的な手順は次のようになります。

1. アップロード先の仮想マシンのパブリック IP アドレスを取得します。ここでは、先ほど作成した、WordPress を実行している仮想マシンを使用します。
2. この仮想マシンに SSH で接続します。
3. この仮想マシンに S3 からデータベースダンプをダウンロードします（既存のデータベースダンプを移行している場合は、そのダンプを仮想マシンにアップロードします）。
4. この仮想マシンから RDS データベースにデータベースダンプをインポートします。

幸い、すでに 2 つの仮想マシンが起動しており、どちらも WordPress アプリケーションを実行しているため、RDS 上の MySQL データベースに接続できることがわかっています。このうち 1 つの仮想マシンのパブリック IP アドレスを調べるために、ローカルマシンで次のコマンドを実行します。

```
$ aws ec2 describe-instances --filters "Name=tag-key,\
> Values=aws:cloudformation:stack-name" "Name=tag-value, Values=wordpress" \
> --output text --query "Reservations[0].Instances[0].PublicIpAddress"
```

このコマンドが出力したパブリック IP アドレスを使って仮想マシンに SSH で接続します。次に示すように、認証には SSH キー mykey を使用し、＜パブリック IP アドレス＞を仮想マシンの IP アドレスに置き換えてください。

```
$ ssh -i <パス>/mykey.pem ec2-user@<パブリック IP アドレス>
```

本書では、サンプルとして WordPress ブログの MySQL データベースダンプを用意してあります。このダンプには、ブログの記事といくつかのコメントが含まれています。仮想マシンで次のコマンドを実行し、このダンプを S3 からダウンロードしてください。

```
$ wget https://s3.amazonaws.com/awsinaction-code2/chapter11/wordpress-import.sql
```

MySQL データベースを RDS インスタンスにインポートする準備はこれで完了です。データベースをインポートするには、RDS 上の MySQL データベースのポートとホスト名（**エンドポイント**）が必要です。エンドポイントを覚えていない場合は、次のコマンドを使って確認できます。このコマンドはローカルマシンで実行してください。

```
$ aws rds describe-db-instances --query "DBInstances[0].Endpoint"
```

wordpress-import.sql ファイルのデータを RDS インスタンスにインポートするには、仮想マシンで次のコマンドを実行します。<DB ホスト名 > は先のコマンドで取得した Address の値に置き換えてください。パスワードの入力を求められたら、wordpress と入力してください。

```
$ mysql --host <DB ホスト名 > --user wordpress -p < wordpress-import.sql
```

ブラウザで WordPress アプリケーションにアクセスすると、新しい記事とコメントが表示されるはずです。WordPress アプリケーションの URL を覚えていない場合は、ローカルマシンで次のコマンドを実行してください。

```
$ aws cloudformation describe-stacks --stack-name wordpress \
> --query "Stacks[0].Outputs[0].OutputValue" --output text
```

11.3　データベースのバックアップと復元

Amazon RDS はマネージドサービスですが、データベースのバックアップはやはり必要です。何らかの理由でデータが破壊され、復元する必要が生じるかもしれませんし、同じリージョンや他のリージョンにデータベースをコピーしなければならない場合もあるからです。RDS では、データベースインスタンスを復元する手段として、手動スナップショットと自動スナップショットがサポートされています。

ここでは、RDS スナップショットの使い方について説明します。

● 自動スナップショットの保管期間と時間枠の設定

340　第 11 章 ｜ リレーショナルデータベースサービスの活用［RDS］

- 手動でのスナップショットの作成
- スナップショットの復元を目的とした、スナップショットに基づく新しいデータベースインスタンスの開始
- ディザスタリカバリやリロケーションを目的とした、別のリージョンへのスナップショットのコピー

11.3.1　自動スナップショットを設定する

　11.1 節で起動した RDS データベースでは、`BackupRetentionPeriod` の値が 1 〜 35 に設定されていれば、スナップショットを自動的に作成できます。このパラメータの値は、スナップショットの保管期間を表すもので、デフォルト値は 1 です。自動スナップショットは、指定された時間枠で毎日 1 回作成されます。時間枠が指定されない場合は、夜間に 30 分の時間枠がランダムに選択されます（新しい時間枠が毎日選択されます）。

　スナップショットを作成するには、すべてのディスクアクティビティを一時的に停止する必要があります。データベースのリクエストの処理が先送りされたり、タイムアウトして失敗したりすることがあるため、（深夜など）アプリケーションやユーザーへの影響が最も少ない時間帯を選択してください。自動スナップショットは、データベースに不測の事態が発生した場合のためのバックアップです。そうした不測の事態としては、すべてのデータを誤って削除してしまうクエリや、ハードウェアの故障によるデータの消失などが考えられます。

　次のコマンドは、自動スナップショットの時間枠を午前 5 〜 6 時（協定世界時）に変更し、保管期間を 3 日間に変更します。このコマンドはローカルマシンで実行してください。

```
$ aws cloudformation update-stack --stack-name wordpress --template-url \
> https://s3.amazonaws.com/awsinaction-code2/chapter11/template-snapshot.yaml \
> --parameters ParameterKey=KeyName,UsePreviousValue=true \
> ParameterKey=AdminPassword,UsePreviousValue=true \
> ParameterKey=AdminEMail,UsePreviousValue=true
```

　このコマンドにより、少し変更された CloudFormation テンプレート（リスト 11-3）に基づいて RDS データベースの設定が変更されます。

リスト 11-3　RDS データベースのスナップショットの時間枠と保管期間を変更する

```
Database:
  Type: 'AWS::RDS::DBInstance'
  DeletionPolicy: Delete
  Properties:
    AllocatedStorage: 5
    BackupRetentionPeriod: 3          # スナップショットを 3 日間保管
    PreferredBackupWindow: '05:00-06:00'  # 午前 5 〜 6 時（UTC）の間に
    DBInstanceClass: 'db.t2.micro'    # スナップショットを自動的に作成
    DBName: wordpress
```

```
      Engine: MySQL
      MasterUsername: wordpress
      MasterUserPassword: wordpress
      VPCSecurityGroups:
      - !Sub ${DatabaseSecurityGroup.GroupId}
      DBSubnetGroupName: !Ref DBSubnetGroup
    DependsOn: VPCGatewayAttachment
```

　自動スナップショットを無効にしたい場合は、保管期間を 0 に設定する必要があります。自動スナップショットの設定も、CloudFormation テンプレート、AWS マネジメントコンソール、AWS SDK のいずれかで行うことができます。RDS インスタンスを削除すると、自動スナップショットも削除されることに注意してください。なお、次に説明する手動スナップショットは削除されません。

11.3.2　スナップショットを手動で作成する

　スナップショットは必要に応じていつでも手動で作成できます。たとえば、ソフトウェアの新しいバージョンをリリースする前、スキーマを移行する前、あるいはデータベースにダメージを与えるかもしれないその他のアクティビティを実行する前に作成できます。スナップショットを作成するには、RDS インスタンスの ID を知っている必要があります。1 つ目の RDS インスタンスの ID を取得するコマンドは次のようになります。

```
$ aws rds describe-db-instances --output text \
> --query "DBInstances[0].DBInstanceIdentifier"
```

　次のコマンドは、wordpress-manual-snapshot という手動スナップショットを作成します。〈DB インスタンス ID〉は先のコマンドの出力に置き換えてください。

```
$ aws rds create-db-snapshot --db-snapshot-identifier \
> wordpress-manual-snapshot --db-instance-identifier <DB インスタンス ID>
```

　スナップショットが作成されるまでに数分ほどかかります。スナップショットの現在の状態を確認するには、次のコマンドを実行します。

```
$ aws rds describe-db-snapshots --db-snapshot-identifier wordpress-manual-snapshot
```

　RDS は手動スナップショットを自動的に削除しません。不要になったスナップショットは手動で削除する必要があります。本節の最後に示す手順に従ってスナップショットを削除してください。

> **自動スナップショットを手動スナップショットとしてコピーする**
>
> 　自動スナップショットと手動スナップショットには次のような違いがあります。自動スナップショットは保管期間が終了すると自動的に削除されますが、手動スナップショットは削除されません。保管期間が過ぎた後も自動スナップショットを保存しておきたい場合は、自動スナップショットを新しい手動スナップショットにコピーする必要があります。
>
> 　ローカルマシンで次のコマンドを実行することで、11.1 節で起動した RDS データベースの自動スナップショットの ID を取得します。<DB インスタンス ID> は describe-db-instances コマンドの出力に置き換えてください。
>
> ```
> $ aws rds describe-db-snapshots --snapshot-type automated \
> > --db-instance-identifier <DB インスタンス ID> \
> > --query "DBSnapshots[0].DBSnapshotIdentifier" --output text
> ```
>
> 　この自動スナップショットを wordpress-copy-snapshot という名前の手動スナップショットにコピーするコマンドは次のようになります。<スナップショット ID> は先のコマンドの出力に置き換えてください。
>
> ```
> $ aws rds copy-db-snapshot --source-db-snapshot-identifier \
> > <スナップショット ID> --target-db-snapshot-identifier wordpress-copy-snapshot
> ```
>
> 　自動スナップショットのコピーの名前は wordpress-copy-snapshot になります。このコピーは自動的に削除されません。

11.3.3　データベースを復元する

　自動スナップショットまたは手動スナップショットからデータベースを復元すると、そのスナップショットに基づいて新しいデータベースが作成されます。図 11-2 に示すように、スナップショットを既存のデータベースに復元することはできません。

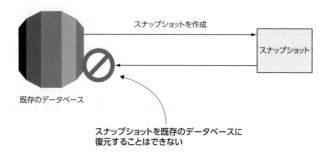

図 11-2：スナップショットを既存のデータベースに復元することはできない

データベースのスナップショットを復元すると、新しいデータベースが作成されます（図11-3）。

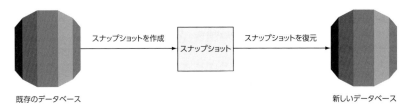

図11-3：スナップショットを復元するために新しいデータベースが作成される

11.1節で起動したWordPressアプリケーションと同じVPCに新しいデータベースを作成するには、次のコマンドを使って既存のデータベースのサブネットグループを調べる必要があります。

```
$ aws cloudformation describe-stack-resource \
> --stack-name wordpress --logical-resource-id DBSubnetGroup \
> --query "StackResourceDetail.PhysicalResourceId" --output text
```

本節の最初に作成した手動スナップショットに基づいて新しいデータベースを作成する準備はこれで完了です。ローカルマシンで次のコマンドを実行します。＜サブネットグループ＞は先のコマンドの出力に置き換えてください。

```
$ aws rds restore-db-instance-from-db-snapshot \
> --db-instance-identifier awsinaction-db-restore \
> --db-snapshot-identifier wordpress-manual-snapshot \
> --db-subnet-group-name ＜サブネットグループ＞
```

そうすると、手動スナップショットに基づいて`awsinaction-db-restore`という新しいデータベースが作成されます。データベースを作成した後は、WordPressアプリケーションを新しいエンドポイントに切り替えることができます。

RDSはデータベースの変更履歴を管理しているため、自動スナップショットを使用している場合は、特定の時点のデータベースを復元することも可能です。バックアップ保管期間が終了する5分前までの、いずれかの時点のデータベースを復元できます。

次のコマンドを実行して、5分前のデータベースを復元してみましょう。＜DBインスタンスID＞は先の`describe-db-instances`コマンドの出力に置き換え、＜サブネットグループ＞は先の`describe-stack-resource`コマンドの出力に置き換えてください。＜時間＞は5分前のUTCタイムスタンプ（2019-07-01T10:55:00Zなど）に置き換えてください[※3]。

※3　［訳注］このコマンドの実行時に`The specified instance cannot be restored to a time earlier than 2019-06-30T15:15:15:19Z because...`のようなエラーになった場合は、表示された時間に基づいて＜時間＞を調整するとよいかもしれない。

344　第11章 ｜ リレーショナルデータベースサービスの活用［RDS］

```
$ aws rds restore-db-instance-to-point-in-time \
> --target-db-instance-identifier awsinaction-db-restore-time \
> --source-db-instance-identifier <DB インスタンス ID> \
> --restore-time <時間> --db-subnet-group-name <サブネットグループ>
```

　これにより、5 分前のデータベースに基づいて awsinaction-db-restore-time という名前の
新しいデータベースが作成されます。新しいデータベースが作成された後は、WordPress アプリ
ケーションを新しいエンドポイントに切り替えることができます。

11.3.4　データベースを別のリージョンにコピーする

　スナップショットを利用すれば、データベースを別のリージョンにコピーするのは簡単です。
データベースを別のリージョンにコピーする主な理由は次の 2 つです。

- **ディザスタリカバリ** … リージョン全体の機能停止という不測の事態からの復旧が可能。
- **リロケーション** … インフラを別のリージョンに移動することで、顧客に対する遅延を抑え
  ることが可能。

　スナップショットを別のリージョンにコピーするのは簡単です。wordpress-manual-snapshot
というスナップショットを us-east-1 リージョンから eu-west-1 リージョンにコピーするコマンド
は次のようになります。<アカウント ID> はあなたのアカウント ID に置き換えてください。

> **NOTE**
>
> 　国境を越えるような場合は特にそうですが、データを別のリージョンへ移動する際には、プライバシー法
> やコンプライアンスルールに抵触する可能性があります。本物のデータを扱っている場合は、別のリージョ
> ンに対するデータのコピーが許可されていることを確認してください。

```
$ aws rds copy-db-snapshot --source-db-snapshot-identifier \
> arn:aws:rds:us-east-1:<アカウント ID>:snapshot:wordpress-manual-snapshot \
> --target-db-snapshot-identifier wordpress-manual-snapshot --region eu-west-1
```

　アカウント ID を覚えていない場合は、次のコマンドを使って確認してください。アカウント ID
は 12 桁の数字（「878533158213」部分）です。

```
$ aws iam get-user --query "User.Arn" --output text
arn:aws:iam::878533158213:user/mycli
```

eu-west-1 リージョンにスナップショットをコピーした後は、そのコピーからデータベースを復元できます。

11.3.5　スナップショットの料金を計算する

スナップショットの料金は使用するストレージに基づいて計算されます。データベースインスタンスのサイズに達するまでは、スナップショットを無料で格納できます。WordPress の例では、スナップショットを 5GB まで無料で格納できます。それに加えて、ストレージを 1GB 使用するごとに毎月の料金が発生します。本書の執筆時点では、us-east-1 リージョンの毎月の料金は 1GB あたり 0.095 ドルです。

 Cleaning up

次のコマンドを順番に実行するか、この後に説明する Linux または macOS 用のショートカットを使用します。

1. スナップショットの復元によって作成されたデータベースを削除します。

```
$ aws rds delete-db-instance --db-instance-identifier \
> awsinaction-db-restore --skip-final-snapshot
```

2. ポイントインタイムの復元によって作成されたデータベースを削除します。

```
$ aws rds delete-db-instance --db-instance-identifier \
> awsinaction-db-restore-time --skip-final-snapshot
```

3. 手動スナップショットを削除します。

```
$ aws rds delete-db-snapshot --db-snapshot-identifier wordpress-manual-snapshot
```

4. コピーしたスナップショットを削除します。

```
$ aws rds delete-db-snapshot --db-snapshot-identifier wordpress-copy-snapshot
```

5. 別のリージョンにコピーしたスナップショットを削除します。

```
$ aws --region eu-west-1 rds delete-db-snapshot --db-snapshot-identifier \
> wordpress-manual-snapshot
```

これらのコマンドを順番に実行する代わりに、次のコマンドを使って Bash スクリプトをダウンロードし、ローカルマシンで直接実行することもできます。

```
$ curl -s https://raw.githubusercontent.com/AWSinAction/code2/master/\
> chapter11/cleanup.sh | bash -ex
```

残りの設定は以降の節で使用するため、そのままにしておいてください。

11.4　データベースへのアクセスを制御する

　AWSのサービス全般に適用される共有責任モデルは、RDSサービスにも適用されます。AWSが責任を負うのは、OSのセキュリティなど、クラウドのセキュリティに関する部分です。顧客が責任を負うのは、各自のデータとRDSデータベースへのアクセスを制御するルールの設定です。

　図11-4は、RDSデータベースのアクセスを制御する3つのレイヤを示しています。

1. RDSデータベースの設定に対するアクセスを制御します。
2. RDSデータベースに対するネットワークアクセスを制御します。
3. データベースのユーザーとアクセス管理機能を使ってデータアクセスを制御します。

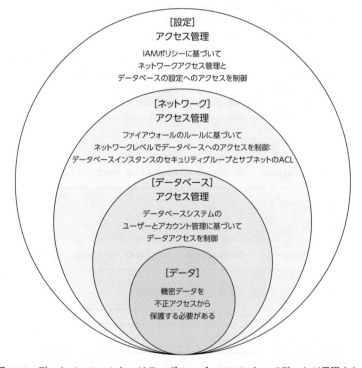

図11-4：データベース、セキュリティグループ、IAMによってデータが保護される

11.4.1 RDS データベースの設定に対するアクセスを制御する

RDS サービスへのアクセスは IAM サービスで制御されます。IAM が制御するのは、RDS データベースインスタンスの作成、更新、削除といったアクションへのアクセスです。データベース内でアクセスを制御するのは(IAM ではなく)データベースエンジンです。IAM のポリシーは、ある ID が RDS に対して実行できる設定アクションと管理アクションを定義します。これらのポリシーを IAM のユーザー、グループ、またはロールに関連付けることで、それらのエンティティがデータベースに対して実行できるアクションを制御します。

RDS のすべての設定アクションと管理アクションへのアクセスを許可する場合、IAM ポリシーのコードはリスト 11-4 のようになります。信頼される IAM ユーザーと IAM グループにのみこのポリシーを関連付ければ、アクセスを制限できます。

リスト 11-4 RDS サービスのすべての設定アクションと管理アクションへのアクセスを許可する

```
{
  "Version": "2012-10-17",
  "Statement": [{
    "Sid": "Stmt1433661637000",
    # 指定されたリソースに対する指定されたアクションを許可
    "Effect": "Allow",
    # データベース設定の変更など、RDS サービスでのすべてのアクションを指定
    "Action": "rds:*",
    # すべての RDS データベースを指定
    "Resource": "*"
  }]
}
```

RDS データベースを変更するための許可は、本当に必要なユーザーとマシンにのみ付与すべきです。人為的なミスによるデータの消失を防ぐために、破壊的なアクションをすべて拒否する場合、IAM ポリシーのコードはリスト 11-5 のようになります。

リスト 11-5 破壊的なアクションをすべて拒否する IAM ポリシー

```
{
  "Version": "2012-10-17",
  "Statement": [{
    "Sid": "Stmt1433661637000",
    # 指定されたリソースに対する指定されたアクションを拒否
    "Effect": "Deny",
    # DB インスタンスの削除など、RDS サービスでの破壊的なアクションをすべて指定
    "Action": ["rds:Delete*", "rds:Remove*"],
    # すべての RDS データベースを指定
    "Resource": "*"
  }]
}
```

IAM サービスの詳細については、第 6 章を参照してください。

11.4.2 RDSデータベースに対するネットワークアクセスを制御する

　RDSデータベースはセキュリティグループに関連付けられます。各セキュリティグループは、インバウンドとアウトバウンドのデータトラフィックを制御するファイアウォールのルールで構成されます。セキュリティグループを仮想マシンと組み合わせて使用する方法については、すでに説明したとおりです。

　WordPressの例においてRDSデータベースに関連付けられているセキュリティグループの設定を見てみましょう（リスト11-6）。MySQLのデフォルトポート3306に対するインバウンド接続が許可されるのは、セキュリティグループ WebServerSecurityGroup に関連付けされた仮想マシンだけです。

> **リスト11-6** RDSデータベースのファイアウォールルールを定義するCloudFormationテンプレート

```
# データベースインスタンスのセキュリティグループ：
# Webサーバーのデフォルトの MySQL ポートでインバウンドトラフィックを許可
DatabaseSecurityGroup:
  Type: 'AWS::EC2::SecurityGroup'
  Properties:
    GroupDescription: 'awsinaction-db-sg'
    VpcId: !Ref VPC
    SecurityGroupIngress:
    - IpProtocol: tcp
      FromPort: 3306         # デフォルトの MySQL ポートは 3306
      ToPort: 3306
      # Web サーバーのセキュリティグループを参照
      SourceSecurityGroupId: !Ref WebServerSecurityGroup
```

　RDSデータベースに対するネットワーク接続は、Webサーバーやアプリケーションサーバーを実行しているEC2インスタンスなど、本当に必要なマシンにのみ許可すべきです。セキュリティグループ（ファイアウォールルール）の詳細については、第6章を参照してください。

11.4.3 データアクセスを制御する

　アクセス制御はデータベースエンジンでも実装されています。データベースエンジンのユーザー管理は、IAMユーザーやアクセス許可とは無関係であり、データベースへのアクセスを制御することに限られます。たとえば、通常はアプリケーションごとにユーザーを定義し、テーブルへのアクセスやテーブルの操作を必要に応じて許可します。WordPressの例では、wordpressというデータベースユーザーが作成されます。WordPressアプリケーションは、データベースエンジン（この場合はMySQL）に対する認証に、このデータベースユーザーとパスワードを使用します。

　一般的なユースケースをいくつか挙げてみましょう。

- 書き込みアクセスを一部のデータベースユーザー（1つのアプリケーションなど）に限定する。

11.5　可用性の高いデータベースを使用する　349

- 特定のテーブルへのアクセスを一部のユーザー（1つの部署など）に限定する。
- 複数のアプリケーションを切り離すためにテーブルへのアクセスを制限する（同じデータベースでさまざまな顧客のアプリケーションをホストするなど）。

IAM データベース認証

　AWS は、MySQL と Aurora の 2 つのエンジンに対し、IAM とネイティブのネットワーク認証メカニズムの統合を進めています。IAM のデータベース認証では、ユーザー名とパスワードを使ってデータベースエンジンにユーザーを作成する必要がなくなります。代わりに、認証に `AWSAuthenticationPlugin` というプラグインを使用するデータベースユーザーを作成し、このユーザー名と（IAM の ID に基づいて生成された）トークンを使ってデータベースにログインします。トークンの有効期限は 15 分であるため、そのつど更新する必要があります。IAM のデータベース認証の詳細については、「MySQL および PostgreSQL の IAM データベース認証」を参照してください。

http://mng.bz/5q65

　ユーザーとアクセスの管理はデータベースシステムごとに異なります。詳細については、データベースシステムのドキュメントを参照してください。

11.5　可用性の高いデータベースを使用する

　一般に、データベースはシステムの最も重要な部分です。データベースに接続できなければアプリケーションは動作しませんし、データベースに格納されるデータはきわめて重要です。このため、データベースの可用性と格納されるデータの耐久性は高くなければなりません。

　Amazon RDS では、可用性の高い（Highly Available：HA）データベースを起動することが可能です。単一のデータベースインスタンスで構成されるデフォルトのデータベースとは対照的に、RDS の HA データベースはマスターデータベースとスタンバイデータベースの 2 つで構成されます。料金も両方のデータベースに対して発生します。すべてのクライアントはマスターデータベースにリクエストを送信し、マスターデータベースとスタンバイデータベースの間でデータが同期的にレプリケートされます（図 11-5）。

　本番環境のワークロードを処理するデータベースにはぜひ HA デプロイメント（HA データベースの展開）を使用してください。コストを節約したい場合は、テストシステムで HA 機能を無効にするとよいでしょう。

図 11-5：HA モードで実行するとマスターデータベースがスタンバイデータベースにレプリケートされる

　ハードウェアの故障やネットワークの障害によってマスターデータベースが利用できなくなった場合、RDS はフェイルオーバープロセスを開始します。それにより、スタンバイデータベースがマスターデータベースに昇格します。図 11-6 に示すように、DNS 名が更新され、クライアントが新しいマスターデータベースにリクエストを送信するようになります。

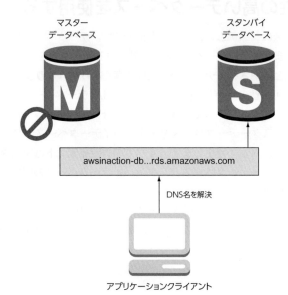

図 11-6：マスターデータベースがダウンした場合、クライアントは DNS 解決に基づいて
スタンバイデータベースにフェイルオーバーする

11.5　可用性の高いデータベースを使用する　351

フェイルオーバーの必要性は RDS によって自動的に検知され、（人が介入することなく）実行されます。

Aurora の違い

Aurora は例外で、データは 1 つの EBS ボリュームに格納されるのではなく、**クラスタボリューム**に格納されます。クラスタボリュームは複数のディスクで構成され、ディスクごとにクラスタデータのコピーが含まれています。つまり、Aurora のストレージ層は単一障害点ではありません。とはいえ、書き込みリクエストを受け取るのはやはり Aurora のプライマリデータベースインスタンスだけです。プライマリインスタンスがダウンした場合は、プライマリが自動的に再作成されますが、通常は 10 分以上かかります。Aurora クラスタにレプリカインスタンスが含まれている場合は、レプリカが新しいプライマリインスタンスに昇格されます。この手続きにかかる時間は 1 分程度なので、プライマリを再作成するよりもずっと高速です。

11.5.1　RDS データベースの HA デプロイメントを有効にする

11.1 節で起動した RDS データベースで HA デプロイメントを有効にしてみましょう。ローカルマシンで次のコマンドを実行します。

```
$ aws cloudformation update-stack --stack-name wordpress --template-url \
> https://s3.amazonaws.com/awsinaction-code2/chapter11/template-multiaz.yaml \
> --parameters ParameterKey=KeyName,UsePreviousValue=true \
> ParameterKey=AdminPassword,UsePreviousValue=true \
> ParameterKey=AdminEMail,UsePreviousValue=true
```

WARNING

HA データベースを起動すると料金が発生します。現在の 1 時間あたりの料金については、「Amazon RDS の料金」で確認してください。

https://aws.amazon.com/jp/rds/pricing/

このコマンドにより、少し変更された CloudFormation テンプレート（リスト 11-7）に基づいて RDS データベースの設定が変更されます。

352 第11章 | リレーショナルデータベースサービスの活用 ［RDS］

リスト11-7 HA を有効にするための CloudFormation テンプレート

```
Database:
  Type: 'AWS::RDS::DBInstance'
  DeletionPolicy: Delete
  Properties:
    AllocatedStorage: 5
    BackupRetentionPeriod: 3
    PreferredBackupWindow: '05:00-06:00'
    DBInstanceClass: 'db.t2.micro'
    DBName: wordpress
    Engine: MySQL
    MasterUsername: wordpress
    MasterUserPassword: wordpress
    VPCSecurityGroups:
    - !Sub ${DatabaseSecurityGroup.GroupId}
    DBSubnetGroupName: !Ref DBSubnetGroup
    MultiAZ: true                    # RDS データベースの HA デプロイメントを有効化
  DependsOn: VPCGatewayAttachment
```

　データベースの HA モードでのデプロイメントには数分ほどかかります。ただし、他に何もしなくても、データベースの可用性が高まります。

Multi-AZ とは

　AWS リージョンはそれぞれ複数の独立したデータセンター（**アベイラビリティゾーン**：AZ）に分割されます。AZ の概念については第9章と第10章で紹介しましたが、RDS でのみ使用される HA デプロイメントには触れませんでした。HA デプロイメントでは、マスターデータベースとスタンバイデータベースが別々の AZ で起動されます。このため、RDS の HA デプロイメントは **Multi-AZ** デプロイメントと呼ばれます。

　HA デプロイメントには、データベースの信頼性を向上させることに加えて、重要な利点がもう1つあります。シングルモードのデータベースでは、再設定やメンテナンスの際に短いダウンタイムが発生します。RDS データベースの HA デプロイメントでは、メンテナンスの間はスタンバイデータベースに切り替えることができるため、ダウンタイムは発生しません。

11.6　データベースのパフォーマンスを調整する

　RDS データベース、あるいは SQL データベース全般の最も簡単なスケーリング方法は、**垂直方向**へのスケーリングです。要するに、データベースインスタンスのリソースを増やします。

- より高速な CPU
- メモリの増設

- より高速なストレージ

　垂直方向に無制限にスケーリングする（リソースを無限に増やす）ことはできません。最も大きな RDS データベースの 1 つは、32 個のコアと 244GiB のメモリで構成されるものです。対照的に、S3 などのオブジェクトストアや DynamoDB のような NoSQL データベースは、追加のリソースが必要な場合はクラスタにマシンを追加するため、水平方向への無制限のスケーリングが可能です。

11.6.1　データベースリソースを増やす

　RDS データベースを起動するときには、インスタンスタイプを選択します。(EC2 インスタンスを起動するときと同様に）インスタンスタイプは RDS データベースの仮想マシンのコンピューティング能力とメモリを定義します。選択するインスタンスタイプが大きいほど、RDS データベースのコンピューティング能力が高くなり、メモリが大きくなります。

　本章では、最も小さいインスタンスタイプである db.t2.micro を使って RDS データベースを起動しました。インスタンスタイプの変更は、CloudFormation テンプレート、AWS CLI、AWS マネジメントコンソール、AWS SDK のいずれかで行うことができます。パフォーマンスが十分ではない場合は、インスタンスタイプを大きくするとよいかもしれません。パフォーマンスを測定する方法については 11.7 節で説明します。リスト 11-8 は、インスタンスタイプを db.t2.micro から db.m3.large に変更する CloudFormation テンプレートを示しています。db.t2.micro が 1 つの仮想コアと 615MB のメモリで構成されるのに対し、db.m3.large はより高速な 2 つの仮想コアと 7.5GB のメモリで構成されます。このコードを実行すると無料利用枠を超えて料金が発生するため、実行中のデータベースでは行わないようにしてください。

リスト 11-8　インスタンスタイプを変更して RDS データベースのパフォーマンスを改善する

```
Database:
  Type: 'AWS::RDS::DBInstance'
  DeletionPolicy: Delete
  Properties:
    AllocatedStorage: 5
    BackupRetentionPeriod: 3
    PreferredBackupWindow: '05:00-06:00'
    # インスタンスタイプを db.t2.micro から db.m3.large に変更
    DBInstanceClass: 'db.m3.large'
    DBName: wordpress
    Engine: MySQL
    MasterUsername: wordpress
    MasterUserPassword: wordpress
    VPCSecurityGroups:
    - !Sub ${DatabaseSecurityGroup.GroupId}
    DBSubnetGroupName: !Ref DBSubnetGroup
    MultiAZ: true
  DependsOn: VPCGatewayAttachment
```

354 第11章 | リレーショナルデータベースサービスの活用［RDS］

データベースではディスクに対してデータの読み取りと書き込みを実行する必要があるため、
I/Oパフォーマンスはデータベース全体のパフォーマンスにとって重要となります。ブロックスト
レージサービスであるEBSの説明でも取り上げたように、RDSは次の3種類のストレージを提供
しています。

1. 汎用SSD
2. プロビジョンドIOPS SSD
3. 磁気ストレージ

本番環境のワークロードには、汎用SSDか、場合によってはプロビジョンドIOPS SSDを選択す
べきです。これらの選択肢は仮想マシンにEBSを使用する場合とまったく同じです。高いレベルの
読み取り/書き込みスループットを保証する必要がある場合は、プロビジョンドIOPS SSDを使用
してください。汎用SSDはバースト機能を搭載しており、ある程度のベースラインパフォーマンス
を実現します。汎用SSDのスループットは初期化されたストレージのサイズによって異なります。
磁気ストレージは、あまりコストをかけずにデータを格納する必要がある場合か、予測可能な効
率のよいアクセス方法が必要ない場合の選択肢です。CloudFormationテンプレートを使って汎用
SSDを有効にする方法はリスト11-9のようになります。

リスト11-9 ストレージタイプを変更してRDSデータベースのパフォーマンスを改善する

```
Database:
  Type: 'AWS::RDS::DBInstance'
  DeletionPolicy: Delete
  Properties:
    AllocatedStorage: 5
    BackupRetentionPeriod: 3
    PreferredBackupWindow: '05:00-06:00'
    DBInstanceClass: 'db.m3.large'
    DBName: wordpress
    Engine: MySQL
    MasterUsername: wordpress
    MasterUserPassword: wordpress
    VPCSecurityGroups:
    - !Sub ${DatabaseSecurityGroup.GroupId}
    DBSubnetGroupName: !Ref DBSubnetGroup
    MultiAZ: true
    StorageType: 'gp2'      # 汎用SSDを使ってI/Oパフォーマンスを向上させる
  DependsOn: VPCGatewayAttachment
```

11.6.2 リードレプリケーションを使って読み取りパフォーマンスを向上させる

　読み取りリクエストが殺到してデータベースの反応が悪くなっている場合は、リードレプリケーション用のデータベースインスタンス（リードレプリカ）を追加することで、水平方向にスケーリングするとよいでしょう。図 11-7 に示すように、マスターデータベースに対する変更はリードレプリカデータベースに非同期でレプリケートされます。読み取りリクエストをマスターデータベースとリードレプリカデータベースの間で分散させれば、読み取りスループットを向上させることができます。

　レプリケーションによる読み取りパフォーマンスの調整が有効なのは、アプリケーションが読み取りリクエストを大量に生成し、書き込みリクエストをほとんど生成しない場合だけです。幸い、ほとんどのアプリケーションでは、読み取りのほうが書き込みよりも多くなります。

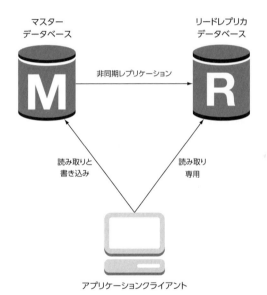

図 11-7：マスターデータベースとリードレプリカデータベースの間で
読み取りリクエストを分散させることで読み取りパフォーマンスを向上させる

リードレプリカデータベースを作成する

　Amazon RDS は、Aurora、MySQL、MariaDB、PostgreSQL の 4 つのデータベースでリードレプリケーションをサポートしています。リードレプリケーションを使用するには、11.3 節で説明したデータベースの自動バックアップを有効にする必要があります。

> **WARNING**
>
> RDSでリードレプリカを起動すると料金が発生します。現在の1時間あたりの料金については、「Amazon RDSの料金」で確認してください。
>
> https://aws.amazon.com/jp/rds/pricing/

11.1節で起動したWordPressデータベースのリードレプリカデータベースを作成してみましょう。ローカルマシンで次のコマンドを実行します。<DBインスタンスID>はWordPressデータベースのIDに置き換えてください。

```
$ aws rds create-db-instance-read-replica --db-instance-identifier \
> awsinaction-db-read --source-db-instance-identifier <DBインスタンスID>
```

WordPressデータベースのIDを忘れてしまった場合は、次のコマンドを使って確認してください。

```
$ aws rds describe-db-instances --query "DBInstances[0].DBInstanceIdentifier" \
> --output text
```

この後、RDSが次の手順をバックグラウンドで自動的に開始します。

1. マスターデータベースのスナップショットを作成します。
2. そのスナップショットに基づいて新しいリードレプリカデータベースを起動します。
3. マスターデータベースとリードレプリカデータベース間でレプリケーションを開始します。
4. リードレプリカデータベースに対するSQL読み取りリクエストのエンドポイントを作成します。

リードレプリカデータベースの作成が完了すると、SQL読み取りリクエストを処理できる状態になります。SQLデータベースを使用するアプリケーションでは、リードレプリカデータベースの使用をサポートしなければなりません。たとえばWordPressアプリケーションの場合は、デフォルトではリードレプリカをサポートしませんが、HyperDBというプラグインを使用するという方法があります。このプラグインの設定は難しく、本書の範囲を大きく超えるため、ここでは割愛します。詳細については、WordPressのドキュメント[4]を参照してください。なお、リードレプリカを作成または削除しても、マスターデータベースの可用性には影響を与えません。

※4　　https://wordpress.org/plugins/hyperdb/

> **リードレプリケーションを使って別のリージョンにデータを転送する場合**
>
> RDS は、Aurora、MySQL、MariaDB、PostgreSQL の 4 つのデータベースでリージョン間のリードレプリケーションをサポートしています。たとえば、バージニア北部のデータセンターからアイルランドのデータセンターにデータをレプリケートできます。この機能の主なユースケースは次の 3 つです。
>
> 1. リージョン全体の機能停止という不測の事態に備えて、データを別のリージョンにバックアップする。
> 2. 読み取りリクエストの遅延を抑えるために、データを別のリージョンに転送する。
> 3. データベースを別のリージョンへ移行させる。
>
> なお、2 つのリージョンの間でリードレプリケーションを実行すると、転送されるデータが課金の対象になるため、追加のコストが発生します。

リードレプリカをスタンドアロンのデータベースに昇格させる

データベースを別のリージョンへ移行させるためにリードレプリカデータベースを作成する場合、あるいは（インデックスの追加といった）負荷の高いタスクをデータベースで実行する必要がある場合は、マスターデータベースのワークロードをリードレプリカデータベースに切り替えると効果的です。その場合は、リードレプリカデータベースを新しいマスターデータベースにする必要があります。RDS は、リードレプリカデータベースからマスターデータベースへの昇格を Aurora、MySQL、MariaDB、PostgreSQL の 4 つのデータベースでサポートしています。

本節で作成したリードレプリカデータベースをスタンドアロンマスターデータベースに昇格させるコマンドは次のようになります。リードレプリカデータベースが再起動され、数分間利用できなくなるので注意してください。

```
$ aws rds promote-read-replica --db-instance-identifier awsinaction-db-read
```

この変換が完了すると、awsinaction-db-read という名前の RDS データベースインスタンスが書き込みリクエストを受け付けるようになります。

Cleaning up
本節の手順を実際に試した場合は、次のコマンドを実行してデータベースインスタンスを削除してください。

```
$ aws rds delete-db-instance --db-instance-identifier \
> awsinaction-db-read --skip-final-snapshot
```

AWSのRDBサービスを締めくくるにあたって、RDSの監視機能を少し詳しく見てみましょう。

11.7　データベースの監視

RDSはマネージドサービスです。とはいえ、アプリケーションからのすべてのリクエストをデータベースに確実に処理させるには、いくつかのメトリクスを明示的に監視する必要があります。RDSは、AWSクラウドの監視サービスであるAWS CloudWatchにさまざまなメトリクスを自動的に提供します。AWSマネジメントコンソールを使ってこれらのメトリクスを監視し、メトリクスがしきい値に達した場合のアラームを定義できます（図11-8）。

図11-8：AWSマネジメントコンソールでRDSデータベースを監視するためのメトリクスを定義する

表11-4は最も重要なメトリクスの一部をまとめたものです。これらのメトリクスを監視するためにアラームを作成することをお勧めします。

表 11-4：CloudWatch が収集する RDS データベースの重要なメトリクス

名前	説明
`FreeStorageSpace`	利用可能なストレージ（バイト）。ストレージ領域が不足していないことを確認する。アラームのしきい値を「< 2147483648」(2GB) に設定することをお勧めする
`CPUUtilization`	CPU の使用率（パーセント）。高い使用率は不十分な CPU パフォーマンスに起因するボトルネックのサインかもしれない。アラームのしきい値を「> 80%」に設定することをお勧めする
`FreeableMemory`	空きメモリ（バイト）。メモリ不足が原因でパフォーマンスの問題が発生することがある。アラームのしきい値を「< 67108864」(64MB) に設定することをお勧めする
`DiskQueueDepth`	未処理のディスクリクエストの数。キューが長いことはデータベースがストレージの最大 I/O パフォーマンスに達していることを示す。アラームのしきい値を「> 64」に設定することをお勧めする
`SwapUsage`	データベースのメモリが不足している場合、OS はディスクをメモリとして使い始める（スワッピング：メモリからのデータの退避）。ディスクのメモリとしての使用は低速であり、パフォーマンスの問題を引き起こす。アラームのしきい値を「> 268435456」(256MB) に設定することをお勧めする

特にこれらのメトリクスを監視して、データベースがアプリケーションのパフォーマンス問題の原因にならないようにしてください。

Cleaning up

次のコマンドを実行して、RDS データベースに基づく WordPress アプリケーションのリソースをすべて削除してください。

```
$ aws cloudformation delete-stack --stack-name wordpress
```

本章では、RDS サービスを使って RDB を管理する方法について説明しました。次章では、NoSQL データベースについて見ていきます。

11.8　まとめ

- Amazon RDS は RDB を提供するマネージドサービスである。
- PostgreSQL、MySQL、MariaDB、Oracle Database、Microsoft SQL Server のいずれかのデータベースを選択できる。Aurora は Amazon が構築したデータベースエンジンである。
- RDS データベースにデータを最も高速にインポートするには、同じリージョン内の仮想マシンにコピーし、そこから RDS データベースにアップロードする。
- IAM のポリシーとファイアウォールのルールを組み合わせることで、データベースレベルでデータアクセスを制御できる。
- RDS データベースの保管期間（最大 35 日）であれば、どの時点のデータベースでも復元できる。

- RDSデータベースの可用性は引き上げることができる。本番環境のワークロードについては、RDSデータベースをMulti-AZモードで起動すべきである。

- リードレプリケーションを利用すれば、SQLデータベースでの大量の読み取りワークロードのパフォーマンスを改善できる。

CHAPTER 12: Caching data in memory: Amazon ElastiCache

▶ 第12章
メモリへの
データキャッシュ
[ElastiCache]

本章の内容
- アプリケーションとデータストア間のキャッシュレイヤの利点
- キャッシュクラスタ、ノード、シャード、レプリケーショングループ、ノードグループ
- インメモリキー値ストアの使用
- ElastiCache クラスタのパフォーマンスの調整と監視

　本章の例は、無料利用枠で完全にカバーされるはずです。本章の例を数日以上にわたって実行したままにしない限り、料金は発生しません。ただし、本書で使用する AWS アカウントを新たに作成していて、その AWS アカウントで他の作業を行わないことが前提となります。この AWS アカウントは本書の最後に削除するため、本章の内容は数日以内に読み終えるようにしてください。

　人気のモバイルゲームでリレーショナルデータベース（RDB）が使用されていて、プレイヤーのスコアやランクの更新や読み取りがひっきりなしに発生する場面を想像してみてください。データベースではただでさえ読み取りや書き込みが頻繁に発生していますが、数百万人ものプレイヤーの

スコアをランク付けするとなると、ワークロードプレッシャーがますます高くなります。データベースをスケーリングしてそのプレッシャーを緩和すれば、ワークロードには効果があるかもしれませんが、遅延やコストにも効果があるとは限りません。また、RDB はデータストアのキャッシュよりも高くつく傾向にあります。

多くのゲーム制作会社で効果が認められているのは、プレイヤーとメタデータのキャッシュとランク付けに Redis などのインメモリデータストアを利用する方法です。

そうした企業は、RDB で直接ゲームのリーダーボード（順位表）の読み取りやソートを行うのではなく、Redis にインメモリのリーダーボードを格納します。一般的には、Redis Sorted Set を使用することで、データの挿入時にスコアパラメータに基づいてデータを自動的にソートします。スコア値には、プレイヤーの実際のランクやスコアが含まれているかもしれません。

データはメモリ内に配置され、データをソートするための複雑な計算が要求されないため、情報の取り出しは高速です。このため、RDB からデータを取得する理由はほとんど見つかりません。さらに、プレイヤーのプロファイルやゲームレベルの情報など、大量の読み取りを要求するゲームやプレイヤー関連の他のメタデータもすべてこのインメモリレイヤにキャッシュすれば、大量の読み取りトラフィックからデータベースを解放できます。

この方法では、RDB とインメモリレイヤの両方にリーダーボードの更新が格納されます。リーダーボードの 1 つはプライマリデータベースとして機能し、もう 1 つは作業用の高速な処理レイヤとして機能します。データのキャッシュについては、常に新しいデータがキャッシュされた状態に保つために、さまざまなキャッシュ手法を採用できます（後ほど説明します）。キャッシュはアプリケーションとデータストアの間に位置します（図 12-1）。

図 12-1：キャッシュはアプリケーションとデータストアの間に位置する

キャッシュには次のような利点があります。

- 読み取りトラフィックをキャッシュレイヤで処理できるため、データストアのリソースを書

き込みリクエストなどに回すことができる。

- キャッシュレイヤの応答はデータストアよりも迅速であるため、アプリケーションが高速になる。
- キャッシュレイヤよりもコストがかかりがちなデータストアの規模を縮小できる。

　キャッシュレイヤがこのように高速なのは、ほとんどのキャッシュレイヤがメモリ内に含まれているからです。欠点は、ハードウェアの故障や再起動により、キャッシュされているデータが消えてしまう可能性が常にあることです。モバイルゲームの例に登場したRDBのように、プライマリデータストアにデータのコピーを必ず保存してください（このプライマリデータストアは永続的なディスク上で使用します）。あるいは、Redisがオプションとして提供しているフェイルオーバーサポートを使用するという手もあります。ノードで障害が発生した場合は、レプリカノードが新しいプライマリノードに昇格します。データのコピーはすでに新しいプライマリノードに含まれています。

　キャッシュにデータをリアルタイムに読み込むのか、それともオンデマンドで読み込むのかは、キャッシュ戦略によります。モバイルゲームの例では、オンデマンドとは「リーダーボードがキャッシュに含まれていない場合にアプリケーションがRDBに問い合わせ、その結果をキャッシュに格納する」ことを意味します。それ以降、キャッシュに対するリクエストはすべてキャッシュヒットとなるため、データが必ず検出されます。この方法はプライマリデータストアからのデータの**遅延読み込み**（lazy-loading）と呼ばれるもので、キャッシュされたデータはそのデータのTTL（Time to Live）期間が過ぎるまで有効となります。それに加えて、cronジョブにより、キャッシュに事前にデータを読み込むという方法もあります。このcronジョブは、RDBからリーダーボードを取得し、その結果をキャッシュに格納するもので、バックグラウンドで1分おきに実行されます。

　遅延読み込み戦略（オンデマンドでのデータの取得）は次のように実装されます。

1. アプリケーションがデータストアにデータを書き込みます。
2. アプリケーションがデータを読み取りたい場合は、キャッシュレイヤにリクエストを送信します。
3. キャッシュレイヤにデータが含まれていない場合、アプリケーションはデータストアから直接データを読み取り、そのデータをキャッシュに配置した上で、クライアントに返します。
4. その後、アプリケーションがデータを再び読み取る場合は、リクエストをキャッシュレイヤに送信すると、そのデータが見つかります。

　この戦略には問題が1つあります。データがキャッシュに含まれている間に変更された場合はどうなるのでしょうか。キャッシュには古いデータが含まれたままとなります。そこで、キャッシュの有効性を保証するために、適切なTTL値を設定することがきわめて重要となります。キャッシュされるデータに5分のTTLを適用するとしましょう。つまり、キャッシュとプライマリデータベースのデータが一致しなくなる可能性があるのは最大で5分間です。適切なTTL値を割り出すための第一歩は、元のデータが変化する頻度と、データの不一致がユーザーエクスペリエンスにおよぼ

す影響を理解することです。開発者によくある間違いは、数秒の TTL なんてキャッシュにとって意味がないと考えてしまうことです。そのたった数秒間に、バックエンドから何百万ものリクエストを排除し、アプリケーションを高速化し、バックエンドデータベースの負荷を削減できることを肝に銘じておいてください。キャッシュを使用するケースと使用しないケースで、そしてさまざまなキャッシュ方式に基づいてアプリケーションのパフォーマンステストを実施すると、実装を調整するのに役立つでしょう。要するに、TTL が短ければ短いほどデータストアの負荷が高くなり、TTL が長ければ長いほどデータが同期しなくなっていきます。

データを事前にキャッシュするライトスルー戦略は、同期の問題に対処するため、遅延読み込み戦略とは異なる方法で実装されます。

1. アプリケーションがデータストアとキャッシュにデータを書き込みます（または、cron ジョブ、AWS Lambda 関数、アプリケーションなどを通じてキャッシュにデータが非同期で挿入されます）。

2. あとからデータを読み取る場合、アプリケーションはデータが含まれているキャッシュレイヤにリクエストを送信します。

3. クライアントにデータが返されます。

この方法にも問題があります。キャッシュがすべてのデータを格納できるほど大きくない場合はどうなるのでしょうか。キャッシュはメモリ内にあり、データストアのディスク容量はキャッシュのメモリ容量よりも多いのが一般的です。キャッシュは利用可能なメモリがなくなるとデータを削除するか（エビクション）、新しいデータの受け入れを中止します。どちらの状況でも、アプリケーションは動作を停止します。ゲームアプリでは、グローバルリーダーボードは常にキャッシュに収まります。リーダーボードのサイズが 4KB、キャッシュの容量が 1GB（1,048,576KB）であるとしましょう。チームリーダーボードはどうなるでしょうか。リーダーボードは 262,144（1,048,576 ÷ 4）個しか格納できないため、チームの数がそれよりも多くなった時点で容量の問題にぶつかることになります。

図 12-2 は、2 つのキャッシュ戦略を比較したものです。エビクションを実行する際、キャッシュはどのデータを削除すべきかを判断する必要があります。よくある戦略の 1 つは、最後に使用されてから最も時間が経っているデータ（LRU：Least Recently Used）を削除することです。つまり、キャッシュされているデータには、そのデータが最後にアクセスされた時間に関するメタデータが含まれていなければなりません。LRU エビクションでは、タイムスタンプが最も古いデータが削除の対象となります。

通常、キャッシュはキー値ストアを使って実装されます。キー値ストアは SQL などの高度なクエリ言語をサポートせず、キー（通常は文字列）に基づいてデータを取得します。また、ソート済みのデータを効率よく取り出すための特別なコマンドもサポートしています。

モバイルゲームの player テーブルが RDB に含まれているとしましょう。最もよく使用されるクエリの 1 つは、上位 10 人のプレイヤーを取得する SELECT id, nickname FROM player ORDER BY score DESC LIMIT 10 です。このゲームは非常に人気ですが、結果として技術的な課題を抱

えています。大勢のプレイヤーがリーダーボードを見ようとすると、データベースにアクセスが殺到し、なかなか応答しなかったり、場合によってはタイムアウトしたりするのです。そこで、データベースの負荷を削減する計画を立てる必要があります。すでに説明したように、ここでキャッシュの出番となります。どのようなキャッシュ技術を導入すればよいでしょうか。選択肢がいくつかあります。

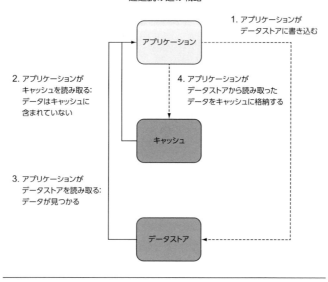

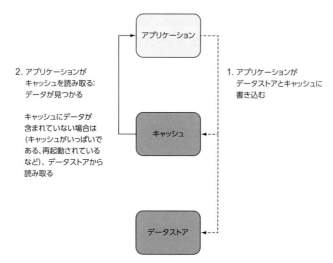

図 12-2：遅延読み込み戦略とライトスルー戦略の比較

Redisを利用する場合のアプローチの1つは、SQLクエリの結果を文字列値として格納し、SQL文をキー名として格納することです。SQLクエリ全体をキーとして使用するのではなく、md5やsha256といったハッシュ関数を使ってSQLクエリをハッシュ化すれば、ストレージと帯域幅を節約できます（図12-3の❶）。アプリケーションは、データベースにSQLクエリを送信する前に、SQLクエリをキーとしてキャッシュレイヤにデータを要求します（❷）。そのキーを持つデータがキャッシュに含まれていない場合は（❸）、SQLクエリをデータベースに送信します（❹）。その結果（❺）はSQLクエリをキーとしてキャッシュに格納されます（❻）。次回、アプリケーションが同じSQLクエリを実行する際には、キャッシュレイヤにデータを要求すると（❼）、キャッシュされたテーブルが見つかります（❽）。

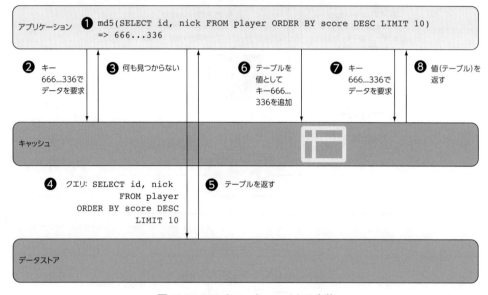

図 12-3：SQL キャッシュレイヤの実装

キャッシュを実装するために必要なのは、キャッシュされるアイテムのキーを知っていることだけです。キーはSQLクエリかもしれませんし、ファイル名、URL、あるいはユーザーIDかもしれません。キーを使ってキャッシュにデータを要求し、データが見つからない場合は、データストアに問い合わせます。

Redisを利用する場合は、Redis Sorted Setといった他のデータ構造にデータを格納することもできます。データがRedis Sorted Setに格納されている場合は、ランク付けされたデータを非常に効率よく取り出すことができます。プレイヤーとそのスコアを格納し、スコアでソートするだけです。この機能に相当するSQLコマンドは次のようになります。

```
ZREVRANGE "player-scores" 0 9
```

このコマンドは、"player-scores" という名前の Sorted Set に含まれているプレイヤーをスコアの高い順に 10 人取得します。

インメモリキー値ストアとして最もよく知られているのは Memcached と Redis の 2 つです。Amazon ElastiCache は Memcached と Redis をサポートしています。表 12-1 は、これらの機能を比較したものです。

表 12-1：Memcached と Redis の機能の比較

	Memcached	Redis
データ型	単純	複雑
データ操作コマンド	12	125
サーバーサイドスクリプティング	不可	可 (Lua)
トランザクション	不可	可
マルチスレッド	可	不可

Amazon ElastiCache は、Memcached クラスタと Redis クラスタをサービスとして提供しています。このため、次の部分は AWS が自動的に対処します。

- **インストール**
  AWS があなたに代わってソフトウェアをインストールします。ベースとなるエンジンは AWS によって拡張されています。

- **管理**
  AWS があなたに代わって Memcached/Redis を管理し、パラメータグループを通じてクラスを設定できるようにします。フェイルオーバーの検出と自動化も AWS が対処します（Redis のみ）。

- **監視**
  AWS により、CloudWatch にメトリクスが自動的に提供されます。

- **パッチの適用**
  AWS により、カスタマイズ可能な時間帯にセキュリティアップグレードが実施されます。

- **バックアップ**
  AWS により、必要に応じてカスタマイズ可能な時間帯にデータがバックアップされます（Redis のみ）。

- **レプリケーション**
  AWS により、必要に応じてレプリケーションがセットアップされます（Redis のみ）。

ここでは、ElastiCache を使ってインメモリキャッシュクラスタを作成する方法について説明します。このインメモリクラスタは、後ほどアプリケーションのインメモリキャッシュとして使用します。

368 第 12 章 ｜ メモリへのデータキャッシュ［ElastiCache］

12.1 キャッシュクラスタを作成する

　本章では、より柔軟である Redis エンジンに焦点を合わせます。どちらのエンジンを使用するかについては、前節で比較した機能に基づいて決めることができます。Memcached との顕著な違いがある場合はそのつど明記します。

本書のサンプルコード

　本書のサンプルコードはすべて本書の GitHub リポジトリからダウンロードできます。この例に必要なコードは chapter12/minimal.yaml ファイルに含まれています。このファイルは http://mng.bz/qJ8g からもダウンロードできます。

https://github.com/AWSinAction/code2

12.1.1 必要最低限の CloudFormation テンプレート

　ElastiCache クラスタは、AWS マネジメントコンソール、AWS CLI、CloudFormation のいずれかで作成できます。本章では、CloudFormation を使用します。ElastiCache クラスタのリソースタイプは AWS::ElastiCache::CacheCluster であり、必須プロパティは次の 5 つです。

- Engine … redis または memcached
- CacheNodeType … cache.t2.micro など、EC2 インスタンスタイプと同様
- NumCacheNodes … シングルノードクラスタの場合は 1
- CacheSubnetGroupName … サブネットグループと呼ばれる専用リソースを使って VPC のサブネットを参照
- VpcSecurityGroupIds … クラスタに関連付けたいセキュリティグループ

　Redis を使ったシングルノードの ElastiCache クラスタに必要な最低限の CloudFormation テンプレートはリスト 12-1 のようになります。

リスト 12-1 必要最低限の CloudFormation テンプレート（minimal.yaml）

```
---
AWSTemplateFormatVersion: '2010-09-09'
Description: 'AWS in Action: chapter 12 (minimal)'
Parameters:                              # VPC とサブネットをパラメータとして定義
  VPC:
    Type: 'AWS::EC2::VPC::Id'
  SubnetA:
    Type: 'AWS::EC2::Subnet::Id'
  SubnetB:
    Type: 'AWS::EC2::Subnet::Id'
```

```yaml
    KeyName:
      Type: 'AWS::EC2::KeyPair::KeyName'
      Default: mykey
Resources:
  CacheSecurityGroup:
    Type: 'AWS::EC2::SecurityGroup'     # クラスタとのやり取りを許可するトラフィックを
    Properties:                          # 管理するセキュリティグループ
      GroupDescription: cache
      VpcId: !Ref VPC
      SecurityGroupIngress:
      - IpProtocol: tcp                  # Redis の待ち受けポートは 6379
        FromPort: 6379
        ToPort: 6379
        CidrIp: '0.0.0.0/0'
  CacheSubnetGroup:                      # サブネットはサブネットグループ内で定義される
    Type: 'AWS::ElastiCache::SubnetGroup'
    Properties:
      Description: cache
      SubnetIds:                         # クラスタで使用できるサブネットのリスト
      - Ref: SubnetA
      - Ref: SubnetB
  Cache:                                 # Redis クラスタを定義するためのリソース
    Type: 'AWS::ElastiCache::CacheCluster'
    Properties:
      CacheNodeType: 'cache.t2.micro'
      CacheSubnetGroupName: !Ref CacheSubnetGroup
      Engine: redis                      # redis または memcached
      NumCacheNodes: 1                   # シングルノードクラスタ
      VpcSecurityGroupIds:
      - !Ref CacheSecurityGroup
```

　Redis の待ち受けポートは 6379 です。これにより、すべての IP アドレスからのアクセスが許可されますが、クラスタはプライベート IP アドレスしか持たないため、インターネット経由で直接アクセスすることはできません（この点については、12.3 節で改善します）。EC2 インスタンスや RDS インスタンスなど、他のリソースにも同じことが当てはまります。cache.t2.micro は 0.555GiB のメモリを搭載しており、無料利用枠でカバーされます。Redis クラスタをテストするには、クラスタと同じ VPC に EC2 インスタンスを作成します。そうすると、この EC2 インスタンスからクラスタのプライベート IP アドレスにアクセスできるようになります。

12.1.2　Redis クラスタをテストする

　Redis をテストするために、`minimal.yaml` テンプレートに次のリソースを追加します。

```yaml
Resources:
  ...
  VMSecurityGroup:                       # SSH アクセスを許可するセキュリティグループ
    Type: 'AWS::EC2::SecurityGroup'
    Properties:
      GroupDescription: 'instance'
```

370　第12章 ┃ メモリへのデータキャッシュ［ElastiCache］

```
      SecurityGroupIngress:
      - IpProtocol: tcp
        FromPort: 22
        ToPort: 22
        CidrIp: '0.0.0.0/0'
      VpcId: !Ref VPC
  VMInstance:                          # Redis クラスタへの接続に使用する仮想マシン
    Type: 'AWS::EC2::Instance'
    Properties:
      ImageId: !FindInMap [RegionMap, !Ref 'AWS::Region', AMI]
      InstanceType: 't2.micro'
      KeyName: !Ref KeyName
      NetworkInterfaces:
      - AssociatePublicIpAddress: true
        DeleteOnTermination: true
        DeviceIndex: 0
        GroupSet:
        - !Ref VMSecurityGroup
        SubnetId: !Ref SubnetA
Outputs:
  VMInstanceIPAddress:                 # 仮想マシンのパブリック IP アドレス
    Value: !GetAtt 'VMInstance.PublicIp'
    Description: 'EC2 Instance public IP address (...)'
  CacheAddress:                        # Redis クラスタノードの DNS 名
    Value: !GetAtt 'Cache.RedisEndpoint.Address'
    Description: 'Redis DNS name (...)'
```

　必要最低限の CloudFormation テンプレートはこれで完成です。Redis クラスタノードの DNS 名
はプライベート IP アドレスに解決されます。このテンプレートがパラメータとして指定されてい
る［スタックのクイック作成］リンク（下記の URL）にアクセスします。

```
https://us-east-1.console.aws.amazon.com/cloudformation/home
?region=us-east-1#/stacks/quickcreate
?templateURL=https://s3.amazonaws.com/awsinaction-code2/chapter12/minimal.yaml
&stackName=redis-minimal
```

スタックを作成する際には、次の 4 つのパラメータを設定する必要があります。

● KeyName … 本書を読みながら作業を行っている場合は、mykey という名前のキーペアを作
　成しているはずであり、このキーペアがデフォルトで選択されています。

● SubnetA … 少なくとも 2 つの選択肢があるはずです。1 つ目を選択します。

● SubnetB … 少なくとも 2 つの選択肢があるはずです。2 つ目を選択します。

● VPC … デフォルトの VPC を選択します。

　［スタックの作成］をクリックして、スタックの作成を開始します。スタックのステータスが
CREATE_COMPLETE に変化したら、［出力］タブを選択し、CacheAddress と VMInstanceIPAddress

の値をコピーします。Redis クラスタのテストを開始する準備はこれで完了です。次に示すように、SSH で EC2 インスタンスに接続し、Redis CLI を使って Redis クラスタノードとやり取りできます。

```
$ ssh -i mykey.pem ec2-user@<VMInstanceIPAddress の値>   ◀──┤EC2 インスタンスに接続
$ sudo yum -y install --enablerepo=epel redis   ◀──┤Redis CLI をインストール
$ redis-cli -h <CacheAddress の値>   ◀──┤Redis クラスタノードに接続
> SET key1 value1   ◀──────┤文字列値を key1 というキーで格納
OK
> GET key1   ◀──┤キー key1 の値を取得
"value1"
> GET key2   ◀──┤キーが存在しない場合は nil が返される
(nil)
> SET key3 value3 EX 5   ◀──┤TTL をキー key3 で格納し、キーの有効期限を 5 秒後に設定
OK
> GET key3   ◀──┤5 秒以内にキー key3 を取得
"value3"
> GET key3   ◀──┤5 秒後にはキー key3 は存在しない
(nil)
> quit   ◀──┤Redis CLI を終了
```

Redis クラスタノードに接続し、キーをいくつか格納し、キーを取得し、Redis の TTL 機能を使用しました。この知識をもとに、独自のアプリケーションにキャッシュレイヤを実装してみることもできますが、他にも知っておくべき選択肢があります。次節では、複数のノードに基づいて高可用性やシャーディング（データの分散保存）を実現する高度なデプロイメントオプションを紹介します。

Cleaning up

無駄な出費を避けるため、ここで作成した CloudFormation スタックを CloudFormation マネジメントコンソールで削除してください。

12.2　キャッシュデプロイメントオプション

デプロイメントオプションの選択は、次の 4 つの要因に左右されます。

1. **エンジン** … Memcached または Redis
2. **バックアップ / 復元** … キャッシュからのデータのバックアップや復元は可能か
3. **レプリケーション** … 1 つのノードがダウンしても引き続きデータを利用できるか
4. **シャーディング** … データが 1 つのノードに収まらない場合、ノードを追加してキャパシティを増やすことは可能か

表12-2は、利用可能な2つのエンジンのデプロイメントオプションを比較したものです。

表12-2：ElastiCache のデプロイメントオプションの比較

	Memcached	Redis：シングルノード	Redis：クラスタモード無効	Redis：クラスタモード有効
バックアップ / 復元	不可	可	可	可
レプリケーション	不可	不可	可	可
シャーディング	可	不可	不可	可

これらのデプロイメントオプションを詳しく見てみましょう。

12.2.1　Memcached：クラスタ

Memcached クラスタ用の ElastiCache は 1～20 個のノードで構成されます。シャーディングは Memcached クライアントによって実装され、通常はコンシステントハッシュアルゴリズムが使用されます。このアルゴリズムは、1つのリングをパーティションに分割し、それらのパーティションにキーを配置することで、ノード間でデータを分散させます。基本的には、どのキーがどのノードに属しているかをクライアントが判断し、それらのパーティションにリクエストを転送します。各ノードはキー空間の異なる部分をメモリに格納します。ノードがダウンした場合、そのノードは置き換えられますが、データは失われてしまいます。Memcached では、データはバックアップできません。Memcached クラスタのデプロイメントは図12-4のようになります。

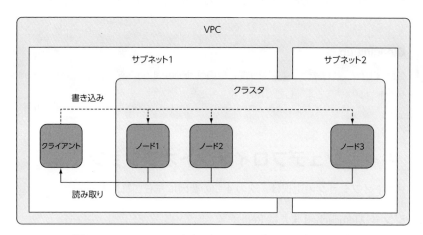

図12-4：Memcached デプロイメントオプション（クラスタ）

単純なインメモリストアがアプリケーションに必要で、ノードとそのデータの消失を容認できる場合は、Memcached クラスタを使用するとよいでしょう。本章で最初に示した SQL キャッシュの例は、Memcached でも実装できます。データは常に RDB に存在しているため、ノードがダウンしても対処できます。クエリキャッシュの実装に必要なのは、単純なコマンド（GET、SET）だけです。

12.2.2　Redis：シングルノードクラスタ

　Redis シングルノードクラスタ用の ElastiCache は常に 1 つのノードで構成されます。シングルノードでは、シャーディングや高可用性は実現できません。ただし、Redis ではバックアップの作成が可能であり、それらのバックアップからの復元も可能です。図 12-5 は Redis シングルノードクラスタを示しています。VPC が AWS 上でプライベートネットワークを定義する手段であることを思い出してください。そして、サブネットは VPC 内で懸案事項を切り離すための手段です。クラスタノードは常に 1 つのサブネット内で実行されます。クライアントは、データを取得したりデータをキャッシュに書き込んだりするために Redis クラスタノードとやり取りします。

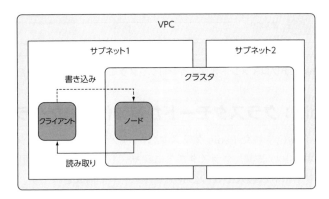

図 12-5：Redis デプロイメントオプション（シングルノードクラスタ）

　シングルノードはシステムの単一障害点（SPOF）となります。業務上不可欠な本番システムでは、このデプロイメントオプションは避けたほうがよいでしょう。

12.2.3　Redis：クラスタモードが無効化されたクラスタ

　ElastiCache が 2 つの用語を使用することが、事態をさらにややこしくしています。AWS マネジメントコンソールでは、クラスタ、ノード、シャードという用語が使用されていますが、AWS API、AWS CLI、CloudFormation では、レプリケーショングループ、ノード、ノードグループという別の用語が使用されています。本書ではクラスタ、ノード、シャードを使用しますが、図 12-6 と図 12-7 では、レプリケーショングループ、ノード、ノードグループもかっこで囲んで併記しています。

　クラスタモードが無効化された Redis クラスタは、バックアップとデータレプリケーションはサポートするものの、シャーディングには対応しません。つまり、シャードは 1 つだけ存在し、1 つのプライマリノードと最大で 5 つのレプリカノードで構成されます（図 12-6）。

　データレプリケーションが必要で、キャッシュデータ全体が 1 つのメモリのノードに収まる場合は、クラスタモードが無効化された Redis クラスタを使用するとよいでしょう。キャッシュデータのサイズが 4GB であるとします。キャッシュのメモリが少なくとも 4GB であれば、データがキャッシュに収まるため、シャーディングは必要ありません。

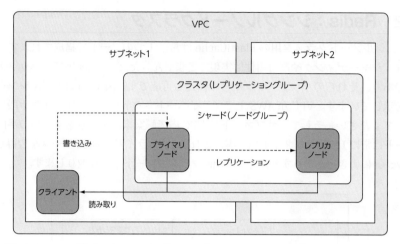

図12-6：Redisデプロイメントオプション（クラスタモードが無効化されたクラスタ）

12.2.4　Redis：クラスタモードが有効化されたクラスタ

　クラスタモードが有効化されたRedisクラスタは、バックアップ、データレプリケーション、シャーディングをサポートします。クラスタごとにシャードを15個まで使用できます。各シャードは1つのプライマリノードと最大で5つのレプリカノードで構成されます。したがって、クラスタの最大サイズは15個のプライマリ＋15×5レプリカ＝90ノードとなります（図12-7）。

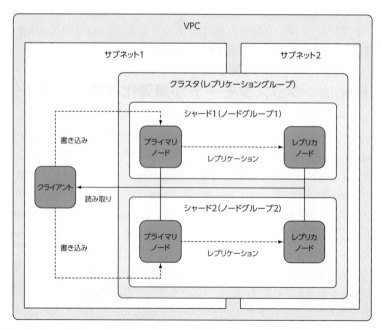

図12-7：Redisデプロイメントオプション（クラスタモードが有効化されたクラスタ）

データレプリケーションが必要で、データが大きすぎて1つのノードのメモリに収まらない場合は、クラスタモードが有効化された Redis クラスタを使用するとよいでしょう。キャッシュデータのサイズが22GBで、各キャッシュノードのメモリ容量が4GBであるとします。この場合、必要なシャードは6つであり、メモリの合計容量は24GBになります。ElastiCache は1つのノードにつき最大437GBのメモリを提供するため、クラスタの最大容量は15×437GB＝6.5TBとなります。

クラスタモード有効化のその他の利点

クラスタモードを有効にすると、DNS が不要になるため、フェイルオーバーが大幅に高速化されます。クライアントには、クラスタトポロジの変更（新たに選択されたプライマリなど）を検知するための構成エンドポイントが1つだけ提供されます。クラスタモードが無効になっている場合、AWS はプライマリエンドポイントを1つだけ提供します。そして、フェイルオーバーの際には、利用可能なレプリカの1つに対してプライマリの DNS スワップ（DNS 切り替え）を行います。プライマリがダウンしてからアプリケーションがクラスタにアクセスできるようになるまでに1〜1.5分ほどかかることがあります。これに対し、クラスタモードが有効になっている場合は、プライマリの選択に30秒とかかりません。

シャードの数が多いほど、読み書きのパフォーマンスはよくなります。1つのシャードから始めて、2つ目のシャードを追加した場合、それぞれのシャードは（均等に分配されるとすれば）リクエストの50％に対処するだけで済みます。

ノードを追加すると、爆発半径[1]が減少します。たとえば、5つのシャードからなるデプロイメントでフェイルオーバーが発生した場合、影響がおよぶのはデータの20％だけです。つまり、フェイルオーバープロセスが完了するまで（15〜30秒程度）、この部分のキー空間に対する書き込みは不可能になりますが、レプリカが存在していれば、クラスタからの読み取りは依然として可能です。クラスタモードが無効になっている場合は、1つのノードにキー空間全体が含まれるため、100％のデータに影響がおよびます。クラスタからの読み取りは可能ですが、DNS スワップが完了するまで書き込みは不可能となります。

これで、ユースケースに適したエンジンとデプロイメントオプションを選択できるようになりました。次節では、キャッシュクラスタへのアクセスを制御するために、ElastiCache のセキュリティ部分を詳しく見ていきます。

12.3　キャッシュへのアクセスを制御する

アクセス制御の仕組みは RDS の場合と似ています[2]。唯一の違いは、データアクセスを制御するキャッシュエンジンの機能が非常に限られていることです。次に、アクセス制御の最も重要な部分をまとめておきます。

※1　　［訳注］ノードのダウンやデータの消失の影響がおよぶ範囲。

※2　　第11章の11.4節を参照。

ElastiCache は次の 4 つのレイヤによって保護されています。

- **IAM (Identity and Access Management)**
  ElastiCache クラスタの管理を許可されている IAM のユーザー、グループ、またはロールを制御します。

- **セキュリティグループ**
  ElastiCache ノードに対するインバウンド / アウトバウンドトラフィックを制限します。

- **キャッシュエンジン**
  Redis には AUTH コマンドがあり、Memcached は認証に対応しません。どちらのエンジンも認可をサポートしません。

- **暗号化**
  保管されているデータや送信中のデータを暗号化します。

> **WARNING**
>
> ここで重要となるのは、キャッシュノードに対するアクセス制御には IAM が使用されないことです。キャッシュノードを作成した後は、セキュリティグループがアクセスを制御します。

12.3.1　設定へのアクセスを制御する

ElastiCache サービスに対するアクセスは IAM サービスに基づいて制御されます。IAM サービスが制御するのは、キャッシュクラスタの作成、更新、削除といったアクションへのアクセスです。キャッシュ内部のアクセスは、IAM サービスではなくキャッシュエンジンによって管理されます。ElastiCache サービスに対して IAM のエンティティ（ユーザー、グループ、またはロール）が実行できる設定アクションや管理アクションは IAM ポリシーによって定義されます。そして、ポリシーがそれらのエンティティに関連付けられます。

サポートされている IAM のアクションと、リソースレベルのアクセス許可の詳細については、「Redis 用 Amazon ElastiCache とは」[※3] を参照してください。

12.3.2　ネットワークアクセスを制御する

ネットワークアクセスはセキュリティグループによって制御されます。12.1 節の必要最低限の CloudFormation テンプレートで定義されていたセキュリティグループでは、ポート 6379（Redis）に対するアクセスがすべての IP アドレスに対して許可されていました。しかし、クラスタノードにはプライベート IP アドレスしか割り当てられないため、アクセスは VPC に限定されることになります。

※ 3　https://docs.aws.amazon.com/ja_jp/AmazonElastiCache/latest/red-ug/WhatIs.html

```
Resources:
  ...
  CacheSecurityGroup:
    Type: 'AWS::EC2::SecurityGroup'
    Properties:
      GroupDescription: cache
      VpcId: !Ref VPC
      SecurityGroupIngress:
      - IpProtocol: tcp
        FromPort: 6379
        ToPort: 6379
        CidrIp: '0.0.0.0/0'
```

　こうした状況は2つのセキュリティグループを使って改善すべきです。トラフィックをできるだけ厳しく制御するために、IPアドレスをホワイトリストに登録する代わりに、クライアントセキュリティグループとキャッシュクラスタセキュリティグループを作成します。クライアントセキュリティグループは、キャッシュクラスタ（Webサーバー）とやり取りするすべてのEC2インスタンスにアタッチされます。キャッシュクラスタセキュリティグループは、クライアントセキュリティグループからのトラフィックに対して、ポート6379でインバウンドトラフィックのみを許可します。このようにすると、キャッシュクラスタへのトラフィックの送信が許可されるクライアントのグループを動的に定義できます。第6章、6.4節のSSHアクセスの踏み台ホストでも同じアプローチを採用しました。

```
Resources:
  ...
  ClientSecurityGroup:
    Type: 'AWS::EC2::SecurityGroup'
    Properties:
      GroupDescription: 'cache-client'
      VpcId: !Ref VPC
  CacheSecurityGroup:
    Type: 'AWS::EC2::SecurityGroup'
    Properties:
      GroupDescription: cache
      VpcId: !Ref VPC
      SecurityGroupIngress:
      - IpProtocol: tcp
        FromPort: 6379
        ToPort: 6379
        # ClientSecurityGroup からのアクセスのみを許可
        SourceSecurityGroupId: !Ref ClientSecurityGroup
```

　このキャッシュクラスタにアクセスする必要があるすべてのEC2インスタンスに、このClientSecurityGroupをアタッチします。このようにして、キャッシュクラスタへのアクセスが本当に必要なEC2インスタンスだけにアクセスを許可します。
　ElastiCacheノードには常にプライベートIPアドレスが割り当てられることを覚えておいてくだ

第12章 | メモリへのデータキャッシュ［ElastiCache］

さい。つまり、Redis クラスタや Memcached クラスタに何かの拍子にインターネットからアクセスできてしまう、ということはありえません。それでも、セキュリティグループを使って最小権限の原則を実装しておく必要があります。

12.3.3　クラスタとデータへのアクセスを制御する

　Redis と Memcached がサポートしている認証機能はごく基本的なものです。ElastiCache では、ElastiCache が提供しているセキュリティ機能に加えてトークンベースの認証を有効にしたい顧客のために、Redis AUTH がサポートされています。Redis AUTH は、オープンソースの Redis が利用しているセキュリティメカニズムです。クライアントとクラスタ間の通信は暗号化されないため、そうした認証によってオープンソースエンジンを使用する場合のセキュリティが改善されるわけではありません。ただし、ElastiCache は Redis 3.2.6 でデータ送信時の暗号化をサポートしています。

　Redis と Memcached はデータアクセスを管理しません。キー値ストアに接続してしまえば、すべてのデータにアクセスできます。この制限は、ElastiCache 自体の制限ではなく、キー値ストアの制限です。次節では、Discourse という実際のアプリケーションを使って Redis 用の ElastiCache の使い方を説明します。

12.4　CloudFormation を使って Discourse アプリケーションをインストールする

　サッカークラブ、読書サークル、ドッグスクールといった小さなコミュニティでは、メンバーが互いにコミュニケーションをとれる場所があると便利です。Discourse はコミュニティのための現代的なフォーラムを提供するオープンソースソフトウェアであり、メーリングリスト、ディスカッションフォーラム、長文式のチャットルームとして利用できます（図 12-8）。Discourse は Rails フレームワークを使って Ruby で書かれています。ここでは、CloudFormation を使って Discourse をセットアップする方法について説明します。Discourse は Redis キャッシュを要求するため、ElastiCache を学ぶ上でも申し分ありません。Discourse はメインデータストアとして PostgreSQL を要求し、データのキャッシュと一時データの処理に Redis を使用します。

　ここで作成するのは、Discourse の実行に必要なすべてのコンポーネントが定義された CloudFormation テンプレートです。本節では最後に、このテンプレートを使って CloudFormation スタックを作成し、うまくいくかどうかテストします。必要なコンポーネントは次のとおりです。

- **VPC** … ネットワーク設定
- **キャッシュ** … セキュリティグループ、サブネットグループ、キャッシュクラスタ
- **データベース** … セキュリティグループ、サブネットグループ、データベースインスタンス
- **仮想マシン** … セキュリティグループ、EC2 インスタンス

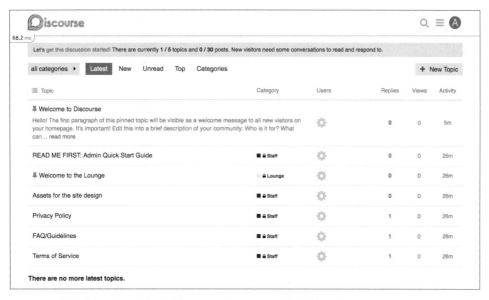

図 12-8：コミュニティのディスカッションフォーラムプラットフォーム Discourse

　では、1つ目のコンポーネントから順番に見ていきましょう。本節では後ほど、このテンプレートを拡張します。

12.4.1　VPC：ネットワーク設定

　第 6 章の 6.5 節では、AWS のプライベートネットワークについて説明しました。リスト 12-2 の内容がよくわからない場合は、6.5 節をもう一度読むか、次のステップに進んでください。このネットワークに関する知識は、Discourse を動作させる上で重要ではありません。

本書のサンプルコード

　本書のサンプルコードはすべて本書の GitHub リポジトリからダウンロードできます。この例に必要なコードは /chapter12/template.yaml ファイルに含まれています。

https://github.com/AWSinAction/code2

リスト 12-2　Discourse 用の CloudFormation テンプレート（VPC）

```
---
AWSTemplateFormatVersion: '2010-09-09'
Description: 'AWS in Action: chapter 12'
Parameters:
```

```
    KeyName:                                    # SSH アクセスのためのキーペア名と
      Description: 'Key Pair name'              # Discourse 管理者のメールアドレスは
      Type: 'AWS::EC2::KeyPair::KeyName'        # 変更が可能（有効であることが前提）
      Default: mykey
    AdminEmailAddress:
      Description: 'Email address of admin user'
      Type: 'String'
Resources:
    VPC:                                        # アドレスレンジ 172.31.0.0/16 で
      Type: 'AWS::EC2::VPC'                     # VPC を作成
      Properties:
        CidrBlock: '172.31.0.0/16'
        EnableDnsHostnames: true
    InternetGateway:                            # インターネットからの Discourse アクセス
      Type: 'AWS::EC2::InternetGateway'         # にはインターネットゲートウェイが必要
      Properties: {}
    VPCGatewayAttachment:                       # インターネットゲートウェイを
      Type: 'AWS::EC2::VPCGatewayAttachment'    # VPC にアタッチ
      Properties:
        VpcId: !Ref VPC
        InternetGatewayId: !Ref InternetGateway
    SubnetA:                                    # 1 つ目の AZ（配列インデックス 0）で
      Type: 'AWS::EC2::Subnet'                  # アドレスレンジ 172.31.38.0/24 に
      Properties:                               # サブネットを作成
        AvailabilityZone: !Select [0, !GetAZs '']
        CidrBlock: '172.31.38.0/24'
        VpcId: !Ref VPC
    SubnetB:                                    # 2 つ目の AZ でアドレスレンジ
      ...                                       # 172.31.37.0/24 にサブネットを作成

    RouteTable:
      Type: 'AWS::EC2::RouteTable'              # VPC 内のすべてのサブネットの
      Properties:                               # ルーティングを行うデフォルトの
        VpcId: !Ref VPC                         # ルートテーブルを作成
    SubnetRouteTableAssociationA:
      Type: 'AWS::EC2::SubnetRouteTableAssociation'
      Properties:                               # SubnetA にルートテーブルを関連付け
        SubnetId: !Ref SubnetA
        RouteTableId: !Ref RouteTable
    SubnetRouteTableAssociationB:               # SubnetB にルートテーブルを関連付け
      ...

    RouteToInternet:                            # インターネットゲートウェイ経由での
      Type: 'AWS::EC2::Route'                   # インターネットへのルートを追加
      Properties:
        RouteTableId: !Ref RouteTable
        DestinationCidrBlock: '0.0.0.0/0'
        GatewayId: !Ref InternetGateway
      DependsOn: VPCGatewayAttachment
    NetworkAcl:                                 # 空のネットワーク ACL を作成
      Type: AWS::EC2::NetworkAcl
      Properties:
        VpcId: !Ref VPC
    SubnetNetworkAclAssociationA:               # SubnetA にネットワーク ACL を関連付け
```

12.4　CloudFormation を使って Discourse アプリケーションをインストールする　　381

```
    Type: 'AWS::EC2::SubnetNetworkAclAssociation'
    Properties:
      SubnetId: !Ref SubnetA
      NetworkAclId: !Ref NetworkAcl
  SubnetNetworkAclAssociationB:                # SubnetB にネットワーク ACL を関連付け
    ...

  NetworkAclEntryIngress:                      # ネットワーク ACL ですべての
    Type: 'AWS::EC2::NetworkAclEntry'          # インバウンドトラフィックを許可
    Properties:                                # （セキュリティグループを
      NetworkAclId: !Ref NetworkAcl            # ファイアウォールとして使用）
      RuleNumber: 100
      Protocol: -1
      RuleAction: allow
      Egress: false
      CidrBlock: '0.0.0.0/0'
  NetworkAclEntryEgress:                       # ネットワーク ACL ですべての
    Type: 'AWS::EC2::NetworkAclEntry'          # アウトバウンドトラフィックを許可
    Properties:
      NetworkAclId: !Ref NetworkAcl
      RuleNumber: 100
      Protocol: -1
      RuleAction: allow
      Egress: true
      CidrBlock: '0.0.0.0/0'
```

　2 つのパブリックサブネットを使ったネットワークの設定はこれで完了です。次は、キャッシュ
の設定です。

12.4.2　キャッシュ：セキュリティグループ、サブネットグループ、キャッシュクラスタ

　ここでは、Redis クラスタ用の ElastiCache を追加します。必要最低限のキャッシュクラスタを定
義する方法については、すでに説明したとおりです。今回は、プロパティをいくつか追加すること
で、このキャッシュクラスタを拡張します。CloudFormation テンプレートのキャッシュ関連のリ
ソースはリスト 12-3 のようになります。

リスト 12-3　Discourse 用の CloudFormation テンプレート（キャッシュ）

```
Resources:
  ...
  CacheSecurityGroup:                          # キャッシュに対するインバウンド /
    Type: 'AWS::EC2::SecurityGroup'            # アウトバウンドトラフィックを制御する
    Properties:                                # セキュリティグループ
      GroupDescription: cache
      VpcId: !Ref VPC
  CacheSecurityGroupIngress:                   # 循環依存を回避するために
    Type: 'AWS::EC2::SecurityGroupIngress'     # イングレスルールは別の
    Properties:                                # CloudFormation リソースに分割される
```

```
        GroupId: !Ref CacheSecurityGroup
        IpProtocol: tcp
        FromPort: 6379                          # Redis はポート 6379 で実行される
        ToPort: 6379
        SourceSecurityGroupId: !Ref VMSecurityGroup
  Cache:                                         # シングルノード Redis クラスタを作成
    Type: 'AWS::ElastiCache::CacheCluster'
    Properties:
      CacheNodeType: 'cache.t2.micro'
      CacheSubnetGroupName: !Ref CacheSubnetGroup
      Engine: redis
      EngineVersion: '3.2.4'
      NumCacheNodes: 1
      VpcSecurityGroupIds:
      - !Ref CacheSecurityGroup
  CacheSubnetGroup:                              # キャッシュサブネットグループは
    Type: 'AWS::ElastiCache::SubnetGroup'        # VPC サブネットを参照する
    Properties:
      Description: cache
      SubnetIds:
      - Ref: SubnetA
      - Ref: SubnetB
```

VMSecurityGroup リソースはまだ定義されていません。Web サーバーを実行するための EC2 イ
ンスタンスを定義するときに、このリソースを追加します。

シングルノードの Redis キャッシュクラスタの定義はこれで完成です。Discourse は PostgreSQL
データベースも要求するため、次は PostgreSQL データベースを定義します。

12.4.3　データベース：セキュリティグループ、サブネットグループ、データベースインスタンス

PostgreSQL はオープンソースの高性能な RDB です。PostgreSQL を使ったことがなくても問題
はまったくありません。RDS サービスはマネージド PostgreSQL データベースを提供しています。
RDS の詳細については、第 11 章を参照してください。CloudFormation テンプレートの RDS イン
スタンスの定義を見てみましょう（リスト 12-4）。

リスト 12-4　Discourse 用の CloudFormation テンプレート（データベース）

```
Resources:
  ...
  DatabaseSecurityGroup:                         # RDS インスタンスで送受信される
    Type: 'AWS::EC2::SecurityGroup'              # トラフィックはセキュリティグループ
    Properties:                                  # によって保護される
      GroupDescription: database
      VpcId: !Ref VPC
  DatabaseSecurityGroupIngress:
    Type: 'AWS::EC2::SecurityGroupIngress'
    Properties:
```

12.4 CloudFormation を使って Discourse アプリケーションをインストールする **383**

```
      GroupId: !Ref DatabaseSecurityGroup
      IpProtocol: tcp
      FromPort: 5432                            # PostgreSQL のデフォルトポートは 5432
      ToPort: 5432
      SourceSecurityGroupId: !Ref VMSecurityGroup
  Database:                                    # データベースリソース
    Type: 'AWS::RDS::DBInstance'
    DeletionPolicy: Delete
    Properties:
      AllocatedStorage: 5
      BackupRetentionPeriod: 0                 # バックアップを無効化
      DBInstanceClass: 'db.t2.micro'
      DBName: discourse                        # RDS が作成する PostgreSQL データベース
      Engine: postgres                         # Discourse は PostgreSQL を要求する
      EngineVersion: '9.5.6'                   # PostgreSQL のバージョン
      MasterUsername: discourse                # PostgreSQL 管理者のユーザー名
      MasterUserPassword: discourse            # PostgreSQL 管理者のパスワード
      VPCSecurityGroups:
      - !Sub ${DatabaseSecurityGroup.GroupId}
      DBSubnetGroupName: !Ref DatabaseSubnetGroup
    DependsOn: VPCGatewayAttachment
  DatabaseSubnetGroup:                         # RDS は VPC のサブネットを参照するために
    Type: 'AWS::RDS::DBSubnetGroup'            # サブネットグループも使用する
    Properties:
      DBSubnetGroupDescription: database
      SubnetIds:
      - Ref: SubnetA
      - Ref: SubnetB
```

`VMSecurityGroup` リソースはまだ定義されていません。Web サーバー用の EC2 インスタンスを定義するときに、このリソースを追加します。なお、本番環境では、`BackupRetentionPeriod` に 0 よりも大きい値を指定するとよいでしょう。また将来、互換性が問題にならないよう PostgreSQL のバージョンは常に指定してください。さらに、本番環境では、PostgreSQL 管理者のパスワードを変更してください。

RDS と ElastiCache の定義が似ていることに気づいたでしょうか。RDS と ElastiCache の考え方は同じなので、一度理解しておけば、これらのサービスへの取り組みが容易になります。足りないコンポーネントはあと 1 つ —— Web サーバーを実行する EC2 インスタンスだけです。

12.4.4　仮想マシン：セキュリティグループ、EC2 インスタンス

Discourse は Ruby on Rails アプリケーションであるため、このアプリケーションをホストするための EC2 インスタンスが必要です。Discourse のインストールと設定を行うための、CloudFormation テンプレートの仮想マシンとスタートアップスクリプトの定義はリスト 12-5 のようになります。

384　第 12 章　｜　メモリへのデータキャッシュ［ElastiCache］

> **リスト 12-5**　Discourse 用の CloudFormation テンプレート（仮想マシン）

```
Resources:
  ...
  VMSecurityGroup:
    Type: 'AWS::EC2::SecurityGroup'
    Properties:
      GroupDescription: 'vm'
      SecurityGroupIngress:
      - CidrIp: '0.0.0.0/0'                  # インターネットからの SSH トラフィック
        FromPort: 22                         # を許可
        IpProtocol: tcp
        ToPort: 22
      - CidrIp: '0.0.0.0/0'                  # インターネットからの HTTP トラフィック
        FromPort: 80                         # を許可
        IpProtocol: tcp
        ToPort: 80
      VpcId: !Ref VPC
  VMInstance:                                # Discourse を実行する仮想マシン
    Type: 'AWS::EC2::Instance'
    Properties:
      ImageId: !FindInMap [RegionMap, !Ref 'AWS::Region', AMI]
      InstanceType: 't2.micro'
      KeyName: !Ref KeyName
      NetworkInterfaces:
      - AssociatePublicIpAddress: true
        DeleteOnTermination: true
        DeviceIndex: 0
        GroupSet:
        - !Ref VMSecurityGroup
        SubnetId: !Ref SubnetA
      UserData:                              # Discourse のインストールに必要な部分
        'Fn::Base64': !Sub |                 # のスクリプト
          #!/bin/bash -x
          bash -ex << "TRY"
            ...
            # パッケージのインストール
            ...

            # Discourse のダウンロード
            useradd discourse
            mkdir /opt/discourse
            git clone https://.../discourse.git /opt/discourse

            # Discourse の設定
            ...
            # PostgreSQL データベースのエンドポイントを設定
            echo "db_host = ... /opt/discourse/config/discourse.conf
            # Redis クラスタノードのエンドポイントを設定
            echo "redis_host = ... /opt/discourse/config/discourse.conf
            ...

            # Discourse の準備
            ...
          # インストールスクリプトの終了を CloudFormation に合図
```

```
            TRY
              /opt/aws/bin/cfn-signal -e $? --stack ${AWS::StackName} --resource
VMInstance --region ${AWS::Region}
    CreationPolicy:
        ResourceSignal:                        # UserData のインストールスクリプトから
          Timeout: PT15M                       # の合図を最大で 15 分待機
    DependsOn:
    - VPCGatewayAttachment
Outputs:
  VMInstanceIPAddress:                         # 仮想マシンのパブリック IP アドレスを出力
    Value: !GetAtt 'VMInstance.PublicIp'
    Description: 'EC2 Instance public IP address (...)'
```

CloudFormation テンプレートはこれで完成です。次は、このテンプレートを使って CloudFormation スタックを作成し、うまくいくか試してみましょう。

12.4.5　Discourse 用の CloudFormation テンプレートをテストする

この CloudFormation テンプレートを使ってスタックを作成し、あなたの AWS アカウントを使ってすべてのリソースを作成してください。このスタックの作成には、AWS CLI を使用することにします。

```
$ aws cloudformation create-stack --stack-name discourse --template-url \
> https://s3.amazonaws.com/awsinaction-code2/chapter12/template.yaml \
> --parameters ParameterKey=KeyName,ParameterValue=mykey \
> ParameterKey=AdminEmailAddress,ParameterValue=< メールアドレス >
```

スタックの作成には 15 分ほどかかることがあります。次のコマンドを使ってスタックのステータスを確認してください。

```
$ aws cloudformation describe-stacks --stack-name discourse \
> --query "Stacks[0].StackStatus"
```

スタックのステータスが CREATE_COMPLETE に変わったら、次のコマンドを使ってスタックの出力から EC2 インスタンスのパブリック IP アドレスを取得します。

```
$ aws cloudformation describe-stacks --stack-name discourse \
> --query "Stacks[0].Outputs[0].OutputValue"
```

Web ブラウザを開いてこの IP アドレスにアクセスすると、Discourse の Web サイトが表示されます（図 12-9）。[Register]をクリックして管理者アカウントを作成してください。

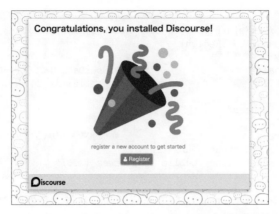

図 12-9：Discourse をインストールした後、最初に表示される画面

　そうすると、この管理者アカウントを有効にするためのメールが送られてきます。このメールは迷惑メールフォルダに含まれていることがあります。管理者アカウントを有効にすると、13 のステップからなるセットアップウィザードが起動するため、ウィザードの指示に従ってセットアップを完了してください。Discourse のインストールと設定が完了すると、図 12-10 の画面が表示されます。

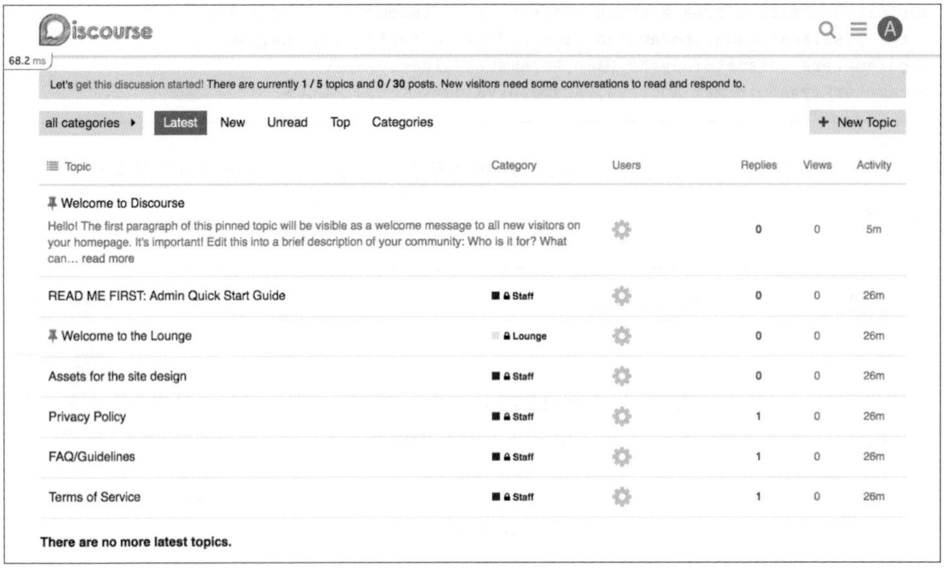

図 12-10：Discourse コミュニティディスカッションプラットフォーム

　この CloudFormation スタックは次節で使用するため、削除しないでください。
　Discourse は Redis を使って一部のデータをキャッシュし、ElastiCache を使って Redis を自動的

に実行します。ElastiCache を本番環境で使用する場合は、キャッシュが期待どおりに動作していることを監視し、パフォーマンスを改善する方法を知っておく必要があります。次節では、キャッシュの監視について説明します。キャッシュのパフォーマンスの改善については、12.6 節で説明します。

12.5　キャッシュの監視

　CloudWatch は、あらゆる種類のメトリクスを格納する AWS のサービスです。ElastiCache ノードは有益なメトリクスを送信します。最も重要なメトリクスは次の 4 つです。

- `CPUUtilization` … CPU 使用率（パーセント）。
- `SwapUsage` … ホストで使用されるスワップの量（バイト単位）。**スワップ**（swap）とは、システムの物理メモリが不足している場合に使用されるディスク領域のことです。
- `Evictions` … メモリの上限に達したためにキャッシュから削除された、有効期限が切れていないアイテムの数。
- `ReplicationLag` … リードレプリカとして動作する Redis ノードにのみ適用されるメトリクス。プライマリノードの変更内容がレプリカに適用されるまでの時間（秒数）を表します。通常はかなり小さい数字になります。

　ここでは、これらのメトリクスを詳しく見ていきます。また、本番環境でキャッシュを監視するために、これらのメトリクスに対してアラームを定義するときの有益なしきい値についてのヒントも提供します。

12.5.1　ホストレベルのメトリクスを監視する

　仮想マシンは CPU 使用率とスワップ使用率を報告します。CPU 使用率が 80 ～ 90 パーセントを超えるとたいてい待ち時間が異常に長くなるため、問題があります。ですが、事態はもっと複雑です。Redis はシングルスレッドだからです。複数のコアが搭載されている場合は、CPU 全体の使用率が低くても、1 つのコアの使用率が 100% になっていることがあります。スワップ使用率はまったく別の話です。この場合はインメモリキャッシュを実行しているため、仮想マシンがスワップを開始（メモリをディスクへ移動）すると、パフォーマンスが低下します。Memcached 用のElastiCache と Redis 用の ElastiCache は、デフォルトでは、メモリ使用量を物理的に利用可能な量よりも少なく保つことで（このデフォルト設定は調整可能）、他のリソースに使用する分を残しておきます（たとえば、カーネルは開いているソケットごとにメモリを必要とします）。しかし、他にも動作しているプロセスがあり（カーネルプロセスなど）、それらがメモリを使い果たしてしまうこともあります。この問題を解決するには、ノードタイプを上のクラスのものに変更するか、シャードを追加することで、キャッシュのメモリを増やす必要があります。

第 12 章　メモリへのデータキャッシュ [ElastiCache]

> **待ち行列理論：なぜ 80 〜 90% なのか**
>
> 　スーパーマーケットを経営しているとしましょう。1 日あたりのレジの目標稼働率は何パーセントに設定
> するのが望ましいでしょうか。つい 90% のような高い数字を追い求めたくなりますが、顧客は待ち行列に
> 同時に並ぶわけではないため、稼働率を 90% にすると顧客の待ち時間が非常に長くなってしまいます。
> 　この背景にある理論は**待ち行列理論** (queuing theory) と呼ばれるもので、待ち時間がリソースの使用率
> に対して幾何級数的に長くなることを表します。この理論はレジに適用されるだけでなく、ネットワーク
> ボード、CPU、ハードディスクなどにも適用されます。ここでは単純に、M/D/1 待ち行列システムを想定
> します。M/D/1 の「M」はマルコフ型到着 (到着時間の指数分布)、「D」は確定サービス時間 (固定)、「1」は
> 1 つの窓口を表します。コンピュータシステムに適用される待ち行列理論に興味がある場合は、Brendan
> Gregg 著『Systems Performance: Enterprise and the Cloud』(Prentice Hall、2013 年) [4] から始める
> とよいでしょう。
> 　使用率が 0% から 60% に上昇すると、待ち時間は 2 倍になります。使用率が 80% になると待ち時間は
> 3 倍になり、90% になると待ち時間は 6 倍になります。
> 　したがって、0% の使用率の待ち時間が 100 ミリ秒であるとすれば、80% の使用率で待ち時間はすでに
> 300 ミリ秒となり、E コマース Web サイトではすでに低速です。

`CPUUtilization` メトリクスの 10 分間の平均値が、1 つのデータポイント群のうち 1 つに対し
て 80% を超える場合や、`SwapUsage` メトリクスの 10 分間の平均値が 1 のデータポイント群のう
ち 1 つに対して 67108864 (64MB) を超える場合にアラームを作動させてもよいでしょう。これら
の数字はあくまでも目安です。アプリケーションのパフォーマンスが低下する前にアラームを作動
させるには、これらのしきい値が十分に高く (低く) 設定されていなければなりません。システムの
負荷テストを実施して、しきい値が適切であることを検証してください。

12.5.2　メモリは十分か

`Evictions` メトリクスは、Memcached と Redis によって報告されます。キャッシュがいっぱい
の状態で新しいキーと値のペアを挿入する場合は、先に古いキーと値のペアを削除する必要があり
ます。この操作を「エビクション」と呼びます。デフォルトでは、Redis が削除するのは TTL が設定
されているキーだけです (volatile-lru ポリシー)。この他にも、最後に使用されてから最も時間が経っ
ているキーを削除する allkeys-lru ポリシー、TTL を持つキーの中から 1 つをランダムに削除する
volatile-random ポリシー、TTL が最も短いキーを削除する volatile-ttl ポリシー、キーを削除しない
noeviction ポリシーがあります。通常、エビクション率が高いことは、しばらくしたらキーを期限
切れにする TTL を使用していないか、キャッシュが小さすぎることを示しています。この問題を
解決するには、ノードタイプを上のクラスのものに変更するか、シャードを追加することで、キャッ

※ 4　　『詳解 システム・パフォーマンス』(オライリー・ジャパン、2017 年)

シュのメモリを増やす必要があります。

Evictionsメトリクスの10分間の平均値が、1つのデータポイント群のうち1つに対して1000を超える場合は、アラームを作動させるとよいかもしれません。

12.5.3 Redisレプリケーションは最新か

ReplicationLagメトリクスは、リードレプリカとして実行されるノードにのみ適用されます。このメトリクスは、プライマリノードの変更内容がレプリカに適用されるまでの時間（秒数）を表します。この値が大きいほど、レプリカは古くなります。アプリケーションの一部のユーザーがかなり古いデータを参照することになるため、この遅延が問題になることがあります。たとえば、ゲームアプリケーションで1つのプライマリノードと1つのレプリカノードを使用しているとしましょう。読み取りはすべてプライマリノードかレプリカノードのどちらかで実行されます。ReplicationLagメトリクスの値は600であり、レプリカノードが10分前のプライマリノードと同じ状態であることを意味します。ユーザーがアプリケーションにアクセスするときにどのノードに接続するかによっては、10分前のデータを参照する可能性があります。

ReplicationLagメトリクスの値が大きいとしたら、その理由は何でしょうか。ひょっとしたら、クラスタのサイズに問題があるのかもしれません。たとえば、キャッシュクラスタのキャパシティが不足していることが考えられます。一般に、このことはシャードかレプリカを追加してキャパシティを増やすための目安となります。

ReplicationLagメトリクスの10分間の平均値が、1つの連続した期間にわたって30秒を超える場合は、アラームを作動させるとよいかもしれません。

Cleaning up

キャッシュの監視方法が確認できたところで、実行中のCloudFormationスタックを削除してください。

```
$ aws cloudformation delete-stack --stack-name discourse
```

12.6 キャッシュのパフォーマンスを調整する

キャッシュがボトルネックになるのは、低遅延でリクエストを処理できない場合です。前節では、キャッシュを監視する方法について説明しました。ここでは、キャッシュがボトルネックになっている（たとえばCPUやネットワークの使用率が高い）ことが監視データから判明した場合にどうすればよいかについて説明します。ElastiCacheのパフォーマンス問題は、図12-11の決定木を使って解決できます。ここでは、その方法を詳しく見ていきます。

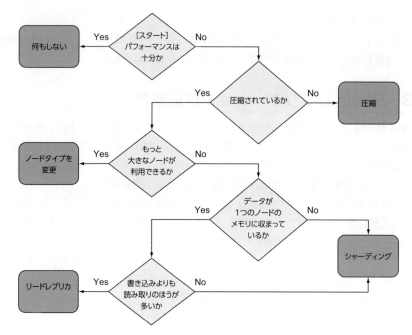

図 12-11：パフォーマンス問題を解決するための ElastiCache の決定木

ElastiCache クラスタのパフォーマンスを調整する方法として、次の 3 つがあります。

1. **正しいキャッシュノードタイプを選択する**
   より大きなインスタンスタイプはリソース（CPU、メモリ、ネットワーク）の量が多いため、垂直方向へのスケーリングが可能です。
2. **正しいデプロイメントオプションを選択する**
   シャーディングまたはリードレプリカを使った水平方向へのスケーリングが可能です。
3. **データを圧縮する**
   送信するデータや格納するデータの量を少なくすると、パフォーマンスも調整できます。

12.6.1　正しいキャッシュノードタイプを選択する

　ここまでは、キャッシュノードタイプとして cache.t2.micro を使用してきました。このノードタイプは 1 つの vCPU とおよそ 0.6GB のメモリを搭載し、低〜中程度のネットワークパフォーマンスを実現します。このノードタイプを使用したのは、無料利用枠でカバーできるからです。しかし、AWS では、より高性能なノードタイプを使用することもできます。最も性能が高いのは cache.r4.16xlarge であり、64 個の vCPU とおよそ 488GB のメモリを搭載し、25Gb のネットワークに対応します。なお、Redis はシングルスレッドであり、すべてのコアを使用するわけではないことに注意してください。

原則として、本番環境のトラフィックには、並行処理を実現するための少なくとも2つの vCPU、データセットを収容するのに十分で、ある程度（20%など）の余裕があるメモリ、そして少なくとも高いネットワークパフォーマンスを実現するキャッシュノードタイプを選択してください。メモリに余裕を持たせておくと、メモリの断片化も抑えられます。また、r4.largeは小規模なノードに最適であり、2つのvCPUとおよそ16GBのメモリを搭載し、最大10Gbのネットワークに対応します。クラスタトポロジで必要となるシャードの数を調べている場合は、このノードタイプを出発点にするとよいでしょう。もう少しメモリが必要な場合は、さらに上のクラスのノードタイプを選択してください。利用可能なノードタイプは「Amazon ElastiCacheの料金」[5]で確認できます。

12.6.2　正しいデプロイメントオプションを選択する

データをレプリケートすると、同じレプリカグループ内の複数のノードに読み取りトラフィックを分散させることができます。クラスタ内のノードの数が増えるため、より多くのリクエストを処理できるようになります。また、データをシャードする（分散させる）と、データが複数のバケットに分配されます。各バケットには、データの一部が含まれています。クラスタ内のノードの数が増えるため、より多くのリクエストを処理できるようになります。

さらに、レプリケーションとシャーディングを組み合わせることで、クラスタ内のノードの数を増やすこともできます。

MemcachedとRedisはどちらもシャーディングの概念をサポートしています。シャーディングを実行すれば、1つのキャッシュクラスタノードですべてのキーを管理する必要がなくなり、キー空間が複数のノードの間で分割されます。RedisクライアントとMemcachedクライアントは、特定のキーに対して正しいノードを選択するためにハッシュアルゴリズムを実装しています。シャーディングを実行すれば、キャッシュクラスタのキャパシティを増やすことができます。

Redisはレプリケーションの概念をサポートしています。この場合は、ノードグループ内の1つのノードがプライマリノードとなり、読み取り/書き込みトラフィックを受け入れます。他のノードはレプリカノードとなり、読み取りトラフィックのみを受け入れます。このようにすると、読み取りキャパシティのスケーリングが可能になります。Redisクライアントが特定のコマンドに適したノードを選択するには、クラスタトポロジを知っていなければなりません。ここで注意しなければならないのは、レプリカノードへのレプリケーションが非同期で行われることです。つまり、レプリカノードは最終的にプライマリノードと同じ状態になります。

原則として、1つのノードではデータやリクエストの処理が追いつかなくなった場合や、Redisを使用していて、ほとんどのトラフィックが読み取りトラフィックである場合は、レプリケーションを使用してください。レプリケーションを使用すれば、（追加料金なしで）可用性も改善されます。

※5　https://aws.amazon.com/elasticache/pricing/

12.6.3　データを圧縮する

　データ圧縮ソリューションはアプリケーションで実装する必要があります。キャッシュに大きな値（およびキー）を送信する代わりに、データを圧縮してからキャッシュに格納できるようになります。キャッシュからデータを取り出すときには、アプリケーションで圧縮を解除してからデータを使用する必要があります。データによっては、圧縮の効果は絶大です。メモリのサイズが元のサイズから 25% も削減され、ネットワーク送信でも同じ規模の減少を確認できたケースもあります。

　原則として、データに最適な圧縮アルゴリズムを使ってデータを圧縮してください（ほとんどの場合は zlib ライブラリが最適です）。普段使用しているプログラミング言語でもサポートされている最善の圧縮アルゴリズムを選択するには、データの一部で実際に試してみる必要があります。

12.7　まとめ

- キャッシュレイヤにより、アプリケーションが大幅に高速になるだけでなく、プライマリデータストアのコストも削減される。

- キャッシュをデータベースと同期した状態に保つために、通常は、一定の時間が経過したアイテムを期限切れにするか、ライトスルー方式を使用する。

- キャッシュがいっぱいになった場合、通常は、最も使用頻度の低いアイテムが削除される。

- ElastiCache は Memcached クラスタまたは Redis クラスタを自動的に実行できる。利用できる機能はエンジンごとに異なる。Memcached と Redis はオープンソースだが、それらのエンジンレベルでの拡張が AWS によって行われている。

CHAPTER 13: Programming for the NoSQL database service: DynamoDB

▶第13章
NoSQLデータベース
サービスのプログラミング
[DynamoDB]

本章の内容
- NoSQL データベースサービスである DynamoDB の長所と短所
- テーブルの作成とデータの格納
- データの取得を最適化するためのセカンダリインデックスの追加
- キー値データベースのために最適化されたデータモデルの設計
- パフォーマンスの調整

　ほとんどのアプリケーションはデータをデータベースに保存します。物流倉庫の在庫を管理するアプリケーションがあるとしましょう。在庫の動きが活発であればあるほど、このアプリケーションが処理するリクエストの数が多くなり、データベースが処理しなければならないキューが大きくなります。遅かれ早かれ、データベースがビジー状態に陥り、物流倉庫の生産性が制限されるほど高遅延になります。この時点で、業務を支援するためにデータベースのスケーリングを実行する必要があります。スケーリングには、次の2つの方法があります。

- **垂直方向**
  メモリの増設やより高性能なCPUへの置き換えなど、データベースマシンのハードウェア

を追加する方法です。

● **水平方向**
データベースマシンをもう1台追加して、2台のマシンでデータベースクラスタを構成する方法です。

垂直方向のスケーリングのほうが簡単ですが、コストがかかります。ハイエンドのハードウェアは一般に流通しているコモディティ化されたハードウェアよりも高価です。それに加えて、それ以上高速なハードウェアがなくなった時点で、垂直方向のスケーリングは不可能になります。

従来のリレーショナルデータベース（RDB）では、水平方向のスケーリングは困難です。というのも、トランザクションを保証するために、2相コミットの過程でデータベースの全ノード間での通信が要求されるからです。トランザクションの保証とは、不可分性、一貫性、独立性、永続性のことであり、これらの頭文字をとって **ACID** とも呼ばれます。2つのノード間での2相コミットの仕組みを単純にまとめると、次のようになります。

1. データの変更を要求するクエリ（INSERT、UPDATE、DELETE）がデータベースクラスタに送信されます。
2. データベーストランザクションコーディネータが2つのノードにコミットリクエストを送信します。
3. このクエリが実行可能かどうかをノード1が確認し、その結果をコーディネータに返します。ノードが実行可能と判断した場合は、その約束を果たさなければならず、判断を覆すことはできません。
4. このクエリが実行可能かどうかをノード2が確認し、その結果をコーディネータに返します。
5. コーディネータが各ノードから結果を受け取り、すべてのノードがクエリを実行できると判断した場合は、各ノードにコミットを命令します。
6. ここでようやくノード1とノード2がデータを変更します。この時点で、両方のノードがコミットリクエストを処理しなければなりません。このステップの失敗は許されません。

そこで問題となるのは、ノードを追加すればするほど、相互にトランザクションの調整を行わなければならないノードの数が増えるため、データベースが低速になることです。この問題に対処する方法は、これらのトランザクションを保証しない **NoSQL データベース** と呼ばれるデータベースを使用することでした。

NoSQL データベースには、ドキュメント、グラフ、カラム、キー値ストアの4種類があり、それぞれ目的や用途が異なります。Amazon が提供している **DynamoDB** という NoSQL データベースサービスは、ドキュメントをサポートするキー値ストアです。MySQL、MariaDB、Oracle Database、Microsoft SQL Server、PostgreSQL など、一般的な RDB エンジンを提供する RDS とは異なり、DynamoDB は、プロプライエタリ、フルマネージド、クローズドソースのキー値ストアです。**フルマネージド**は、ユーザーはサービスを利用するだけで、サービスを運用するのは AWS であることを意味します。DynamoDB は可用性と耐久性に優れたキー値ストアであり、1つのアイテムか

ら数十億のアイテムまで、そして1秒につき1リクエストから数万リクエストまでのスケーリングが可能です。

データを格納するために別の種類のNoSQLデータベース（たとえばNeo4jなどのグラフデータベース）が必要である場合は、EC2インスタンスを起動し、データベースを直接インストールする必要があります。インストールの手順は第3章と第4章で説明したとおりです。

本章では、DynamoDBの使い方を詳しく見ていきます。他のサービスと同様に、DynamoDBを管理する方法と、DynamoDBをアプリケーションで使用するためのプログラミングの方法について説明します。DynamoDBの管理は簡単です。テーブルとセカンダリインデックスを作成し、必要に応じて読み取りキャパシティと書き込みキャパシティを調整するだけです。これらのキャパシティはDynamoDBのコストとパフォーマンスに直接影響を与えます。

ここでは、DynamoDBの基礎を確認し、nodetodoという単純なタスク管理アプリケーションを作成します。nodetodoは現代版のHello Worldアプリケーションです。実行時のnodetodoは図13-1のようになります。

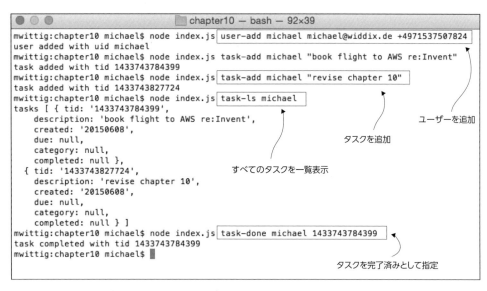

図13-1：タスク管理コマンドラインアプリケーションnodetodoを使ってタスクを管理できる

> 本章の例は、無料利用枠で完全にカバーされるはずです。本章の例を数日以上にわたって実行したままにしない限り、料金は発生しません。ただし、本書で使用するAWSアカウントを新たに作成していて、そのAWSアカウントで他の作業を行わないことが前提となります。このAWSアカウントは本書の最後に削除するため、本章の内容は数日以内に読み終えるようにしてください。

nodetodoに取りかかる前に、DynamoDBの基礎を理解する必要があります。

13.1　DynamoDB を操作する

DynamoDB はマネージドサービスであり、AWS によって管理されるため、従来の RDB のような管理は必要ありません。あなた（顧客）が実行しなければならない作業は他にあります。DynamoDB の料金は主にストレージ使用量とパフォーマンス要件によって決まります。ここでは、DynamoDB を RDS とも比較します。

13.1.1　管理

DynamoDB を使用する場合は、次の理由により、インストール、更新、マシン、ストレージ、またはバックアップの心配をする必要はありません。

- **DynamoDB はダウンロードできるソフトウェアではない**
  DynamoDB はサービスとして提供される NoSQL データベースです。このため、MySQL や MongoDB のようにインストールすることはできません。したがって、データベースを更新する必要もありません。ソフトウェアのメンテナンスは AWS によって行われます。

- **DynamoDB は AWS が管理している一連のマシンで実行される**
  OS やセキュリティ関連の問題はすべて AWS によって処理されます。セキュリティに関して言うと、IAM を使って DynamoDB のテーブルのユーザーに適切なアクセス許可を割り当てる責任はあなた（顧客）にあります。

- **DynamoDB は複数のマシンと複数のデータセンターにまたがってデータをレプリケートする**
  耐久性を目的としてデータをバックアップする必要はありません。バックアップ機能はデータベースにすでに組み込まれています。

バックアップ

DynamoDB は非常に高い耐久性を実現します。しかし、データベース管理者がすべてのデータを誤って削除してしまった場合や、新しいバージョンのアプリケーションによってアイテムが破壊されてしまった場合はどうなるのでしょうか。この場合は、テーブルを過去の有効な状態に戻すためにバックアップが必要になるでしょう。2017 年 12 月、AWS は DynamoDB の新機能としてオンデマンドバックアップ / 復元を発表しています。

ぜひオンデマンドバックアップを使って DynamoDB のテーブルのスナップショットを作成し、あとから必要に応じて復元できるようにしてください。

DynamoDB を使用する場合は一部の管理タスクが不要になることがわかりました。しかし、DynamoDB を本番環境で使用する際には、テーブルの作成（13.4 節）、セカンダリインデックスの作成（13.6 節）、キャパシティの使用状況の監視、読み取りキャパシティと書き込みキャパシティ

のプロビジョニング（13.9節）、そしてテーブルのバックアップの作成について検討する必要があります。

13.1.2　料金

DynamoDBを使用する場合は、次の料金が毎月発生します。

- ストレージ1GBの使用につき0.25ドル（セカンダリインデックスもストレージを消費する）
- 書き込みスループットのプロビジョニングに対し、キャパシティユニットあたり0.47ドル[1]
- 読み取りスループットのプロビジョニングに対し、キャパシティユニットあたり0.09ドル

これらの料金は、本書の執筆時点でのバージニア北部（us-east-1）リージョンの料金です。EC2インスタンスといったAWSリソースを使って同じリージョン内のDynamoDBにアクセスする場合、トラフィックの追加料金は発生しません。

13.1.3　ネットワーク

DynamoDBはVPCで実行されません。DynamoDBにアクセスするには、AWS APIを使用しなければなりません。AWS APIを使用するには、インターネットアクセスが必要です。プライベートサブネットにはインターネットゲートウェイ経由でインターネットに向かうルートがないため、プライベートサブネットからDynamoDBにアクセスすることはできません。代わりに、NATゲートウェイが使用されます[2]。ここで注意しなければならないのは、DynamoDBを使用するアプリケーションが大量のトラフィックを生成する場合があることと、NATゲートウェイの帯域幅が10Gbpsに制限されていることです。このため、VPCにDynamoDB用のエンドポイントを設定し、プライベートサブネットからDynamoDBにアクセスするほうが効果的です。この場合、NATゲートウェイは必要ありません。VPCのエンドポイントについては、「DynamoDBにおけるAmazon VPCエンドポイント」[3]を参照してください。

13.1.4　RDSとの比較

表13-1は、DynamoDBとRDSを比較したものです。DynamoDBとRDSの共通点はどちらもデータベースと呼ばれていることだけなので、これはリンゴとオレンジを比較するようなものです。アプリケーションが複雑なSQLクエリを要求する場合は、RDS（より正確には、RDSが提供するRDBエンジン）を使用してください。それ以外の場合は、アプリケーションをDynamoDBに移行させることを検討するとよいでしょう。

---

[1]　スループットについては、13.9節を参照。

[2]　詳細については、第6章の6.5節を参照。

[3]　http://mng.bz/c4v6

表 13-1：DynamoDB と RDS の違い

タスク	DynamoDB	RDS
テーブルの作成	AWS マネジメントコンソール、AWS SDK、または AWS CLI の `aws dynamodb create-table` コマンド	SQL の CREATE TABLE 文
データの挿入、更新、削除	AWS SDK	SQL の INSERT、UPDATE、または DELETE 文
データのクエリ	プライマリキーを使用する場合は AWS SDK。キー以外の属性を問い合わせることはできないが、セカンダリインデックスを追加するか、テーブル全体をスキャンすることは可能	SQL の SELECT 文
ストレージの増加	何もしなくてよい：DynamoDB はアイテムが増えると自動的に拡大する	追加ストレージのプロビジョニング
パフォーマンスの改善	キャパシティを増やすことによる水平方向のスケーリング。DynamoDB が自動的にマシンを追加する	インスタンスタイプの変更とディスクスループットの増加による垂直方向のスケーリング、またはリードレプリカの追加による水平方向のスケーリング（上限がある）
仮想マシンへのデータベースのインストール	DynamoDB はダウンロードできない。サービスとして利用できるだけである	MySQL、MariaDB、Oracle Database、Microsoft SQL Server、PostgreSQL のいずれかをダウンロードし、仮想マシンにインストールする。これは Aurora には当てはまらない
エキスパートの雇用	DynamoDB のスキルが必要	データベースエンジンに応じて、SQL の一般的なスキルか特別なスキルが必要

13.1.5　NoSQL との比較

　表 13-2 は、DynamoDB を複数の NoSQL データベースと比較したものです。どのデータベースにも長所と短所があります。この表は、AWS で使用することを前提に、これらのデータベースを大まかに比較したものにすぎない点に注意してください。

表 13-2：DynamoDB と NoSQL データベースの違い

タスク	DynamoDB キー値ストア	MongoDB ドキュメントストア	Neo4j グラフストア	Cassandra カラムストア	Riak KV キー値ストア
本番環境での AWS でのデータベースの実行	ワンクリック（マネージドサービス）	自己管理型の EC2 インスタンスのクラスタ、またはサードパーティのサービスとして	自己管理型の EC2 インスタンスのクラスタ、またはサードパーティのサービスとして	自己管理型の EC2 インスタンスのクラスタ、またはサードパーティのサービスとして	自己管理型の EC2 インスタンスのクラスタ、またはサードパーティのサービスとして
実行中の利用可能なストレージの増加	不要（データベースは自動的に拡張する）	EC2 インスタンスを追加	実行中に EBS ボリュームを増加	EC2 インスタンスを追加	EC2 インスタンスを追加

13.2　開発者のための DynamoDB

　DynamoDB はデータをテーブルにまとめるキー値ストアです。たとえば、ユーザーを格納するためのテーブルと、タスクを格納するためのテーブルを別々に使用できます。テーブルに含まれるアイテム（属性の集まり）はプライマリキーによって識別されます。アイテムはユーザーまたはタスクのどちらかになります。アイテムについては、RDB の行として考えるとよいでしょう。RDB と

同じように、テーブルでは、プライマリキー（RDBの主キー）に加えて、データクエリのためのセカンダリインデックスを管理できます。ここでは、DynamoDBのこうした基本要素を取り上げた後、NoSQLデータベースと簡単に比較します。

13.2.1 テーブル、アイテム、属性

DynamoDBのテーブルにはそれぞれ名前が付いており、アイテムのコレクションが含まれています。**アイテム**とは属性の集まりのことであり、**属性**とは名前と値のペアのことです。属性の値は、スカラー型、多値型、ドキュメント型のいずれかになります。スカラー型は数値、文字列、バイナリ、ブーリアンを表します。多値型は数値の集合、文字列の集合、バイナリの集合を表します。ドキュメント型はJSONドキュメントのオブジェクトと配列を表します。テーブルに含まれている各アイテムの属性が同じである必要はありません（強制的に適用されるスキーマはありません）。図13-2は、これらの用語を具体的に示しています。

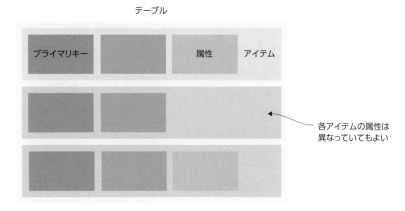

図13-2：DynamoDBのテーブルには、プライマリキーによって識別される属性からなるアイテムが格納される

DynamoDBのテーブルは、AWSマネジメントコンソール、CloudFormation、AWS SDK、AWS CLIのいずれかを使って作成できます。次のコマンドは、AWS CLIを使ってテーブルを作成する方法を示しています（テーブルの作成は後ほど改めて取り上げるので、このコマンドはまだ実行しないでください）。

```
$ aws dynamodb create-table --table-name app-entity \
> --attribute-definitions AttributeName=id,AttributeType=S \
> --key-schema AttributeName=id,KeyType=HASH \
> --provisioned-throughput ReadCapacityUnits=5,WriteCapacityUnits=5
```

このテーブルの名前は`app-entity`であり、プライマリキーとして`id`という文字列型の属性を使用します。プライマリキーは`id`属性を使用するパーティションキーです。このコマンドについ

ては、13.4 節で詳しく説明します。

　DynamoDB を使用するアプリケーションを複数実行する計画がある場合は、テーブルのプレフィックスとしてアプリケーションの名前を使用するとよいでしょう。また、テーブルは AWS マネジメントコンソールを使って作成することもできます。ここで注意しなければならないのは、「テーブルやそのキースキーマの名前はあとから変更できない」ことです。ただし、属性の定義の追加やスループットの変更はいつでも実行できます。

13.2.2　プライマリキー

　プライマリキーはテーブル内で一意であり、アイテムを識別するものです。プライマリキーとして使用できる属性は 1 つだけです。DynamoDB は、この属性を**パーティションキー**（partition key）と呼んでいます。アイテムを検索するには、そのアイテムのパーティションキーが必要です。また、2 つの属性をプライマリキーとして使用する方法もあります。その場合、属性の 1 つはパーティションキー、もう 1 つは**ソートキー**（sort key）になります。

パーティションキー

　パーティションキーは、アイテムの属性の 1 つを使ってハッシュベースのインデックスを作成します。パーティションキーに基づいてアイテムを検索したい場合は、そのパーティションキーを正確に知っている必要があります。たとえばユーザーテーブルでは、ユーザーのメールアドレスをパーティションキーとして使用できます。その場合は、パーティションキー（メールアドレス）を知っていれば、ユーザーを取得できることになります。

パーティションキーとソートキー

　パーティションキーとソートキーを使用する場合は、アイテムの 2 つの属性を使ってより強力なインデックスを作成することになります。アイテムを検索するには、パーティションキーを正確に知っている必要がありますが、ソートキーを知っている必要はありません。また、1 つのパーティションキーを複数のアイテムで使用することも可能であり、それらのアイテムはソートキーに基づいてソートされます。

　パーティションキーの検索は完全一致（=）に限定されます。ソートキーの検索では、=、>、<、>=、<=、BETWEEN x AND y のいずれかの演算子を使用できます。たとえば、パーティションキーのソートキーの検索を特定のポイントから開始できます。ソートキー単体での検索は不可能であり、常にパーティションキーを指定しなければなりません。たとえばメッセージテーブルのパーティションキーとソートキーをプライマリキーとして使用するとしましょう —— パーティションキーはユーザーのメールアドレス、ソートキーはタイムスタンプかもしれません。このような場合は、ユーザーのメッセージのうち特定のタイムスタンプよりも新しいまたは古いメッセージをすべて検索できます。そして、それらのメッセージはタイムスタンプに基づいてソートされます。

13.2.3 DynamoDB ローカル

開発者チームが DynamoDB を使用する新しいアプリケーションを開発しているとしましょう。開発中は、開発者ごとに別々のデータベースを使用することで、他のチームメンバーのデータを破壊しないようにする必要があります。また、アプリケーションが正常に動作することを確認するには、ユニットテスト（単体テスト）を作成する必要もあります。CloudFormation スタックを使って開発者ごとに異なる DynamoDB テーブルを作成することもできますし、オフライン開発のために DynamoDB をローカルで使用することもできます。DynamoDB の実装（DynamoDB ローカル）は AWS からダウンロードできます[4]。ただし、本番環境では DynamoDB ローカルを実行しないでください。DynamoDB ローカルは開発用に作成されたものであり、DynamoDB と同じ機能を提供しますが、異なる実装を使用します。要するに、同じなのは API だけです。

13.3　タスク管理アプリケーションのプログラミング

プログラミング言語のオーバーヘッドを最小限に抑えるために、ここでは Node.js/JavaScript を使って単純なタスク管理アプリケーションを作成します。この **nodetodo** というアプリケーションはローカルマシンのターミナルから実行できます。nodetodo はデータベースとして DynamoDB を使用します。nodetodo の機能は次のとおりです。

- ユーザーの作成と削除
- タスクの作成と削除
- タスクを完了済みとして指定
- さまざまなフィルタに基づくタスクの一覧表示

nodetodo は複数のユーザーをサポートし、期日を指定するか指定せずにタスクを管理できます。ユーザーが多くのタスクを管理するのに役立つよう、タスクにカテゴリを割り当てることもできます。nodetodo を使用するには、ターミナルからコマンドを入力します。

> **NOTE**
>
> この時点では、以下のコマンドを実行しないように注意してください。これらのコマンドはまだ実装されていません。コマンドの実装については次節で説明します。

nodetodo を使ってユーザーを追加する方法は次のようになります。nodetodo の出力は STDOUT（標準出力）に書き出されます。

※4　http://mng.bz/27h5

402 第13章 | NoSQL データベースサービスのプログラミング［DynamoDB］

```
# node index.js user-add <ユーザー ID> <メールアドレス> <電話番号>

$ node index.js user-add michael michael@widdix.de 0123456789
user added with uid michael
```

　新しいタスクを追加する方法は次のようになります。オプションパラメータは [ ] で囲まれています。名前付きパラメータは --<名前>=<値> の形式で指定します。

```
# node index.js task-add <ユーザー ID> <説明>  [<カテゴリ>] [--dueat=<yyyymmdd>]

$ node index.js task-add michael "plan lunch" --dueat=20150522
task added with tid 1432187491647
```

　このタスクは 1432187491647 というタスク ID で追加されています。
　タスクに完了済みのマークを付ける方法は次のようになります。

```
# node index.js task-done <ユーザー ID> <タスク ID>

$ node index.js task-done michael 1432187491647
task completed with tid 1432187491647
```

　タスクの一覧表示も可能です。

```
# node index.js task-ls <ユーザー ID> [<カテゴリ>] [--overdue|--due|...]

$ node index.js task-ls michael
tasks ...
```

　直観的に理解できるコマンドラインインターフェイス（CLI）を実装するために、nodetodo は **docopt** という CLI 記述言語を使って CLI を定義します。サポートされているコマンドは次のとおりです。

- user-add … nodetodo に新しいユーザーを追加する。
- user-rm … ユーザーを削除する。
- user-ls … ユーザーを一覧表示する。
- user … 指定されたユーザーの詳細情報を表示する。
- task-add … nodetodo に新しいタスクを追加する。
- task-rm … タスクを削除する。
- task-ls … さまざまなフィルタを使ってユーザーのタスクを一覧表示する。

- `task-la` … さまざまなフィルタを使ってタスクをカテゴリごとに一覧表示する。
- `task-done` … タスクに完了済みのマークを付ける。

ここからは、DynamoDB の使い方を学ぶために、これらのコマンドの機能を実装します。最初に、パラメータを含め、すべてのコマンドの完全な CLI 定義を見ておきましょう。[ ] で囲まれているパラメータはオプション（省略可能）です。

リスト 13-1 CLI 記述言語 docopt を使って nodetodo のコマンドを定義する

```
nodetodo

Usage:
  nodetodo user-add <uid> <email> <phone>
  nodetodo user-rm <uid>
  nodetodo user-ls [--limit=<limit>] [--next=<id>]
  nodetodo user <uid>
  nodetodo task-add <uid> <description> [<category>] [--dueat=<yyyymmdd>]
  nodetodo task-rm <uid> <tid>
  nodetodo task-ls <uid> [<category>] [--overdue|--due|--withoutdue|--futuredue|
    --dueafter=<yyyymmdd>|--duebefore=<yyyymmdd>] [--limit=<limit>] [--next=<id>]
  nodetodo task-la <category> [--overdue|--due|--withoutdue|--futuredue|
    --dueafter=<yyyymmdd>|--duebefore=<yyyymmdd>] [--limit=<limit>] [--next=<id>]
  nodetodo task-done <uid> <tid>
  nodetodo -h | --help
  nodetodo --version
```

DynamoDB は、SQL を使ってデータの作成、取得、更新、削除を行う従来の RDB に匹敵するものではありません。DynamoDB にアクセスするには、AWS SDK を使って HTTPS REST API を呼び出します。DynamoDB はアプリケーションに組み込む必要があります。つまり、SQL データベースを使用する既存のアプリケーションをそのまま DynamoDB で実行することはできません。DynamoDB を使用するには、コードを記述する必要があります。

13.4　テーブルを作成する

データは DynamoDB のテーブルにまとめられます。テーブルアイテムのすべての属性を定義する必要はありません。DynamoDB では、RDB のような静的なスキーマは必要ありませんが、テーブル内でプライマリキーとして使用する属性を定義しなければなりません。つまり、AWS CLI を使ってテーブルのプライマリキーのスキーマを定義する必要があります。そのための `aws dynamodb create-table` コマンドには、必須オプションが 4 つあります。

- `table-name` … テーブルの名前（あとから変更できません）。
- `attribute-definitions` … プライマリキーとして使用する属性の名前と型。`AttributeName=<属性名>,AttributeType=S` 構文を使って、複数の定義をスペースで区切って指定できます。有効な型は、`S`（文字列）、`N`（数値）、`B`（バイナリ）の 3 つです。

404　第13章 ｜ NoSQL データベースサービスのプログラミング［DynamoDB］

- key-schema … プライマリキーを構成する属性の名前（あとから変更できません）。パーティションキーの場合は、AttributeName=＜属性名＞,KeyType=HASH 構文を使ってエントリを1つ指定します。パーティションキーとソートキーの場合は、2つのエントリをスペースで区切って指定します。有効な型は、HASH と RANGE です。

- provisioned-throughput … このテーブルのパフォーマンス設定。ReadCapacityUnits=5,WriteCapacityUnits=5 として定義されます（13.9 節で説明します）。

それでは、nodetodo アプリケーションのユーザーのテーブルと、すべてのタスクを保持するテーブルの作成に取りかかりましょう。

13.4.1　ユーザーはパーティションキーによって識別される

nodetodo ユーザーのテーブルを作成する前に、このテーブルの名前とプライマリキーについて慎重に検討する必要があります。すべてのテーブルのプレフィックスとしてアプリケーションの名前を使用することを提案します。この場合、テーブル名は todo-user になります。プライマリキーの選択では、将来作成するクエリと、データアイテムに関して何か特別なことがあるかどうかについて考える必要があります。ユーザーは uid という一意なユーザー ID を持つことになるため、uid 属性をパーティションキーとして選択するのがよさそうです。また、user コマンドの機能を実装するには、uid に基づいてユーザーを検索できなければなりません。そこで、uid をこのテーブルのパーティションキーにすることで、この属性をプライマリキーとして使用します。次の例では、todo-user テーブルのプライマリキーのパーティションキーとして uid 属性が使用されています。波かっこ（{}）で囲まれている部分はすべてアイテムです。

```
"michael" => {        ◀───── uid("michael") はパーティションキー
  "uid": "michael",
  "email": "michael@widdix.de",
  "phone": "0123456789"
}
"andreas" => {        ◀───── パーティションキーに順序はない
  "uid": "andreas",
  "email": "andreas@widdix.de",
  "phone": "0123456789"
}
```

ユーザーは既知の uid でのみ検索されるため、ユーザーの識別にパーティションキーを使用しても問題はありません。次に、AWS CLI を使って、上記のような構造を持つユーザーテーブルを作成してみましょう。テーブルのプレフィックスとしてアプリケーションの名前を使用すれば、将来名前の競合に悩まされずに済みます（❶）。各アイテムは最低でも文字列型の属性 uid を持っていなければなりません（❷）。パーティションキー（HASH 型）は uid 属性を使用します（❸）。最後のパラメータについては、13.9 節で説明します（❹）。

```
$ aws dynamodb create-table --table-name todo-user \              ❶
> --attribute-definitions AttributeName=uid,AttributeType=S \      ❷
> --key-schema AttributeName=uid,KeyType=HASH \                    ❸
> --provisioned-throughput ReadCapacityUnits=5,WriteCapacityUnits=5   ❹
```

　テーブルの作成には少し時間がかかります。ステータスがACTIVEに変わるまで待ってください。
テーブルのステータスは次のコマンドを使って確認できます。

```
$ aws dynamodb describe-table --table-name todo-user
{
    "Table": {
        "AttributeDefinitions": [        ←───┤ このテーブルに定義された属性
            {
                "AttributeName": "uid",
                "AttributeType": "S"
            }
        ],
        "TableName": "todo-user",
        "KeySchema": [                   ←───┤ プライマリキーとして使用される属性
            {
                "AttributeName": "uid",
                "KeyType": "HASH"
            }
        ],
        "TableStatus": "ACTIVE",         ←───┤ テーブルのステータス
        "CreationDateTime": 1562921471.54,
        "ProvisionedThroughput": {
            "NumberOfDecreasesToday": 0,
            "ReadCapacityUnits": 5,
            "WriteCapacityUnits": 5
        },
        "TableSizeBytes": 0,
        "ItemCount": 0,
        "TableArn": "arn:aws:dynamodb:us-east-1:315730004636:table/todo-user",
        "TableId": "7a1819a7-bea0-4544-a448-6f53a0f5b12c"
    }
}
```

13.4.2　タスクはパーティションキーとソートキーによって識別される

　タスクは常にユーザーに属しており、タスク関連のすべてのコマンドにユーザーIDが含まれて
います。task-lsコマンドの機能を実装するには、ユーザーIDに基づいてタスクを検索する方法
が必要です。パーティションキーに加えてソートキーを使用すれば、複数のアイテムを同じパー
ティションキーに追加できます。タスク関連のすべての操作にユーザーIDが必要であるため、パー
ティションキーとしてuidを使用し、ソートキーとしてtidを使用するとよいでしょう。tidは
タスク作成時のタイムスタンプとして定義されるタスクIDです。ユーザーIDと（必要に応じて）タ

スク ID が含まれたクエリを実行する準備はこれで完了です。

NOTE

　この方法には制限が 1 つあります。ユーザーが追加できるタスクは、1 つのタイムスタンプにつき 1 つだけです。タスクは uid と tid（プライマリキー）によって一意に識別されるため、1 人のユーザーに同じタイムスタンプを持つ複数のタスクを追加することはできません。この例で使用するタイムスタンプはミリ秒単位であるため、おそらく問題はないでしょう。

　パーティションキーとソートキーを使用する場合は、テーブル属性を 2 つ使用することになります。パーティションキーは、順序を持たないハッシュインデックスで管理されます。ソートキーは、パーティションキーごとにソートされたインデックスで管理されます。パーティションキーとソートキーの組み合わせは、プライマリキーとして使用される場合、アイテムを一意に識別します。次のデータセットは、ソートされないパーティションキーとソート済みのソートキーの組み合わせを示しています。

```
["michael", 1] => {
  "uid": "michael",          ←──────┘ uid("michael") はパーティションキー
  "tid": 1,                  ←──────┘ tid(1) はプライマリキーのソートキー
  "description": "prepare lunch"
}
["michael", 2] => {          ←──────┘ ソートキーはパーティションキーの中でソートされる
  "uid": "michael",
  "tid": 2,
  "description": "buy nice flowers for mum"
}
["michael", 3] => {
  "uid": "michael",
  "tid": 3,
  "description": "prepare talk for conference"
}
["andreas", 1] => {          ←──────┘ パーティションキーに順序はない
  "uid": "andreas",
  "tid": 1,
  "description": "prepare customer presentation"
}
["andreas", 2] => {
  "uid": "andreas",
  "tid": 2,
  "description": "plan holidays"
}
```

nodetodo アプリケーションでは、あるユーザーのタスクをすべて取得することが可能です。タ

スクのプライマリキーがパーティションキーだけであるとしたら、あるユーザーのタスクをすべて取得するのは困難です。DynamoDB からタスクを取得するには、そのユーザーのパーティションキーを知っていなければならないからです。これに対し、プライマリキーとしてパーティションキーとソートキーの両方を使用する場合は簡単です。この場合は、パーティションキーを知っているだけでよいからです。この例では、タスクの既知のパーティションキーとして uid を使用し、ソートキーとして tid を使用します。tid はタスク作成時のタイムスタンプとして定義されるタスク ID です。次に、todo-task テーブルを作成します。パーティションキーとソートキーをプライマリキーとして作成するために 2 つの属性を使用します（❶）。tid 属性はソートキーです（❷）。

```
$ aws dynamodb create-table --table-name todo-task --attribute-definitions \
> AttributeName=uid,AttributeType=S AttributeName=tid,AttributeType=N \      ❶
> --key-schema AttributeName=uid,KeyType=HASH AttributeName=tid,KeyType=RANGE \   ❷
> --provisioned-throughput ReadCapacityUnits=5,WriteCapacityUnits=5
```

この aws dynamodb describe-table --table-name todo-task コマンドを実行し、テーブルのステータスが ACTIVE に変わるのを待ちます。2 つのテーブルを作成したところで、データを追加してみましょう。

13.5　データを追加する

ユーザーとユーザーのタスクを格納するために 2 つのテーブルが作成され、実行されています。これらのテーブルを使用するには、データを追加する必要があります。DynamoDB へのアクセスには Node.js SDK を使用するため、まず SDK と定型コードをセットアップする必要があります。Node.js のインストール方法については、第 4 章のコラム「Node.js のインストールと設定」（127 ページ）を参照してください。

本書のサンプルコード

　本書のサンプルコードはすべて本書の GitHub リポジトリからダウンロードできます。nodetodo アプリケーションのコードは /chapter13 フォルダに含まれています。このフォルダへ移動し、ターミナルで npm install を実行して必要な依存リソースをすべてインストールしてください。なお、本章で実行する AWS CLI コマンドの一部は README.md ファイルに含まれています。

https://github.com/AWSinAction/code2

　Node.js と CLI 記述言語 docopt の準備を整えるには、すべての設定作業を行う魔法のコードが必要です（リスト 13-2）。docopt はプロセスに渡されたすべての引数を読み取り、JavaScript オブジェクトを返します。引数は CLI の定義に基づいてパラメータにマッピングされます。

408 第 13 章 ｜ NoSQL データベースサービスのプログラミング［DynamoDB］

リスト 13-2 Node.js で docopt を使用する（index.js）

```
// ファイルシステムにアクセスするために fs モジュールをロード
const fs = require('fs');
// 入力引数を読み取るために docopt モジュールをロード
const docopt = require('docopt');
// JavaScript で日時型を使用するために moment モジュールをロード
const moment = require('moment');
// AWS SDK モジュールをロード
const AWS = require('aws-sdk');
const db = new AWS.DynamoDB({
  region: 'us-east-1'
});

// cli.txt ファイルから CLI の定義を読み取る
const cli = fs.readFileSync('./cli.txt', {encoding: 'utf8'});
const input = docopt.docopt(cli, {   // 引数を解析して入力変数に保存
  version: '1.0',
  argv: process.argv.splice(2)
});
```

次に、nodetodo アプリケーションの機能を実装します。AWS SDK の `putItem` オペレーション
を使って DynamoDB にデータを追加する方法は次のようになります。

```
const params = {
  Item: {                        // すべてのアイテムの属性名と値のペア
    attr1: {S: 'val1'},          // 文字列は S で表される
    attr2: {N: '2'}              // 浮動小数点数と整数は N で表される
  },
  TableName: 'app-entity'        // app-entity テーブルにアイテムを追加
};
db.putItem(params, (err) => {    // DynamoDB で putItem を呼び出す
  if (err) {                     // エラーを処理する
    console.error('error', err);
  } else {
    console.log('success');
  }
});
```

まずは nodetodo にデータを追加してみましょう。

13.5.1 ユーザーを追加する

nodetodo にユーザーを追加するには、nodetodo user-add ＜ユーザー ID＞ ＜メールアドレス＞
＜電話番号＞コマンドを実行します。このコマンドの機能を実装する Node.js のコードはリスト
13-3 のようになります。

13.5　データを追加する　409

リスト 13-3 **ユーザーを追加する** (index.js)

```
if (input['user-add'] === true) {
  const params = {
    // アイテムにはすべての属性が含まれる。キーも属性であるため、
    // データを追加するときにどの属性がキーであるかを DynamoDB に伝える必要はない
    Item: {
      // uid 属性は文字列型で、uid パラメータの値を含んでいる
      uid: {S: input['<uid>']},
      // email 属性は文字列型で、email パラメータの値を含んでいる
      email: {S: input['<email>']},
      // phone 属性は文字列型で、phone パラメータの値を含んでいる
      phone: {S: input['<phone>']}
    },
    TableName: 'todo-user',
    // putItem が同じキーで 2 回呼び出された場合はデータが置き換えられる
    // ConditionExpression はキーがまだ存在しない場合にのみ putItem を許可する
    ConditionExpression: 'attribute_not_exists(uid)'
  };
  // DynamoDB で putItem を呼び出す
  db.putItem(params, (err) => {
    if (err) {
      console.error('error', err);
    } else {
      console.log('user added');
    }
  });
}
```

AWS API を呼び出すときの手順は常に次のようになります。

1. 必要なパラメータ（params 変数）を含んだ JavaScript オブジェクト（マップ）を作成します。
2. AWS SDK の関数を呼び出します。
3. レスポンスにエラーが含まれているかどうかを確認し、含まれていない場合は、返された
   データを処理します。

したがって、ユーザーではなくタスクを追加したい場合は、params の内容を変更するだけです。

13.5.2　タスクを追加する

nodetodo にタスクを追加するには、nodetodo task-add <ユーザー ID> <説明> [<カテゴリ>]
[--dueat=<yyyymmdd>] コマンドを実行します。たとえば、ミルクを買うことを覚えておくタス
クを作成するには、nodetodo task-add michael "buy milk" のようなタスクを追加します。こ
のコマンドの機能を実装する Node.js のコードはリスト 13-4 のようになります。

410　第13章 | NoSQL データベースサービスのプログラミング［DynamoDB］

リスト13-4 タスクを追加する（index.js）

```
if (input['task-add'] === true) {
  // 現在のタイムスタンプに基づいてタスク ID（tid）を作成
  const tid = Date.now();
  const params = {
    Item: {
      uid: {S: input['<uid>']},
      // tid 属性は数値型であり、tid 値を含んでいる
      tid: {N: tid.toString()},
      description: {S: input['<description>']},
      // 作成される属性は（20190725 形式の）数値型
      created: {N: moment(tid).format('YYYYMMDD')}
    },
    TableName: 'todo-task',
    // 既存のアイテムの上書きを回避
    ConditionExpression: 'attribute_not_exists(uid) and attribute_not_exists(tid)'
  };
  // オプションの名前付きパラメータ dueat が設定されている場合は、この値を追加
  if (input['--dueat'] !== null) {
    params.Item.due = {N: input['--dueat']};
  }
  // オプションの名前付きパラメータ category が設定されている場合は、この値を追加
  if (input['<category>'] !== null) {
    params.Item.category = {S: input['<category>']};
  }
  // DynamoDB で putItem を呼び出す
  db.putItem(params, (err) => {
    if (err) {
      console.error('error', err);
    } else {
      console.log('task added with tid ' + tid);
    }
  });
}
```

　nodetodo にユーザーとタスクを追加する準備はこれで完了です。このようなデータをすべて取得できれば便利ではないでしょうか。

13.6　データを取得する

　DynamoDB はキー値ストアです。通常、キーはそうしたストアからデータを取得するための唯一の手段となります。DynamoDB のデータモデルを設計する際には、（13.4 節で示したように）テーブルの作成時にそうした制限があることを忘れないようにしてください。データを検索するためのキーが 1 つしかない場合は、遅かれ早かれ困ったことになるでしょう。運のよいことに、DynamoDB にはアイテムを検索する手段として、さらにセカンダリインデックスによるキーの検索とスキャンの 2 つがあります。ここでは、プライマリキーを使ってデータを取得する方法を確認してから、より高度な手法について説明することにします。

13.6 データを取得する **411**

DynamoDB のストリーム

DynamoDB では、テーブルに変更が加えられたらすぐに変更内容を取得できます。テーブルのアイテムに対する書き込み操作 (作成、更新、削除) はすべて**ストリーム**によって提供されます。パーティションキー内での書き込み操作の順序は矛盾が発生しないようになっています。

● アプリケーションがデータベースに変更を問い合わせてその内容を取得する場合は、DynamoDB ストリームを使用すると問題がうまく解決される。

● テーブルに対する変更内容をキャッシュに追加したい場合は、DynamoDB ストリームが役立つことがある。

● DynamoDB テーブルを別のリージョンにレプリケートしたい場合は、DynamoDB ストリームを使って行うことができる。

13.6.1　キーを使ってアイテムを取得する

データを取得する最も基本的な形式は、ユーザーをユーザー ID で検索するなど、プライマリキーを使って単一のアイテムを検索することです。DynamoDB からアイテムを 1 つ取得するには、AWS SDK の `getItem` オペレーションを次のように使用します。

```
const params = {
  Key: {
    attr1: {S: 'val1'}              // プライマリキーの属性を指定
  },
  TableName: 'app-entity'
};
db.getItem(params, (err, data) => {    // DynamoDB で getItem を呼び出す
  if (err) {
    console.error('error', err);
  } else {
    if (data.Item) {                   // アイテムが検出されたかどうかを確認
      console.log('item', data.Item);
    } else {
      console.error('no item found');
    }
  }
});
```

`nodetodo user <ユーザー ID>` コマンドは、ユーザー ID に基づいてユーザーを取得しなければなりません。このコマンドの機能を実装する Node.js のコードはリスト 13-5 のようになります。

412 第13章 │ NoSQL データベースサービスのプログラミング［DynamoDB］

リスト 13-5 ユーザーを取得する（index.js）

```javascript
const mapUserItem = (item) => {          // DynamoDB の結果を変換するヘルパー関数
  return {
    uid: item.uid.S,
    email: item.email.S,
    phone: item.phone.S
  };
};

if (input['user'] === true) {
  const params = {
    Key: {
      uid: {S: input['<uid>']}           // ユーザーをプライマリキーで検索
    },
    TableName: 'todo-user'
  };
  db.getItem(params, (err, data) => {    // DynamoDB で getItem を呼び出す
    if (err) {
      console.error('error', err);
    } else {
      if (data.Item) {                   // ユーザーが検出されたかどうかを確認
        console.log('user with uid ' + input['<uid>'], mapUserItem(data.Item));
      } else {
        console.error('user with uid ' + input['<uid>'] + ' not found');
      }
    }
  });
}
```

　特定のタスクを検索するなど、データをパーティションキーとソートキーに基づいて取得する場合も getItem オペレーションを使用できます。唯一の違いは、Key のエントリが 1 つではなく 2 つになることだけです。getItem はアイテムを 1 つ返すか、アイテムを返さないかのどちらかです。複数のアイテムを取得したい場合は、DynamoDB に対してクエリを実行する必要があります。

13.6.2　キーとフィルタを使ってアイテムを取得する

　アイテムを 1 つだけ取得するのではなく、あるユーザーのすべてのアイテムなど、アイテムのコレクションを取得したい場合は、DynamoDB に対してクエリを実行する必要があります。複数のアイテムをプライマリキーだけで取得する方法がうまくいくのは、そのテーブルでパーティションキーとソートキーを使用している場合だけです。DynamoDB からアイテムのコレクションを取得するには、AWS SDK の query オペレーションを次のように使用します。

```javascript
const params = {
  // キーが満たさなければならない条件：
  // パーティションキーとソートキーの両方を照合する場合は AND を使用する
  // パーティションキーに使用できる演算子は = のみ
  // ソートキーに使用できる演算子は =、>、<、>=、<=、BETWEEN x AND y、begins_with
  // データはあらかじめソートされているため、ソートキー演算子は超高速である
```

13.6 データを取得する **413**

```
  KeyConditionExpression: 'attr1 = :attr1val AND attr2 = :attr2val',
  ExpressionAttributeValues: {
    ':attr1val': {S: 'val1'},      // 式で動的な値を参照する
    ':attr2val': {N: '2'}          // 必ず正しい型 (S, N, B) を指定する
  },
  TableName: 'app-entity'
};
db.query(params, (err, data) => {  // DynamoDB で query を呼び出す
  if (err) {
    console.error('error', err);
  } else {
    console.log('items', data.Items);
  }
});
```

　query オペレーションでは、フィルタやキー条件と一致するアイテムだけを取得するために、FilterExpression を指定することもできます。たとえば、特定のカテゴリに属するタスクだけを表示するなど、結果セットの内容を絞り込むのに役立ちます。FilterExpression 構文は KeyConditionExpression と同じように機能しますが、フィルタに対してインデックスは使用されません。フィルタは KeyConditionExpression にパスしたすべての結果に適用されます。

　特定のユーザーのタスクをすべて表示するには、nodetodo task-ls ＜ユーザー ID＞ ［＜カテゴリ＞］ ［--overdue|--due|--withoutdue|--futuredue］ コマンドを実行することで、DynamoDB に対してクエリを実行しなければなりません。タスクのプライマリキーは uid と tid の組み合わせです。特定のユーザーのタスクをすべて取得するために KeyConditionExpression に指定しなければならないのは、パーティションキーだけです。このコマンドの機能を実装する Node.js のコードはリスト 13-6 のようになります。

リスト 13-6　**タスクを取得する（index.js）**

```
// オプション属性にアクセスするためのヘルパー関数
const getValue = (attribute, type) => {
  if (attribute === undefined) {
    return null;
  }
  return attribute[type];
};

// DynamoDB の結果を変換するためのヘルパー関数
const mapTaskItem = (item) => {
  return {
    tid: item.tid.N,
    description: item.description.S,
    created: item.created.N,
    due: getValue(item.due, 'N'),
    category: getValue(item.category, 'S'),
    completed: getValue(item.completed, 'N')
  };
};
```

```
if (input['task-ls'] === true) {
  const yyyymmdd = moment().format('YYYYMMDD');
  const params = {
    // プライマリキークエリ：todo-task テーブルはパーティションキーとソートキーを使用
    // クエリに定義されるのはパーティションキーだけなので、
    // 指定されたユーザーに属しているタスクがすべて返される
    KeyConditionExpression: 'uid = :uid',
    ExpressionAttributeValues: {
      // クエリ属性はこのように渡さなければならない
      ':uid': {S: input['<uid>']}
    },
    TableName: 'todo-task',
    Limit: input['--limit']
  };
  if (input['--next'] !== null) {
    params.KeyConditionExpression += ' AND tid > :next';
    params.ExpressionAttributeValues[':next'] = {N: input['--next']};
  }
  if (input['--overdue'] === true) {
    // フィルタリングはインデックスを使用せず、
    // プライマリキークエリから返されるすべての要素に適用される
    params.FilterExpression = 'due < :yyyymmdd';
    // フィルタ属性はこのように渡さなければならない
    params.ExpressionAttributeValues[':yyyymmdd'] = {N: yyyymmdd};
  } else if (input['--due'] === true) {
    params.FilterExpression = 'due = :yyyymmdd';
    params.ExpressionAttributeValues[':yyyymmdd'] = {N: yyyymmdd};
  } else if (input['--withoutdue'] === true) {
    // attribute_not_exists(due) は属性が指定されない場合に true となる
    // (attribute_exists の逆)
    params.FilterExpression = 'attribute_not_exists(due)';
  } else if (input['--futuredue'] === true) {
    params.FilterExpression = 'due > :yyyymmdd';
    params.ExpressionAttributeValues[':yyyymmdd'] = {N: yyyymmdd};
  } else if (input['--dueafter'] !== null) {
    params.FilterExpression = 'due > :yyyymmdd';
    params.ExpressionAttributeValues[':yyyymmdd'] = {N: input['--dueafter']};
  } else if (input['--duebefore'] !== null) {
    params.FilterExpression = 'due < :yyyymmdd';
    params.ExpressionAttributeValues[':yyyymmdd'] = {N: input['--duebefore']};
  }
  if (input['<category>'] !== null) {
    if (params.FilterExpression === undefined) {
      params.FilterExpression = '';
    } else {
      // 論理演算子を使って複数のフィルタを組み合わせることが可能
      params.FilterExpression += ' AND ';
    }
    params.FilterExpression += 'category = :category';
    params.ExpressionAttributeValues[':category'] = S: input['<category>']};
  }
  // DynamoDB で query を呼び出す
  db.query(params, (err, data) => {
```

```
      if (err) {
        console.error('error', err);
      } else {
        console.log('tasks', data.Items.map(mapTaskItem));
        if (data.LastEvaluatedKey !== undefined) {
          console.log('more tasks available with --next=' +
              data.LastEvaluatedKey.tid.N);
        }
      }
    });
  }
```

クエリを用いる方法には問題点が 2 つあります。

1. プライマリキークエリから返される結果のサイズによっては、フィルタリングに時間がかかることがあります。フィルタリングにはインデックスが使用されないため、アイテムを 1 つ 1 つチェックしなければなりません。たとえば、DynamoDB に株価が含まれていて、パーティションキーとソートキーを使用しているとしましょう。パーティションキーは AAPL（Apple）などのティッカー（株式銘柄を示す記号）、ソートキーはタイムスタンプです。この場合は、クエリを使って 2 つのタイムスタンプ（20100101 と 20150101）間の Apple の株価をすべて取得できます。ただし、月曜日の株価だけを取得したい場合は、データを 20%（毎週 5 日の取引日のうち 1 日）だけ取得するためにすべての株価にフィルタを適用しなければなりません。このため、大量のリソースが無駄になります。

2. 検索できるのはプライマリキーだけです。category 属性での検索は不可能なので、ユーザー全員のタスクのうち特定のカテゴリに属しているタスクだけを取得することは不可能です。

これらの問題はセカンダリインデックスを使って解決できます。次は、その仕組みを調べてみましょう。

13.6.3　グローバルセカンダリインデックスを使ってクエリの柔軟性を高める

　グローバルセカンダリインデックス（global secondary index）は、元のテーブルの射影であり、DynamoDB によって自動的に管理されます。インデックス内のアイテムに定義されるのは単なるキーだけで、プライマリキーは定義されません。このキーはインデックス内で必ずしも一意であるとは限りません。たとえば、ユーザーが含まれているテーブルがあり、各ユーザーに国属性が割り当てられているとしましょう。この場合は、国属性を新しいパーティションキーとしてグローバルセカンダリインデックスを作成します。同じ国に複数のユーザーが住んでいる可能性があるため、キーはインデックスにおいて一意ではありません。

　グローバルセカンダリインデックスに対するクエリは、テーブルに対するクエリと同じように実行できます。グローバルセカンダリインデックスについては、DynamoDB によって自動的に管理される読み取り専用の DynamoDB テーブルとして考えることができます。親テーブルを変更するた

びに、すべてのインデックスが非同期で更新されます（結果整合性）。図 13-3 は、グローバルセカンダリインデックスの仕組みを示しています。

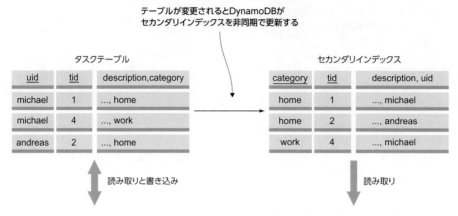

図 13-3：グローバルセカンダリインデックスには、別のキーに基づいて高速な検索を実行するためにテーブルのデータのコピー（射影）が含まれる

グローバルセカンダリインデックスには、ストレージという代価（元のテーブルと同じコスト）が伴います。テーブルへの書き込みによってグローバルセカンダリインデックスへの書き込みも発生するため、このインデックスに対する書き込みキャパシティユニットのプロビジョニングも必要です。

ローカルセカンダリインデックス

DynamoDB は、グローバルセカンダリインデックスに加えて、ローカルセカンダリインデックスもサポートしています。ローカルセカンダリインデックスでは、元のテーブルと同じパーティションキーを使用しなければなりません。同じでなくてもよいのは、ソートキーとして使用する属性だけです。ローカルセカンダリインデックスは元のテーブルの読み取り / 書き込みキャパシティを使用します。

DynamoDB には、ワークロードに基づいてキャパシティをプロビジョニングできるという大きな利点があります。グローバルセカンダリインデックスの 1 つで大量の読み取りトラフィックが発生する場合は、そのインデックスの読み取りキャパシティを増やすことができます。テーブルとインデックスに対して十分なキャパシティをプロビジョニングすれば、データベースのパフォーマンスを調整できます（13.9 節で詳しく説明します）。

nodetodo アプリケーションに戻りましょう。カテゴリ別にタスクを取得できるようにするために、todo-task テーブルにセカンダリインデックスを追加します。

グローバルセカンダリインデックスはテーブルの作成後に追加できます。このインデックスの

名前は category-index です（❶）。このインデックスには、パーティションキーとソートキーを使用します。パーティションキーは category 属性（❷）、ソートキーは tid 属性です（❸）。"ProjectionType": "ALL" は、すべての属性がインデックスに射影されることを意味します（❹）。

リスト 13-7 グローバルセカンダリインデックスの定義（create_gsi.json）

```
[{
    "Create": {
        "IndexName": "category-index",              ❶
        "KeySchema": [
            {"AttributeName": "category", "KeyType": "HASH"},       ❷
            {"AttributeName": "tid", "KeyType": "RANGE"}     ❸
        ],
        "Projection": {"ProjectionType": "ALL"},     ❹
        "ProvisionedThroughput": {
            "ReadCapacityUnits": 5, "WriteCapacityUnits": 5
        }
    }
}]
```

　リスト 13-7 のファイルが置かれているフォルダで、次のコマンドを実行してグローバルセカンダリインデックスを追加します。

```
$ aws dynamodb update-table --table-name todo-task \
> --attribute-definitions AttributeName=uid,AttributeType=S \
> AttributeName=tid,AttributeType=N AttributeName=category,AttributeType=S \
> --global-secondary-index-updates file://create_gsi.json
```

　グローバルセカンダリインデックスの作成には少し時間がかかります。インデックスが準備できたかどうか（ステータスが ACTIVE かどうか）を確認するには、次のコマンドを使用します。

```
$ aws dynamodb describe-table --table-name=todo-task \
> --query "Table.GlobalSecondaryIndexes"
```

　タスクをカテゴリ別に一覧表示するには、nodetodo task-la ＜カテゴリ＞ [--overdue|...] コマンドを使用します。このコマンドの機能を実装する Node.js のコードはリスト 13-8 のようになります。

リスト 13-8 カテゴリインデックスからタスクを取得する（index.js）

```
if (input['task-la'] === true) {
  const yyyymmdd = moment().format('YYYYMMDD');
  const params = {
    // インデックスに対するクエリの仕組みはテーブルに対するクエリと同じ
    KeyConditionExpression: 'category = :category',
```

```
    ExpressionAttributeValues: {
      ':category': {S: input['<category>']}
    },
    TableName: 'todo-task',
    // ただし、使用するインデックスを指定しなければならない
    IndexName: 'category-index',
    Limit: input['--limit']
  };
  if (input['--next'] !== null) {
    params.KeyConditionExpression += ' AND tid > :next';
    params.ExpressionAttributeValues[':next'] = {N: input['--next']};
  }
  if (input['--overdue'] === true) {
    // フィルタリングの仕組みはテーブルと同じ
    params.FilterExpression = 'due < :yyyymmdd';
    params.ExpressionAttributeValues[':yyyymmdd'] = {N: yyyymmdd};
  }
  ...
  db.query(params, (err, data) => {
    if (err) {
      console.error('error', err);
    } else {
      console.log('tasks', data.Items.map(mapTaskItem));
      if (data.LastEvaluatedKey !== undefined) {
        console.log('more tasks available with --next='
            + data.LastEvaluatedKey.tid.N);
      }
    }
  });
}
```

　しかし、クエリではうまく対処できない状況がまだ残っています。すべてのユーザーの取得です。
テーブルのスキャンで何ができるか見てみましょう。

13.6.4　テーブルのすべてのデータのスキャンとフィルタリング

　キーが事前にわからないために、キーを使用できないことがあります。そのような場合は、テー
ブル内のすべてのアイテムをループで処理する必要があります。あまり効率のよい方法ではありま
せんが、頻繁に実行しなければ（1日に1回実行されるバッチジョブなどであれば）問題はありませ
ん。DynamoDBには、テーブル内のすべてのアイテムをスキャンするscanオペレーションがあり
ます。

```
const params = {
  TableName: 'app-entity',
  Limit: 50                              // 取得するアイテムの最大数を指定
};
db.scan(params, (err, data) => {        // DynamoDBでscanを呼び出す
  if (err) {
    console.error('error', err);
```

13.6 データを取得する **419**

```
  } else {
    console.log('items', data.Items);
    if (data.LastEvaluatedKey !== undefined) {   // スキャンできるアイテムは
      console.log('more items available');        // 他にも存在するか
    }
  }
});
```

すべてのユーザーを取得するには、`nodetodo user-ls [--limit=<上限>] [--next=<ID>]`コマンドを使用します。このコマンドの機能を実装する Node.js のコードはリスト 13-9 のようになります。一度に返されるアイテムの数が多くなりすぎないようにページングメカニズムが使用されています。

リスト 13-9 ページングを使ってすべてのユーザーを取得する（index.js）

```
if (input['user-ls'] === true) {
  const params = {
    TableName: 'todo-user',
    Limit: input['--limit']                     // 取得するユーザーの最大数
  };
  if (input['--next'] !== null) {
    params.ExclusiveStartKey = {                // 名前付きパラメータ next には、
      uid: {S: input['--next']}                 // 最後に評価されたキーが含まれる
    };
  }
  db.scan(params, (err, data) => {              // DynamoDB で scan を呼び出す
    if (err) {
      console.error('error', err);
    } else {
      console.log('users', data.Items.map(mapUserItem));
      // 最後のアイテムに達したかどうかを確認
      if (data.LastEvaluatedKey !== undefined) {
        console.log('page with --next=' + data.LastEvaluatedKey.uid.S);
      }
    }
  });
}
```

scan オペレーションはテーブル内のアイテムをすべて読み取ります。この例では、データをフィルタリングしていませんが、`FilterExpression` を使用することもできます。scan オペレーションは柔軟ですが、効率的ではないため、あまり頻繁に使用しないでください。

13.6.5 結果整合性を持つデータの読み取り

DynamoDB は、従来のデータベースと同じ方法によるトランザクションをサポートしません。複数のドキュメントを 1 つのトランザクションで変更（作成、更新、削除）することはできません。DynamoDB のアトミックな単位は、1 つのアイテム（より厳密には、パーティションキー）です。

さらに、DynamoDBは結果整合性という性質を持つサービスです。つまり、アイテムを作成し（バージョン1）、そのアイテムをバージョン2に更新した後、そのアイテムを取得すると、古いバージョン1が返されることがあります。しばらく待ってからそのアイテムを再び取得すると、バージョン2が返されます。このプロセスを図解すると、図13-4のようになります。この振る舞いの原因は、アイテムがバックグラウンドで複数のマシンに保存されることにあります。どのマシンがリクエストに応じるかによっては、アイテムの最新バージョンが返されないことがあります。

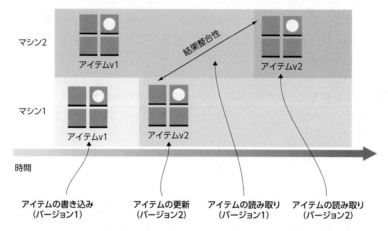

図13-4：結果整合性のある読み取りでは、すべてのマシンに変更が伝播されるまで、書き込み操作の後に古い値が返されることがある

結果整合性を持つ読み取りを回避するには、DynamoDBに対するリクエストに`"ConsistentRead": true`を追加することで、**強い整合性を持つ読み取り**（strongly consistent read）に変換する必要があります。強い整合性を持つ読み取りは、`getItem`、`query`、`scan`の3つのオペレーションでサポートされています。しかし、強い整合性を持つ読み取りは結果整合性を持つ読み取りよりも時間がかかり、より多くの読み取りキャパシティを消費します。グローバルセカンダリインデックスからの読み取りは、インデックス自体が結果整合性を持つため、常に結果整合性となります。

13.7　データを削除する

`getItem`オペレーションと同様に、`deleteItem`オペレーションでは、削除したいプライマリキーを指定する必要があります。テーブルでパーティションキーを使用しているのか、パーティションキーとソートキーの組み合わせを使用しているのかに応じて、1つまたは2つの属性を指定する必要があります。

nodetodoアプリケーションでユーザーを削除するには、`nodetodo user-rm <ユーザーID>`コマンドを使用します。このコマンドの機能を実装するNode.jsのコードはリスト13-10のようになります。

13.8　データを変更する　**421**

リスト 13-10　ユーザーを削除する（index.js）

```
if (input['user-rm'] === true) {
  const params = {
    Key: {
      uid: {S: input['<uid>']}      // パーティションキーに基づいてアイテムを識別
    },
    TableName: 'todo-user'          // ユーザーテーブルを指定
  };
  db.deleteItem(params, (err) => {  // DynamoDB で deleteItem を呼び出す
    if (err) {
      console.error('error', err);
    } else {
      console.log('user removed with uid ' + input['<uid>']);
    }
  });
}
```

　タスクの削除も同様であり、nodetodo task-rm ＜ユーザー ID＞ ＜タスク ID＞ コマンドを使用します。唯一の違いは、アイテムがパーティションキーとソートキーの組み合わせによって識別されることと、テーブル名を変更する必要があることです（リスト 13-11）。

リスト 13-11　タスクを削除する（index.js）

```
if (input['task-rm'] === true) {
  const params = {
    Key: {
      uid: {S: input['<uid>']},     // パーティションキーとソートキーで
      tid: {N: input['<tid>']}      // アイテムを識別
    },
    TableName: 'todo-task'          // タスクテーブルを指定
  };
  db.deleteItem(params, (err) => {
    if (err) {
      console.error('error', err);
    } else {
      console.log('task removed with tid ' + input['<tid>']);
    }
  });
}
```

　これで、DynamoDB でアイテムの作成、読み取り、削除を行えるようになりました。残っているのは更新だけです。

13.8　データを変更する

　アイテムを更新するには、updateItem オペレーションを使用します。更新したいアイテムはプライマリキーで指定しなければなりません。また、実行したい更新を指定するために

UpdateExpressionを使用することもできます。次の更新アクションのどちらか、または両方を組み合わせて使用できます。

- SETを使って既存の属性を上書きするか、新しい属性を作成する：例
  SET attr1 = :attr1val, SET attr1 = attr2 + :attr2val, SET attr1 = :attr1val, attr2 = :attr2val
- REMOVEを使って属性を削除する：例
  REMOVE attr1, REMOVE attr1, attr2

nodetodoアプリケーションでは、nodetodo task-done〈ユーザーID〉〈タスクID〉コマンドを呼び出すことで、タスクに完了済みのマークを付けることができます。この機能を実装するには、タスクアイテムを更新する必要があります（リスト13-12）。

リスト13-12 タスクを完了済みとして更新する（index.js）

```
if (input['task-done'] === true) {
  const yyyymmdd = moment().format('YYYYMMDD');
  const params = {
    Key: {
      uid: {S: input['<uid>']},       // パーティションとソートキーで
      tid: {N: input['<tid>']}        // アイテムを識別
    },
    UpdateExpression: 'SET completed = :yyyymmdd',  // 更新する属性を定義
    ExpressionAttributeValues: {
      ':yyyymmdd': {N: yyyymmdd}           // 属性値はこのように渡さなければならない
    },
    TableName: 'todo-task'
  };
  db.updateItem(params, (err) => {      // DynamoDBでupdateItemを呼び出す
    if (err) {
      console.error('error', err);
    } else {
      console.log('task completed with tid ' + input['<tid>']);
    }
  });
}
```

これで、nodetodoアプリケーションの機能がすべて実装されました。

13.9 キャパシティのスケーリング

DynamoDBテーブルやグローバルセカンダリインデックスを作成する際には、スループットのプロビジョニングが必要です。スループットは読み取りキャパシティと書き込みキャパシティに分割されます。DynamoDBは、ReadCapacityUnitsとWriteCapacityUnitsを使ってテーブルやグローバルセカンダリインデックスのスループットを指定します。ですが、キャパシティユニットはどの

ように定義されるのでしょうか。

13.9.1 キャパシティユニット

キャパシティユニットを理解するために、まず AWS CLI を使って試してみましょう。次のコマンドは、使用中のキャパシティユニットを DynamoDB に問い合わせます。

```
$ aws dynamodb get-item --table-name todo-user --key '{"uid": {"S": "michael"}}' \
> --return-consumed-capacity TOTAL --query "ConsumedCapacity"
{
  "TableName": "todo-user"
  "CapacityUnits": 0.5,        ←————┤ getItem は 0.5 キャパシティユニットを要求
}
```

次のコマンドは、DynamoDB に強い整合性を持つ読み取りを要求します。

```
$ aws dynamodb get-item --table-name todo-user --key '{"uid": {"S": "michael"}}' \
> --consistent-read --return-consumed-capacity TOTAL --query "ConsumedCapacity"
{
  "TableName": "todo-user"     ┤ 強い整合性を持つ読み取りでは、
  "CapacityUnits": 1.0,        ←┤ 必要なキャパシティユニットが 2 倍になる
}
```

次に、スループットがキャパシティユニットを消費するときのルールを簡単にまとめておきます。

- 結果整合性を持つ読み取りに必要なキャパシティユニットは、強い整合性を持つ読み取りの半分である。

- 強い整合性を持つ getItem は、アイテムのサイズが 4KB を超えない限り、1 個の読み取りキャパシティユニットを要求する。アイテムのサイズが 4KB を超える場合は、追加の読み取りキャパシティユニットが必要になる。必要な読み取りキャパシティユニットは roundUP(itemSize / 4) を使って計算できる。

- 強い整合性を持つ query は、アイテムサイズ 4KB ごとに 1 個の読み取りキャパシティユニットが必要となる。つまり、クエリから 10 個のアイテムが返され、各アイテムのサイズが 2KB である場合、アイテムの合計サイズは 20KB であり、5 個の読み取りキャパシティユニットが必要となる。対照的に、10 個の getItem オペレーションでは、10 個の読み取りキャパシティユニットが必要となる。

- 書き込みオペレーションでは、アイテムサイズ 1KB ごとに 1 個の書き込みキャパシティユニットが必要となる。アイテムのサイズが 1KB を超える場合は、roundUP(itemSize) を使って必要な書き込みキャパシティユニットを計算できる。

キャパシティユニットに慣れていない場合は、AWS Simple Monthly Calculator[5] を使って読み取りワークロードと書き込みワークロードの詳細を入力すると、必要なキャパシティを計算できます。

テーブルまたはグローバルセカンダリインデックスのプロビジョンドスループットは秒単位で定義されます。`ReadCapacityUnits=5` を使って、1 秒あたり 5 個の読み取りキャパシティユニットのプロビジョニングを行うとしましょう。この場合は、アイテムのサイズが 1 秒あたり 4KB を超えない限り、そのテーブルに対して強い整合性を持つ `getItem` リクエストを 5 つ実行できます。プロビジョニング済みの（プロビジョンド）キャパシティユニットを超えるリクエストが発生した場合、DynamoDB はまずリクエストを制限します。プロビジョンドキャパシティユニットをはるかに超えるリクエストが発生した場合は、それらのリクエストを拒否します。

ここで重要となるのは、必要な読み取り / 書き込みキャパシティユニットの数を監視することです。幸い、DynamoDB は有益なメトリクスを CloudWatch に 1 分おきに送信します。これらのメトリクスを確認するには、AWS マネジメントコンソールを開いて DynamoDB サービスへ移動し、テーブルの 1 つを選択し（❶）、［メトリックス］タブをクリックします（❷）。図 13-5 は、`todo-user` テーブルの CloudWatch メトリクスを示しています。

図 13-5：DynamoDB テーブルのプロビジョンドキャパシティユニットと
消費されたキャパシティユニットを監視する

プロビジョンドスループットはいつでも増やすことができますが、テーブルのスループットを削減できるのは 1 日に 4 〜 9 回までです（UTC 時間での 1 日）。このため、1 日に何度かテーブルのスループットのオーバープロビジョニングが必要になるかもしれません。

---

[5] http://aws.amazon.com/calculator

> **スループットキャパシティの削減に対する制限**
>
> 　通常、テーブルのスループットキャパシティの削減は、1日に4回だけ許可されます（UTC時間での1日）。それに加えて、最後に削減を行ってから4時間以上経過している場合は、削減を4回行った後でもスループットキャパシティの削減が可能です。
>
> 　理論的には、テーブルのスループットキャパシティは1日に9回まで削減できます。1日の最初の1時間にスループットキャパシティを4回削減した場合は、次の削減を5時間目に行います。5時間目にスループットキャパシティを削減した後は、次の削減を11時間目に行う、といった要領になります。

13.9.2　自動スケーリング

　DynamoDBテーブルとグローバルセカンダリインデックスのキャパシティは、データベースのワークロードに基づいて調整できます。アプリケーション層が自動的にスケーリングする場合は、データベースもスケーリングするのが得策です。そうしないと、データベースがボトルネックになってしまいます。自動スケーリングを実装するためのサービスは **Application Auto Scaling** と呼ばれます。自動スケーリングのルールを定義するCloudFormationテンプレートのコードは次のようになります。スケールインはキャパシティの減少、スケールアウトはキャパシティの増加を意味します。

```
...
RoleScaling:
  Type: 'AWS::IAM::Role'              # AWS によるテーブルの調整を可能にするには
  Properties:                          # IAM ロールが必要
    AssumeRolePolicyDocument:
      Version: 2012-10-17
      Statement:
      - Effect: Allow
        Principal:
          Service: 'application-autoscaling.amazonaws.com'
        Action: 'sts:AssumeRole'
    Policies:
    - PolicyName: scaling
      PolicyDocument:
        Version: '2012-10-17'
        Statement:
        - Effect: Allow
          Action:
          - 'dynamodb:DescribeTable'
          - 'dynamodb:UpdateTable'
          - 'cloudwatch:PutMetricAlarm'
          - 'cloudwatch:DescribeAlarms'
          - 'cloudwatch:DeleteAlarms'
          Resource: '*'
TableWriteScalableTarget:
  Type: 'AWS::ApplicationAutoScaling::ScalableTarget'
```

```
      Properties:
        MaxCapacity: 20              # キャパシティユニットの上限は 20
        MinCapacity: 5               # キャパシティユニットの下限は 5
        ResourceId: 'table/todo-user'  # DynamoDB テーブルを参照
        RoleARN: !GetAtt 'RoleScaling.Arn'
        # 尺度は書き込みキャパシティユニット
        # dynamodb:table:ReadCapacityUnits の選択も可能
        ScalableDimension: 'dynamodb:table:WriteCapacityUnits'
        ServiceNamespace: dynamodb
    TableWriteScalingPolicy:
      Type: 'AWS::ApplicationAutoScaling::ScalingPolicy'
      Properties:
        PolicyName: TableWriteScalingPolicy
        PolicyType: TargetTrackingScaling
        ScalingTargetId: !Ref TableWriteScalableTarget
        TargetTrackingScalingPolicyConfiguration:
          TargetValue: 50.0           # キャパシティをターゲット利用率の 50% に調整
          ScaleInCooldown: 600        # 次のスケールインまで少なくとも 600 秒待機
          ScaleOutCooldown: 60        # 次のスケールアウトまで少なくとも 60 秒待機
          PredefinedMetricSpecification:
            PredefinedMetricType: DynamoDBWriteCapacityUtilization
```

Cleaning up

nodetodo アプリケーション用の DynamoDB テーブルをすでに作成している場合は、次の手順を実行する前に AWS マネジメントコンソールでそれらのテーブルを削除してください。

　本書では、DynamoDB の自動スケーリングを調べるのに役立つ CloudFormation テンプレートを作成してあります[6]。このテンプレートがパラメータとして指定されている［スタックのクイック作成］リンク（下記の URL）にアクセスして CloudFormation スタックを作成すると、自動スケーリング対応の nodetodo アプリケーションに必要なテーブルが作成されます。

```
https://us-east-1.console.aws.amazon.com/cloudformation/home
?region=us-east-1#/stacks/quickcreate
?templateURL=https://s3.amazonaws.com/awsinaction-code2/chapter13/tables.yaml
&stackName=nodetodo
```

　［AWS CloudFormation によって IAM リソースが作成される場合があることを承認します。］チェックボックスをオンにした上で、［スタックの作成］をクリックします。
　図 13-6 は、実際の自動スケーリングの様子を示しています。13 時 20 分以降にキャパシティが不足したため、13 時 40 分にキャパシティが自動的に追加されています。

※ 6　http://mng.bz/3S89

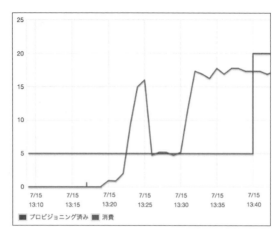

図 13-6：DynamoDB の読み取りキャパシティの自動スケーリング

　第 17 章では、このデータベースのスケーリングの知識をもとに、EC2 インスタンスのグループをスケーリングする方法について説明します。DynamoDB は、ワークロードに応じてサイズを調整する AWS の唯一のデータベースです。

Cleaning up
AWS マネジメントコンソールを使って、`nodetodo` スタックを忘れずに削除してください。

13.10　まとめ

- DynamoDB は、運用上の負担をすべて解消し、柔軟なスケーリングを可能にする NoSQL データベースサービスであり、アプリケーションのストレージバックエンドとしてさまざまな方法で利用できる。
- DynamoDB でのデータ検索はキーに基づいて実行される。パーティションキーを参照できるのは、キーを正確に知っている場合に限られる。ただし、DynamoDB ではパーティションキーとソートキーを組み合わせて使用することも可能である。つまり、範囲クエリをサポートし、ソートの対象となる別のキーとパーティションキーを組み合わせることができる。
- 結果整合性によって古いデータが返される問題を回避するために、強い整合性を持つ読み取りを実行できる。ただし、グローバルセカンダリインデックスからの読み取りは常に結果整合となる。
- DynamoDB は SQL をサポートしない。代わりに、AWS SDK を使ってアプリケーションからやり取りしなければならない。このことは、既存のアプリケーションで DynamoDB を使用

するには、コードに手を加えなければならないことも意味する。

- テーブルとインデックスに対して十分なキャパシティをプロビジョニングしたい場合は、消費された読み取り / 書き込みキャパシティを監視することが重要となる。

- DynamoDB の料金は、1 ギガバイトのストレージと、プロビジョニング済みの読み取り / 書き込みキャパシティごとに課金される。

- テーブルやセカンダリインデックスに対してクエリを実行するには、query オペレーションを使用する。

- scan オペレーションは柔軟だが、効率的ではないため、頻繁に使用すべきではない。

Part4 高可用性/耐障害性/スケーリングの手法

　Amazon.com の CTO である Werner Vogels によれば、「四六時中、あらゆるものが故障する」ようです。AWS は、決して壊れないシステムという達成不可能な目標を目指すのではなく、障害を計算に入れています。

- ハードディスクは故障する可能性があるため、S3 はデータの消失を防ぐためにデータを複数のハードディスクに格納する。
- コンピューティングハードウェアは故障する可能性があるため、必要であれば、仮想マシンを別のマシン上で自動的に再起動できる。
- データセンターはダウンする可能性があるため、各リージョンには、同時に、またはオンデマンドで使用できる複数のデータセンターが存在する。

　IT インフラやアプリケーションの機能停止は信頼やお金を失う原因になることがあり、ビジネスにとって重大なリスクとなります。Part 4 では、正しいツールとアーキテクチャを使用することで、AWS アプリケーションの機能停止をどのようにして防げばよいかについて説明します。

　AWS のサービスの中には、デフォルトで、障害にバックグラウンドで対処するものがあります。サービスによっては、障害に対処するシナリオがオンデマンドで提供されます。サービス自体は障害に対処せず、障害に対する計画と対処の機会が提供されることもあります。次の表は、最も重要なサービスとそれらの障害処理の概要をまとめたものです。

サービスとそれらの障害処理の概要

	説明	例
耐障害性	サービスが障害から自動的に回復でき、ダウンタイムを発生させない	S3（オブジェクトストレージ）、DynamoDB（NoSQLデータベース）、Route 53（DNS）
高可用性	サービスがわずかなダウンタイムで障害から自動的に回復できる	RDS（リレーショナルデータベース）、EBS（ネットワーク接続型ストレージ）
手動での障害処理	サービスはデフォルトでは障害から回復しないが、サービスの上に可用性の高いインフラを構築するためのツールを提供する	EC2（仮想マシン）

　障害を想定した設計は、AWS の基本原則です。もう 1 つの原則は、クラウドの伸縮性を利用することです。ここでは、現在のワークロードに基づいて仮想マシンの数をどのように増やせばよいかについて説明します。これにより、AWS に対して信頼性の高いシステムを設計することが可能になります。

　第 14 章では、サーバーやデータセンターを丸ごと失うリスクから脱するための基礎固めをします。同じデータセンターまたは別のデータセンターで 1 つの EC2 インスタンスを復元する方法を示します。

　第 15 章では、信頼性を向上させるためにシステムを分離するという概念を紹介します。まず、AWS のロードバランサーを使ってシステムを同期的に分離する方法を示します。また、Amazon SQS を使ってシステムを非同期で分離する方法も示します。Amazon SQS は、耐障害性システムを構築するための分散キューイングシステムです。

　第 16 章では、ここまで説明してきたさまざまなサービスを使って耐障害性アプリケーションを構築します。EC2 インスタンスに基づいて耐障害性 Web アプリケーションを設計するために必要なものをすべて紹介します。

　第 17 章のテーマは伸縮性です。スケジュールに基づいて、あるいはシステムの現在のワークロードに基づいて、キャパシティをスケールアップ / ダウンする方法を示します。

CHAPTER 14: Achieving high availability: availability zones, auto-scaling, and CloudWatch

▶ 第 14 章

高可用性の実現
[アベイラビリティゾーン、
自動スケーリング、
CloudWatch]

本章の内容
- CloudWatch アラームを使ってダウンした仮想マシンを回復させる
- AWS リージョンのアベイラビリティゾーンを理解する
- 自動スケーリングを使って仮想マシンを継続的に稼働させる
- ディザスタリカバリの要件を分析する

　Web サイトでオンラインショップを運営しているとしましょう。ある晩、仮想マシンを実行していたハードウェアが故障します。翌日の朝にあなたが出勤するまで、ユーザーは Web サイトにアクセスできません。この 8 時間におよぶダウンタイムの間に、ユーザーは別のオンラインショップを探し、あなたの Web サイトで買い物をするのをやめてしまいます。これはどのようなビジネスにとっても災難です。次に、可用性の高いオンラインショップがあるとしましょう。このシステムはハードウェアが故障しても数分後には回復し、新しいハードウェアで自動的に再起動し、Web サイトをオンライン状態に戻します —— 人の手はいっさい必要ありません。ユーザーは Web サイトで引き続き買い物をすることができます。本章では、EC2 インスタンスに基づいて可用性の高いアーキテクチャを構築する方法について説明します。

本章の例は、無料利用枠で完全にカバーされるはずです。本章の例を数日以上にわたって実行したままにしない限り、料金は発生しません。ただし、本書で使用するAWSアカウントを新たに作成していて、そのAWSアカウントで他の作業を行わないことが前提となります。このAWSアカウントは本書の最後に削除するため、本章の内容は数日以内に読み終えるようにしてください。

仮想マシンは、デフォルトでは、高可用性ではありません。次のような状況では、仮想マシンがダウンする可能性があります。

- ソフトウェアの問題が原因で、仮想マシンのOSがクラッシュする
- ホストマシン上のソフトウェアで問題が発生し、仮想マシンをクラッシュさせる（ホストマシンのOSがクラッシュするか、仮想化層がクラッシュする）
- 物理ホストのコンピューティングハードウェア、ストレージハードウェア、またはネットワークハードウェアが故障する
- 仮想マシンが属しているデータセンターの一部（ネットワーク接続、電源、または空調システム）がダウンする

　たとえば、物理ホストのコンピューティングハードウェアが故障した場合、そのホスト上で実行されているEC2インスタンスはすべてダウンします。その仮想マシン上でアプリケーションを実行している場合、そのアプリケーションはクラッシュし、誰か（おそらくあなた）が別の物理ホストで新しい仮想マシンを起動するまで、ダウンタイムが発生することになります。ダウンタイムを回避するには、自動回復を有効にするか、複数の仮想マシンを使用する必要があります。

　高可用性は、稼働しているシステムのダウンタイムがほとんど0であることを意味します。障害が発生したとしても、システムはほとんどの時間にわたって（たとえば、年間99.99%のアップタイムで）サービスを提供できます。障害から回復するために短時間の停止が必要になるかもしれませんが、人が作業を行う必要はありません。HRG（Harvard Research Group）では、高可用性を6つのAEC（Availability Environment Classification）に分類しています。そのうちの1つであるAEC-2は、年間99.99%のアップタイム（年間ダウンタイムが52分35.7秒以下）を要求します。本章の内容に従って作業を行えば、EC2インスタンスで99.99%のアップタイムを達成できます。

高可用性と耐障害性

　高可用性システムは、わずかなダウンタイムで障害から自動的に回復できます。対照的に、耐障害性システムでは、（コンポーネントの障害の場合は）サービスを途切れなく提供することが要求されます。耐障害性システムを構築する方法については、第16章で説明します。

AWS は、EC2 インスタンスに基づいて高可用性システムを構築するために次のツールを提供しています。

- CloudWatch を使って仮想マシンのステータスを監視し、必要であれば、回復プロセスを自動的に開始
- 1つのリージョン内で複数の独立したデータセンター（アベイラビリティゾーン）を使用することで、高可用性インフラを構築
- 自動スケーリングを使用することで、稼働状態の仮想マシンの数を一定に保ち、ダウンした仮想マシンを自動的に交換

14.1 CloudWatch を使って EC2 インスタンスを障害から回復させる

EC2 サービスは、各仮想マシンのステータスを自動的にチェックします。このシステムステータスチェックは1分おきに実施され、結果は CloudWatch のメトリクスとして提供されます。

> **AWS CloudWatch**
>
> AWS CloudWatch は、AWS リソースのメトリクス、イベント、ログ、アラームを提供するサービスです。第7章では、CloudWatch を使って Lambda 関数を監視し、第11章では、リレーショナルデータベースインスタンスの現在のワークロードを詳しく調べました。

システムステータスチェックは、ネットワーク接続や電源の喪失に加えて、物理ホストでのソフトウェアやハードウェアの障害を検出します。システムステータスチェックによって検出された障害を修復する責任は AWS にあります。そうした障害を修復する戦略の1つとして考えられるのは、その仮想マシンを別の物理ホストへ移動することです。

図 14-1 は、仮想マシンに影響を与える機能停止が発生した場合のプロセスを示しています。

1. 物理ホストのハードウェアが故障したために、EC2 インスタンスもダウンする。
2. EC2 サービスがこの機能停止を検知し、CloudWatch メトリクスに報告する。
3. CloudWatch アラームにより、この EC2 インスタンスの回復プロセスが開始される。
4. この EC2 インスタンスが別の物理ホストで起動する。
5. EBS ボリュームと Elastic IP は同じままであり、新しい EC2 インスタンスにリンクされる。

回復プロセスの後、同じ ID とプライベート IP アドレスを持つ新しい EC2 インスタンスが起動します。ネットワーク接続型の EBS ボリュームのデータも利用可能になります。EBS ボリュームは同

じままなので、データはまったく失われません。ローカルディスク（インスタンスストア）を持つEC2インスタンスは、このプロセスではサポートされません。古いEC2インスタンスがElastic IPアドレスにリンクされていた場合は、新しいEC2インスタンスも同じElastic IPアドレスにリンクされます。

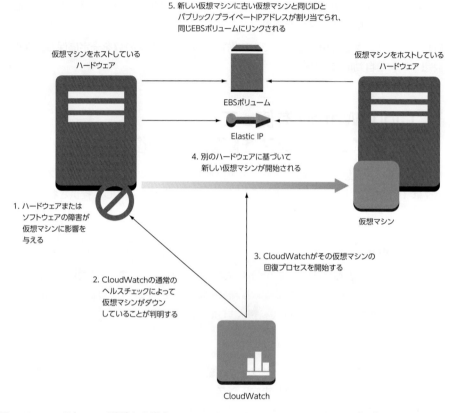

図14-1：ハードウェアが故障した場合、CloudWatchはEC2インスタンスの回復プロセスを開始する

> **EC2インスタンスを回復させるための要件**
>
> 回復機能を使用したい場合は、EC2インスタンスが次の要件を満たしていなければなりません。
>
> - VPCネットワーク上で実行されていなければならない。
> - インスタンスファミリがC3、C4、C5、M3、M4、M5、R3、R4、T2、X1のいずれかでなければならない。他のインスタンスファミリはサポートされない。
> - EC2インスタンスのストレージがEBSボリュームだけでなければならない。インスタンスストアのデータはEC2インスタンスの回復後は消失している。

14.1.1 ステータスチェックの失敗時に回復を開始するための CloudWatch アラームを作成する

CloudWatch アラームは次の要素で構成されます。

- データ（ヘルスチェック、CPU 使用率など）を監視するメトリクス
- 統計関数に基づいて一定期間のしきい値を定義するルール
- アラームの状態が変化した場合に開始するアクション（ステータスが ALARM に変化した場合に EC2 インスタンスの回復を開始するなど）

アラームのステータスは次の 3 つです。

- OK … すべて正常（しきい値に達していない）
- INSUFFICIENT_DATA … アラームを評価するのに十分なデータがない
- ALARM … 何らかの障害が発生している（しきい値を超えている）

　仮想マシンのステータスを監視し、ホストシステムがダウンした場合に仮想マシンを回復させるには、リスト 14-1 に示すような CloudWatch アラームを使用できます。このコードは CloudFormation テンプレートの一部です。

リスト 14-1 **EC2 インスタンスを監視するための CloudWatch アラームの作成**

```
...
# 仮想マシンを監視する CloudWatch アラームを作成
RecoveryAlarm:
  Type: 'AWS::CloudWatch::Alarm'
  Properties:
    AlarmDescription: 'Recover EC2 instance ...'
    # 監視するメトリクスは EC サービスの名前空間 AWS/EC2 によって提供される
    Namespace: 'AWS/EC2'
    # メトリクスの名前
    MetricName: 'StatusCheckFailed_System'
    # メトリクスに適用する統計関数
    Statistic: Maximum
    # 統計関数を適用する間隔（秒数）：60 の倍数でなければならない
    Period: 60
    # データをしきい値と比較する Period の数
    EvaluationPeriods: 5
    # 統計関数の出力としきい値を比較するための演算子
    ComparisonOperator: GreaterThanThreshold
    # アラームを作動させるしきい値
    Threshold: 0
    # アラームの作動時に実行するアクション：EC2 インスタンスに組み込まれている回復アクションを使用
    AlarmActions:
    - !Sub 'arn:aws:automate:${AWS::Region}:ec2:recover'
    # 仮想マシンはメトリクスのディメンション
    Dimensions:
```

```
        - Name: InstanceId
          Value: !Ref VM
```

リスト 14-1 は、(MetricName 属性によってリンクされる)StatusCheckFailed_System という
メトリクスに基づいて CloudWatch アラームを作成します。このメトリクスには、EC2 サービスが
1 分おきに実施するシステムステータスチェックの結果が含まれています。このチェックが失敗し
た場合は、StatusCheckFailed_System に測定ポイントと値 1 が追加されます。このメトリクス
は EC2 サービスによって発行されるため、Namespace は AWS/EC2、メトリクスの Dimension は
仮想マシンの ID となります。

CloudWatch アラームは、Period 属性によって定義されているように、このメトリクスを 60 秒
おきにチェックします。EvaluationPeriods 属性に定義されているように、CloudWatch アラー
ムがデータをしきい値と照合するのは、最後の 5 つの Period(この場合は最後の 5 分間)の結果で
す。このチェックでは、Statistic 属性に指定された統計関数(この場合は Maximum 関数)が指定
された間隔で実行されます。そして、統計関数の結果が、選択された演算子(ComparisonOperator)
を用いてしきい値(Threshold)と照合されます。結果が否定的である場合は、AlarmActions 属性
に定義されたアラームアクションが実行されます。この場合は、EC2 インスタンスの組み込みアク
ションである仮想マシンの回復が開始されます。

要するに、EC2 サービスは仮想マシンのステータスを 1 分おきにチェックします。これらのチェッ
クの結果は StatusCheckFailed_System メトリクスに書き込まれます。CloudWatch アラームは、
このメトリクスをチェックします。チェックが 5 回連続して失敗した場合は、アラームが作動します。

14.1.2　CloudWatch アラームに基づく仮想マシンの監視と回復

あなたのチームがアジャイル開発プロセスを使用しているとしましょう。このプロセスを加速さ
せるために、チームはソフトウェアのテスト、ビルド、デプロイメントを自動化にすることにしま
す。あなたが担当するのは、継続的インテグレーション(CI)サーバーの準備です。そこで、あな
たは Jenkins を選択します。Jenkins[1] は Java で記述されたオープンソースアプリケーションであ
り、Apache Tomcat などのサーブレットコンテナで実行されます。この場合は IaC(Infrastructure
as Code)を使用するため、Jenkins を使ってインフラも変更することにします。

Jenkins サーバーは高可用性システムの典型的な例です。Jenkins サーバーがダウンすれば、チー
ムが新しいソフトウェアのテストやデプロイを実行できなくなるため、このサーバーはインフラに
とって重要です。ただし、自動回復に伴う短時間のダウンタイムであれば、ビジネスにそれほど悪
影響はおよばないため、耐障害性システムは必要ありません。Jenkins は例の 1 つにすぎません。
短時間のダウンタイムは許容できるが、ハードウェアが故障したら自動的に回復させたい、という
アプリケーションは他にもあります。そうしたアプリケーションにも同じ原理を適用できます。た
とえば、FTP サーバーや VPN サーバーのホスティングでも同じアプローチが使用されています。

※ 1　　https://wiki.jenkins.io/display/JENKINS/Use+Jenkins

この例では、次の作業を行います。

1. クラウドで仮想ネットワークを作成する（VPC）。

2. この VPC で仮想マシンを起動し、ブートストラップ時に Jenkins を自動的にインストールする。

3. この仮想マシンのステータスを監視する CloudWatch アラームを作成する。

ここでは、CloudFormation テンプレートの助けを借りて、これらの手順を具体的に見ていきます。

本書のサンプルコード

　本書のサンプルコードはすべて本書の GitHub リポジトリからダウンロードできます。ここで使用する CloudFormation テンプレートは /chapter14/recovery.yaml ファイルに含まれています。このファイルは https://s3.amazonaws.com/awsinaction-code2/chapter14/recovery.yaml からもダウンロードできます。

https://github.com/AWSinAction/code2

CloudFormation スタックを作成するコマンドは次のようになります。この CloudFormation スタックは EC2 インスタンスと CloudWatch アラームを作成します。この CloudWatch アラームは、この仮想マシンがダウンした場合に回復プロセスを開始します。＜パスワード＞部分は 8 〜 40 文字のパスワードに置き換えてください。この CloudFormation テンプレートは、Jenkins サーバーを自動的にインストールすると同時に仮想マシンを起動します。

```
$ aws cloudformation create-stack --stack-name jenkins-recovery --template-url \
> https://s3.amazonaws.com/awsinaction-code2/chapter14/recovery.yaml \
> --parameters ParameterKey=JenkinsAdminPassword,ParameterValue=＜パスワード＞
```

この CloudFormation テンプレートには、プライベートネットワークとセキュリティ設定の定義も含まれています。しかし、最も重要なのは次の部分です。

- 仮想マシンのユーザーデータに、ブートストラップ時に Jenkins サーバーをインストールする Bash スクリプトが含まれている。

- この EC2 インスタンスにパブリック IP アドレスが割り当てられ、回復後の新しいインスタンスに以前と同じパブリック IP アドレスを使ってアクセスできる。

- EC2 サービスによって発行されるシステムステータスメトリクスに基づく CloudWatch アラーム。

438　第 14 章 ｜ 高可用性の実現［アベイラビリティゾーン、自動スケーリング、CloudWatch］

リスト 14-2 は、このテンプレートの重要な部分を示しています。

リスト 14-2　**Jenkins サーバーと回復アラームを実行する EC2 インスタンス**

```
...
# Elastic IP を使用する場合、パブリック IP アドレスは回復後も同じままである
ElasticIP:
  Type: 'AWS::EC2::EIP'
  Properties:
    InstanceId: !Ref VM
    Domain: vpc
  DependsOn: GatewayToInternet
# Jenkins サーバーを実行する仮想マシンを起動
VM:
  Type: 'AWS::EC2::Instance'
  Properties:
    # AMI を選択（この場合は Amazon Linux）
    ImageId: !FindInMap [RegionMap, !Ref 'AWS::Region', AMI]
    InstanceType: 't2.micro'    # t2 インスタンスタイプでは回復がサポートされる
    KeyName: !Ref KeyName
    NetworkInterfaces:
    - AssociatePublicIpAddress: true
      DeleteOnTermination: true
      DeviceIndex: 0
      GroupSet:
      - !Ref SecurityGroup
      SubnetId: !Ref Subnet
    # シェルスクリプトを含んでいるユーザーデータ：
    # このスクリプトは Jenkins サーバーをインストールするために
    # ブートストラップ時に実行される
    UserData:
      'Fn::Base64': !Sub |
        #!/bin/bash -x
        bash -ex << "TRY"
          # Jenkins のダウンロードとインストール
          wget -q -T 60 https://.../jenkins-1.616-1.1.noarch.rpm
          rpm --install jenkins-1.616-1.1.noarch.rpm
          ...
          # Jenkins の起動
          service jenkins start
        TRY
        /opt/aws/bin/cfn-signal -e $? --stack ${AWS::StackName}
--resource VM --region ${AWS::Region}
    ...
# 仮想マシンのステータスを監視する CloudWatch アラームを作成
RecoveryAlarm:
  Type: 'AWS::CloudWatch::Alarm'
  Properties:
    AlarmDescription: 'Recover EC2 instance ...'
    Namespace: 'AWS/EC2'
    MetricName: 'StatusCheckFailed_System'
    Statistic: Maximum
    Period: 60
    EvaluationPeriods: 5
```

14.1　CloudWatch を使って EC2 インスタンスを障害から回復させる　**439**

```
    ComparisonOperator: GreaterThanThreshold
    Threshold: 0
    AlarmActions:
    - !Sub 'arn:aws:automate:${AWS::Region}:ec2:recover'
    Dimensions:
    - Name: InstanceId
      Value: !Ref VM
```

　この CloudFormation スタックの作成と仮想マシンへの Jenkins のインストールには数分ほどかかります。次のコマンドを実行して、スタックの出力を確認してください。

```
$ aws cloudformation describe-stacks --stack-name jenkins-recovery \
> --query "Stacks[0].Outputs"
```

　次に示すように、URL、ユーザー、パスワードを含む出力が返された場合、スタックの作成は完了しており、Jenkins サーバーは利用できる状態です。スタックの作成中の情報を確認したい場合は、CloudFormation マネジメントコンソール[※2] を使用することをお勧めします。

```
[
  {
      "OutputKey": "User",
      "OutputValue": "admin",        ←──────┤ Jenkins サーバーへのログインに使用するユーザー名
      "Description": "Administrator user for Jenkins."
  },
  {
      "OutputKey": "JenkinsURL",                    Jenkins サーバーに
      "OutputValue": "http://35.173.156.26:8080",  ←── アクセスするための URL
      "Description": "URL to access web interface of Jenkins server."
  },
  {
      "OutputKey": "Password",
      "OutputValue": "*********",     ←──────┤ Jenkins サーバーへのログインに使用するパスワード
      "Description": "Password for Jenkins administrator user."
  }
]
```

　Jenkins サーバーで最初のジョブを作成する準備はこれで完了です。この出力に含まれている URL にブラウザでアクセスし、ユーザー admin と指定したパスワードを使って Jenkins サーバーにログインしてください（図 14-2）。

　Jenkins サーバーにログインしたら、次の手順に従って最初のジョブを作成します。

1. 左のナビゲーションバーで［新規ジョブ作成］をクリックするか、中央の［新しいジョブ］リンクをクリックします。

※ 2　https://console.aws.amazon.com/cloudformation/

2. ［ジョブ名］フィールドに AWS in Action と入力します。
3. ジョブの種類として［フリースタイル・プロジェクトのビルド］オプションを選択します。
4. ［OK］をクリックし、表示されたページで［保存］をクリックします。

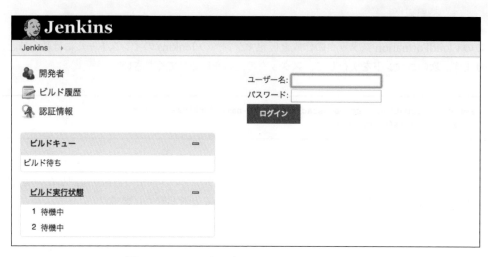

図 14-2：Jenkins サーバーの Web インターフェイス

　この Jenkins サーバーは、自動的に回復する状態で、仮想マシンで実行されます。ホストシステムの問題が原因で仮想マシンがダウンした場合は、新しい仮想マシンに同じパブリック IP アドレスが割り当てられ、すべてのデータが復元されます。URL が変化しないのは、この仮想マシンが Elastic IP を使用しているためです。すべてのデータが復元されるのは、新しい仮想マシンが元の仮想マシンと同じ EBS ボリュームを使用するためであり、AWS in Action ジョブが再び見つかるはずです。

　残念ながら、回復プロセスをテストすることはできません。CloudWatch アラームはホストシステムのステータスを監視しますが、ホストシステムのステータスを制御できるのは AWS だけです。

> **Cleaning up**
> 無駄な出費を避けるため、次のコマンドを実行して Jenkins システム関連のリソースをすべて削除してください。なお、2 つ目のコマンドを実行すると、スタックの削除が完了するまでコマンドラインが入力可能な状態に戻りません。削除が完了するまで待機してください。
>
> ```
> $ aws cloudformation delete-stack --stack-name jenkins-recovery
> $ aws cloudformation wait stack-delete-complete --stack-name jenkins-recovery
> ```

14.2　データセンターの機能停止から回復する

　前節で説明したように、ソフトウェアやハードウェアの障害からの EC2 インスタンスの復旧は、システムステータスチェックと CloudWatch を使用すれば可能です。しかし、停電や火災などが原因でデータセンター全体が機能停止に陥った場合はどうなるのでしょうか。前節で説明した仮想マシンの回復は、EC2 インスタンスを同じデータセンターで起動しようとするため、失敗に終わるでしょう。

　データセンター全体が機能停止に陥るような滅多にないケースであっても、そこで頓挫するような AWS ではありません。AWS のリージョンは、アベイラビリティゾーン（AZ）を形成する複数のデータセンターで構成されています。データセンターの機能停止からほんのわずかなダウンタイムで回復できる仮想マシンは、自動スケーリングを使って起動できます。複数の AZ にまたがって高可用性システムを構築する際には、次に示す 2 つの落とし穴があります。

1. ネットワーク接続型ストレージ（EBS）に格納されたデータは、デフォルトでは、別の AZ にフェイルオーバーした後は提供されない。このため、元の AZ がオンライン状態に戻るまで（EBS ボリュームの）データにアクセスできないことがある（この場合、データは失われない）。

2. 新しい仮想マシンを同じプライベート IP アドレスを使って別の AZ で起動することはできない。前述のように、サブネットは AZ にバインドされており、IP アドレスレンジはサブネットごとに異なる。デフォルトでは、前節の CloudWatch アラームを使って回復プロセスを開始する場合とは異なり、回復後に同じパブリック IP アドレスを維持することはできない。

　ここでは、前節の Jenkins サーバー環境を改善します。AZ 全体の機能停止から回復する機能を追加し、上記の落とし穴に対処します。

14.2.1　アベイラビリティゾーン：独立したデータセンターのグループ

　すでに説明したように、AWS はリージョンと呼ばれる複数の拠点を世界各地に設置しています。本書では、us-east-1 と呼ばれるバージニア北部リージョンを使用してきました。北米、南米、ヨーロッパ、アジア、オーストラリアに合計 15 か所のリージョンが設置されています。

　各リージョンは複数のアベイラビリティゾーン（AZ）で構成されています。AZ についてはデータセンターの独立したグループ、リージョンについては複数の AZ が十分に離れた場所に設置されているエリアとして考えるとよいでしょう。たとえば、リージョン us-east-1 は 6 つの AZ（us-east-1a 〜 us-east-1f）で構成されています。us-east-1a という AZ は 1 つのデータセンターかもしれませんし、複数のデータセンターかもしれません。AWS はデータセンターを一般に公開していないため、実際のところはわかりません。AWS ユーザーからわかるのは、リージョンと AZ のことだけです。

　これらの AZ は低遅延リンクで接続されているため、遅延に関して言えば、異なる AZ 間のリクエストは、インターネットをまたぐリクエストほど高価ではありません。AZ 内の遅延（同じサブネット内の EC2 インスタンスから別の EC2 インスタンスへの遅延など）は、AZ 間の遅延よりも小さくなります。AZ の数はリージョンによって異なります。ほとんどのリージョンは 3 つ以上の AZ で

構成されます。リージョンを選択するときには、AZが2つしかないリージョンも存在することを覚えておいてください。合意に基づく意思決定を利用する分散システムを稼働したい場合は、このことが問題になるかもしれません。図14-3は、リージョン内のAZの概念を示しています。

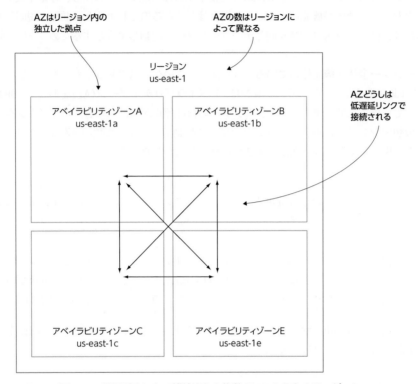

図14-3：低遅延リンクで接続された複数のAZからなるリージョン

　一部のAWSサービスは最初から高可用性を備えており、場合によっては耐障害性も備えています。それ以外のサービスは、高可用性アーキテクチャを実現するための構成要素を提供します。複数のAZ、あるいは複数のリージョンを使用すれば、高可用性アーキテクチャを実現できます（図14-4）。

- Route 53（DNS）やCloudFront（CDN）などのサービスは、複数のリージョンにまたがってグローバルに稼働する。
- S3（オブジェクトストア）やDynamoDB（NoSQLデータベース）などのサービスは、リージョン内の複数のAZを使用するため、AZの機能停止から復旧できる。
- RDSは**Multi-AZデプロイメント**と呼ばれるマスター／スタンバイ型のデプロイメント機能を提供するため、必要であれば、短時間のダウンタイムで別のAZにフェイルオーバーできる。
- 仮想マシンは単一のAZで動作する。ただし、別のAZにフェイルオーバーできるEC2インスタンスベースのアーキテクチャを構築するツールが提供されている。

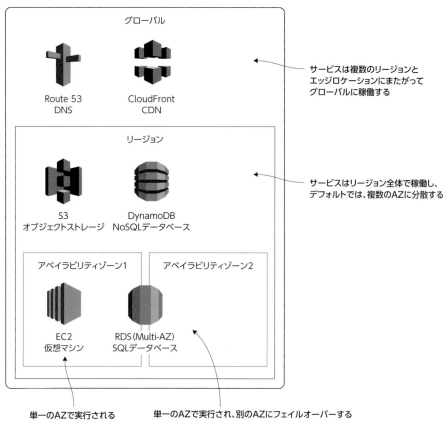

図14-4：AWSのサービスは、「単一のAZ」、「1つのリージョン内の複数のAZ」、あるいは「グローバル」で稼働できる

AZのIDは、リージョンのID（us-east-1など）と英字（a、b、cなど）で構成されます。したがって、us-east-1aはリージョンus-east-1のAZのIDです。リソースを複数のAZに分散させるために、AWSアカウントごとにAZ識別子がランダムに生成されます。つまり、us-east-1aが指しているAZはAWSアカウントごとに異なります。

あなた（顧客）のAWSアカウントで利用可能なリージョンをすべて確認するには、次のコマンドを使用します。

```
$ aws ec2 describe-regions
{
    "Regions": [
        {
            "Endpoint": "ec2.eu-north-1.amazonaws.com",
            "RegionName": "eu-north-1"
        },
        {
```

第14章 | 高可用性の実現［アベイラビリティゾーン、自動スケーリング、CloudWatch］

```
            "Endpoint": "ec2.ap-south-1.amazonaws.com",
            "RegionName": "ap-south-1"
        },
        ...
        {
            "Endpoint": "ec2.us-west-1.amazonaws.com",
            "RegionName": "us-west-1"
        },
        {
            "Endpoint": "ec2.us-west-2.amazonaws.com",
            "RegionName": "us-west-2"
        }
    ]
}
```

　あるリージョンで利用可能な AZ をすべて確認するには、次のコマンドを実行します。＜リージョン名＞部分は先のコマンドの RegionName の値に置き換えてください。

```
$ aws ec2 describe-availability-zones --region <リージョン名>
{
    "AvailabilityZones": [
        {
            "State": "available",
            "Messages": [],
            "RegionName": "us-east-1",
            "ZoneName": "us-east-1a",
            "ZoneId": "use1-az6"
        },
        {
            "State": "available",
            "Messages": [],
            "RegionName": "us-east-1",
            "ZoneName": "us-east-1b",
            "ZoneId": "use1-az1"
        },
        ...
        {
            "State": "available",
            "Messages": [],
            "RegionName": "us-east-1",
            "ZoneName": "us-east-1f",
            "ZoneId": "use1-az5"
        }
    ]
}
```

　複数の AZ にフェイルオーバーできる EC2 インスタンスに基づいた高可用性アーキテクチャを作成する場合、覚えておかなければならないことがもう 1 つあります。VPC サービスを利用してAWS でプライベートネットワークを定義する場合は、次の点に注意する必要があります。

- VPCは常にリージョンにバインドされる。
- VPC内のサブネットはAZにリンクされる。
- 仮想マシンは1つのサブネットでのみ開始される。

これらの依存性を図解すると、図14-5のようになります。次項では、障害が発生した場合に別のAZで自動的に再起動する仮想マシンの作成方法について説明します。

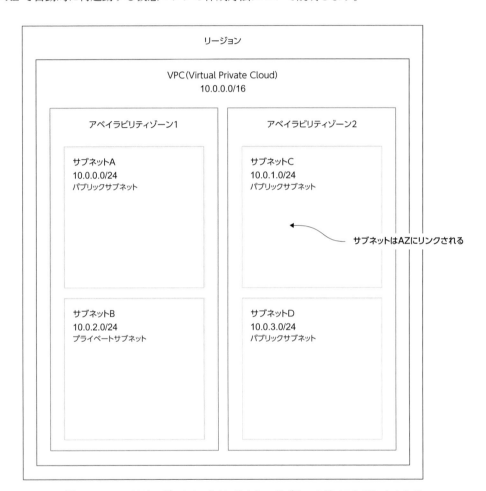

図14-5：VPCはリージョンにバインドされ、サブネットはAZにリンクされる

14.2.2　自動スケーリングを使ってEC2インスタンスを稼働状態に保つ

自動スケーリングはEC2サービスの機能であり、AZが利用不能になったとしても、指定された数のEC2インスタンスを稼働状態に保つのに役立ちます。自動スケーリングを使ってEC2インスタンスを起動すると、そのEC2インスタンスがダウンした場合に新しいインスタンスが開始され

ます。この機能を利用して複数のサブネットでEC2インスタンスを起動すれば、AZ全体が機能停止に陥った場合に、別のAZ内の別のサブネットで新しいインスタンスを起動できます。

自動スケーリングを設定するには、次の2つの設定を作成する必要があります。

- **起動設定**
  EC2インスタンスを起動するのに必要な情報（インスタンスタイプ、AMI）をすべて含んでいます。
- **自動スケーリンググループ**
  EC2サービスに対し、特定の起動設定に基づいて起動するEC2インスタンスの数、それらのインスタンスを監視する方法、各インスタンスを起動するサブネットを指定します。

このプロセスを図解すると、図14-6のようになります。

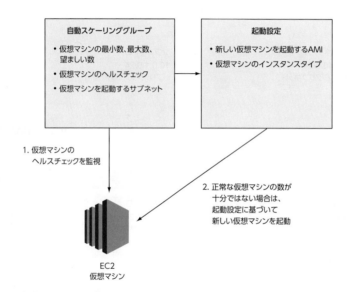

図14-6：自動スケーリングにより、常に指定された数のEC2インスタンスが実行される

自動スケーリングを使って常に1つのEC2インスタンスを稼働させる方法はリスト14-3のようになります。必須パラメータは表14-1のとおりです。

リスト14-3　自動スケーリンググループと起動設定

```
...
LaunchConfiguration:              # 自動スケーリングに使用する起動設定
  Type: 'AWS::AutoScaling::LaunchConfiguration'
  Properties:
    # AMIを選択（この場合はAmazon Linux）
    ImageId: !FindInMap [RegionMap, !Ref 'AWS::Region', AMI]
    # インスタンスタイプを選択
```

14.2　データセンターの機能停止から回復する　　447

```
      InstanceType: 't2.micro'
      ...
  AutoScalingGroup:                     # EC2 インスタンスを起動するための自動スケーリンググループ
    Type: 'AWS::AutoScaling::AutoScalingGroup'
    Properties:
    # 起動設定へのリンク
    LaunchConfigurationName: !Ref LaunchConfiguration
    DesiredCapacity: 1               # EC2 インスタンスの望ましい数
    MinSize: 1                       # EC2 インスタンスの最小数
    MaxSize: 1                       # EC2 インスタンスの最大数
    VPCZoneIdentifier:               # EC2 インスタンスを SubnetA と SubnetB で起動
    - !Ref SubnetA                   # AZ A で作成
    - !Ref SubnetB                   # AZ B で作成
    HealthCheckGracePeriod: 600
    HealthCheckType: EC2             # EC2 サービスのヘルスチェックを使用
    ...
```

表 14-1：起動設定と自動スケーリンググループの必須パラメータ

コンテキスト	パラメータ	説明	値
LaunchConfiguration	ImageId	仮想マシンを起動する AMI の ID	AWS アカウントからアクセス可能な AMI ID
LaunchConfiguration	InstanceType	仮想マシンのインスタンスタイプ	t2.micro、m3.medium、c3.large など、利用可能なすべてのインスタンスタイプ
AutoScalingGroup	DesiredCapacity	自動スケーリンググループで同時に実行すべき仮想マシンの数	任意の正数（起動設定に基づいて仮想マシンを 1 つだけ起動したい場合は 1 を使用する）
AutoScalingGroup	MinSize	DesiredCapacity の最小値	任意の正数（起動設定に基づいて仮想マシンを 1 つだけ起動したい場合は 1 を使用する）
AutoScalingGroup	MaxSize	DesiredCapacity の最大値	任意の正数（MinSize 以上。起動設定に基づいて仮想マシンを 1 つだけ起動したい場合は 1 を使用する）
AutoScalingGroup	VPCZoneIdentifier	仮想マシンを起動したいサブネットの ID	AWS アカウントから利用可能な VPC のサブネット ID。これらのサブネットは同じ VPC に属していなければならない
AutoScalingGroup	HealthCheckType	ダウンした仮想マシンを特定するためのヘルスチェック。ヘルスチェックで障害が発生した場合は、自動スケーリンググループによって仮想マシンが新しい仮想マシンに置き換えられる	仮想マシンのヘルスチェックを使用する場合は EC2、ロードバランサーのヘルスチェックを使用する場合は ELB（第 16 章を参照）

14

　自動スケーリンググループは、システムの使用状況に基づいて仮想マシンの数を調整する必要がある場合にも使用されます。現在のワークロードに基づいて EC2 インスタンスの数を調整する方法については、第 17 章で説明します。この例では、仮想マシンが常に 1 つだけ実行されている状態にする必要があります。必要な仮想マシンは 1 つだけなので、自動スケーリングの次のパラメータを 1 に設定します。

- DesiredCapacity
- MinSize
- MaxSize

次項では、前節の Jenkins サーバーの例を再び取り上げ、自動スケーリングを使って高可用性を
どのように実現すればよいのかを示します。

14.2.3 自動スケーリングを使って 別のアベイラビリティゾーンで回復させる

前節では、Jenkins サーバーを実行している仮想マシンがダウンした場合に回復プロセスを開始
するために、CloudWatch アラームを使用しました。このメカニズムは、必要に応じて元の仮想マ
シンとまったく同じ仮想マシンを起動します。この方法が可能なのは同じ AZ だけです。なぜなら、
仮想マシンのプライベート IP アドレスと EBS ボリュームは単一のサブネットと単一の AZ にバイ
ンドされているからです。しかし、AZ の機能停止というまさかの事態が発生すれば、新しいソフ
トウェアのテスト、ビルド、デプロイメントに Jenkins サーバーを使用することは不可能になりま
す。このことにチームが納得しないとしましょう。そこであなたは、別の AZ での回復を可能にす
るツールを調べ始めます。

別の AZ へのフェイルオーバーは自動スケーリングによって可能となります。本書では、そのた
めの CloudFormation テンプレートを用意してあります。

本書のサンプルコード

本書のサンプルコードはすべて本書の GitHub リポジトリからダウンロードできます。ここで使用する
CloudFormation テンプレートは **/chapter14/multiaz.yaml** ファイルに含まれています。このファイル
は http://mng.bz/994D からもダウンロードできます。

https://github.com/AWSinAction/code2

次のコマンドを実行して、必要に応じて別の AZ で回復できる仮想マシンを作成します。＜パス
ワード＞部分は 8 ～ 40 文字のパスワードに置き換えてください。このコマンドはリスト 14-4 の
CloudFormation テンプレートを使って必要な環境を準備します。

```
$ aws cloudformation create-stack --stack-name jenkins-multiaz --template-url \
> https://s3.amazonaws.com/awsinaction-code2/chapter14/multiaz.yaml \
> --parameters ParameterKey=JenkinsAdminPassword,ParameterValue=<パスワード>
```

リスト 14-4 の CloudFormation テンプレートには、起動設定と自動スケーリンググループが含

14.2 データセンターの機能停止から回復する　　**449**

まれています。起動設定の最も重要なパラメータは、前節で CloudWatch アラームを使って仮想マシンを起動したときにすでに使用したものです。

- `ImageId` … 仮想マシンの AMI の ID
- `InstanceType` … 仮想マシンのインスタンスタイプ
- `KeyName` … SSH キーペアの名前
- `SecurityGroupIds` … セキュリティグループへのリンク
- `UserData` … ブートストラップ時に Jenkins サーバーをインストールするためのスクリプト

　単一の EC2 インスタンスの定義と起動設定には重要な違いが 1 つあります。仮想マシンのサブネットは、起動設定では定義されませんが、自動スケーリンググループでは定義されます。

リスト 14-4　自動スケーリングを使用する Jenkins 仮想マシンを 2 つの AZ で起動する

```
...
LaunchConfiguration:                         # 自動スケーリングに使用する起動設定
  Type: 'AWS::AutoScaling::LaunchConfiguration'
  Properties:
    AssociatePublicIpAddress: true   # 仮想マシンでパブリック IP アドレスを有効化
    # AMI を選択（この場合は Amazon Linux）
    ImageId: !FindInMap [RegionMap, !Ref 'AWS::Region', AMI]
    # デフォルトでは、EC2 は 5 分おきにメトリクスを CloudWatch に送信する
    # ただし、メトリクスを 1 分おきに取得する詳細な監視を有効にすることも可能
    InstanceMonitoring: false
    InstanceType: 't2.micro'             # 仮想マシンのインスタンスタイプ
    KeyName: !Ref KeyName                # 仮想マシンへの SSH 接続に使用するキー
    SecurityGroups:                      # 仮想マシンにリンクするセキュリティグループ
    - !Ref SecurityGroup
    # 仮想マシンのブートストラップ時に Jenkins サーバーをインストールするために
    # 実行されるスクリプトを含んでいるユーザーデータ
    UserData:
      'Fn::Base64': !Sub |
        #!/bin/bash -x
        bash -ex << "TRY"
          # Jenkins をインストール
          wget -q -T 60 https://.../jenkins-1.616-1.1.noarch.rpm
          rpm --install jenkins-1.616-1.1.noarch.rpm
          ...
          service jenkins start
        TRY
        /opt/aws/bin/cfn-signal -e $? --stack ${AWS::StackName}
--resource AutoScalingGroup --region ${AWS::Region}
AutoScalingGroup:
  # 仮想マシンを起動する自動スケーリンググループ
  Type: 'AWS::AutoScaling::AutoScalingGroup'
  Properties:
    # 起動設定へのリンク
    LaunchConfigurationName: !Ref LaunchConfiguration
    Tags:                                # 自動スケーリンググループのタグ
```

第14章 | 高可用性の実現［アベイラビリティゾーン、自動スケーリング、CloudWatch］

```
      - Key: Name
        Value: 'jenkins-multiaz'        # この自動スケーリンググループが起動する
        PropagateAtLaunch: true         # 仮想マシンと同じタグを割り当てる
      DesiredCapacity: 1                 # EC2 インスタンスの望ましい数
      MinSize: 1                        # EC2 インスタンスの最小数
      MaxSize: 1                        # EC2 インスタンスの最大数
      VPCZoneIdentifier:                # EC2 インスタンスを SubnetA と SubnetB で起動
      - !Ref SubnetA                    # AZ A で作成
      - !Ref SubnetB                    # AZ B で作成
      HealthCheckGracePeriod: 600
      HealthCheckType: EC2              # EC2 サービスのヘルスチェックを使用
    CreationPolicy:
      ResourceSignal:
        Timeout: PT10M
```

この CloudFormation スタックの作成には数分ほどかかります。次のコマンドを実行して、作成された仮想マシンのパブリック IP アドレスを取得してください。IP アドレスが出力されない場合、仮想マシンはまだ起動していません。数分ほど待ってから、もう一度試してください。

```
$ aws ec2 describe-instances --filters "Name=tag:Name,Values=jenkins-multiaz"\
> "Name=instance-state-code,Values=16" --query "Reservations[0].Instances[0].\
> [InstanceId, PublicIpAddress, PrivateIpAddress, SubnetId]"
[
    "i-0cff527cda42afbcc",   ◀──────── 仮想マシンのインスタンス ID
    "34.235.131.229",        ◀──────── 仮想マシンのパブリック IP アドレス
    "172.31.38.173",         ◀──────── 仮想マシンのプライベート IP アドレス
    "subnet-28933375"        ◀──────── 仮想マシンのサブネット ID
]
```

ブラウザで http://〈パブリック IP〉:8080 にアクセスすると、Jenkins サーバーの Web インターフェイスが表示されます。〈パブリック IP〉部分は上記のコマンドの出力に含まれているパブリック IP アドレスに置き換えてください。

次のコマンドを使って仮想マシンを終了し、自動スケーリングによる回復プロセスをテストします。〈インスタンス ID〉部分は上記のコマンドの出力に含まれているインスタンス ID に置き換えてください。

```
$ aws ec2 terminate-instances --instance-ids 〈インスタンス ID〉
```

このコマンドを実行した後、仮想マシンが終了していることを自動スケーリンググループが数分後に検知し、新しい仮想マシンを起動します。新しい仮想マシンについての情報が出力されるまで、次の describe-instances コマンドを繰り返し実行してください。

```
$ aws ec2 describe-instances --filters "Name=tag:Name,Values=jenkins-multiaz" \
> "Name=instance-state-code,Values=16" --query "Reservations[0].Instances[0].\
```

```
> [InstanceId, PublicIpAddress, PrivateIpAddress, SubnetId]"
[
    "i-0293522fad287bdd4",
    "52.3.222.162",
    "172.31.37.78",
    "subnet-45b8c921"
]
```

　新しい仮想マシンでは、インスタンス ID、パブリック IP アドレス、プライベート IP アドレス、そしておそらくサブネット ID も変化しています。ブラウザで http://<パブリック IP>:8080 にアクセスすると、Jenkins サーバーの Web インターフェイスが表示されます。<パブリック IP> 部分は上記のコマンドの出力に含まれているパブリック IP アドレスに置き換えてください。

　単一の EC2 インスタンスと自動スケーリングからなる高可用性アーキテクチャの構築はこれで完了です。現在の環境には、問題点が 2 つあります。

- **Jenkins サーバーのデータがディスクに格納される**
  新しい仮想マシンでは新しいディスクが使用されるため、元のデータは失われます。
- **Jenkins サーバーのパブリック IP アドレスとプライベート IP アドレスが変化する**
  新しい仮想マシンでは新しいパブリック IP アドレスとプライベート IP アドレスが使用されるため、Jenkins サーバーのエンドポイントは同じではなくなります。

　本節の残りの部分では、これらの問題を解決する方法について説明します。

Cleaning up

無駄な出費を避けるため、次のコマンドを実行して Jenkins システム関連のリソースをすべて削除してください。なお、2 つ目のコマンドを実行すると、スタックの削除が完了するまでコマンドラインが入力可能な状態に戻りません。削除が完了するまで待機してください。

```
$ aws cloudformation delete-stack --stack-name jenkins-multiaz
$ aws cloudformation wait stack-delete-complete --stack-name jenkins-multiaz
```

14.2.4　落とし穴：ネットワーク接続型ストレージの回復

　EBS サービスは仮想マシンに対してネットワーク接続型ストレージを提供します。EC2 インスタンスがサブネットにリンクされ、サブネットが AZ にリンクされることを思い出してください。EBS ボリュームも 1 つの AZ にしか配置されません。仮想マシンがダウンしたために別の AZ で起動した場合、他の AZ からその EBS ボリュームにアクセスすることはできません。Jenkins サーバーのデータが us-east-1a という AZ に格納されているとしましょう。EC2 インスタンスが同じ AZ で

実行されている限り、EBS ボリュームをアタッチできます。しかし、この AZ が利用できなくなり、新しい EC2 インスタンスを us-east-1b という AZ で起動した場合、us-east-1a の EBS ボリュームにはアクセスできなくなります。つまり、Jenkins サーバーのデータにアクセスできないため、Jenkins サーバーを回復させることはできません（図 14-7）。

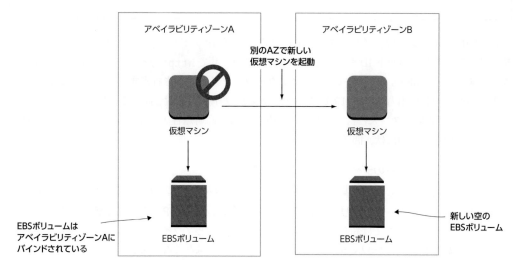

図 14-7：EBS ボリュームは 1 つの AZ でしか提供されない

> **可用性と耐久性の保証を区別する**
>
> EBS ボリュームでは、99.999% の可用性が保証されます。AZ が機能停止に陥った場合、EBS ボリュームは利用できなくなります。だからといって、データが失われるわけではありません。AZ がオンラインに戻った時点で、EBS ボリュームとそのすべてのデータにアクセスできます。
>
> EBS ボリュームでは、稼働時間の 99.9% においてデータが失われないことが保証されます。したがって、1,000 個のボリュームを使用している場合、1 年間に故障するボリュームは 1 つと想定できます。この保証は EBS ボリュームの耐久性と呼ばれます。

この問題にはいくつかの解決策があります。

1. RDS、DynamoDB、EFS（NFSv4.1 共有）、S3 など、デフォルトで複数の AZ を使用するマネージドサービスに仮想マシンの状態を退避させる。
2. EBS ボリュームのスナップショットを定期的に作成し、EC2 インスタンスを別の AZ で復旧する必要がある場合は、これらのスナップショットを使用する。EBS スナップショットは S3 に格納されるため、複数の AZ で利用できる。EBS ボリュームが EC2 インスタンスのルートボリュームである場合は、EBS ボリュームを（スナップショットではなく）バックアップ

14.2 データセンターの機能停止から回復する **453**

するための AMI を作成する。

3. GlusterFS、DRBD、MongoDB など、分散型のサードパーティストレージソリューションを使ってデータを複数の AZ に格納する。

　Jenkins サーバーはデータをディスクに直接格納するため、RDS、DynamoDB、または S3 を使って仮想サーバーの状態を退避させることはできません。代わりにブロックレベルのストレージソリューションが必要です。すでに説明したように、EBS ボリュームは 1 つの AZ でしか提供されないため、この問題に最適ではありません。第 10 章で説明した EFS を覚えているでしょうか。EFS はブロックレベルのストレージを（NFSv4.1 で）提供し、同じリージョン内の AZ 間でデータを自動的にレプリケートします。

AWS は急速に成長するプラットフォームである

　本書を最初に執筆したとき、EFS は提供されていませんでした。基本的に、複数の EC2 インスタンス間でファイルシステムを共有する簡単な方法はありませんでした。想像できるように、このことについて多くの顧客が AWS に不満を訴えていました。AWS は顧客第一をモットーに掲げており、顧客の声に注意深く耳を傾けます。ソリューションを必要とする顧客が十分な数に達すれば、ソリューションを提供します。ですから、日々リリースされる新機能に目を光らせてください。昨日までうまく解決できなかった問題への解決策が組み込まれているかもしれません。AWS のブログは、AWS の新機能を確認するのに最適です。

https://aws.amazon.com/blogs/

　Jenkins システムに EFS を組み込む方法はリスト 14-5 のようになります。本節の Multi-AZ テンプレートに次の 3 つの変更を加える必要があります。

1. EFS ファイルシステムを作成します。

2. 各 AZ で EFS マウントターゲットを作成します。

3. EFS ファイルシステムをマウントするようにユーザーデータを調整します。Jenkins サーバーはデータをすべて /var/lib/jenkins フォルダに格納します。

リスト 14-5 Jenkins サーバーの状態を EFS に格納する

```
...
FileSystem:                                    # EFS ファイルシステムを作成
  Type: 'AWS::EFS::FileSystem'
  Properties: {}
MountTargetSecurityGroup:
  # EFS ファイルシステムはセキュリティグループによって保護される
  Type: 'AWS::EC2::SecurityGroup'
  Properties:
```

454　第 14 章 ｜ 高可用性の実現 ［アベイラビリティゾーン、自動スケーリング、CloudWatch］

```
       GroupDescription: 'EFS Mount target'
       SecurityGroupIngress:
       - FromPort: 2049
         IpProtocol: tcp
         # Jenkins EC2 システムからのトラフィックのみを許可
         SourceSecurityGroupId: !Ref SecurityGroup
         ToPort: 2049
       VpcId: !Ref VPC
 MountTargetA:
   Type: 'AWS::EFS::MountTarget'
   Properties:
     FileSystemId: !Ref FileSystem
     SecurityGroups:
     - !Ref MountTargetSecurityGroup
     SubnetId: !Ref SubnetA                      # マウントターゲットを SubnetA で作成
 MountTargetB:
   Type: 'AWS::EFS::MountTarget'
   Properties:
     FileSystemId: !Ref FileSystem
     SecurityGroups:
     - !Ref MountTargetSecurityGroup
     SubnetId: !Ref SubnetB                      # マウントターゲットを SubnetB で作成
 ...
 LaunchConfiguration:
 Type: 'AWS::AutoScaling::LaunchConfiguration'
 Properties:
   ...
   UserData:
     'Fn::Base64': !Sub |
       #!/bin/bash -x
       bash -ex << "TRY"
         # Jenkins をインストール
         wget -q -T 60 https://.../jenkins-1.616-1.1.noarch.rpm
         rpm --install jenkins-1.616-1.1.noarch.rpm
         # EFS ファイルシステムが利用可能になるまで待機
         while ! nc -z ${FileSystem}.efs.${AWS::Region}.amazonaws.com 2049;
 do sleep 10; done
         sleep 10
         echo -n "${FileSystem}.efs.${AWS::Region}.amazonaws.com:/
 /var/lib/jenkins nfs4 nfsvers=4.1,rsize=1048576,wsize=1048576,hard,timeo=600,
 retrans=2,_netdev 0 0" >> /etc/fstab
         mount -a                                # EFS ファイルシステムをマウント
         chown jenkins:jenkins /var/lib/jenkins/
         ...
         service jenkins start
       TRY
       /opt/aws/bin/cfn-signal -e $? --stack ${AWS::StackName}
 --resource AutoScalingGroup --region ${AWS::Region}
```

　次のコマンドを実行して、サーバーの状態を EFS に格納する新しい Jenkins サーバーを作成します。＜パスワード＞部分は 8 〜 40 文字のパスワードに置き換えてください。

14.2 データセンターの機能停止から回復する **455**

```
$ aws cloudformation create-stack --stack-name jenkins-multiaz-efs --template-url \
> https://s3.amazonaws.com/awsinaction-code2/chapter14/multiaz-efs.yaml \
> --parameters ParameterKey=JenkinsAdminPassword,ParameterValue=<パスワード>
```

このCloudFormationスタックの作成には数分ほどかかります。次のコマンドを実行して、作成された仮想マシンのパブリックIPアドレスを取得してください。IPアドレスが出力されない場合、仮想マシンはまだ起動していません。数分ほど待ってから、もう一度試してください。

```
$ aws ec2 describe-instances --filters "Name=tag:Name,Values=jenkins-multiaz-efs" \
> "Name=instance-state-code,Values=16" --query "Reservations[0].Instances[0].\
> [InstanceId, PublicIpAddress, PrivateIpAddress, SubnetId]"
[
    "i-0efcd2f01a3e3af1d",      ←──────── 仮想マシンのインスタンス ID
    "34.236.255.218",           ←──────── 仮想マシンのパブリック IP アドレス
    "172.31.37.225",            ←──────── 仮想マシンのプライベート IP アドレス
    "subnet-0997e66d"           ←──────── 仮想マシンのサブネット ID
]
```

ブラウザで http://<パブリックIP>:8080 にアクセスすると、Jenkinsサーバーの Webインターフェイスが表示されます。<パブリックIP>部分は上記のコマンドの出力に含まれているパブリックIPアドレスに置き換えてください。

続いて、次の手順に従って新しいJenkinsジョブを作成します。

1. ユーザー admin と、CloudFormationスタックの作成時に選択したパスワードを使って Jenkinsサーバーにログインします。

2. 左のナビゲーションメニューから［新規ジョブ作成］を選択するか、中央の［新しいジョブ］リンクをクリックします。

3. ［ジョブ名］フィールドに AWS in Action と入力します。

4. ジョブの種類として［フリースタイル・プロジェクトのビルド］オプションを選択します。

5. ［OK］をクリックし、表示されたページで［保存］をクリックします。

この時点で、EFSに格納されたJenkinsの状態は変化しています。次のコマンドを使ってEC2インスタンスを終了すると、Jenkinsサーバーが復旧し、データが失われていないことがわかるはずです。<インスタンスID>部分は先ほどの describe-instances コマンドの出力に含まれているインスタンスIDに置き換えてください。

```
$ aws ec2 terminate-instances --instance-ids <インスタンス ID>
```

このコマンドを実行した後、仮想マシンが終了していることを自動スケーリンググループが数分後に検知し、新しい仮想マシンを起動します。新しい仮想マシンが出力されるまで、次の

describe-instances コマンドを繰り返し実行してください。

```
$ aws ec2 describe-instances --filters "Name=tag:Name,Values=jenkins-multiaz-efs" \
> "Name=instance-state-code,Values=16" --query "Reservations[0].Instances[0].\
> [InstanceId, PublicIpAddress, PrivateIpAddress, SubnetId]"
[
    "i-07ce0865adf50cccf",
    "34.200.225.247",
    "172.31.37.199",
    "subnet-0997e66d"
]
```

　新しい仮想マシンでは、インスタンスID、パブリックIPアドレス、プライベートIPアドレス、そしておそらくサブネットIDも変化しています。ブラウザで http://<パブリックIP>:8080 にアクセスすると、Jenkinsサーバーの Webインターフェイスが表示され、先ほど作成した AWS in Action ジョブがまだ含まれていることがわかります。<パブリックIP> 部分は上記のコマンドの出力に含まれているパブリックIPアドレスに置き換えてください。

　単一の EC2 インスタンスと自動スケーリングからなる高可用性アーキテクチャの構築はこれで完了です。Jenkins サーバーの状態は EFS に格納されるようになっており、EC2 インスタンスが置き換えられても消失しません。現在の環境には、問題点が1つあります。

- 新しい仮想マシンが起動した後、Jenkins サーバーのパブリック IP アドレスとプライベート IP アドレスが変化し、Jenkins サーバーのエンドポイントが同じではなくなる。

　次項では、この問題を解決する方法について説明します。

Cleaning up

無駄な出費を避けるため、次のコマンドを実行して Jenkins システム関連のリソースをすべて削除してください。なお、2つ目のコマンドを実行すると、スタックの削除が完了するまでコマンドラインが入力可能な状態に戻りません。削除が完了するまで待機してください。

```
$ aws cloudformation delete-stack --stack-name jenkins-multiaz-efs
$ aws cloudformation wait stack-delete-complete --stack-name jenkins-multiaz-efs
```

14.2.5　落とし穴：ネットワークインターフェイスの回復

　前節では、CloudWatch アラームを使って仮想マシンを同じ AZ で回復させる方法を紹介しました。プライベート IP アドレスとパブリック IP アドレスが自動的に同じになるため、この方法は簡単です。フェイルオーバーの後でも、EC2 インスタンスにアクセスするためのエンドポイントとしてこれらの IP アドレスを使用できます。

EC2 インスタンスや AZ の機能停止からの回復に自動スケーリングを使用する場合は、このようにはいきません。EC2 インスタンスを別の AZ で起動するとしたら、別のサブネットで起動する必要があります。このため、新しい仮想マシンで同じプライベート IP アドレスを使用することは不可能です（図 14-8）。

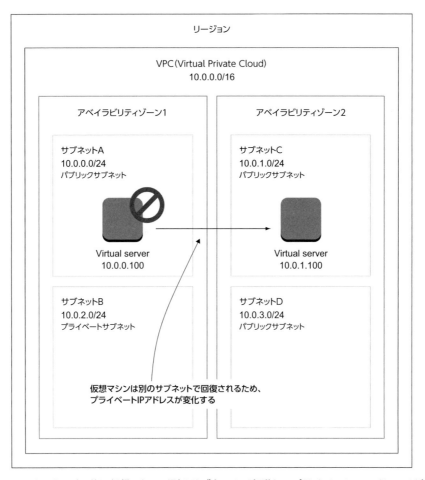

図 14-8：フェイルオーバー後に仮想マシンが別のサブネットで起動し、プライベート IP アドレスが変化する

デフォルトでは、自動スケーリングによって開始される仮想マシンのパブリック IP アドレスとして Elastic IP を使用することもできません。しかし、リクエストを受信するための静的なエンドポイントはごく一般的な要件です。Jenkins サーバーの場合は、開発者が Jenkins の Web インターネットにアクセスするために IP アドレスやホスト名をブックマークに追加することが考えられます。自動スケーリングを使って単一の仮想マシンで高可用性を実現する場合、静的なエンドポイントを提供する方法として次の 3 つが考えられます。

第 14 章　｜　高可用性の実現［アベイラビリティゾーン、自動スケーリング、CloudWatch］

- Elastic IP を割り当て、仮想マシンのブートストラップ時にパブリック IP アドレスとして関連付ける。
- 仮想マシンの現在のパブリック IP アドレスまたはプライベート IP アドレスにリンクされた DNS エントリを作成または更新する。
- リクエストを現在の仮想マシンに転送する静的なエンドポイントとして ELB（Elastic Load Balancing）を使用する。

　2 つ目の方法を使用するには、ドメインを Route 53（DNS）サービスにリンクする必要があります。この方法を実装するには登録済みのドメインが必要であるため、ここでは割愛します。3 つ目の方法は第 15 章で取り上げます。ここでは、1 つ目の方法である「Elastic IP を割り当て、仮想マシンのブートストラップ時にパブリック IP アドレスとして関連付ける」を実装することにします。

　次のコマンドを実行して、自動スケーリングに基づく Jenkins 環境を作成します。この場合は、静的なエンドポイントとして Elastic IP を使用します。＜パスワード＞部分は 8 〜 40 文字のパスワードに置き換えてください。

```
$ aws cloudformation create-stack --stack-name jenkins-multiaz-efs-eip \
> --template-url https://s3.amazonaws.com/awsinaction-code2/chapter14/\
> multiaz-efs-eip.yaml \
> --parameters ParameterKey=JenkinsAdminPassword,ParameterValue=＜パスワード＞ \
> --capabilities CAPABILITY_IAM
```

　このコマンドは、リスト 14-6 の CloudFormation テンプレートに基づいて CloudFormation スタックを作成します。自動スケーリングを使って Jenkins サーバーを立ち上げる元のテンプレートとの違いは、次の 3 つです。

- Elastic IP を割り当てる
- Elastic IP をユーザーデータのスクリプトに関連付ける
- EC2 インスタンスを Elastic IP に関連付けるための IAM ロールとポリシーを作成する

リスト 14-6　**仮想マシンの静的なエンドポイントとして Elastic IP を使用する**

```
...
ElasticIP:                          # Jenkins を実行する仮想マシン用に
  Type: 'AWS::EC2::EIP'             # Elastic IP を割り当てる
  Properties:
    Domain: vpc                     #  VPC 用の Elastic IP を作成
  DependsOn: VPCGatewayAttachment
IamRole:                            # EC2 インスタンスに使用する IAM ロールを作成
  Type: 'AWS::IAM::Role'
  Properties:
    AssumeRolePolicyDocument:
      Version: '2012-10-17'
      Statement:
```

```
            - Effect: Allow
              Principal:
                Service: 'ec2.amazonaws.com'
              Action: 'sts:AssumeRole'
      Policies:
      - PolicyName: root
        PolicyDocument:
          Version: '2012-10-17'
          Statement:
          - Action: 'ec2:AssociateAddress'   # Elastic IPの関連付けは、このIAMロール
            Resource: '*'                     # を使用するEC2インスタンスで許可される
            Effect: Allow
IamInstanceProfile:
  Type: 'AWS::IAM::InstanceProfile'
  Properties:
    Roles:
    - !Ref IamRole
...
LaunchConfiguration:
  Type: 'AWS::AutoScaling::LaunchConfiguration'
  Properties:
    AssociatePublicIpAddress: true
    IamInstanceProfile: !Ref IamInstanceProfile
    ImageId: !FindInMap [RegionMap, !Ref 'AWS::Region', AMI]
    InstanceMonitoring: false
    InstanceType: 't2.micro'
    KeyName: !Ref KeyName
    SecurityGroups:
    - !Ref SecurityGroup
    UserData:
      'Fn::Base64': !Sub |
        #!/bin/bash -x
        bash -ex << "TRY"
          # インスタンスメタデータからインスタンスIDを取得
          INSTANCE_ID="$(curl -s http://169.254.169.254/latest/meta-data/
instance-id)"
          # Elastic IPを仮想マシンに関連付ける
          aws --region ${AWS::Region} ec2 associate-address --instance-id
$INSTANCE_ID --allocation-id ${ElasticIP.AllocationId}
          ...
          service jenkins start
        TRY
        /opt/aws/bin/cfn-signal -e $? --stack ${AWS::StackName}
--resource AutoScalingGroup --region ${AWS::Region}
...
```

このCloudFormationスタックの作成と仮想マシンへのJenkinsのインストールには数分ほどかかります。次のコマンドを実行して、スタックの出力を確認してください。

```
$ aws cloudformation describe-stacks --stack-name jenkins-multiaz-efs-eip \
> --query "Stacks[0].Outputs"
```

第 14 章 ｜ 高可用性の実現 ［アベイラビリティゾーン、自動スケーリング、CloudWatch］

URL、ユーザー、パスワードを含む出力が返された場合、スタックの作成は完了しており、Jenkins サーバーは利用できる状態です。この出力に含まれている URL にブラウザでアクセスし、ユーザー admin と選択したパスワードを使って Jenkins サーバーにログインしてください。

次に、仮想マシンが期待どおりに復旧するかどうかをテストします。そのためには、実行中の仮想マシンのインスタンス ID を調べる必要があります。次のコマンドを実行して、この情報を取得します。

```
$ aws ec2 describe-instances --filters \
> "Name=tag:Name,Values=jenkins-multiaz-efs-eip" \
> "Name=instance-state-code,Values=16" \
> --query "Reservations[0].Instances[0].InstanceId" --output text
```

次のコマンドを使って仮想マシンを終了し、自動スケーリングによる回復プロセスをテストします。＜インスタンス ID＞部分は上記のコマンドの出力に含まれているインスタンス ID に置き換えてください。

```
$ aws ec2 terminate-instances --instance-ids <インスタンス ID>
```

仮想マシンが回復するまで数分ほどかかります。新しい仮想マシンにはブートストラップ時に割り当てられた Elastic IP が使用されるため、古い仮想マシンを終了する前と同じ URL を使って Jenkins サーバーにアクセスできます。

Cleaning up
無駄な出費を避けるため、次のコマンドを実行して Jenkins システム関連のリソースをすべて削除してください。なお、2 つ目のコマンドを実行すると、スタックの削除が完了するまでコマンドラインが入力可能な状態に戻りません。削除が完了するまで待機してください。

```
$ aws cloudformation delete-stack --stack-name jenkins-multiaz-efs-eip
$ aws cloudformation wait stack-delete-complete \
> --stack-name jenkins-multiaz-efs-eip
```

このようにすると、Jenkins を実行している仮想マシンを別の AZ の新しい仮想マシンに置き換える必要がある場合でも、仮想マシンのパブリック IP アドレスが変化しなくなります。

14.3　ディザスタリカバリの要件を分析する

　AWSでの高可用性アーキテクチャや耐障害性アーキテクチャの実装に取りかかる前に、ディザスタリカバリ（DR）の要件を分析しておく必要があります。クラウドでのDRは従来のデータセンターでのDRほど難しいわけでもコストがかかるわけでもありませんが、高可用性アーキテクチャでは複雑さが増すため、システムのイニシャルコストとランニングコストも高くなります。目標復旧時間（RTO）と目標復旧地点（RPO）は、ビジネス上の観点からDRの重要性を定義するための基準であり、この2点について検討する必要があります。

　RTOは、システムを障害から復旧させるのにかかる時間です。つまり、システムサービスレベルとして定義される正常な状態にシステムが再び到達するまでの時間の長さを表します。Jenkinsサーバーの例では、仮想マシンまたはAZ全体が機能停止に陥った後、新しい仮想マシンが開始され、Jenkinsがインストールされて実行されるまでにかかる時間となります。

　RPOは、障害が発生したときに許容されるデータ消失の指標です。データ消失の量は時間を尺度として表されます。障害が午前10時に発生し、システムが午前9時のスナップショットからデータを回復した場合は、1時間分のデータが消えることになります。自動スケーリングを使用するJenkinsサーバーの例では、データはEFSに格納され、AZが機能停止に陥っても失われないため、RPOは0になります。図14-9は、RTOとRPOの定義を示しています。

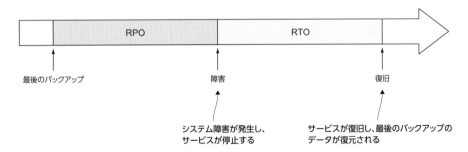

図14-9：RTOとRPOの定義

14.3.1　EC2インスタンスが1つの場合のRTOとRPOの比較

　本章では、1つのEC2インスタンスに高可用性を持たせるためのソリューションを2つ紹介しました。ソリューションを選択するときには、アプリケーションのビジネス要件を知っておく必要があります。AZが機能停止に陥った場合、サービスが利用できなくなることは容認できるでしょうか。容認できるとしたら、データがまったく失われないEC2インスタンスの回復は最も単純なソリューションです。AZの機能停止という不測の事態が発生してもアプリケーションを稼働状態に保つ必要がある場合、最も確実なソリューションは、自動スケーリングを有効にし、データをEFSに格納することです。しかし、データをEBSボリュームに格納する場合よりもパフォーマンスが低下することになります。このように、すべてのケースでうまくいくソリューションは存在しないため、そ

れぞれのビジネス問題に対して最もうまく適合するソリューションを選択する必要があります。表14-2 は、これらのソリューションを比較したものです。

表14-2：単一の EC2 インスタンスに対する高可用性の比較

	RTO	RPO	可用性
EC2 インスタンス、EBS ルートボリュームへのデータの格納、CloudWatch アラームによって開始される回復プロセス	約 10 分	データの消失なし	仮想マシンの障害からは回復するが、AZ 全体の機能停止からは回復しない
EC2 インスタンス、EBS ルートボリュームへのデータの格納、自動スケーリングによって開始される回復プロセス	約 10 分	すべてのデータが消失する	仮想マシンの障害と AZ 全体の機能停止から回復する
EC2 インスタンス、EBS ルートボリュームへのデータの格納と定期的なスナップショット、自動スケーリングによって開始される回復プロセス	約 10 分	スナップショットの現実的な間隔は30 分〜 24 時間	仮想マシンの障害と AZ 全体の機能停止から回復する
EC2 インスタンス、EFS ファイルシステムへのデータの格納、自動スケーリングによって開始される回復プロセス	約 10 分	データの消失なし	仮想マシンの障害と AZ 全体の機能停止から回復する

　AZ の機能停止から回復できることが望ましく、RPO を小さくする必要がある場合は、ステートレスサーバーを実装してみてください。RDS、EFS、S3、DynamoDB のようなストレージサービスを利用すると、ステートレスサーバーの実装に役立つことがあります。これらのサービスを利用する方法については、Part 3 を参照してください。

14.4　まとめ

- 仮想マシンがダウンするのは、ハードウェアまたはソフトウェアで障害が発生した場合である。
- ダウンした仮想マシンの回復には、CloudWatch アラームを利用できる。デフォルトでは、データは EBS に格納され、プライベート IP アドレスとパブリック IP アドレスは同じままである。
- AWS のリージョンは、アベイラビリティゾーン（AZ）と呼ばれる独立したデータセンターのグループで構成される。
- AZ の機能停止からの回復が可能なのは、複数の AZ を使用する場合である。
- AWS サービスの中にはデフォルトで複数の AZ を使用するものがあるが、仮想マシンは単一の AZ で実行される。
- 自動スケーリングを利用すれば、AZ が機能停止に陥ったとしても、1 つの仮想マシンを常に稼働状態に保つことができる。この場合の欠点は、デフォルトでは EBS ボリュームに依存することが不可能となり、IP アドレスが変化することである。
- RDS、EFS、S3、DynamoDB のようなマネージドサービスではなく EBS ボリュームにデータを格納する場合、データを別の AZ で回復するのは困難である。

CHAPTER 15: Decoupling your infrastructure: Elastic Load Balancing and Simple Queue Service

▶ 第 15 章

インフラの分離
[ELB、SQS]

本章の内容

- システムを分離する理由
- ロードバランサーを使ってリクエストを分散させるための同期デカップリング
- ユーザーとメッセージプロデューサからのバックエンドの隠ぺい
- メッセージキューを使ってピーク時のメッセージをバッファ処理するための非同期デカップリング

本書の著者から AWS に関するアドバイスを受けるためにカフェでミーティングをするとしましょう。無事にカフェで落ち合うには、次の条件が満たされなければなりません。

- 同じ時刻に
- 同じカフェで
- 待ち合わせの相手を見つける

このミーティングの問題点は、場所への結び付きが強いことです。著者はドイツに住んでいますが、あなたはおそらく違います。ミーティングを場所から分離すれば、この問題を解決できます。

そこで、計画を変更し、Google Hangouts セッションをスケジュールします。そうすると、満たさなければならない条件は 2 つになります。

- 同じ時刻に
- Google Hangouts で待ち合わせの相手を見つける

Google Hangouts（および他の動画 / 音声チャットサービス）は、同期デカップリングを実行します。つまり、同じ場所にいる必要はなくなりますが、やはり同じ時刻に集合しなければなりません。

メールを利用すれば、時間からの分離も可能です。満たさなければならない条件は 1 つになります。

- メールで連絡を取り合う

メールは非同期デカップリングです。相手が寝ている時間にメールを送信し、起きたときに返事をもらうことができます。

現時点では、ミーティングを緩い条件で行うために参加者を分離する方法が 2 つあります。

- **デカップリングなし**
  同じ場所（カフェ）で同じ時刻（午後 3 時）に待ち合わせる（髪の色は黒で、白いシャツを着ている、などの目印が必要）。

- **同期デカップリング**
  場所は別々でもよいが、同じ時刻（午後 3 時）に相手を見つける（Skype ID を交換する）必要がある。

- **非同期デカップリング**
  場所と時刻は同じでなくてもよい。相手を見つける（メールアドレスを交換する）だけでよい。

分離（デカップリング）が可能なのはミーティングだけではありません。ソフトウェアシステムでは、密に結び付いているコンポーネントがいくらでも見つかります。

- パブリック IP アドレスはミーティングの場所に相当する。Web サーバーにリクエストを送信するには、Web サーバーのパブリック IP アドレスを知っていなければならず、仮想マシンがその IP アドレスに接続しなければならない。パブリック IP アドレスを変更したい場合は、リクエストを送信する側と受信する側の双方が適切な変更を行わなければならない。

- Web サーバーにリクエストを送信したい場合は、その時点で Web サーバーがオンライン状態でなければならない。そうでなければ、リクエストは拒否される。Web サーバーはさまざまな理由でオフライン状態になる。アップデートをインストールしている最中なのかもしれないし、ハードウェアが故障しているのかもしれない。

AWS には、同期デカップリングと非同期デカップリングのためのソリューションがあります。**ELB**（Elastic Load Balancing）は何種類かのロードバランサーを提供するサービスであり、それら

のロードバランサーはリクエストを同期的に分散させるために EC2 インスタンスとクライアント
の間に位置します。非同期デカップリングに関しては、メッセージキューのインフラを提供する
SQS（Simple Queue Service）サービスがあります。本章では、この 2 つのサービスについて説明し
ます。ELB から見ていきましょう。

本章の例は、無料利用枠で完全にカバーされるはずです。本章の例を数日以上にわたって実行したままに
しない限り、料金は発生しません。ただし、本書で使用する AWS アカウントを新たに作成していて、その
AWS アカウントで他の作業を行わないことが前提となります。この AWS アカウントは本書の最後に削除
するため、本章の内容は数日以内に読み終えるようにしてください。

NOTE

本章の内容を十分に理解するには、第 14 章で取り上げた自動スケーリングの概念を理解している必要が
あります。

15.1　ロードバランサーによる同期デカップリング

Web サーバーを実行している EC2 インスタンスが 1 つしか公開されない場合は依存性が生じま
す。つまり、ユーザーがその EC2 インスタンスのパブリック IP アドレスに依存するようになります。
パブリック IP アドレスをユーザーに配信した時点で、その IP アドレスを変更することは不可能に
なります。このため、次の 2 つの問題に直面することになります。

- 多くのクライアントがパブリック IP アドレスを使用しているため、その IP アドレスを変更
  することはもはや不可能である。
- 負荷の増大に対処するために EC2 インスタンス（および IP アドレス）を追加しても、現在の
  クライアントから完全に無視される。クライアントは引き続きすべてのリクエストを最初の
  EC2 インスタンスのパブリック IP アドレスに送信する。

これらの問題は、EC2 インスタンスを指す DNS 名を使って解決できます。しかし、DNS をあな
たが完全に制御できるわけではありません。DNS リゾルバはレスポンスをキャッシュします。DNS
サーバーはエントリをキャッシュし、あなたの TTL（Time to Live）設定を尊重しないことがありま
す。たとえば、名前と IP アドレスのマッピングを 1 分間だけキャッシュするように DNS サーバー
に伝えたとしても、DNS サーバーによっては、最小キャッシュ期間が 1 日のこともあります。そ
れよりもよい解決策は、ロードバランサーを使用することです。

リクエストの送信元（リクエスタ）はシステムからのレスポンスを待機します。ロードバランサー
は、このシステムを分離するのに役立ちます。EC2 インスタンス（Web サーバーを実行している）

を外部に公開する代わりに、ロードバランサーだけを公開します。そうすると、ロードバランサーがリクエストをバックエンドの EC2 インスタンスへ転送します（図 15-1）。

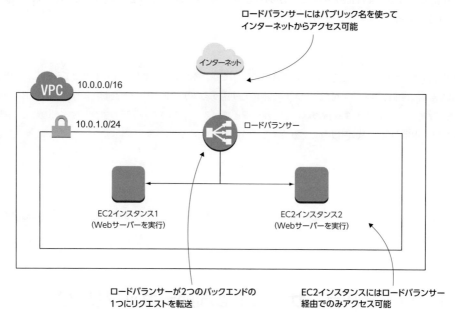

図 15-1：ロードバランサーによる EC2 インスタンスの同期的な分離

　リクエスタ（Web ブラウザなど）は HTTP リクエストをロードバランサーに送信します。ロードバランサーは EC2 インスタンスの 1 つを選択し、元の HTTP リクエストをコピーした上で、選択した EC2 インスタンスに送信します。そうすると、その EC2 インスタンスがリクエストを処理し、レスポンスを返します。レスポンスを受け取ったロードバランサーは、同じレスポンスを元のリクエスタに送信します。

　AWS では、ELB サービスを通じて何種類かのロードバランサーが提供されています。これらのロードバランサーはどれも耐障害性とスケーラビリティを備えています。主な違いは、ロードバランサーがサポートするプロトコルにあります。

- **ALB**（Application Load Balancer）は HTTP と HTTPS をサポート
- **NLB**（Network Load Balancer）は TCP をサポート
- **CLB**（Classic Load Balancer）は HTTP、HTTPS、TCP、TCP+TLS をサポート

　CLB は最も古いロードバランサーです。新しいプロジェクトを開始する場合は、ALB か NLB を使用することをお勧めします。ほとんどの場合は、ALB と NLB のほうが効率がよく、機能も豊富です。

> **NOTE**
> ELBサービスには、独立したAWSマネジメントコンソールはありません。ELBはEC2マネジメントコンソールに統合されています。

ロードバランサーを使用できるのはWebサーバーだけではありません。リクエスト/レスポンス方式の通信に対処し、TCPベースのプロトコルを使用するシステムであれば、ロードバランサーを使用することが可能です。

15.1.1　仮想マシンを使ってロードバランサーを準備する

AWSの威力が発揮されるのは、複数のサービスを統合するときです。前章では、自動スケーリンググループを取り上げました。ここで、Webサーバーに対するトラフィックを分離してユーザーとEC2インスタンスのパブリックIPアドレス間の依存性を取り除くために、自動スケーリンググループの手前にALBを配置するとしましょう。そうすると、自動スケーリンググループは常に2つのWebサーバーが稼働していることを確認するようになります。前章で説明したように、これはハードウェアの故障によるダウンタイムを防ぐための手段です。自動スケーリンググループによって開始されるサーバーは、ALBに自動的に登録されます（図15-2）。

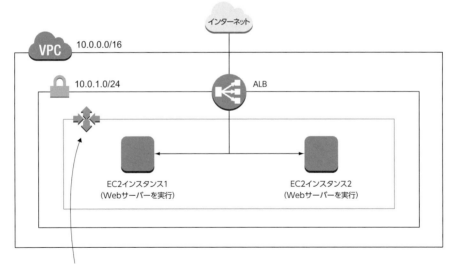

図15-2：自動スケーリンググループはALBと連動し、新しいWebサーバーをALBに登録する

興味深いのは、EC2インスタンスにインターネットから直接アクセスすることが不可能となり、それらの存在がユーザーからはわからなくなることです。ロードバランサーのバックエンドでEC2インスタンスがいくつ動作しているのかをユーザーは知りません。ユーザーがアクセスできるのはロードバランサーだけであり、リクエストはロードバランサーによってバックエンドのサーバーへ転送されます。ロードバランサーとバックエンドのEC2インスタンスに対するネットワークトラフィックは、第6章で説明したセキュリティグループによって制御されます。自動スケーリンググループがEC2インスタンスを追加または削除する際には、新しいEC2インスタンスをロードバランサーに登録し、削除されたEC2インスタンスの登録を解除します。

ALBは、3つの必須コンポーネントと1つのオプションコンポーネントで構成されます。図15-3は、ALBのこれらのコンポーネントを示しています。

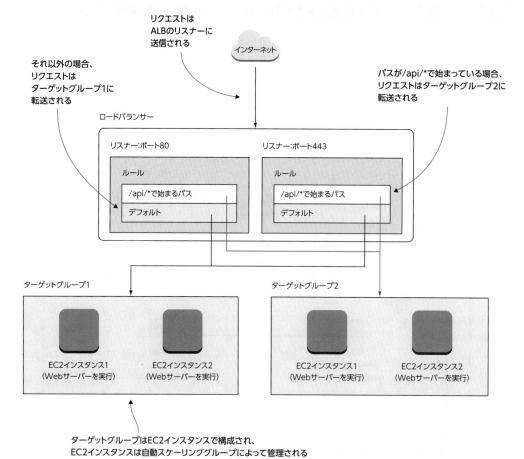

図15-3：ALBはロードバランサー、リスナー、ターゲットグループ、オプションのリスナールールで構成される

- **ロードバランサー**

  基本的な設定を定義します。この設定には、ロードバランサーが実行されるサブネット、ロードバランサーにパブリック IP アドレスが割り当てられるかどうか、IPv4 を使用するのか、それとも IPv4 と IPv6 の両方を使用するのかが含まれます。

- **リスナー**

  ロードバランサーに対するリクエストの送信に使用できるポートとプロトコルを定義します。必要であれば、リスナーに TLS（Transport Layer Security）を停止させることもできます。リクエストと一致する他のリスナールールが定義されていなければ、リスナーはデフォルトのターゲットグループにリンクされます。

- **ターゲットグループ**

  バックエンドグループを定義し、ヘルスチェックを定期的に送信することでバックエンドをチェックします。通常、バックエンドは EC2 インスタンスですが、ECS（Elastic Container Service）を実行する Docker コンテナや、データセンターにおいて VPC と組み合わされるマシンになることもあります。

- **リスナールール**

  必要であれば、リスナールールを定義することも可能です。リスナールールを定義すれば、HTTP パスやホストに基づいて異なるターゲットグループを選択できます。リスナールールを定義しない場合、リクエストはリスナーに定義されているデフォルトのターゲットグループに転送されます。

ALB を作成して自動スケーリンググループにリンクする CloudFormation テンプレートはリスト 15-1 のようになります。このコードは図 15-2 の構成を実装します。

リスト 15-1 ALB を作成して自動スケーリンググループにリンクする

```
...
LoadBalancerSecurityGroup:
  Type: 'AWS::EC2::SecurityGroup'
  Properties:
    GroupDescription: 'alb-sg'
    VpcId: !Ref VPC
    SecurityGroupIngress:
    - CidrIp: '0.0.0.0/0'             # インターネットからのポート 80 への
      FromPort: 80                    # トラフィックだけが ALB に届く
      IpProtocol: tcp
      ToPort: 80
LoadBalancer:
  Type: 'AWS::ElasticLoadBalancingV2::LoadBalancer'
  Properties:
    SecurityGroups:                   # ALB にセキュリティグループを割り当てる
    - !Ref LoadBalancerSecurityGroup
    Scheme: 'internet-facing'         # ALB は外部からアクセス可能
    Subnets:
    - !Ref SubnetA                    # ALB をサブネットにアタッチ
    - !Ref SubnetB
```

```
      Type: application
    DependsOn: 'VPCGatewayAttachment'
  Listener:
    Type: 'AWS::ElasticLoadBalancingV2::Listener'
    Properties:
      LoadBalancerArn: !Ref LoadBalancer
      Port: 80
      Protocol: HTTP                    # ALB は HTTP リクエストをポート 80 でリッスン
      DefaultActions:
      - TargetGroupArn: !Ref TargetGroup  # リクエストをデフォルトの
        Type: forward                     # ターゲットグループに転送
  TargetGroup:
    Type: 'AWS::ElasticLoadBalancingV2::TargetGroup'
    Properties:
      HealthCheckIntervalSeconds: 10    # 10 秒おきに ...
      HealthCheckPath: '/index.html'    # /index.html に HTTP リクエストを送信
      HealthCheckProtocol: HTTP
      HealthCheckTimeoutSeconds: 5
      HealthyThresholdCount: 3
      UnhealthyThresholdCount: 2
      Matcher:                          # HTTP ステータスコードが 2XX の場合、
        HttpCode: '200-299'             # バックエンドは正常と見なされる
      Port: 80                          # EC2 インスタンス上の Web サーバーは
      Protocol: HTTP                    # ポート 80 でリッスン
      VpcId: !Ref VPC
  ...
  LaunchConfiguration:
    Type: 'AWS::AutoScaling::LaunchConfiguration'
    Properties:
      ...
  AutoScalingGroup:
    Type: 'AWS::AutoScaling::AutoScalingGroup'
    Properties:
      LaunchConfigurationName: !Ref LaunchConfiguration
      MinSize: !Ref NumberOfVirtualMachines
      MaxSize: !Ref NumberOfVirtualMachines
      # 2 つの EC2 インスタンスを稼働状態に保つ（MinSize <= DesiredCapacity <= MaxSize）
      DesiredCapacity: !Ref NumberOfVirtualMachines
      # 自動スケーリンググループは新しい EC2 インスタンスをデフォルトのターゲットグループに登録
      TargetGroupARNs:
      - !Ref TargetGroup
      VPCZoneIdentifier:
      - !Ref SubnetA
      - !Ref SubnetB
    ...
    DependsOn: 'VPCGatewayAttachment'
...
```

　この ALB は外部からアクセス可能ですが（Scheme: 'internet-facing'）、プライベートネットワークでのみアクセス可能なロードバランサーを定義する場合は、代わりに Scheme: 'internal' を使用してください。ALB と自動スケーリンググループ間のリンクは、自動スケーリンググループの定義で TargetGroupARNs を指定することによって確立されます。

> **本書のサンプルコード**
>
> 本書のサンプルコードはすべて本書の GitHub リポジトリからダウンロードできます。ここで使用する CloudFormation テンプレートは `/chapter15/loadbalancer.yaml` ファイルに含まれています。このファイルは http://mng.bz/S6Sj からもダウンロードできます。
>
> https://github.com/AWSinAction/code2

このテンプレートがパラメータとして指定されている［スタックのクイック作成］リンク（下記のURL）にアクセスし、［スタックの作成］をクリックして CloudFormation スタックを作成します。

```
https://us-east-1.console.aws.amazon.com/cloudformation/home
?region=us-east-1#/stacks/quickcreate
?templateURL=https://s3.amazonaws.com/awsinaction-code2/chapter15/loadbalancer.yaml
&stackName=loadbalancer
```

スタックが作成されたら、CloudFormation マネジメントコンソールの［出力］タブをクリックします。ページをリロードするたびに、バックエンド Web サーバーのプライベート IP アドレスが 1 つ表示されるはずです。

ロードバランサーの詳細を GUI で確認するために、EC2 マネジメントコンソールを表示します。左のナビゲーションメニューには、［ロードバランシング］セクションがあります。［ロードバランサー］をクリックし、唯一のロードバランサーを選択すると、ページの下部に詳細が表示されます。［モニタリング］タブをクリックすると、遅延やリクエストの数などを表すグラフが表示されます。これらのグラフは 1 分前のものなので、ロードバランサーに送信したリクエストを確認するには、少し待つ必要があるかもしれません。

> **Cleaning up**
>
> 作成した CloudFormation スタックを CloudFormation マネジメントコンソールで削除してください。

15.2　メッセージキューによる非同期デカップリング

ELB を使った同期デカップリングは簡単です。そのためにコードを変更する必要はありません。しかし、非同期デカップリングでは、コードをメッセージキューに適応させる必要があります。

メッセージキューには、先頭（ヘッド）と末尾（テール）があります。新しいメッセージを末尾に追加する一方で、先頭からメッセージを読み取ることができます。このため、メッセージの生成と

消費を分離することが可能です。プロデューサ（リクエスタ）をコンシューマ（レシーバ）から分離することには、次のようなメリットがあります。

- **キューがバッファとして機能する**
  プロデューサとコンシューマを同じペースで実行する必要がなくなります。たとえば、1分間に1,000個のメッセージをまとめて追加することが可能ですが、一方で、コンシューマは常に1秒間に10個のメッセージを処理します。やがてコンシューマが追いつき、キューが再び空になります。

- **キューによってバックエンドが隠ぺいされる**
  ロードバランサーと同様に、メッセージプロデューサはコンシューマのことを知りません。コンシューマをすべて停止したとしても引き続きメッセージを生成できるため、コンシューマをメンテナンスするときに便利です。

プロデューサとコンシューマは互いのことを知りません。プロデューサとコンシューマが知っているのはメッセージキューのことだけです（図15-4）。

図15-4：プロデューサはメッセージをメッセージキューに送信し、コンシューマはメッセージキューからメッセージを読み取る

メッセージを読み取るコンシューマが存在しないときに新しいメッセージをメッセージキューに配置することも可能です。その場合、メッセージキューはバッファとして機能します。メッセージキューが際限なく大きくなるのを防ぐために、メッセージは一定の期間だけ保存されます。メッセージキューからメッセージを受信する場合は、そのメッセージをキューから永遠に削除するために、メッセージの処理が正常終了したことを示すACK（確認応答）を行わなければなりません。

SQS（Simple Queue Service）はフルマネージドのAWSサービスであり、メッセージが少なくとも1回配信されることを保証するメッセージキューを提供します。

- まれに、1つのメッセージが2回消費されることがある。他のメッセージキューと比較するとおかしなことに聞こえるかもしれないが、後ほど、この問題にどのように対処すればよいかを示す。
- SQSはメッセージの順序を保証しないため、生成されたときとは異なる順序でメッセージが読み取られることがある。

SQSのこうした制限には、次のようなメリットもあります。

- SQSにはメッセージをいくつでも好きなだけ配置できる。
- メッセージキューは生成/消費されるメッセージの数に応じてスケーリングされる。

- SQS はデフォルトで高可用である。
- 料金はメッセージごとに発生する。

料金モデルも単純です。SQS に対するリクエストごとに 0.00000040 ドルの料金を支払うか、100 万件のリクエストごとに 0.4 ドルを支払います。メッセージの生成とメッセージの消費はそれぞれ 1 つのリクエストとしてカウントされます（ペイロード、つまりメッセージに含まれる実質的なデータが 64KB よりも大きい場合は、64KB のブロックごとに 1 つのリクエストとしてカウントされます）。

15.2.1　同期プロセスを非同期プロセスに変換する

一般的な非同期プロセスは、「ユーザーが Web サーバーにリクエストを送信すると、Web サーバー上で何らかの処理が発生し、その結果がユーザーに返される」というものです。話をもう少し具体的にするために、URL のプレビュー画像の生成について考えてみましょう。

1. ユーザーが URL を送信します。
2. Web サーバーがその URL のコンテンツをダウンロードし、スクリーンショットを撮り、PNG 画像としてレンダリングします。
3. Web サーバーがその PNG 画像をユーザーに返します。

ちょっとしたトリックと、メッセージキューの（たとえばトラフィックのピーク時の）伸縮性を利用すれば、このプロセスを非同期プロセスに変換できます。

1. ユーザーが URL を送信します。
2. Web サーバーがランダム ID とその URL が含まれたメッセージをキューに配置します。
3. Web サーバーがユーザーにリンクを返します。ユーザーは後ほど、このリンクを使って PNG 画像にアクセスできます。このリンクには、ランダム ID（`http://<S3 バケット>.s3-website-us-east-1.amazonaws.com/<ランダム ID>.png` など）が含まれています。
4. バックグラウンドでは、ワーカーがキューからメッセージを受信し、コンテンツをダウンロードして PNG に変換し、この画像を S3 にアップロードします。
5. 何らかの時点で、ユーザーがリンクを使って PNG のダウンロードを試みます。このファイルが見つからない場合、ユーザーは数秒後にリンク先のページをリロードする必要があります。

プロセスを非同期にしたい場合は、そのプロセスを開始した側がプロセスのステータスを追跡できるようにしなければなりません。1 つの方法は、そのプロセスをチェックするのに使用できる ID を返すことです。この ID はそのプロセスのステップからステップへと受け渡されます。

15.2.2　URL2PNG アプリケーションのアーキテクチャ

次に、URL2PNG というアプリケーションを作成してみましょう。URL2PNG は指定された URL から PNG 画像をレンダリングするアプリケーションであり、単純ですが、ユーザー側からは分離された状態で動作します。このアプリケーションのプログラミングには Node.js を使用し、メッセージキューの実装には SQS を使用します。このアプリケーションの仕組みは図 15-5 のようになります。

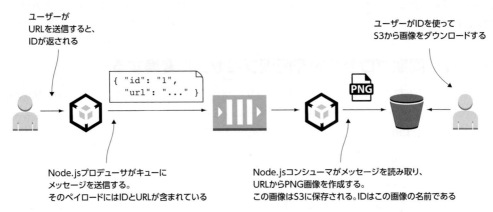

図 15-5：Node.js プロデューサがキューにメッセージを送信する。
そのペイロードには ID と URL が含まれている

　メッセージのプロデューサ側から見ていきましょう。小さな Node.js スクリプトによって一意な ID が生成され、URL とその ID がペイロードとして含まれたメッセージがキューに送信され、その ID がユーザーに返されます。ユーザーは返された ID をファイル名として S3 バケットにアクセスし、ファイルがアップロードされているかどうかをチェックします。
　メッセージのコンシューマ側では、小さな Node.js スクリプトによってキューからメッセージが読み取られ、そのペイロードに含まれている URL のスクリーンショットが生成され、結果として得られた画像が S3 バケットにアップロードされます。S3 バケットへのアップロードでは、ペイロードに含まれている一意な ID がファイル名として使用されます。
　このサンプルを実行するには、次のコマンドを実行して、Web ホスティングが有効化された S3 バケットを作成しておく必要があります。他の読者と名前が競合するのを避けるため、＜あなたの名前＞部分は適宜置き換えてください(S3 バケットの名前はすべての AWS アカウントにわたってグローバルに一意でなければならないことを思い出してください)。

```
$ aws s3 mb s3://url2png-<あなたの名前>
$ aws s3 website s3://url2png-<あなたの名前> --index-document index.html \
> --error-document error.html
```

　Web ホスティングが必要なのは、ユーザーが S3 バケットから画像をダウンロードできるようにするためです。次の作業は、メッセージキューの作成です。

15.2.3　メッセージキューを準備する

SQS キューの作成は簡単です。キューの名前（url2png）を指定するだけです。

```
$ aws sqs create-queue --queue-name url2png
{
    "QueueUrl": "https://queue.amazonaws.com/878533158213/url2png"
}
```

出力に含まれている `QueueUrl` の値はあとで必要になるのでメモしておいてください。

15.2.4　メッセージをプログラムから生成する

　SQS キューにメッセージを送信する準備はこれで完了です。メッセージを生成するには、キューとペイロードを指定する必要があります。AWS へのリクエストの送信には、Node.js と AWS SDK を組み合わせて使用します。Node.js のインストール方法については、第 4 章のコラム「Node.js のインストールと設定」（127 ページ）を参照してください。

　AWS SDK と Node.js を使ってメッセージを生成する方法について見ていきましょう（このメッセージはあとから URL2PNG ワーカーによって消費されます）。Node.js スクリプトを使用する方法は次のようになります。

NOTE

　URL2PNG アプリケーションのインストールと設定はまだ行っていないため、この時点では、このコマンドを実行しないでください。

```
$ node index.js "http://aws.amazon.com"
PNG will be available soon at http://url2png-<あなたの名前>.s3-website-us-east-1.
amazonaws.com/xxx.png
```

本書のサンプルコード

　本書のサンプルコードはすべて本書の GitHub リポジトリからダウンロードできます。URL2PNG アプリケーションは /chapter15/url2png フォルダに含まれています。ローカルの chapter15/url2png フォルダへ移動し、ターミナルで npm install を実行して必要な依存リソースをすべてインストールしてください。

https://github.com/AWSinAction/code2

476　第15章 ｜ インフラの分離［ELB、SQS］

index.js ファイルの実装はリスト 15-2 のようになります。

リスト 15-2　メッセージをキューに送信する（index.js）

```
const AWS = require('aws-sdk');
const uuid = require('uuid/v4');
const config = require('./config.json');
const sqs = new AWS.SQS({              // SQS クライアントを作成
  region: 'us-east-1'
});

if (process.argv.length !== 3) {       // URL が指定されたかどうかを確認
  console.log('URL missing');
  process.exit(1);
}

const id = uuid();                     // ランダム ID を作成
const body = {                         // ペイロードには、ランダム ID と URL が含まれる
  id: id,
  url: process.argv[2]
};

sqs.sendMessage({                      // SQS で sendMessage を呼び出す
  MessageBody: JSON.stringify(body),   // ペイロードを JSON 文字列に変換
  QueueUrl: config.QueueUrl            // メッセージを送信するキュー
}, (err) => {
  if (err) {
    console.log('error', err);
  } else {
    console.log('PNG will be soon available at ...');
  }
});
```

　このスクリプトを実行する前に、先の「本書のサンプルコード」の内容に従って、Node.js の
モジュールをインストールしておく必要があります。また、chapter15/url2png フォルダの
config.json ファイルの内容を変更する必要もあります。QueueUrl の値を先ほどメモしておいた
値に変更し、Bucket の値を先ほど作成した S3 バケットの名前（url2png-＜あなたの名前＞）に変更
してください。

　node index.js "http://aws.amazon.com" コマンドを使って index.js スクリプトを実行す
る準備はこれで完了です。このコマンドを実行すると、"PNG will be available at http://
url2png-＜あなたの名前＞.s3-website-us-east-1.amazonaws.com/xxx.png" のような出力が表
示されるはずです。メッセージを消費する準備ができたことを確認するために、次のコマンドを実
行して、キューに含まれているメッセージの数を取得してみましょう。＜キューの URL＞部分はキュー
の URL（QueueUrl の値）に置き換えてください。

```
$ aws sqs get-queue-attributes --queue-url "＜キューの URL＞" \
> --attribute-names ApproximateNumberOfMessages
{
    "Attributes": {
        "ApproximateNumberOfMessages": "1"
    }
}
```

SQS から返されるのは、メッセージのおおよその数だけです。というのも、SQS は分散型のサービスだからです。メッセージのおおよその数が返されない場合は、このコマンドを何度か実行してみてください。

次の作業は、ワーカーの作成です。ワーカーは、このメッセージを消費し、PNG 画像を生成するための作業をすべて実行します。

15.2.5　メッセージをプログラムから消費する

SQS でのメッセージの処理は 3 つのステップに分かれています。

1. メッセージを受信する。

2. メッセージを処理する。

3. メッセージが正常に処理されたことを示す ACK（確認応答）を行う。

次に、URL を PNG 画像に変換するために、これら 3 つのステップを実装します。SQS キューからメッセージを受信するには、次の情報を指定しなければなりません。

- QueueUrl … キューの一意な ID。

- MaxNumberOfMessages … 受信したいメッセージの最大数（1 〜 10）。スループットを向上させるために、メッセージをバッチで取り出すことが可能。通常は、パフォーマンスの最大化とオーバーヘッドの最小化を目的として、このパラメータに 10 を指定する。

- VisibilityTimeout … このメッセージの処理を開始してからメッセージをキューから削除するまでの時間（秒数）。この時間内にメッセージを削除するか、メッセージをキューに戻す必要がある。通常は、平均的な処理時間に 4 を掛けた値を指定する。

- WaitTimeSeconds … メッセージがすぐに提供されない場合に待機する最大時間（秒数）。SQS からメッセージを受信するには、キューのポーリングを実行する。ただし、AWS では、最大 10 秒間のロングポーリングが可能である。ロングポーリングを実行していて、受信できるメッセージがない場合、AWS API からのレスポンスはすぐに返されない。新しいメッセージが 10 秒以内に届いた場合は、HTTP レスポンスが返される。10 秒を過ぎた後は、空のレスポンスも返される。

AWS SDK を使って SQS キューからメッセージを受信する方法はリスト 15-3 のようになります。

478　第15章 ｜ インフラの分離 ［ELB、SQS］

リスト 15-3　キューからメッセージを受信する（worker.js の一部）

```
const fs = require('fs');
const AWS = require('aws-sdk');
const webshot = require('node-webshot');
const config = require('./config.json');
const sqs = new AWS.SQS({
  region: 'us-east-1'
});
const s3 = new AWS.S3({
  region: 'us-east-1'
});
...
const receive = (cb) => {
  const params = {
    QueueUrl: config.QueueUrl,
    MaxNumberOfMessages: 1,    // 消費するメッセージは一度に 1 つだけ
    VisibilityTimeout: 120,    // メッセージを確保している時間は 120 秒間
    WaitTimeSeconds: 10        // 新しいメッセージを待機する 10 秒間のロングポーリング
  };
  sqs.receiveMessage(params, (err, data) => {    // SQS で receiveMessage を呼び出す
    if (err) {
      cb(err);
    } else {
      if (data.Messages === undefined) {    // メッセージを消費できるかチェック
        cb(null, null);
      } else {
        cb(null, data.Messages[0]);         // メッセージを 1 つだけ受信
      }
    }
  });
};
```

　受信ステップの実装はこれで完了です。次のステップはメッセージの処理です。Node.js の webshot モジュールのおかげで、Web サイトのスクリーンショットを作成するのは簡単です（リスト 15-4）。

リスト 15-4　スクリーンショットを作成して S3 にアップロードする（worker.js の一部）

```
const process = (message, cb) => {
  const body = JSON.parse(message.Body);    // メッセージのボディは JSON 文字列
  const file = body.id + '.png';
  webshot(body.url, file, (err) => {        // webshot モジュールを使って
    if (err) {                              // スクリーンショットを作成
      cb(err);
    } else {
      fs.readFile(file, (err, buf) => {     // ローカルディスクに保存された
        if (err) {                          // スクリーンショットを開く
          cb(err);
        } else {
          const params = {
            Bucket: config.Bucket,
```

15.2 メッセージキューによる非同期デカップリング　479

```
            Key: file,
            ACL: 'public-read',        // S3 にアップロードしたスクリーンショットを
            ContentType: 'image/png',  // すべてのユーザーに公開
            Body: buf
        };
        s3.putObject(params, (err) => {  // スクリーンショットを S3 にアップロード
            if (err) {
                cb(err);
            } else {
                fs.unlink(file, cb);     // ローカルディスクから
            }                            // スクリーンショットを削除
        });
    }
  });
};
```

　メッセージのボディは JSON 文字列であり、この文字列を JavaScript オブジェクトに変換します。
　残っているのは、メッセージが正常に処理されたことを示す ACK（確認応答）ステップだけです。
このステップは、処理が完了した後にメッセージをキューから削除するという方法で実装します（リスト 15-5）。SQS からメッセージを受信すると、ReceiptHandle が返されます。ReceiptHandle
はメッセージをキューから削除するときに指定しなければならない一意な ID です。

リスト 15-5　メッセージをキューから削除する（worker.js の一部）

```
const acknowledge = (message, cb) => {
  const params = {
    QueueUrl: config.QueueUrl,
    ReceiptHandle: message.ReceiptHandle  // ReceiptHandle はメッセージの受信ごとに
  };                                      // 一意に割り当てられる
  sqs.deleteMessage(params, cb);          // SQS で deleteMessage を呼び出す
};
```

　3 つのステップが揃ったら、次はそれらをつなぎ合わせます（リスト 15-6）。

リスト 15-6　ワーカーを組み立てる（worker.js の一部）

```
const run = () => {
  receive((err, message) => {            // メッセージを受信
    if (err) {
      throw err;
    } else {
      if (message === null) {            // メッセージを消費できるか確認
        console.log('nothing to do');
        setTimeout(run, 1000);           // run メソッドを 1 秒後に再び呼び出す
      } else {
        console.log('process');
        process(message, (err) => {      // メッセージを処理
          if (err) {
```

第 15 章 | インフラの分離［ELB、SQS］

```
          throw err;
        } else {
          acknowledge(message, (err) => {   // メッセージをキューから削除
            if (err) {
              throw err;
            } else {
              console.log('done');
              setTimeout(run, 1000);   // さらにメッセージをポーリングするために
            }                          // run メソッドを 1 秒後に再び呼び出す
          });
        }
      });
    }
  });
};

run();                                       // run メソッドを呼び出して作業開始
```

　2 つ目の setTimeout 呼び出しでは、さらにメッセージをポーリングするために run メソッドを
1 秒後に再び呼び出します。これは一種の再帰ループですが、呼び出しの間にタイマーがセットさ
れています。タイマーが作動したときに新しい呼び出しスタックが割り当てられるため、スタック
オーバーフローは発生しません。

　ワーカーを開始してキューにすでに含まれているメッセージを処理する準備はこれで完了です。
node worker.js コマンドを使ってこのスクリプトを実行してください。そうすると、process と
いうメッセージが出力され、続いて done というメッセージが出力されます。数秒後には、S3 バケッ
トにスクリーンショットがアップロードされているはずです。最初の非同期アプリケーションはこ
れで完成です。

　キューにメッセージを送信するために node index.js "http://aws.amazon.com" コマンドを
実行した際、http://url2png-＜あなたの名前＞.s3-website-us-east-1.amazonaws.com/xxx.
png のような出力が返されたことを思い出してください。この URL にブラウザでアクセスすると、
AWS の Web サイト（または、あなたがサンプルとして使用した URL）のスクリーンショットが表
示されるはずです。

　非同期デカップリングアプリケーションはこれで完成です。仮に、この URL2PNG サービスが話
題となり、数百万人ものユーザーが使い始めたとしましょう。このワーカーが URL から生成でき
る PNG 画像の数はそれほど多くないため、キューはどんどん長くなっていきます。すばらしいこ
とに、それらのメッセージを消費するワーカーはいくつでも好きなだけ追加できます。ワーカー
を 1 つだけ開始する代わりに、10 個または 100 個のワーカーを開始してもよいのです。すごいの
はそれだけではありません。ワーカーが何らかの理由で終了してしまった場合、インフライトメッ
セージ（キューから受信されたものの、まだキューから削除されていないメッセージ）が 2 分後に
消費可能な状態となり、別のワーカーが受信できるようになることです。耐障害性とはまさにこの
ことです。システムを非同期デカップリングとして設計すると、スケーリングが容易になり、耐障
害性に対する基盤をうまく構築できます。次章では、耐障害性について見ていきます。

Cleaning up

次のコマンドを実行して、メッセージキューを削除してください。

```
$ aws sqs delete-queue --queue-url "<キューのURL>"
```

また、次のコマンドを実行して、この例で使用したS3バケットも忘れずに削除してください。

```
$ aws s3 rb --force s3://url2png-<あなたの名前>
```

15.2.6　SQSを使ったメッセージングの制限

　少し前に言及したように、SQSには制限がいくつかあります。ここでは、それらの制限を少し詳しく説明します。ですがその前に、SQSの利点を確認しておきましょう。

- SQSにはメッセージをいくつでも好きなだけ配置できる。SQSはインフラに合わせて自動的にスケーリングする。
- SQSはデフォルトで高可用である。
- 料金はメッセージごとに発生する。

これらの利点にはトレードオフがあります。SQSの制限を詳しく見ていきましょう。

SQSはメッセージが1回だけ配信されることを保証しない

　メッセージは1回以上配信されることがあります。これには次の2つの理由があります。

1. 一般的には、受信されたメッセージが`VisibilityTimeout`の時間内に削除されない場合、そのメッセージが再び受信されるためである。
2. SQSシステムのサーバーの1つがたまたま稼働していなかったために、`DeleteMessage`オペレーションによってメッセージのコピーが完全に削除されないことがまれにある。

　メッセージが繰り返し配信される問題は、メッセージの処理をべき等にすることによって解決できます。**べき等**（idempotent）は、メッセージを何回処理したとしても、結果が常に同じであることを意味します。URL2PNGアプリケーションは、そうした仕様になっています。つまり、メッセージを繰り返し処理した場合は、そのつどS3に同じ画像がアップロードされます。画像がすでにS3にアップロードされている場合は、同じ画像に置き換えられます。メッセージが少なくとも1回配信されることを保証する分散システムでは、べき等によって多くの問題が解決されます。

　ただし、何もかもべき等にできるわけではありません。よい例はメールの送信です。メッセージ

の処理を繰り返し、そのつどメールを送信すれば、受信者はうんざりするでしょう。

　多くの場合、少なくとも 1 回の処理は悪くない妥協点です。この妥協点がニーズと適合する場合は、SQS を使用する前に各自の要件をチェックする必要があります。

SQS はメッセージの順序を保証しない

　メッセージは生成されたときとは異なる順序で消費されることがあります。メッセージを正しい順序で処理する必要がある場合は、何か別の手段を探す必要があります。SQS は耐障害性とスケーラビリティを備えたメッセージキューです。メッセージの順序を安定させる必要がある場合、SQS のようなスケーラビリティを持つソリューションを探し出すのは難しいでしょう。本書からのアドバイスは、安定した順序が必要ではなくなるようにシステムの設計を変更するか、クライアント側でメッセージを順番に配置することです。

SQS の FIFO キュー

　FIFO (First-In-First-Out) キューは、メッセージの順序を保証し、重複するメッセージを検出するためのメカニズムを提供します。メッセージを正しい順序で処理する必要がある場合は、FIFO キューを調べてみる価値があります。欠点は、よりコストがかかることと、1 秒間に 300 オペレーションという制限があることです。詳細については、「Amazon SQS FIFO (先入れ先出し) キュー」を参照してください。

http://mng.bz/Y5KN

SQS はメッセージブローカーの代わりにはならない

　SQS は、ActiveMQ のようなメッセージブローカーではなく、単なるメッセージキューです。このため、メッセージルーティングやメッセージの優先順位といった機能はありません。SQS を ActiveMQ と比較するのは、DynamoDB を MySQL と比較するようなものです。

Amazon MQ

　2017 年 11 月、AWS は Amazon SQS に代わる Amazon MQ というサービスを発表しました。Amazon MQ は Apache ActiveMQ をサービスとして提供します。このため、JMS (Java Message Service)、NMS (.NET Message Service)、AMQP (Advanced Message Queuing Protocol)、STOMP (Simple [or Streaming] Text Orientated Messaging Protocol)、MQTT (Message Queuing Telemetry Transport)、WebSocket プロトコルに対応するメッセージブローカーとして Amazon MQ を使用できます。詳細については、Amazon MQ の開発者ガイドを参照してください。

https://docs.aws.amazon.com/ja_jp/amazon-mq/latest/developer-guide/

15.3　まとめ

- デカップリング（分離）は依存性を減らすため、物事が単純になる。

- 同期デカップリングでは、両者が同時にいないと通信できないが、互いのことを知っている必要はない。

- 非同期デカップリングでは、両者が同時にいなくても通信できる。

- ほとんどのアプリケーションは、ELB サービスによって提供されるロードバランサーを使用することで、コードを変更せずに同期デカップリングに変換できる。

- ロードバランサーは、アプリケーションのヘルスチェックを定期的に実行することで、バックエンドがトラフィックに対処できるかどうかを判断できる。

- 非同期デカップリングは非同期プロセスでのみ実現可能である。ただし、ほとんどの場合は、同期プロセスを非同期プロセスに変更できる。

- SQS による非同期デカップリングでは、AWS SDK の 1 つを使って SQS に対するプログラミングを行う必要がある。

CHAPTER 16: Designing for fault tolerance

▶ 第 16 章
耐障害性のための設計

本章の内容

- 耐障害性とは何か、なぜ必要か
- 冗長性に基づく単一障害点の削除
- 失敗時のリトライ
- べき等オペレーションを使った失敗時のリトライ
- AWS サービスの保証

　失敗は避けようのないものです。ハードディスク、ネットワーク、電源などはいつ故障してもおかしくありません。耐障害性は、この問題に対処します。耐障害性アーキテクチャとは、障害を想定した設計のことです。このようなシステムは、障害が発生しても停止せず、引き続きリクエストを処理します。単一障害点を持つアーキテクチャは、耐障害性アーキテクチャではありません。耐障害性を実現するには、システムに冗長性を追加し、アーキテクチャにおいて他の部分のアップタイム（稼働時間）に依存しない部分を切り離す必要があります。

　AWS のサービスは何種類かの回復力を提供します。

- **保証なし（単一障害点）**
  障害が発生した場合、リクエストは処理されない。

- **高可用性**
  障害が発生した場合、リクエストの処理が以前と同じ状態になるのに少し時間がかかる。

- **耐障害性**
  障害が発生した場合、リクエストは以前と同じように処理され、可用性の問題はいっさい生じない。

　システムに耐障害性を持たせる最も手っ取り早い方法は、耐障害性ブロックを使ってアーキテクチャを構築することです。すべてのブロックに耐障害性があれば、システム全体も耐障害になります。ありがたいことに、AWSの多くのサービスはデフォルトで耐障害性を持つため、可能であれば、それらのサービスを利用してください。それらのサービスを利用しない場合は、障害が発生したら自分で対処しなければなりません。

　残念なのは、ある重要なサービスがデフォルトでは耐障害性を備えていないことです。そう、EC2インスタンスです。仮想マシン、つまり、EC2を使用するアーキテクチャには、デフォルトでは耐障害性がありません。ただし、この問題に対処するためのソリューションがAWSから提供されています。このソリューションは、自動スケーリンググループ、ELB（Elastic Load Balancing）、SQS（Simple Queue Service）で構成されています。

　AWSの次のサービスは、高可用性も耐障害性も備えていません。これらのサービスの1つをアーキテクチャで使用すると、そのアーキテクチャに**単一障害点**（single point of failure）を追加することになります。この場合、耐障害性を実現するには、障害を想定した計画と構築が必要です。それが本章のテーマです。

- **Amazon EC2**
  単一のEC2インスタンスは、ハードウェアの故障、ネットワークの問題、アベイラビリティゾーン（AZ）の機能停止など、さまざまな理由でダウンする可能性があります。高可用性や耐障害性を実現するには、自動スケーリンググループを使って、リクエストを冗長な方法で処理するEC2インスタンスグループを作成する必要があります。

- **Amazon RDS**
  単一のRDSインスタンスは、EC2インスタンスとは異なる理由で失敗するかもしれません。Multi-AZモードを使って高可用性を実現してください。

　次のサービスはすべてデフォルトで**高可用性**を備えています。障害が発生した場合、これらのサービスでは短いダウンタイムが発生しますが、サービス自体は自動的に復旧します。

- **ENI（Elastic Network Interface）**
  ネットワークインターフェイスはAZにバインドされるため、そのAZが機能停止に陥った場合は、ネットワークインターネットも利用できなくなります。

- **Amazon VPC**

  VPC サブネットは AZ にバインドされるため、その AZ が機能停止に陥った場合は、サブネットにもアクセスできなくなります。単一の AZ への依存性を取り除くために、異なる AZ 内の複数のサブネットを使用してください。

- **Amazon EBS**

  EBS ボリュームは AZ 内の複数のマシンにデータを分散させます。しかし、AZ が機能停止に陥った場合は、ボリュームも利用できなくなります（ただし、データは失われません）。EBS スナップショットを定期的に作成しておくと、別の AZ で EBS ボリュームを回復できます。

- **Amazon RDS**

  Multi-AZ モードのインスタンスを実行している場合は、短いダウンタイム（1 分）が発生することがあります。マスターインスタンスで問題が発生した場合に、スタンバイインスタンスに切り替えるために DNS レコードを変更する必要があるためです。

次のサービスはデフォルトで**耐障害性**を備えています。これらのサービスのユーザーは障害にまったく気づきません。

- ELB（少なくとも 2 つの AZ にデプロイ）
- Amazon EC2 セキュリティグループ
- Amazon VPC（ACL とルートテーブルを使用）
- Elastic IP アドレス
- Amazon S3
- Amazon EBS スナップショット
- Amazon DynamoDB
- Amazon CloudWatch
- 自動スケーリンググループ
- Amazon SQS
- AWS Elastic Beanstalk（マネジメントサービス自体。その環境内で実行されるアプリケーションが耐障害性を持つとは限らない）
- AWS OpsWorks（マネジメントサービス自体。その環境内で実行されるアプリケーションが耐障害性を持つとは限らない）
- AWS CloudFormation
- AWS IAM（単一のリージョンにバインドされない IAM。IAM ユーザーを作成する場合、そのユーザーはすべてのリージョンで有効となる）

耐障害性に配慮するのはなぜでしょうか。結局のところ、耐障害性システムはエンドユーザーに

488　第 16 章 ｜ 耐障害性のための設計

高い品質を提供します。システムで何が起きたとしても、ユーザーへの影響はいっさいありません。ユーザーは引き続き、コンテンツを楽しんだり、商品やサービスを購入したり、友人とやり取りしたりできます。数年前までは、耐障害性の実現はコストのかかる複雑なプロセスでした。ですが、AWS では、耐障害性システムの提供は手頃なコストの標準的なプロセスとなっています。とはいえ、耐障害性システムの構築はクラウドコンピューティングの究極の課題であり、最初は難しいことがあります。

本章の要件

本章の内容を十分に理解するには、次の概念を読んで理解している必要があります。

- EC2 (第 3 章)
- 自動スケーリング (第 14 章)
- ELB (第 15 章)
- SQS (第 15 章)

このことを前提として、本章には次のシステムを包括的に利用するサンプルが含まれています。

- Elastic Beanstalk (第 5 章)
- DynamoDB (第 13 章)
- Express (Node.js Web アプリケーションフレームワーク)

　本章では、EC2 インスタンスに基づいて耐障害性を持つ Web アプリケーションを設計するために必要なものをすべて紹介します (デフォルトでは、EC2 インスタンスは耐障害性を持ちません)。

16.1　冗長な EC2 インスタンスを使って可用性を向上させる

仮想マシンがダウンする理由はそれほど多くありません。

- ホストハードウェアが故障した場合、仮想マシンをホストすることは不可能になる。
- ホストへのネットワーク接続が遮断された場合、仮想マシンはネットワーク経由で通信する能力を失う。
- ホストシステムの電源が失われた場合は、仮想マシンもダウンする。

これに加えて、仮想マシン内で実行されているソフトウェアもクラッシュすることがあります。

- アプリケーションにメモリリークが含まれており、メモリを使い果たしてクラッシュする。

- アプリケーションがディスクに書き込んだデータをまったく削除しない場合は、いずれディスク領域を使い果たしてクラッシュする。
- アプリケーションがエッジケース（特異なケース）に適切に対処せず、不意にクラッシュすることがある。

障害の原因がホストシステムにあるのか、アプリケーションにあるのかにかかわらず、EC2 インスタンスが 1 つだけの場合は単一障害点になります。たった 1 つの EC2 インスタンスに依存している場合、システムはいずれクラッシュします。単に時間の問題です。

16.1.1　冗長性に基づいて単一障害点を取り除く

ふわふわのクラウドパイの製造ラインがあるとしましょう。クラウドパイの製造ラインは、いくつかのステップに分かれています（これらはもちろん単純化したステップです）。

1. パイ生地を作る。
2. パイ生地を冷やす。
3. パイ生地の上にふんわりしたクラウドのかたまりを載せる。
4. クラウドパイを冷やす。
5. クラウドパイを包装する。

現時点では、製造ラインは 1 つだけです。このため、これらのステップが 1 つでもクラッシュすれば、製造ライン全体が止まってしまう、という大きな問題があります。図 16-1 は、2 つ目のステップ（パイ生地を冷やす）がクラッシュした場合の問題を示しています。冷えたパイ生地が届かなくなるため、3 つ目以降のステップも止まってしまいます。

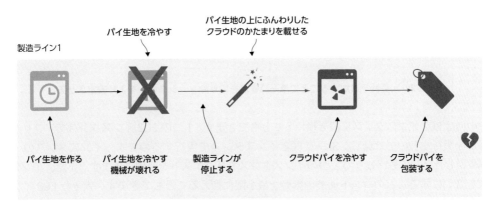

図 16-1：単一障害点の影響はシステム全体におよぶ

製造ラインを複数にすればよいのではないでしょうか。製造ラインを 3 つにするとしましょう。そうすれば、製造ラインが 1 つダウンしたとしても、他の 2 つの製造ラインで引き続きクラウドパ

イを製造できます。この改善による結果は図16-2のようになります。唯一の欠点は、必要な機械の数が3倍になることです。

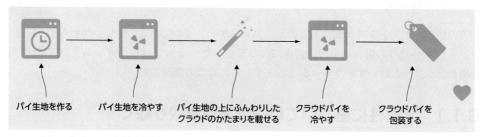
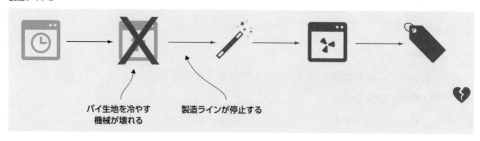
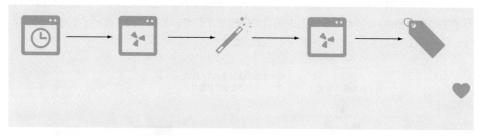

図16-2：冗長性を追加することで単一障害点を取り除き、システムをより安定させる

　この例はEC2インスタンスに置き換えることもできます。1つのEC2インスタンスでアプリケーションを実行するのではなく、3つのEC2インスタンスで実行するのです。インスタンスの1つがダウンしたとしても、残りの2つのインスタンスでリクエストを処理できます。また、インスタンスを3つにすることのコスト面での影響を最小限に抑えることもできます。大きなEC2インスタンスを1つ実行する代わりに、小さなEC2インスタンスを3つ選択すればよいからです。このようなEC2インスタンスの動的なプールには、「それらのインスタンスとどのように通信すればよいのか」という問題があります。答えは「デカップリング」です。つまり、EC2インスタンスとリクエスタの間にロードバランサーかメッセージキューを配置するのです。その仕組みが知りたい場合

は、続きを読んでください。

16.1.2　冗長性には分離が必要

　図 16-3 は、冗長性と同期デカップリングを使って耐障害性を実現する方法を示しています。EC2 インスタンスの 1 つがダウンした場合、ELB はダウンしたインスタンスへのリクエストの転送を中止します。ダウンした EC2 インスタンスが自動スケーリンググループによって数分以内に置き換えられ、新しいインスタンスに対するリクエストの転送が ELB によって開始されます。

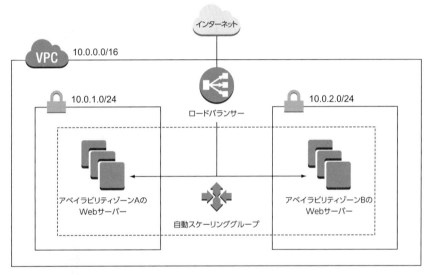

図 16-3：自動スケーリンググループと ELB に基づく EC2 インスタンスの耐障害化

図 16-3 を見ながら、冗長化された部分を確認してください。

- **AZ** … AZ が 2 つ使用されている。一方の AZ が機能停止に陥ったとしても、もう一方の AZ でインスタンスが実行されている。
- **サブネット** … サブネットは AZ に強く結び付けられるため、AZ ごとにサブネットが 1 つ必要である。
- **EC2 インスタンス** … EC2 インスタンスが多重冗長化されている。サブネット（AZ）が 2 つあり、それぞれのサブネット内に複数のインスタンスがある。

　図 16-4 は、EC2 ベースの耐障害性システムを示しています。このシステムは、SQS キューからのメッセージを処理するために冗長性と非同期デカップリングを利用します。

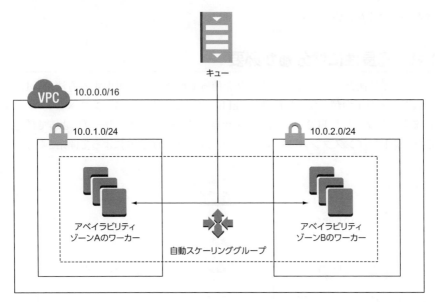

図 16-4：自動スケーリンググループと SQS に基づく EC2 インスタンスの耐障害化

　図 16-3 と図 16-4 では、ロードバランサーと SQS キューはそれぞれ 1 つだけです。だからといって、ELB や SQS が単一障害点であるというわけではありません。それどころか、ELB と SQS は最初から耐障害性を備えています。

16.2　コードに耐障害性を持たせる

　耐障害性を実現したい場合は、アプリケーションをそのように構築する必要があります。ここでは、耐障害性をアプリケーションに組み込む方法を 2 つ提案します。

16.2.1　クラッシュさせてリトライする

　Erlang プログラミング言語は「クラッシュさせろ」(let it crash) という概念でよく知られています。つまり、プログラムはどうしたらよいかわからなくなるとクラッシュし、誰かがクラッシュの後始末をする必要があります。ほとんどの人は、Erlang が「リトライする」ことでもよく知られている、という点を見落としています。クラッシュさせておいてリトライしないのでは意味がありません。クラッシュから復旧できない場合、あなたが思っていたのは逆に、システムはダウンしてしまいます。

　「クラッシュさせろ」の概念は「フェイルファスト」(fail fast) とも呼ばれます。フェイルファストは同期デカップリングと非同期デカップリングのシナリオに当てはめることができます。同期デカップリングシナリオでは、リクエストの送信者がリトライロジックを実装しなければなりません。一定時間内にレスポンスまたはエラーが返されない場合、送信者はリトライとして同じリクエスト

を再び送信します。非同期デカップリングシナリオでは、リトライはもっと簡単です。メッセージが消費されたものの、一定時間内にACK（確認応答）が行われない場合、メッセージはキューに戻されます。そのメッセージは次のコンシューマによって取得され、再び処理されます。このように、リトライが最初から非同期システムに組み込まれています。

フェイルファストはどのような状況でも有益というわけではありません。リクエストに無効な内容が含まれていたことを示すレスポンスをプログラムが送信者に返したいとしたら、サーバーをクラッシュさせる理由にはなりません。リトライを何度繰り返したところで、結果は変わりません。これに対し、サーバーがデータベースにアクセスできないとしたら、リトライはまったく理にかなっています。数秒以内にデータベースが復活し、リトライされたリクエストを正常に処理できるようになるかもしれません。

リトライはそれほど簡単ではありません。ブログ記事の作成をリトライしたいとしましょう。リトライのたびに、まったく同じデータが含まれた新しいエントリがデータベースに作成されます。最後には、データベースが重複するデータだらけになります。このようなことを避けるには、次に紹介する**べき等リトライ**（idempotent retry）という強力な概念が必要です。

16.2.2　べき等リトライは耐障害性を可能にする

ブログ記事がリトライのせいでデータベースに何度も追加されてしまう問題を回避するにはどうすればよいでしょうか。単純なアプローチは、記事のタイトルをプライマリキーとして使用することです。そのプライマリキーがすでに使用されている場合は、同じ記事がすでにデータベースに含まれていると想定し、データベースへの挿入ステップをスキップできます。このようにすると、ブログ記事の挿入が**べき等**（idempotent）になります。つまり、特定のアクションを何度適用したとしても、結果は同じになるはずです。この例では、結果はデータベースのエントリです。

続いて、もう少し複雑な例を見てみましょう。次に示すように、現実のブログ記事の挿入はもう少し複雑です。

1. データベースにブログ記事のエントリを作成する。
2. データが変更されたため、キャッシュを無効にする。
3. ブログのTwitterフィードにリンクを投稿する。

これらのステップを詳しく見ていきましょう。

ステップ1：データベースにブログ記事のエントリを作成する

先の説明では、このステップでは記事のタイトルをプライマリキーとして使用することを想定していました。ここでは、タイトルを使用する代わりに、UUID（Universally Unique Identifier）を使用することにします。UUIDは `550e8400-e29b-11d4-a716-446655440000` のようなランダムIDであり、クライアントによって生成されます。UUIDの性質上、まったく同じUUIDが2つ生成されることはまずありません。クライアントがブログ記事を作成したい場合は、UUID、タイトル、

テキストを含んだリクエストをELBに送信しなければなりません。ELBはそのリクエストをバックエンドサーバーの1つに転送します。バックエンドサーバーは、そのUUIDがすでに存在するかどうかをチェックします。存在しない場合は新しいレコードをデータベースに追加し、存在する場合は挿入に進みます（図16-5）。

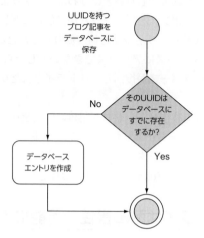

図16-5：べき等のデータベース挿入では、データベースに新しいエントリを作成するのは同じエントリがまだ存在しない場合だけである

　ブログ記事の作成は、コードによって保証されるべき等オペレーションのよい例です。この問題にはデータベースを使って対処することもできます。データベースに挿入命令を送信するだけです。この場合は、次のいずれかの結果になることが考えられます。

1. **データベースがデータを挿入する**。この操作は正常に終了する。
2. **UUIDがすでに使用されているためにデータベースがエラーを返す**。この操作は正常に終了する。
3. **データベースが異なるエラーを返す**。この操作はクラッシュする。

　べき等を実装する最もよい方法についてもう一度よく考えてみてください。

ステップ2：キャッシュを無効にする

　このステップでは、キャッシュレイヤに無効化メッセージを送信します。ここでは、べき等にそれほど注意を払う必要はありません。キャッシュが2回以上無効になったとしても害はないからです。キャッシュが無効になった場合、次にリクエストが送信されたときにはキャッシュにデータが含まれていないため、結果は元のソース（この場合はデータベース）から取り出されます。そして、それ以降のリクエストのためにその結果がキャッシュに配置されます。リトライが原因でキャッシュが繰り返し無効化された場合に考えられる最悪の状況は、データベースの呼び出しを何度か行なわなければならないことです。ただし、このような処理を行うのは簡単です。

ステップ3：ブログのTwitterフィードにリンクを投稿する

　このステップをべき等にするには、少し工夫が必要です。というのも、べき等オペレーションをサポートしていないサードパーティとやり取りすることになるからです。残念ながら、Twitterに対するステータスアップデートが1回だけ送信されるという保証はありません。ステータスアップデートを少なくとも1つ（1つまたは複数）作成するか、最大で1つ（1つまたは0）作成することは保証できます。簡単な方法は、Twitter APIに最新のステータスアップデートを問い合わせることでしょう。最新のステータスアップデートの1つが送信したいステータスアップデートと一致した場合は、そのステップを（すでに完了しているため）スキップします。

　ただし、Twitterは結果整合性システムです。つまり、送信したステータスアップデートがすぐに反映されるという保証はありません。結局、ステータスアップデートを何度か送信することになるかもしれません。もう1つの方法は、ステータスアップデートをすでに送信したかどうかをデータベースに登録しておくことです。しかし、Twitterに送信済みであることをデータベースに登録した後、Twitter APIにリクエストを送信したその瞬間に、システムがダウンしたとしましょう。データベースにはステータスアップデートがすでに送信済みであることが登録されていますが、実際には送信されていません。不明なステータスアップデートを受け入れるのか、それとも複数のステータスアップデートを受け入れるのかを選択する必要があります。決め手となるのは、ビジネス上の意思決定です（図16-6）。

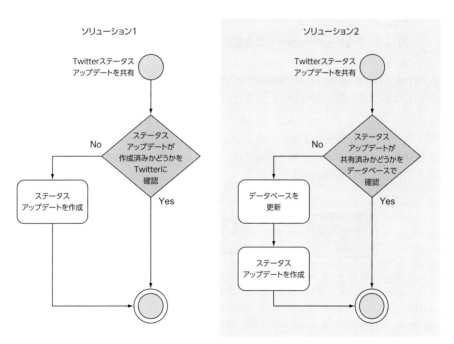

図16-6：べき等のTwitterステータスアップデートでは、ステータスアップデートを共有するのはステータスアップデートがまだ実行されていない場合だけである

実際の例として、耐障害性を持つ分散 Web アプリケーションを AWS で設計、実装、デプロイしてみましょう。この例では、本書の知識のほとんどを組み合わせて、分散システムの仕組みを具体的に確認することにします。

16.3　耐障害性を持つ Web アプリケーションを構築する：Imagery

耐障害性を持つアプリケーションの設計に取りかかる前に、この Imagery というアプリケーションが何をするのかを簡単に説明しておきます。このアプリケーションでは、ユーザーが画像をアップロードできます。この画像は、古めかしく見えるようにセピアフィルタを使って変換された上で、ユーザーに表示されます（図 16-7）。

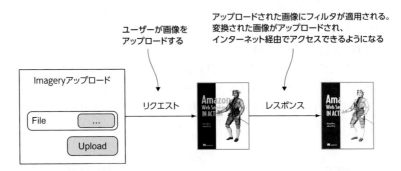

図 16-7：ユーザーが Imagery に画像をアップロードすると、フィルタが適用される

図 16-7 に示されているプロセスの問題点は、同期プロセスであることです。Web サーバーがリクエストとレスポンスの間でダウンした場合、ユーザーの画像は処理されません。また、大勢のユーザーが Imagery アプリケーションを使用しようとしたときにも問題が発生します。システムがビジー状態となり、処理が低速化するか、止まってしまいます。このため、Imagery の処理を非同期プロセスに変換する必要があります。前章では、SQS メッセージキューを使った非同期デカップリングの概念を紹介しました（図 16-8）。

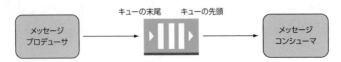

図 16-8：プロデューサはメッセージをメッセージキューに送信し、コンシューマはメッセージキューからメッセージを読み取る

非同期プロセスを設計するときには、プロセスを追跡することが重要となります。そこで、プロセスに何らかの ID を割り当てる必要があります。画像をアップロードしたいユーザーは、まず Imagery プロセスを作成します。そうすると、一意なプロセス ID が返されます。ユーザーはこの ID を使って画像をアップロードできます。画像のアップロードが完了すると、ワーカーがバック

グラウンドで画像の処理を開始します。ユーザーはプロセスIDを使っていつでもプロセスをチェックできます。画像の処理が完了するまでの間、ユーザーは変換された画像を表示できません。ただし、画像の処理が完了した時点で、変換された画像が返されます（図16-9）。

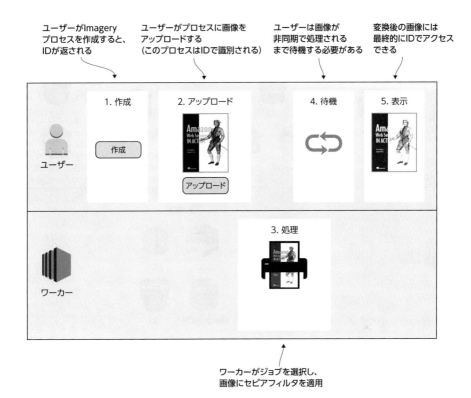

図16-9：ユーザーが画像をImageryに非同期でアップロードすると、Imageryによってフィルタが適用される

　非同期プロセスを定義した後は、そのプロセスをAWSのサービスにマッピングする必要があります。AWSのほとんどのサービスはデフォルトで耐障害性を備えているため、できるだけAWSのサービスを選択するのが合理的です。図16-10は、AWSのサービスを使用する場合の1つの方法を示しています。
　この例をできるだけ単純に保つために、EC2インスタンスによって提供されるREST APIを使ってすべてのアクションにアクセスできるようにします。最終的に、このプロセスはEC2インスタンスによって提供され、図16-10に示されているAWSサービスはどれもEC2インスタンスから呼び出されます。
　Imageryアプリケーションの実装には、多くのAWSサービスが使用されます。これらのサービスのほとんどはデフォルトで耐障害性を備えていますが、EC2サービスは耐障害性を備えていません。この問題に対処するには、次項で説明するべき等の状態機械（ステートマシン）を使用します。

第 16 章 | 耐障害性のための設計

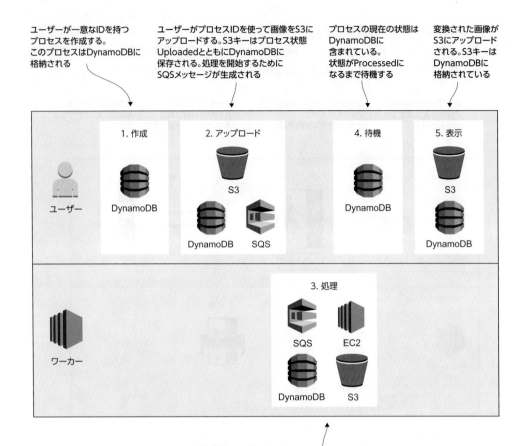

図 16-10：AWS のサービスを組み合わせて非同期 Imagery プロセスを実装する

本章の例は、無料利用枠で完全にカバーされるはずです。本章の例を数日以上にわたって実行したままにしない限り、料金は発生しません。ただし、本書で使用する AWS アカウントを新たに作成していて、その AWS アカウントで他の作業を行わないことが前提となります。この AWS アカウントは本書の最後に削除するため、本章の内容は数日以内に読み終えるようにしてください。

本書のサンプルコード

本書のサンプルコードはすべて本書の GitHub リポジトリからダウンロードできます。Imagery アプリケーションは /chapter16 フォルダに含まれています。

https://github.com/AWSinAction/code2

16.3.1　べき等の状態機械

べき等の状態機械というと何だかややこしく聞こえます。この状態機械は Imagery アプリケーションの心臓部であるため、少し時間をかけて説明することにします。この場合、「状態機械」と「べき等」は何を意味するのでしょうか。

有限状態機械

有限状態機械（finite state machine）には、少なくとも 1 つの開始状態と終了状態があります。開始状態と終了状態の間には、他にも多くの状態が存在することがあります。状態機械はそれらの状態間の遷移も定義します。たとえば、3 つの状態を持つ状態機械は次のように定義されるかもしれません。

```
(A) -> (B) -> (C)
```

この定義の意味は次のようになります。

- 状態 A は開始状態である。
- 状態 A から状態 B への遷移が可能である。
- 状態 B から状態 C への遷移が可能である。
- 状態 C は終了状態である。

しかし、状態 A から状態 C、または状態 B から状態 A への遷移はありません。このことを念頭に置いて、この理論を Imagery アプリケーションに適用してみましょう。Imagery 状態機械は次のように定義されるかもしれません。

```
(Created) -> (Uploaded) -> (Processed)
```

新しいプロセス（状態機械）の作成時に考えられるのは、Uploaded への遷移だけです。この遷移を可能にするには、アップロードされた画像の S3 キーが必要です。このため、Created から Uploaded への遷移を関数 uploaded(s3Key) に基づいて定義できます。Uploaded から Processed への遷移も基本的には同じです。この遷移は変換された画像の S3 キーを使って定義できます（processed(s3Key)）。

画像のアップロードとフィルタの適用は状態機械に出現していませんが、このことに困惑しないようにしてください。これらは実際に実行される基本的なアクションですが、ここで関心があるのは結果だけであり、これらのアクションの進行状況は追跡しません。このプロセスは、データのアップロードが 10% 完了したことや、画像の処理が 30% 完了したことに関知しません。他にもいろいろな状態が実装されることが想像できると思いますが、この例を単純に保つために、ここでは画像のサイズ変更と共有だけを取り上げます。

べき等の状態遷移

べき等の状態遷移は、遷移が何度繰り返されたとしても同じ結果にならなければなりません。状態遷移を確実にべき等にするのは簡単です。遷移中に問題が起きた場合は、状態遷移全体を最初からやり直します。

ここで実装しなければならない状態遷移を 2 つ見てみましょう。1 つ目の状態遷移 Created -> Uploaded の実装を擬似コードで表すと、次のようになります。

```
uploaded(s3Key) {
  process = DynamoDB.getItem(processId)
  if (process.state !== 'Created') {
    throw new Error('transition not allowed')
  }
  DynamoDB.updateItem(processId, {'state': 'Uploaded', 'rawS3Key': s3Key})
  SQS.sendMessage({'processId': processId, 'action': 'process'});
}
```

この実装の問題点は、べき等ではないことです。SQS.sendMessage が失敗したらどうなるでしょうか。状態遷移は失敗するので、リトライすることになります。しかし、uploaded(s3Key) の 1 回目の呼び出しで DynamoDB.updateItem 呼び出しが成功しているため、uploaded(s3Key) の 2 回目の呼び出しは「transition not allowed」エラーになります。

この問題を修正するには、この関数がべき等になるように if 文を書き換える必要があります。

```
uploaded(s3Key) {
  process = DynamoDB.getItem(processId)
  if (process.state !== 'Created' && process.state !== 'Uploaded') {
    throw new Error('transition not allowed')
  }
  DynamoDB.updateItem(processId, {'state': 'Uploaded', 'rawS3Key': s3Key})
  SQS.sendMessage({'processId': processId, 'action': 'process'});
}
```

これにより、リトライすると DynamoDB を複数回更新することになりますが、問題はありません。そして、SQS メッセージを複数回送信することになりますが、SQS メッセージのコンシューマもべき等でなければならないため、やはり問題はありません。2 つ目の状態遷移 Uploaded -> Processed にも同じことが当てはまります。

次項では、Imagery サーバーの実装に着手します。

16.3.2 耐障害性を持つ Web サービスを実装する

Imagery アプリケーションは Web サービスとワーカーの 2 つの部分で構成されます。図 16-11 に示すように、Web サービスはユーザーに REST API を提供し、ワーカーは画像を処理します。

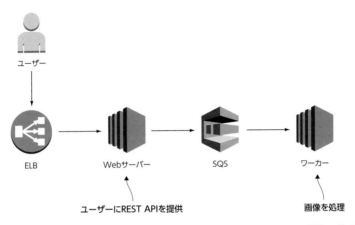

図 16-11：Imagery アプリケーションは Web サーバーとワーカーの 2 つの部分で構成される

この REST API は次のルート（route）をサポートします。

- `POST /image` … このルートを実行すると新しい Imagery プロセスが作成される。
- `GET /image/:id` … このルートはパスパラメータ `:id` によって指定されたプロセスの状態を返す。
- `POST /image/:id/upload` … このルートはパスパラメータ `:id` によって指定されたプロセスのファイルをアップロードする。

ここでも、Web サーバーの実装に Node.js と Express Web アプリケーションフレームワークを使用します。ただし、本文を読みながらサンプルを試すにあたって Express に精通している必要はないので安心してください。

Web サーバープロジェクトを準備する

これまでと同様に、まず、依存リソースのダウンロードや最初の AWS エンドポイントの作成などを行うコードが必要です（リスト 16-1）。

リスト 16-1 Imagery サーバーを初期化する（以降のリストでは server/server.js の一部を掲載）

```
var express = require('express');         // Node.js モジュールをロード
var bodyParser = require('body-parser');
var AWS = require('aws-sdk');
var uuidv4 = require('uuid/v4');
var multiparty = require('multiparty');
var lib = require('./lib.js');

var db = new AWS.DynamoDB({               // DynamoDB エンドポイントを作成
  'region': 'us-east-1'
});
var sqs = new AWS.SQS({                   // SQS エンドポイントを作成
```

```
  'region': 'us-east-1'
});
var s3 = new AWS.S3({                    // S3 エンドポイントを作成
  'region': 'us-east-1'
});

var app = express();                     // Express アプリケーションを作成
app.use(bodyParser.json());              // Express にリクエストのボディを解析させる
...

// 環境変数 PORT によって定義されたポート（またはデフォルトの 8080）で Express を開始
app.listen(process.env.PORT || 8080, function() {
  console.log('Server started. Open http://localhost:' +
          (process.env.PORT || 8080) + ' with browser.');
});
```

これらは決まりきったコードなので、あまり悩まないでください。おもしろくなるのはここからです。

新しい Imagery プロセスを作成する

Imagery プロセスを作成する REST API を提供するために、ロードバランサーの背後で一連の EC2 インスタンスが Node.js コードを実行します。これらの Imagery プロセスは DynamoDB に格納されます。図 16-12 は、新しい Imagery プロセスを作成するリクエストの流れを示しています。

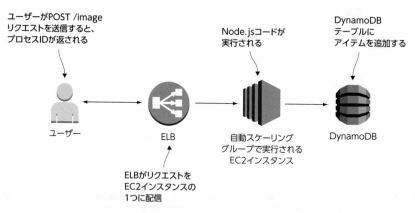

図 16-12：Imagery アプリケーションで新しい Imagery プロセスを作成する

次に、POST /image リクエストを処理するためのルートを Express アプリケーションに追加します（リスト 16-2）。

リスト 16-2　Imagery サーバーでは POST /image が Imagery プロセスを作成する（server/server.js）

```
// ルートを Express に登録
app.post('/image', function(request, response) {
```

```
  var id = uuidv4();          // プロセスの一意な ID を作成
  db.putItem({                // DynamoDB で putItem を呼び出す
    'Item': {
      'id': {
        'S': id                // id 属性は DynamoDB のプライマリキーになる
      },
      'version': {
        'N': '0'               // 楽観的ロックにバージョンを使用
      },
      'created': {
        'N': Date.now().toString()    // プロセスの作成日時を格納
      },
      'state': {
        'S': 'created'         // プロセスが created 状態になる
      }                        // この属性は状態遷移時に変化する
    },
    'TableName': 'imagery-image',    // この DynamoDB テーブルは後ほど作成
    // アイテムがすでに存在する場合は置き換えない
    'ConditionExpression': 'attribute_not_exists(id)'
  }, function(err, data) {
    if (err) {
      throw err;
    } else {
      response.json({'id': id, 'state': 'created'});   // プロセス ID を返す
    }
  });
});
```

これで、新しいプロセスを作成できるようになりました。

楽観的ロック

DynamoDB アイテムが繰り返し更新されるのを防ぐために、**楽観的ロック** (optimistic locking) と呼ばれるものを使用できます。アイテムを更新したい場合は、更新したいバージョンを指定しなければなりません。そのバージョンがデータベースに含まれているアイテムの現在のバージョンと一致しない場合、更新は拒否されます。楽観的ロックは DynamoDB のデフォルトの機能ではないため、明示的に実装しなければならないことに注意してください。DynamoDB が提供するのは、楽観的ロックを実装するための機能だけです。

例として、アイテム X がバージョン 0 で作成されたとしましょう。プロセス A がアイテム X (バージョン 0) を検索し、プロセス B もアイテム X (バージョン 0) を検索します。ここで、プロセス A が DynamoDB で updateItem オペレーションを呼び出してアイテム X を変更します。プロセス A は期待しているバージョンが 0 であることを指定します。バージョンが一致するため、DynamoDB は変更を許可します。ただし、更新が実行されたため、DynamoDB はアイテム X のバージョンを 1 に変更します。ここで、プロセス B がアイテム X を変更するためのリクエストを DynamoDB に送信し、期待しているバージョンが 0 であることを指定します。DynamoDB が認識しているバージョンは 1 であり、指定されたバージョンと一致しな

いため、DynamoDBはそのリクエストを拒否します。

　プロセスBの問題は、少し前に紹介したトリックであるリトライを使って解決できます。プロセスBがアイテムXを再び検索すると、バージョンが1になっているため、今度は変更できるはずです。

　楽観的ロックには問題が1つあります。多くの変更が同時に実行された場合は、多くのリトライによってオーバーヘッドが発生することです。ただし、このことが問題になるのは、1つのアイテムに対して大量の同時書き込みが想定される場合だけです。このような問題はデータモデルを変更することによって解決できます。Imagery アプリケーションでは、その心配はありません。1つのアイテムに想定される書き込みはほんのわずかです。楽観的ロックが最も適しているのは、一方の書き込みによってもう一方の書き込みが上書きされるようなことが絶対にない場合です。

　楽観的ロックの反対は**悲観的ロック** (pessimistic locking) です。悲観的ロックはセマフォ (共有リソースへのアクセスを制御するもの) を使って実装できます。データを変更する前に、セマフォをロックして他のアクセスを受け付けないようにする必要があります。セマフォがすでにロックされている場合は、セマフォのロックが解除されるまで待機します。

次に実装しなければならないルートは、プロセスの現在の状態を取得するルートです。

Imagery プロセスを取得する

　次に、`GET /image/:id` リクエストを処理するためのルートを Express アプリケーションに追加します。図 16-13 は、このリクエストの流れを示しています。

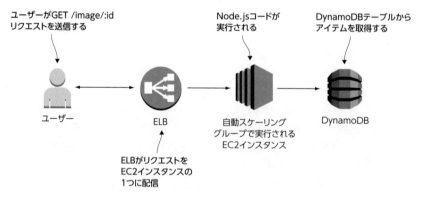

図 16-13：Imagery アプリケーションで Imagery プロセスの状態を取得する

　パスパラメータ `:id` は Express によって処理されます。Express は、このパラメータを `request.params.id` として提供します。このルートの実装では、このパラメータの値に基づいて DynamoDB からアイテムを取得する必要があります (リスト 16-3)。

16.3　耐障害性を持つ Web アプリケーションを構築する：Imagery　**505**

リスト 16-3　GET /image/:id は Imagery プロセスを取得する

```
// lib.js の一部：DynamoDB の結果を JavaScript オブジェクトにマッピングするヘルパー関数
exports mapImage = function(item) {
  return {
    'id': item.id.S,
    'version': parseInt(item.version.N, 10),
    'state': item.state.S,
    'rawS3Key': ...
    'processedS3Key': ...
    'processedImage': ...
  };
};

// server/server.js の一部：DynamoDB で getItem を呼び出す
function getImage(id, cb) {
  db.getItem({
    'Key': {
      'id': {
        'S': id              // ID はパーティションキー
      }
    },
    'TableName': 'imagery-image'
  }, function(err, data) {
    if (err) {
      cb(err);
    } else {
      if (data.Item) {
        cb(null, lib.mapImage(data.Item));
      } else {
        cb(new Error('image not found'));
      }
    }
  });
}

// ルートを Express に登録
app.get('/image/:id', function(request, response) {
  getImage(request.params.id, function(err, image) {
    if (err) {
      throw err;
    } else {
      response.json(image);   // Imagery プロセスを返す
    }
  });
});
```

残っているのは、アップロード部分だけです。

画像をアップロードする

POST リクエストによる画像のアップロードでは、次の 3 つのステップが要求されます。

1. 変換する前の画像を S3 にアップロードする。
2. DynamoDB のアイテムを変更する。
3. 処理を開始するために SQS メッセージを送信する。

このプロセスを図解すると、図 16-14 のようになります。

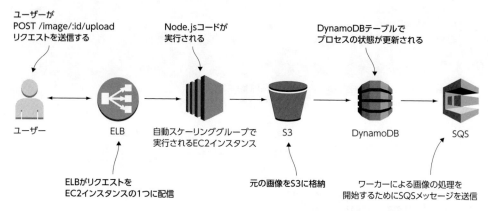

図 16-14：Imagery に画像をアップロードし、画像の処理を開始する

これらのステップの実装はリスト 16-4 のようになります。

リスト 16-4 POST /image/:id/upload は画像をアップロードする (server/server.js)

```
function uploadImage(image, part, response) {
  // S3 オブジェクトのキーを作成
  var rawS3Key = 'upload/' + image.id + '-' + Date.now();
  // オブジェクトをアップロードするための S3 API を呼び出す
  s3.putObject({
    'Bucket': process.env.ImageBucket,  // S3 バケット名は環境変数として渡される
    'Key': rawS3Key,
    'Body': part,                        // ボディはアップロードされたデータストリーム
    'ContentLength': part.byteCount
  }, function(err, data) {
    if (err) {
      throw err;
    } else {
      db.updateItem({                    // DynamoDB で updateItem を呼び出す
        'Key': {
          'id': {
            'S': image.id
          }
        },
        // 状態、バージョン、S3 キーを更新
        'UpdateExpression': 'SET #s=:newState, version=:newVersion, rawS3Key=:rawS3Key',
        // アイテムが存在し、バージョンが等しく、許可されている状態の１つである場合にのみ更新
```

```
                  'ConditionExpression': 'attribute_exists(id) AND version=:oldVersion
AND #s IN (:stateCreated, :stateUploaded)',
                  'ExpressionAttributeNames': {
                    '#s': 'state'
                  },
                  'ExpressionAttributeValues': {
                    ':newState': {
                      'S': 'uploaded'
                    },
                    ':oldVersion': {
                      'N': image.version.toString()
                    },
                    ':newVersion': {
                      'N': (image.version + 1).toString()
                    },
                    ':rawS3Key': {
                      'S': rawS3Key
                    },
                    ':stateCreated': {
                      'S': 'created'
                    },
                    ':stateUploaded': {
                      'S': 'uploaded'
                    }
                  },
                  'ReturnValues': 'ALL_NEW',
                  'TableName': 'imagery-image'
                }, function(err, data) {
                  if (err) {
                    throw err;
                  } else {
                    // SQS API を呼び出してメッセージを送信
                    sqs.sendMessage({
                      // 画像の ID と望ましい状態を含んだメッセージボディを作成
                      'MessageBody': JSON.stringify(
                        {'imageId': image.id, 'desiredState': 'processed'}
                      ),
                      // キューの URL は環境変数として渡される
                      'QueueUrl': process.env.ImageQueue,
                    }, function(err) {
                      if (err) {
                        throw err;
                      } else {
                        response.redirect('/#view=' + image.id);
                        response.end();
                      }
                    });
                  }
                });
            }
          });
}
...
// ルートを Express に登録
```

508 第16章 | 耐障害性のための設計

```
app.post('/image/:id/upload', function(request, response) {
  getImage(request.params.id, function(err, image) {
    if (err) {
      throw err;
    } else {
    // マルチパートアップロードに対処するために multiparty モジュールを使用
      var form = new multiparty.Form();
      form.on('part', function(part) {
        uploadImage(image, part, response);
      });
      form.parse(request);
    }
  });
});
```

　サーバー側はこれで完成です。次に、Imagery ワーカーの処理部分を実装する必要があります。
この実装が完了すれば、アプリケーションをデプロイできます。

16.3.3　SQS メッセージを消費する耐障害性ワーカーを実装する

　Imagery ワーカーはバックグラウンドで非同期処理 ── セピアフィルタの適用による画像の処
理 ── を行います。Imagery ワーカーが対処するのは、SQS メッセージの消費と画像の処理です。
幸い、SQS メッセージの消費は一般的なタスクです。このタスクは、Imagery アプリケーション
のデプロイ時に使用する Elastic Beanstalk によって解決されます。Elastic Beanstalk は、SQS メッ
セージをリッスンし、メッセージごとに HTTP POST リクエストを実行するように設定できます。
Imagery ワーカーが最終的に実装するのは、Elastic Beanstalk によって呼び出される REST API です。
Imagery ワーカーの実装にも、Node.js と Express フレームワークを使用します。

サーバープロジェクトを準備する

　これまでと同様に、まず、依存リソースのダウンロードや最初の AWS エンドポイントの作成な
どを行うコードが必要です（リスト 16-5）。

リスト 16-5　Imagery ワーカーを初期化する（worker/worker.js）

```
var express = require('express');      // Node.js モジュールをロード
var bodyParser = require('body-parser');
var AWS = require('aws-sdk');
var assert = require('assert-plus');
var Jimp = require('jimp');
var fs = require('fs');
var lib = require('./lib.js');

var db = new AWS.DynamoDB({             // DynamoDB エンドポイントを作成
  'region': 'us-east-1'
});
var s3 = new AWS.S3({                   // S3 エンドポイントを作成
  'region': 'us-east-1'
```

```
});
var app = express();              // Express アプリケーションを作成
app.use(bodyParser.json());
...
// 空のオブジェクトを返すヘルスチェックのためのルートを登録
app.get('/', function(request, response) {
  response.json({});
});
...
// 環境変数 PORT によって定義されたポート（またはデフォルトの 8080）で Express を開始
app.listen(process.env.PORT || 8080, function() {
  console.log('Worker started on port ' + (process.env.PORT || 8080));
});
```

Node.js モジュール jimp は、セピア画像の作成に使用されます。次は、これらのコードをつなぎ合わせます。

SQS メッセージと画像を処理する

画像の処理を開始する SQS メッセージはワーカーで処理されます。ワーカーはメッセージを受信すると、S3 から変換前の画像をダウンロードし、セピアフィルタを適用し、処理された画像を S3 にアップロードします。続いて、DynamoDB で Imagery プロセスの状態を更新します（図 16-15）。

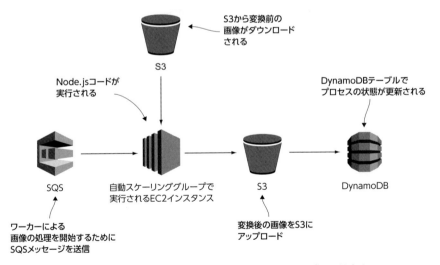

図 16-15：画像を処理し、変換後の画像を S3 にアップロードする

ここでは、SQS から直接メッセージを受信するのではなく、手っ取り早い方法をとります。Elastic Beanstalk（ここで使用するデプロイメントツール）の機能を利用することで、キューのメッセージを消費し、メッセージごとに HTTP POST リクエストを実行します。リソース /sqs に対して POST リクエストを作成するコードはリスト 16-6 のようになります。

510　第 16 章　|　耐障害性のための設計

リスト 16-6 Imagery ワーカーの POST /sqs は SQS メッセージを処理する（worker/worker.js）

```javascript
// ルートを Express に登録
app.post('/sqs', function(request, response) {
  assert.string(request.body.imageId, 'imageId');
  assert.string(request.body.desiredState, 'desiredState');
  getImage(request.body.imageId, function(err, image) {
    if (err) {
      throw err;
    } else {
      if (typeof states[request.body.desiredState] === 'function') {
        states[request.body.desiredState](image, request, response);
      } else {
        throw new Error("unsupported desiredState");
      }
    }
  });
});

// 画像を処理
function processImage(image, cb) {
  var processedS3Key = 'processed/' + image.id + '-' + Date.now() + '.png';

  /* S3 から画像をダウンロードし、画像を処理し、処理された画像を S3 にアップロードするコード */
}

function processed(image, request, response) {
  processImage(image, function(err, processedS3Key) {
    if (err) {
      throw err;
    } else {
      db.updateItem({     // DynamoDB で updateItem を呼び出す
        'Key': {
          'id': {
            'S': image.id
          }
        },
        // 状態、バージョン、S3 キーを更新
        'UpdateExpression': 'SET #s=:newState, version=:newVersion,
processedS3Key=:processedS3Key',
        // アイテムが存在し、バージョンが等しく、許可されている状態の 1 つである場合にのみ更新
        'ConditionExpression': 'attribute_exists(id) AND version=:oldVersion
AND #s IN (:stateUploaded, :stateProcessed)',
        'ExpressionAttributeNames': {
          '#s': 'state'
        },
        'ExpressionAttributeValues': {
          ':newState': {
            'S': 'processed'
          },
          ':oldVersion': {
            'N': image.version.toString()
          },
          ':newVersion': {
            'N': (image.version + 1).toString()
```

```
      },
      ':processedS3Key': {
        'S': processedS3Key
      },
      ':stateUploaded': {
        'S': 'uploaded'
      },
      ':stateProcessed': {
        'S': 'processed'
      }
    },
    'ReturnValues': 'ALL_NEW',
    'TableName': 'imagery-image'
  }, function(err, data) {
    if (err) {
      throw err;
    } else {
      // プロセスの新しい状態を返す
      response.json(lib.mapImage(data.Attributes));
    }
  });
  }
 });
}
```

POST /sqs ルートが HTTP ステータスコード 2XX で応答した場合、Elastic Beanstalk はメッセージの配信が成功したと見なし、そのメッセージをキューから削除します。それ以外の場合は、同じメッセージが再配信されます。

SQS メッセージを処理することで画像を変換し、変換された画像を S3 にアップロードするステップはこれで完成です。次のステップは、すべてのコードを耐障害モードで AWS にデプロイすることです。

16.3.4　アプリケーションをデプロイする

すでに述べたように、サーバーとワーカーのデプロイメントには Elastic Beanstalk を使用します。Imagery アプリケーション全体のデプロイメントには CloudFormation を使用します。自動化ツールを使用するために別の自動化ツールを使用するというのは、おかしなことに思えるかもしれません。しかし、CloudFormation は 2 つの Elastic Beanstalk アプリケーションをデプロイするだけではなく、次のコンポーネントを定義します。

- 変換前の画像と変換後の画像をアップロードするための S3 バケット
- DynamoDB テーブルである imagery-image
- SQS キューとデッドレターキュー（処理できないメッセージのキュー）
- サーバー用とワーカー用の 2 つの EC2 インスタンスの IAM ロール
- サーバー用とワーカー用の 2 つの Elastic Beanstalk アプリケーション

512　第 16 章 | 耐障害性のための設計

この CloudFormation スタックの作成には少し時間がかかるため、今すぐ実行してください。
CloudFormation スタックの作成を開始してから、CloudFormation テンプレートを調べることにし
ます。その説明が終わる頃には、スタックの準備ができているはずです。

Imagery アプリケーションをデプロイするための CloudFormation テンプレートはあらかじめ用
意してあります。このテンプレートを使ってスタックを作成するには、次のコマンドを実行しま
す[1]。作成されたスタックの出力に含まれている EndpointURL は、Imagery アプリケーションを
使用するためにブラウザからアクセスできる URL を示します。

```
$ aws cloudformation create-stack --stack-name imagery --template-url \
> https://s3.amazonaws.com/awsinaction-code2/chapter16/template.yaml \
> --capabilities CAPABILITY_IAM
```

では、CloudFormation テンプレートを見てみましょう。

S3 バケット、DynamoDB テーブル、SQS キューをデプロイする

S3 バケット、DynamoDB テーブル、SQS キューの定義はリスト 16-7 のようになります。

リスト 16-7　Imagery アプリケーションの CloudFormation テンプレート

```
---
AWSTemplateFormatVersion: '2010-09-09'
Description: 'AWS in Action: chapter 16'
Parameters:
  KeyName:
    Description: 'Key Pair name'
    Type: 'AWS::EC2::KeyPair::KeyName'
    Default: mykey
Resources:
  Bucket:
    # 画像をアップロードするための、Web ホスティングが有効化された S3 バケット
    Type: 'AWS::S3::Bucket'
    Properties:
      # バケット名を一意にするためにアカウント ID を追加
      BucketName: !Sub 'imagery-${AWS::AccountId}'
      WebsiteConfiguration:
        ErrorDocument: error.html
        IndexDocument: index.html
  # Imagery プロセスを保持する DynamoDB テーブル
  Table:
    Type: 'AWS::DynamoDB::Table'
```

---

[1]　[訳注] CloudFormation スタックの作成が失敗してロールバックした場合は、そのスタックを削除した後、この後
（リスト 16-8 ～ 16-9）で説明する修正された template.yaml ファイルを、独自に作成した S3 バケットにアップロー
ドし、このファイルを使用するようにコマンドを変更するとうまくいくかもしれない（次のコマンドで入力するテ
ンプレートの URL は Amazon S3 の URL でなければならない）。

```
$ aws cloudformation create-stack --stack-name imagery --template-url \
> https://<S3 バケット名 >/template.yaml --capabilities CAPABILITY_IAM
```

```
      Properties:
        AttributeDefinitions:
        - AttributeName: id      # id 属性をパーティションキーとして使用
          AttributeType: S
        KeySchema:
        - AttributeName: id
          KeyType: HASH
        ProvisionedThroughput:
          ReadCapacityUnits: 1
          WriteCapacityUnits: 1
        TableName: 'imagery-image'
  # 処理できないメッセージを受け取る SQS キュー
  SQSDLQueue:
    Type: 'AWS::SQS::Queue'
    Properties:
      QueueName: 'message-dlq'
  # 画像の処理を開始する SQS キュー
  SQSQueue:
    Type: 'AWS::SQS::Queue'
    Properties:
      QueueName: message
      RedrivePolicy:
        # メッセージが 11 回以上受信された場合は、デッドレターキューに転送
        deadLetterTargetArn: !Sub '${SQSDLQueue.Arn}'
        maxReceiveCount: 10
  ...
  Outputs:
    # Imagery を使用するためにブラウザでアクセスする URL
    EndpointURL:
      Value: !Sub 'http://${EBServerEnvironment.EndpointURL}'
      Description: Load Balancer URL
```

　デッドレターキュー（dead-letter queue：DLQ）という概念について簡単に説明しておきましょう。ある SQS メッセージを処理できない場合、そのメッセージはキューに戻され、他のワーカーが受信できる状態になります。このプロセスは**リトライ**と呼ばれます。しかし、何らかの理由で（おそらくコードにバグがあるために）リトライがことごとく失敗する場合、そのメッセージはキューにずっと配置されたままとなり、リトライが繰り返されるために多くのリソースが無駄になるかもしれません。この問題を回避するために設定できるのが DLQ です。メッセージのリトライが指定された回数を超えた場合、そのメッセージは元のキューから削除され、DLQ に転送されます。DLQ の違いは、メッセージをリッスンするワーカーが存在しないことです。ただし、DLQ にメッセージが 1 つでも追加されるとすぐに作動する CloudWatch アラームを作成しておく必要があります。というのも、DLQ に含まれているメッセージに基づいて、この問題を手動で調査する必要があるからです。

　基本的なリソースが定義されたところで、より具体的なリソースを見てみましょう。

サーバー用とワーカー用の 2 つの EC2 インスタンスの IAM ロール

　ここで重要となるのは、必要な特権だけを付与することです。すべてのサーバーインスタンスで必要となるオペレーションは次のとおりです。

- `sqs:SendMessage` … 画像の処理を開始するために SQS キューにメッセージを送信する。

- `s3:PutObject` … 画像ファイルを S3 バケットにアップロードする（さらに、書き込みを upload/ キープレフィックスに対するものに制限できる）。

- `dynamodb:GetItem`、`dynamodb:PutItem`、`dynamodb:UpdateItem` … DynamoDB テーブルに対してアイテムの取得、配置、更新を行う。

- `cloudwatch:PutMetricData` … Elastic Beanstalk で必要となる。

- `s3:Get*`、`s3:List*`、`s3:PutObject` … Elastic Beanstalk で必要となる。

すべてのワーカーインスタンスで必要となるオペレーションは次のとおりです。

- `sqs:ChangeMessageVisibility`、`sqs:DeleteMessage`、`sqs:ReceiveMessage` … SQS キューのメッセージを処理する。

- `s3:PutObject` … 画像ファイルを S3 バケットにアップロードする（さらに、書き込みを processed/ キープレフィックスに対するものに制限できる）。

- `dynamodb:GetItem`、`dynamodb:UpdateItem` … DynamoDB テーブルに対してアイテムの取得と更新を行う。

- `cloudwatch:PutMetricData` … Elastic Beanstalk で必要となる。

- `s3:Get*`、`s3:List*`、`s3:PutObject` … Elastic Beanstalk で必要となる。

本書のサンプルコード

本書のサンプルコードはすべて本書の GitHub リポジトリからダウンロードできます。IAM ロールがよくわからない場合は、/chapter16/template.yaml ファイルのコードを調べてみてください。

https://github.com/AWSinAction/code2

次に定義するのは、Elastic Beanstalk アプリケーションです。

サーバー用の Elastic Beanstalk

最初に、Elastic Beanstalk を簡単におさらいしておきましょう。第 5 章で説明したように、Elastic Beanstalk は 3 つの要素で構成されています。

- **アプリケーション**
  論理的なコンテナであり、アプリケーションの特定のバージョン、環境、構成を含んでいます。特定のリージョンで Elastic Beanstalk を使用する場合は、先にアプリケーションを作成しておく必要があります。

- バージョン
  アプリケーションの特定のリリースを含んでいます。新しいバージョンを作成するには、アーカイブ化された実行ファイルを（静的ファイルを保持する）Amazon S3 にアップロードする必要があります。基本的には、バージョンはこの実行ファイルのアーカイブへのポインタです。

- 構成テンプレート
  デフォルトの設定を含んでいます。カスタム構成テンプレートを使用すれば、アプリケーションの設定（アプリケーションの待ち受けポートなど）や環境の設定（仮想マシンのインスタンスタイプなど）も管理できます。

- 環境
  Elastic Beanstalk がアプリケーションを実行する場所であり、バージョンと設定で構成されます。バージョンと設定をさまざまな方法で組み合わせることで、1 つのアプリケーションに対して複数の環境を実行できます。

図 16-16 は、Elastic Beanstalk アプリケーションの構成要素を示しています。

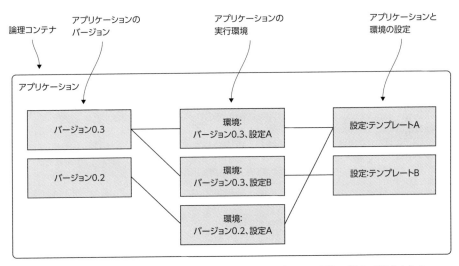

図 16-16：Elastic Beanstalk アプリケーションはバージョン、環境、設定で構成される

記憶がよみがえったところで、Imagery サーバーをデプロイする Elastic Beanstalk アプリケーションを見てみましょう（リスト 16-8）。

リスト 16-8　Imagery サーバー用の Elastic Beanstalk（template.yaml）

```
EBServerApplication:                  # サーバーアプリケーションコンテナの定義
  Type: 'AWS::ElasticBeanstalk::Application'
  Properties:
    ApplicationName: 'imagery-server'
```

516　第 16 章　|　耐障害性のための設計

```yaml
      Description: 'Imagery server: AWS in Action: chapter 16'
EBServerConfigurationTemplate:
  Type: 'AWS::ElasticBeanstalk::ConfigurationTemplate'
  Properties:
    ApplicationName: !Ref EBServerApplication
    Description: 'Imagery server: AWS in Action: chapter 16'
    # Node.js を実行する Amazon Linux 2018.03 を使用
    SolutionStackName: '64bit Amazon Linux 2018.03 v4.8.3 running Node.js' ※2
    OptionSettings:
    - Namespace: 'aws:autoscaling:asg'
      OptionName: 'MinSize'
      Value: '2'                    # 耐障害性を目的として EC2 インスタンスを少なくとも 2 つ実行
    - Namespace: 'aws:autoscaling:launchconfiguration'
      OptionName: 'EC2KeyName'
      Value: !Ref KeyName     # KeyName パラメータの値を渡す
    - Namespace: 'aws:autoscaling:launchconfiguration'
      OptionName: 'IamInstanceProfile'
      # 前項で作成した IAM インスタンスプロファイルをリンク
      Value: !Ref ServerInstanceProfile
    - Namespace: 'aws:elasticbeanstalk:container:nodejs'
      OptionName: 'NodeCommand'
      Value: 'node server.js'  # 開始コマンド
    - Namespace: 'aws:elasticbeanstalk:application:environment'
      OptionName: 'ImageQueue'
      Value: !Ref SQSQueue     # SQS キューを環境変数に渡す
    - Namespace: 'aws:elasticbeanstalk:application:environment'
      OptionName: 'ImageBucket'
      Value: !Ref Bucket         # S3 バケットを環境変数に渡す
    - Namespace: 'aws:elasticbeanstalk:container:nodejs:staticfiles'
      OptionName: '/public'
      Value: '/public'             # /public からのファイルを静的ファイルとして提供
EBServerApplicationVersion:
  Type: 'AWS::ElasticBeanstalk::ApplicationVersion'
  Properties:
    ApplicationName: !Ref EBServerApplication
    Description: 'Imagery server: AWS in Action: chapter 16'
    SourceBundle:                  # 本書の S3 バケットからコードを読み込む
      S3Bucket: 'awsinaction-code2'
      S3Key: 'chapter16/build/server.zip'
EBServerEnvironment:
  Type: 'AWS::ElasticBeanstalk::Environment'
  Properties:
    ApplicationName: !Ref EBServerApplication
    Description: 'Imagery server: AWS in Action: chapter 16'
    TemplateName: !Ref EBServerConfigurationTemplate
```

※2　　[訳注] 2019 年 8 月時点では、GitHub リポジトリの template.yaml の SolutionStackName には 64bit Amazon Linux 2018.03 v4.9.0 running Node.js が指定されているが、現時点において us-east-1 でサポートされているのは、64bit Amazon Linux 2018.03 v4.8.3 running Node.js と 64bit Amazon Linux 2018.03 v4.9.2 running Node.js の 2 つである。Node.js のソリューションスタックは随時変更される可能性があるため、Node.js のソリューションスタックが原因で CloudFormation スタックの作成がうまくいかない場合は、サポートされているソリューションスタックを次のコマンドで確認する必要がある。

```
$ aws elasticbeanstalk list-available-solution-stacks --region us-east-1 | grep \
> "SolutionStackName.*Node.js"
```

16.3　耐障害性を持つ Web アプリケーションを構築する：Imagery　517

```
      VersionLabel: !Ref EBServerApplicationVersion
```

　内部では、Elastic Beanstalk が ELB を使ってトラフィックを EC2 インスタンスに分配します。そ
れらの EC2 インスタンスも Elastic Beanstalk によって管理されます。プログラマとしての仕事は、
Elastic Beanstalk の設定とコーディングだけです。

ワーカー用の Elastic Beanstalk

　Imagery ワーカーをデプロイする Elastic Beanstalk アプリケーションは Imagery サーバーのもの
と同様です。違いについては、コード中のコメントを参照してください（リスト 16-9）。

リスト 16-9　Imagery ワーカー用の Elastic Beanstalk（template.yaml）

```
EBWorkerApplication:      # ワーカーアプリケーションコンテナの定義
  Type: 'AWS::ElasticBeanstalk::Application'
  Properties:
    ApplicationName: 'imagery-worker'
    Description: 'Imagery worker: AWS in Action: chapter 16'
EBWorkerConfigurationTemplate:
  Type: 'AWS::ElasticBeanstalk::ConfigurationTemplate'
  Properties:
    ApplicationName: !Ref EBWorkerApplication
    Description: 'Imagery worker: AWS in Action: chapter 16'
    SolutionStackName: '64bit Amazon Linux 2018.03 v4.8.3 running Node.js'※3
    OptionSettings:
    - Namespace: 'aws:autoscaling:launchconfiguration'
      OptionName: 'EC2KeyName'
      Value: !Ref KeyName
    - Namespace: 'aws:autoscaling:launchconfiguration'
      OptionName: 'IamInstanceProfile'
      Value: !Ref WorkerInstanceProfile
    - Namespace: 'aws:elasticbeanstalk:sqsd'
      OptionName: 'WorkerQueueURL'
      Value: !Ref SQSQueue
    - Namespace: 'aws:elasticbeanstalk:sqsd'
      OptionName: 'HttpPath'
      Value: '/sqs'      # SQS メッセージの受信時に呼び出される HTTP リソースを設定
    - Namespace: 'aws:elasticbeanstalk:container:nodejs'
      OptionName: 'NodeCommand'
      Value: 'node worker.js'
    - Namespace: 'aws:elasticbeanstalk:application:environment'
      OptionName: 'ImageQueue'
      Value: !Ref SQSQueue
    - Namespace: 'aws:elasticbeanstalk:application:environment'
      OptionName: 'ImageBucket'
      Value: !Ref Bucket
EBWorkerApplicationVersion:
  Type: 'AWS::ElasticBeanstalk::ApplicationVersion'
  Properties:
```

※3　[訳注] 脚注 2 を参照。

518 第16章 | 耐障害性のための設計

```
      ApplicationName: !Ref EBWorkerApplication
      Description: 'Imagery worker: AWS in Action: chapter 16'
      SourceBundle:
        S3Bucket: 'awsinaction-code2'
        S3Key: 'chapter16/build/worker.zip'
EBWorkerEnvironment:
  Type: 'AWS::ElasticBeanstalk::Environment'
  Properties:
    ApplicationName: !Ref EBWorkerApplication
    Description: 'Imagery worker: AWS in Action: chapter 16'
    TemplateName: !Ref EBWorkerConfigurationTemplate
    VersionLabel: !Ref EBWorkerApplicationVersion
    Tier:
      Type: 'SQS/HTTP'  # ワーカー環境層に切り替え
      Name: 'Worker'    # （SQS メッセージをアプリケーションにプッシュ）
      Version: '1.0'
```

　そろそろ CloudFormation スタックができあがる頃です。スタックのステータスを確認してみましょう。

```
$ aws cloudformation describe-stacks --stack-name imagery
{
    "Stacks": [
        {
            "StackId": "arn:aws:cloudformation:us-east-1:...",
            "StackName": "imagery",
            "Description": "AWS in Action: chapter 16",
            ...
            "StackStatus": "CREATE_COMPLETE",
            ...
            "Outputs": [
                {
                    "OutputKey": "EndpointURL",
                    "OutputValue": "http://awseb-...us-east-1.elb.amazonaws.com",
                    "Description": "Load Balancer URL"
                }
            ],
            ...
        }
    ]
}
```

　StackStatus の値が CREATE_COMPLETE になるまで待ち、OutputValue の値を Web ブラウザのアドレスバーにコピーしてください。

　CloudFormation マネジメントコンソールの［出力］タブでも、Imagery アプリケーションにアクセスするための URL が EndpointURL の値として表示されています。Imagery アプリケーションにアクセスし、画像をアップロードして、画像がどのように処理されるか試してみてください。

1. ［Create a new image］をクリックします。
2. ［ファイルを選択］をクリックして画像ファイルを選択し、［Upload］をクリックします。
3. ［Refresh］をクリックします。
4. セピアフィルタが適用された画像が表示されます。

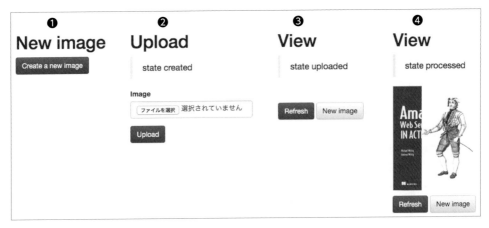

図 16-17：Imagery アプリケーションの実行

Cleaning up

次のコマンドを実行して、Imagery アプリケーションが使用している S3 バケットの名前を取得します。

```
$ aws cloudformation describe-stack-resource --stack-name imagery \
> --logical-resource-id Bucket --query "StackResourceDetail.PhysicalResourceId" \
> --output text
imagery-000000000000
```

S3 バケット imagery-000000000000 のファイルをすべて削除します。次のコマンドの＜バケット名＞は先のコマンドの出力に含まれているバケット名に置き換えてください。

```
$ aws s3 rm ＜バケット名＞ --recursive
```

続いて、CloudFormation スタックを削除します。スタックの削除には少し時間がかかります。

```
$ aws cloudformation delete-stack --stack-name imagery
```

520　第 16 章　｜　耐障害性のための設計

　AWS での耐障害性アプリケーションの構築という大きな節目となる作業はこれで完了です。ゴールはすぐ目の前です。最後の章では、ワークロードに基づくアプリケーションの動的なスケーリングに取り組みます。

16.4　まとめ

- 耐障害性は、障害が発生することを想定し、障害に対処できるような方法でシステムを設計することを意味する。

- 耐障害性アプリケーションを作成するには、ある状態から次の状態への遷移に対して、べき等アクションを使用する。

- 耐障害性の前提条件として状態を EC2 インスタンス（ステートレスサーバー）に依存させるべきではない。

- AWS は耐障害性サービスを提供し、耐障害性システムを作成するのに必要なツールをすべて用意している。EC2 は耐障害性が組み込まれていない数少ないサービスの 1 つである。

- 単一障害点を取り除くために複数の EC2 インスタンスを使用できる。自動スケーリンググループによって開始される複数の EC2 インスタンスを異なるアベイラビリティゾーンに配置することは、EC2 に耐障害性を持たせるための手段である。

CHAPTER 17: Scaling up and down: auto-scaling and CloudWatch

▶第17章
スケールアップと
スケールダウン
［自動スケーリング、
CloudWatch］

本章の内容
- 起動設定を使って自動スケーリンググループを作成する
- 自動スケーリングを使って仮想マシンの数を変更する
- ロードバランサー（ALB）による同期デカップリングアプリケーションのスケーリング
- キュー（SQS）による非同期デカップリングアプリケーションのスケーリング

　自分の誕生パーティを開く計画があるとしましょう。食べ物や飲み物はどれくらい準備しておけばよいでしょうか。この場合、買い物リストの正しい数量を計算するのは簡単ではありません。

- **客は何人か**
  何人かから「参加する」という返事をもらっていますが、ドタキャンする人や事前に連絡せずにやってくる人もいるため、客の人数は不明です。

- **客はどれくらい飲み食いするか**
  誰もが飲み物をたくさん飲むような暑い日になるでしょうか。お腹をすかせているでしょうか。これまでのパーティの経験に基づいて食べ物と飲み物の量を推測する必要があります。

　不明な点が多いため、この方程式を解くのは難題です。そこで、客を手厚くもてなすために、飲

み物や食べ物を少し余分に注文することにします。そうすれば、飲み物や食べ物が足りなくなることはないでしょう。

将来の需要を満たすような計画を立てるのはほぼ不可能です。需給ギャップ（リソースの不足）を防ぐには、計画需要に余力を持たせておく必要があります。

クラウドが登場する前は、この業界でもITインフラのキャパシティを計画するときに同じことが起きていました。データセンターのハードウェアを調達するときには、常に、将来の需要を見越した上でハードウェアを購入しなければなりませんでした。こうした意思決定の際には、さまざまな不確定要素がありました。

- そのインフラが対処しなければならないユーザーの人数はどれくらいか
- それらのユーザーに必要なストレージはどれくらいか
- ユーザーのリクエストを処理するために必要なコンピューティング能力はどれくらいか

需給ギャップをなくすには、必要以上の数のハードウェアか、必要以上に高性能なハードウェアを注文しなければならないため、無駄な出費がかかっていました。AWSなら、サービスをオンデマンドで利用できます。計画需要の重要性は低下する一方であり、1つのEC2インスタンスから数千ものEC2インスタンスへのスケーリングが可能です。ストレージはギガバイトからペタバイトへ拡張できます。オンデマンドでのスケーリングが可能であり、キャパシティを計画する必要はなくなります。AWSでは、オンデマンドでのスケーリングを**伸縮性**（elasticity）と呼んでいます。

AWSのようなパブリッククラウドは、必要なキャパシティをほんのわずかな待ち時間で提供できます。AWSは数百万もの顧客に対応しており、その規模からすると、100個の仮想マシンをものの数分で追加するのは造作もないことです。このため、そうしたスケーリングはAWSに任せて、あなた（顧客）は典型的なトラフィックパターンというもう1つの問題に取り組むことができます（図17-1）。あなたのインフラでのワークロードについて考えてみましょう。昼と夜のワークロード、平日と週末のワークロード、あるいはクリスマスとそれ以外の期間のワークロードはどうでしょうか。トラフィックが増加したときにキャパシティを追加し、トラフィックが減少したときにキャパシティを削除できたら便利ではないでしょうか。本章では、現在のワークロードに基づいて仮想マシンの数をスケールアップ/ダウンする方法について説明します。

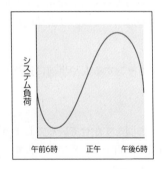
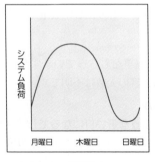
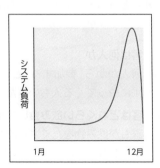

図17-1：Webサイトでの典型的なトラフィックパターン

仮想マシンのスケーリングは、AWS の自動スケーリンググループとスケーリングポリシーによって可能となります。自動スケーリングは EC2 サービスの一部であり、システムの現在のワークロードに対処するために必要な EC2 インスタンスの数を調整するのに役立ちます。第 14 章では、データセンター全体が機能停止に陥ったとしても 1 つの仮想マシンを稼働状態に保つことを目的として、自動スケーリンググループを紹介しました。本章では、EC2 インスタンスの動的なプールを使用する方法について説明します。

- 自動スケーリンググループを使って同じスペックの複数の仮想マシンを起動する
- CloudWatch アラームを利用することで、CPU 使用率に応じて仮想マシンの数を変更する
- 繰り返し出現するトラフィックパターンに適応するために、スケジュールに基づいて仮想マシンの数を変更する
- EC2 インスタンスの動的なプールへのエントリポイントとしてロードバランサーを使用する
- EC2 インスタンスの動的なプールからジョブを分離するためにキューを使用する

> 本章の例は、無料利用枠で完全にカバーされるはずです。本章の例を数日以上にわたって実行したままにしない限り、料金は発生しません。ただし、本書で使用する AWS アカウントを新たに作成していて、その AWS アカウントで他の作業を行わないことが前提となります。この AWS アカウントは本書の最後に削除するため、本章の内容は数日以内に読み終えるようにしてください。

アプリケーションの水平方向へのスケーリングを可能にする —— つまり、現在のワークロードに基づいて仮想マシンの数を増減するには、前提条件が 2 つあります。

- **スケーリングの対象となる EC2 インスタンスはステートレスでなければならない**
  ステートレスサーバーを実現するには、1 つの EC2 インスタンスでしか利用できないディスク（インスタンスストアまたは EBS）にデータを格納するのではなく、他のサービスを利用する必要があります。たとえば、RDS（SQL データベース）、DynamoDB（NoSQL データベース）、EFS（ネットワークファイルシステム）、または S3（オブジェクトストア）を利用します。
- **複数の EC2 インスタンスにワークロードを分配できるようにするには、EC2 インスタンスの動的なプールへのエントリポイントが必要**
  EC2 インスタンスについては、ロードバランサーに基づく同期デカップリングか、キューに基づく非同期デカップリングが可能です。

ステートレスサーバーの概念は Part 3 で、デカップリング（分離）を使用する方法は第 15 章で取り上げました。本章では、ステートレスサーバーの概念を改めて取り上げ、同期デカップリングと非同期デカップリングの例に取り組みます。

17.1　EC2 インスタンスの動的なプールを管理する

ブログプラットフォームといった Web アプリケーションを実行するために、スケーラブルなインフラを提供する必要があるとしましょう。リクエストの数が増加したら同じスペックの仮想マシンを起動し、リクエストの数が減少したらそれらの仮想マシンを終了する必要があります。現在のワークロードに自動的に適応するには、仮想マシンの開始と終了を自動化できなければなりません。このため、Web アプリケーションの設定とデプロイメントを（人が関与せずに）ブートストラップ時に行う必要があります。

AWS では、EC2 インスタンスの動的なプールなどを管理する**自動スケーリンググループ**（auto-scaling groups）というサービスがあります。自動スケーリンググループは次の作業に利用できます。

- 稼働状態の仮想マシンの数を動的に調整する
- 同じスペックの仮想マシンを起動、設定、デプロイする

自動スケーリンググループは指定された範囲内で拡大縮小します。仮想マシンの最小数を 2 に定義すると、障害に備えて、少なくとも 2 つの仮想マシンを異なるアベイラビリティゾーン（AZ）で稼働状態に保つことができます。逆に仮想マシンの最大数を定義すると、そのインフラでの予想外の出費を抑えることができます。

図 17-2 に示すように、自動スケーリングは 3 つの部分で構成されます。

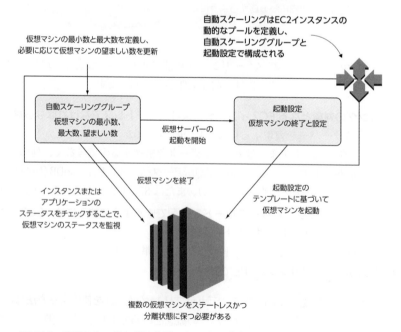

図 17-2：自動スケーリングは自動スケーリンググループと起動設定で構成され、同じスペックの複数の仮想マシンを開始または終了する

17.1 EC2 インスタンスの動的なプールを管理する 525

- **起動設定** … 仮想マシンのインスタンスタイプ、イメージ、設定を定義する。
- **自動スケーリンググループ** … 起動設定に基づいて実行しなければならない仮想マシンの数を指定する。
- **スケーリングプラン** … 自動スケーリンググループの望ましい EC2 インスタンスの数を計画的または動的に調整する。

　自動スケーリンググループは起動設定を要求するため、自動スケーリンググループを作成する前に起動設定を作成しておく必要があります。テンプレートを使用する場合は、CloudFormation を使ってこの依存関係を自動的に解決できます（本章ではテンプレートを使用します）。

　ワークロードを複数の EC2 インスタンスに処理させたい場合は、均一な環境を構築するために、同じスペックの仮想マシンを起動することが重要となります。起動設定の最も重要なパラメータを表 17-1 にまとめておきます。

表 17-1：起動設定のパラメータ

名前	説明	有効な値
ImageId	仮想マシンを起動するイメージ	AMI の ID
InstanceType	新しい仮想マシンのインスタンスタイプ	t2.micro などのインスタンスタイプ
UserData	ブートストラップ時のスクリプトの実行に使用される仮想マシンのユーザーデータ	Base64 エンコーディングの文字列
KeyName	SSH 認証に使用するキーペア	EC2 キーペアの名前
AssociatePublicIpAddress	仮想マシンにパブリック IP アドレスを関連付けるかどうか	True または False
SecurityGroups	新しい仮想マシンに関連付けるセキュリティグループ	セキュリティグループ名のリスト
IamInstanceProfile	IAM ロールにリンクする IAM インスタンスプロファイル	IAM インスタンスプロファイルの名前または ARN（Amazon Resource Name）

　起動設定を作成した後は、その起動設定を参照する自動スケーリンググループを作成できます。自動スケーリンググループは、仮想マシンの最大数、最小数、望ましい数を定義します。この場合の「望ましい」は、その数の EC2 インスタンスを稼働状態にすべきであることを意味します。EC2 インスタンスの現在の数が望ましい数を下回っている場合は、自動スケーリンググループによって EC2 インスタンスが追加されます。EC2 インスタンスの現在の数が望ましい数を上回っている場合は、EC2 インスタンスが削除されます。望ましいキャパシティは、ワークロードまたはスケジュールに基づいて自動的に、あるいは手動で変更できます。「最大数」と「最小数」は、自動スケーリンググループ内での仮想マシンの数の上限と下限を表します。

　自動スケーリンググループは、EC2 インスタンスのステータスも監視し、ダウンしたインスタンスを置き換えます。自動スケーリンググループの最も重要なパラメータを表 17-2 にまとめておきます。

第17章 ｜ スケールアップとスケールダウン［自動スケーリング、CloudWatch］

表 17-2：自動スケーリンググループのパラメータ

名前	説明	有効な値
DesiredCapacity	正常な仮想マシンの望ましい数	整数
MaxSize	仮想マシンの最大数（スケーリングの上限）	整数
MinSize	仮想マシンの最小数（スケーリングの下限）	整数
HealthCheckType	仮想マシンのステータスを自動スケーリンググループがどのようにチェックするか	EC2（EC2インスタンスのヘルスチェック）または ELB（ロードバランサーによって実行されるインスタンスのヘルスチェック）
HealthCheckGracePeriod	新しいEC2インスタンスを起動してからヘルスチェックを開始するまでの猶予期間（インスタンスのブートストラップの完了を待機）	秒数
LaunchConfigurationName	新しい仮想マシンの起動に使用する起動設定の名前	起動設定の名前
TargetGroupARNs	自動スケーリングによって新しいインスタンスが自動的に登録されるロードバランサーのターゲットグループ	ターゲットグループの ARN のリスト
VPCZoneIdentifier	EC2インスタンスを起動するサブネットのリスト	VPC のサブネット ID のリスト

　自動スケーリンググループの VPCZoneIdentifier を使って複数のサブネットを指定する場合、EC2 インスタンスはそれらのサブネット（ひいては AZ）に均等に分散されます。

ヘルスチェックの猶予期間は忘れずに定義する

　自動スケーリンググループで ELB のヘルスチェックを使用する場合は、HealthCheckGracePeriod も必ず指定してください。ヘルスチェックの猶予期間は、EC2 インスタンスを起動してから、アプリケーションが実行され、ELB のヘルスチェックに制御が渡されるまでの時間に基づいて指定します。単純な Web アプリケーションでは、5 分に設定しておくとよいでしょう。

　たとえば、インスタンスタイプ、AMI、またはインスタンスのセキュリティグループの変更を目的として起動設定を編集することはできません。起動設定を変更する必要がある場合は、次の手順に従います。

1. 起動設定を作成する。
2. 自動スケーリンググループを編集し、新しい起動設定を参照する。
3. 古い起動設定を削除する。

　CloudFormation テンプレートの起動設定を変更する場合、この作業は CloudFormation によって自動的に実行されます。CloudFormation テンプレートを使って EC2 インスタンスの動的なプールを準備する方法はリスト 17-1 のようになります。

17.2 メトリクスまたはスケジュールを使ってスケーリングを開始する　　527

リスト 17-1　Web アプリケーションの自動スケーリンググループと起動設定の例

```
...
LaunchConfiguration:
  Type: 'AWS::AutoScaling::LaunchConfiguration'
  Properties:
    ImageId: 'ami-6057e21a'        # 新しい仮想マシン（VM）を起動する AMI
    InstanceMonitoring: false
    InstanceType: 't2.micro'       # 新しい VM のインスタンスタイプ
    SecurityGroups:                # 新しい VM の起動時に関連付けるセキュリティグループ
    - webapp
    KeyName: mykey                 # 新しい VM に使用するキーペア
    AssociatePublicIpAddress: true # 新しい VM にパブリック IP アドレスを割り当てる
    UserData:                      # VM のブートストラップ時に実行するスクリプト
      'Fn::Base64': !Sub |
        #!/bin/bash -x
        yum -y install httpd
AutoScalingGroup:
  Type: 'AWS::AutoScaling::AutoScalingGroup'
  Properties:
    TargetGroupARNs:               # ロードバランサーのターゲットグループに
    - !Ref LoadBalancerTargetGroup # 新しい VM を登録
    LaunchConfigurationName: !Ref LaunchConfiguration  # 起動設定を参照
    MinSize: 2                     # VM の最小数
    MaxSize: 4                     # VM の最大数
    DesiredCapacity: 2             # 正常な VM の望ましい数
    HealthCheckGracePeriod: 300    # ヘルスチェック失敗時に 300 秒待機してから VM を終了
    HealthCheckType: ELB           # ELB のヘルスチェックを使用
    VPCZoneIdentifier:             # VPC のこれら 2 つのサブネットで VM を起動
    - 'subnet-a55fafc'
    - 'subnet-fa224c5a'
...
```

　自動スケーリンググループは、複数の AZ にわたって同じスペックの複数の EC2 インスタンスを起動する必要がある場合に役立ちます。それに加えて、自動スケーリンググループはダウンした EC2 インスタンスを自動的に置き換えます。

17.2　メトリクスまたはスケジュールを使ってスケーリングを開始する

　ここまでは、自動スケーリンググループと起動設定を使って仮想マシンを管理する方法について説明してきました。この知識をもとに、自動スケーリンググループの望ましいキャパシティを手動で変更することができます。そうすると、新しいキャパシティを実現するために、新しいインスタンスが開始されるか、古いインスタンスが終了されます。

　ブログプラットフォーム用のスケーラブルなインフラを実現するには、プール内の仮想マシンの数を増減させる必要があります。そこで、スケーリングポリシーを使って自動スケーリンググループの望ましいキャパシティを調整します。

多くの人は昼休みにWebにアクセスするため、平日の午前11時から午後1時の間は仮想マシンを追加したほうがよいかもしれません。また、たとえばブログプラットフォームに投稿された記事がソーシャルネットワークを通じて次々に共有されるといった、予想外のワークロードパターンにも適応する必要があります。

図17-3は、仮想マシンの数を変更する2つの方法を示しています。

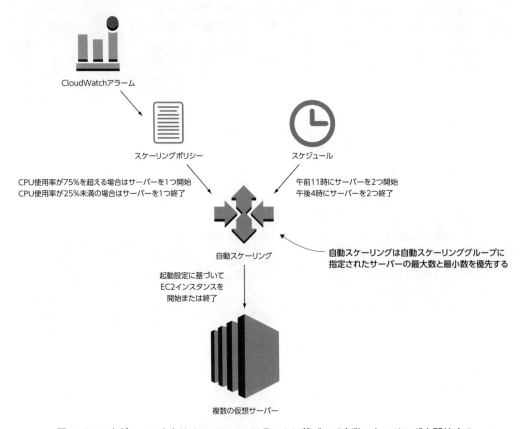

図17-3：スケジュールまたはCloudWatchアラームに基づいて自動スケーリングを開始する

- **スケジュールを定義する**
  繰り返し出現するワークロードパターンに従って仮想マシンの数が調整されます（夜間に仮想マシンの数を減らすなど）。

- **CloudWatchアラームを使用する**
  アラームによってスケーリングポリシーが開始され、メトリクス（CPU使用率、ロードバランサーに対するリクエストの数など）に基づいて仮想マシンの数が調整されます。

17.2　メトリクスまたはスケジュールを使ってスケーリングを開始する　　**529**

　スケジュールに基づくスケーリングよりも、CloudWatch メトリクスに基づくスケーリングのほうが複雑です。というのも、スケーリングを確実に行うためのメトリクスの特定は難しいからです。一方で、スケジュールに基づくスケーリングでは、予想外のスパイクに対処するためにインフラのオーバープロビジョニングが必要になります。このため、それほど正確には実行されません。

17.2.1　スケジュールに基づくスケーリング

　ブログプラットフォームを運営していて、ワークロードに次のようなパターンがあることに気づいたとしましょう。

- **1 回限りのアクション** … 夜にテレビ CM が流れると、登録ページに対するリクエストが殺到する。
- **定期的なアクション** … 多くの人が昼休み（午前 11 時〜午後 1 時）に記事を読む。

　どちらのパターンについても、スケジュールされたアクションを使ってキャパシティを調整できます。両方のパターンに対処するために何種類かのアクションを使用できます。

本書のサンプルコード

　本書のサンプルコードはすべて本書の GitHub リポジトリからダウンロードできます。WordPress サンプルの CloudFormation テンプレートは **/chapter17/wordpress-schedule.yaml** ファイルに含まれています。

https://github.com/AWSinAction/code2

　2020 年 1 月 1 日の正午（UTC）に Web サーバーの数を増やす 1 回限りのスケーリングアクションをスケジュールする方法はリスト 17-2 のようになります。

リスト 17-2　**1 回限りのスケーリングアクションをスケジュールする**

```
OneTimeScheduledActionUp:
  Type: 'AWS::AutoScaling::ScheduledAction'    # アクションをスケジュール
  Properties:
    AutoScalingGroupName: !Ref AutoScalingGroup  # 自動スケーリンググループの名前
    DesiredCapacity: 4                           # 望ましいキャパシティを4に設定
    StartTime: '2020-01-01T12:00:00Z'            # 2020 年 1 月 1 日正午に設定を変更
```

　また、cron 構文を使って定期的なスケーリングアクションをスケジュールすることもできます。業務時間内（午前 8 時から午後 8 時［UTC］）は望ましいキャパシティを増加させるなどの目的で、スケーリングアクションを 2 つスケジュールする方法はリスト 17-3 のようになります。

第 17 章 | スケールアップとスケールダウン［自動スケーリング、CloudWatch］

リスト 17-3　定期的なスケーリングアクションをスケジュールする

```
RecurringScheduledActionUp:
  Type: 'AWS::AutoScaling::ScheduledAction'  # アクションをスケジュール
  Properties:
    AutoScalingGroupName: !Ref AutoScalingGroup
    DesiredCapacity: 4                       # 望ましいキャパシティを 4 に設定
    Recurrence: '0 8 * * *'                  # 毎日 8 時にキャパシティを増加させる
RecurringScheduledActionDown:
  Type: 'AWS::AutoScaling::ScheduledAction'  # アクションをスケジュール
  Properties:
    AutoScalingGroupName: !Ref AutoScalingGroup
    DesiredCapacity: 2                       # 望ましいキャパシティを 2 に設定
    Recurrence: '0 20 * * *'                 # 毎日 20 時にキャパシティを減少させる
```

Recurrence は、次に示す Unix の cron 構文を使って定義されます。

```
* * * * *
| | | | |
| | | | +- 曜日（0 - 6：日曜日は 0）
| | | +--- 月（1 - 12）
| | +----- 日（1 - 31）
| +------- 時（0 - 23）
+--------- 分（0 - 59）
```

業務時間内にのみ使用される社内システムや特定の時刻に予定されたマーケティングアクションなど、インフラのキャパシティ要件が予測可能である場合は、できればスケジュールされたスケーリングアクションを使用してください。

17.2.2　CloudWatch のメトリクスに基づくスケーリング

未来を予測するのは困難です。トラフィックは既知のパターンにとどまらず、その時々で増えたり減ったりします。たとえば、ブログプラットフォームで公開された記事がソーシャルメディアを通じて大勢のユーザーによって共有された場合は、計画外のワークロードの変化に対応し、EC2 インスタンスの数を増やせせなければなりません。

CloudWatch アラームとスケーリングポリシーを使用すれば、EC2 インスタンスの数を現在のワークロードに適応させることができます。CloudWatch は AWS の仮想マシンやその他のサービスを監視するのに役立ちます。一般に、これらのサービスは使用状況に関するメトリクスを CloudWatch に発行することで、利用可能なキャパシティの評価を手助けします。

スケーリングポリシーには、次の 3 種類があります。

- **ステップスケーリング**
  設定されたしきい値をどれくらい超えたかに応じて複数のスケーリング調整がサポートされる、より高度なスケーリングが可能となります。

- **ターゲット追跡スケーリング**
  スケーリングステップとしきい値の定義からユーザーを解放します。ユーザーは、ターゲット（CPU 使用率が 70% であるなど）と、そのターゲットに従って調整する EC2 インスタンスの数を定義するだけで済みます。
- **簡易スケーリング**
  レガシーオプションであり、ステップスケーリングに置き換えられています。

これら 3 種類のスケーリングポリシーは、現在のワークロードに応じた EC2 インスタンスのスケーリングにメトリクスとアラームを使用します。図 17-4 に示すように、仮想マシンは一定の間隔でメトリクスを CloudWatch に発行します。CloudWatch アラームはそれらのメトリクスの 1 つを監視し、定義されたしきい値に達した場合にスケーリングアクションを開始します。そして、スケーリングポリシーにより、自動スケーリンググループの望ましいキャパシティが調整されます。

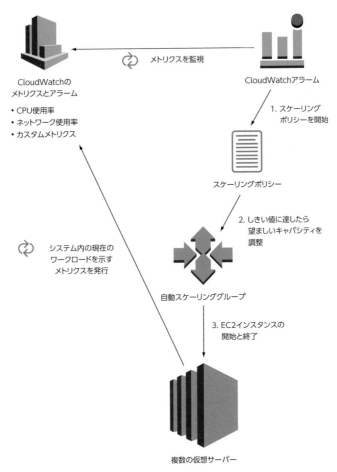

図 17-4：CloudWatch のメトリクスとアラームに基づいて自動スケーリングを開始する

532　第 17 章　｜　スケールアップとスケールダウン［自動スケーリング、CloudWatch］

　EC2 インスタンスはデフォルトで複数のメトリクスを CloudWatch に発行します。最も重要なメトリクスは、CPU 使用率、ネットワーク使用率、ディスク使用率の 3 つです。残念ながら、現時点では、仮想マシンのメモリ使用率に対するメトリクスは存在しません。これら 3 つのメトリクスは、ボトルネックに達した場合の仮想マシンのスケーリングに使用できます。たとえば、CPU が処理能力の限界に達している場合は、新しい EC2 インスタンスを追加できます。

　CloudWatch メトリクスは次のパラメータによって定義されます。

- Namespace … メトリクスのソースの名前（AWS/EC2 など）
- Dimensions … メトリクスのスコープ（自動スケーリンググループに属しているすべての仮想マシンを対象にするなど）
- MetricName … メトリクスの一意な名前（CPUUtilization など）

　CloudWatch アラームは CloudWatch メトリクスに基づいています。表 17-3 は、CloudWatch アラームのパラメータを示しています。これらのパラメータは自動スケーリンググループに属しているすべての仮想マシンの CPU 使用率に基づいてスケーリングを開始します。

表 17-3：スケーリングを開始する CloudWatch アラームのパラメータ

コンテキスト	名前	説明	有効な値
状態	Statistic	メトリクスに適用される統計関数	Average、Sum、Minimum、Maximum、SampleCount
状態	Period	メトリクスの値を時間に基づいてスライス	秒数（60 の倍数）
状態	EvaluationPeriods	アラームのチェック時に評価する Period の数	整数
状態	Threshold	アラームのしきい値	数値
状態	ComparisonOperator	しきい値を統計関数の結果と比較する演算子	GreaterThanOrEqualToThreshold、GreaterThanThreshold、LessThanThreshold、LessThanOrEqualToThreshold
メトリクス	Namespace	メトリクスのソース	EC2 サービスのメトリクスの場合は AWS/EC2
メトリクス	Dimensions	メトリクスのスコープ	メトリクスによる（関連するすべての EC2 インスタンスのメトリクスを集計する場合は自動スケーリンググループを参照する）
メトリクス	MetricName	メトリクスの名前	CPUUtilization など
アクション	AlarmActions	しきい値に達した場合に開始するアクション	スケーリングポリシーを参照する

　アラームはさまざまなメトリクスに基づいて定義できます。AWS が提供しているすべての名前空間、ディメンション、メトリクスについては、「CloudWatch メトリクスを発行する AWS のサービス」[1] を参照してください。たとえば、リクエストの数をターゲットごとにカウントするロード

※1　http://mng.bz/8E0X

バランサーのメトリクスに基づいて、あるいは EC2 インスタンスのネットワークスループットに基づいてスケーリングを開始することが可能です。また、たとえば、スレッドプール使用率、処理時間、ユーザーセッションのようにアプリケーションから直接発行されるメトリクスなど、カスタムメトリクスを発行することもできます。

バーストパフォーマンスインスタンスの CPU 使用率に基づくスケーリング

t2 インスタンスファミリなどの仮想マシンには、パフォーマンスをバーストする機能があります。このような仮想マシンでは、ベースラインレベルの CPU パフォーマンスを提供する一方で、CPU クレジットに基づき、短期間にわたってパフォーマンスをバーストできます。クレジットをすべて消費した場合、仮想マシンのパフォーマンスはベースラインに戻ります。t2.micro インスタンスの場合、ベースラインパフォーマンスは物理 CPU のパフォーマンスの 10% です。

バーストパフォーマンスインスタンスを使用すると、ワークロードのスパイクに対処するのに役立ちます。ワークロードが低いときにクレジットを貯めておき、ワークロードが高いときにクレジットを消費します。ただし、CPU 使用率に基づくバーストパフォーマンスインスタンスのスケーリングはそう簡単ではありません。そのようなスケーリング戦略では、パフォーマンスをバーストするインスタンスのクレジットが十分かどうかを計算に入れなければならないからです。別のメトリクスに基づいてスケーリングを行うか（セッションの数など）、バーストパフォーマンス機能を持たないインスタンスを使用することを検討してください。

自動スケーリングを使って仮想マシンの数をワークロードに適応させる方法がわかったところで、実際に試してみることにしましょう。

17.3　EC2 インスタンスの動的なプールを分離する

ブログプラットフォームで実行する仮想マシンの数を需要に応じて調整する必要がある場合、自動スケーリンググループは同じスペックの仮想マシンを適切な数に保つのに役立ちます。また、スケーリングスケジュールや CloudWatch アラームを利用すれば、EC2 インスタンスの望ましい数を自動的に調整できます。しかし、ブログプラットフォームの記事を閲覧したいユーザーはどのようにしてプール内の EC2 インスタンスにアクセスするのでしょうか。HTTP リクエストはどこへ転送すればよいのでしょうか。

第 15 章では、デカップリング（分離）の概念として、ELB による同期デカップリングと SQS による非同期デカップリングを紹介しました。自動スケーリングを使って仮想マシンの数を調整したい場合は、それらの EC2 インスタンスをクライアントから分離する必要があります。なぜなら、システムの外側からアクセスできるインターフェイスは、システム内で動作している EC2 インスタンスの数がいくつであろうと同じでなければならないからです。

図 17-5 は、同期デカップリングまたは非同期デカップリングに基づいてスケーラブルなシステムを構築する方法を示しています。ロードバランサーは同期デカップリングのエントリポイントとして機能し、一連の仮想マシンにリクエストを分配します。非同期デカップリングでは、メッセージキューがエントリポイントとして使用されます。プロデューサからのメッセージはキューに格納されます。仮想マシンはそのキューをポーリングし、メッセージを非同期で処理します。

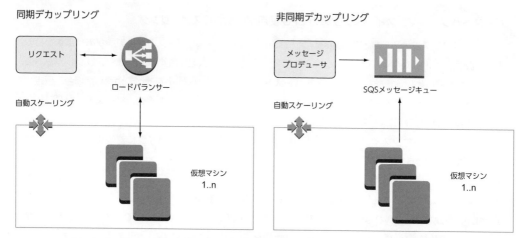

図 17-5：デカップリング（分離）を行うことで、仮想マシンの数を動的に調整できる

このようにして分離されたスケーラブルなアプリケーションには、ステートレスサーバーが必要です。ステートレスサーバーでは、共有データはすべてデータベースまたはストレージシステムに格納されます。次の 2 つの例は、ステートレスサーバーの概念を実装します。

- **WordPress ブログ**
  ELB による分離、CPU 使用率に基づく自動スケーリングと CloudWatch によるスケーリング、MySQL データベース（RDS）とネットワークファイルシステム（EFS）に対するデータの格納。
- **URL のスクリーンショットを撮る URL2PNG**
  キュー（SQS）による分離、キューの長さに基づく自動スケーリングと CloudWatch によるスケーリング、NoSQL データベース（DynamoDB）とオブジェクトストア（S3）に対するデータの格納。

17.3.1 同期デカップリングに基づく動的な EC2 インスタンスプールのスケーリング

HTTP(S) リクエストへの応答は同期タスクです。ユーザーが Web アプリケーションの使用を求めた場合は、該当するリクエストに Web サーバーが直ちに応答しなければなりません。Web アプリケーションを実行するために EC2 インスタンスの動的なプールを使用する場合は、ロードバラ

ンサーを使ってそれらの EC2 インスタンスをユーザーのリクエストから分離するのが一般的です。このロードバランサーは、EC2 インスタンスの動的なプールに対するただ 1 つのエントリポイントとなり、HTTP(S) リクエストを複数の EC2 インスタンスへ転送します。

あなたの会社にプレスリリースを発表したりコミュニティとやり取りしたりするための公式ブログがあるとしましょう。あなたはこのブログのホスティングを任されています。マーケティング部門から、トラフィックがピークに達する夜間はページの反応が悪く、場合によってはタイムアウトするという苦情が出ています。そこであなたは、現在のワークロードに基づいて EC2 インスタンスの数を調整することで、AWS の伸縮性を利用したいと考えます。

この会社の公式ブログには、ブログプラットフォームとしてよく知られている WordPress が使用されています。第 2 章と第 11 章では、EC2 インスタンスと RDS（MySQL データベース）に基づく WordPress サンプルを紹介しました。この最後の章では、スケーリングの能力を追加することで、この例を完成させることにします。

図 17-6 は、拡張後の最終的な WordPress サンプルを示しています。

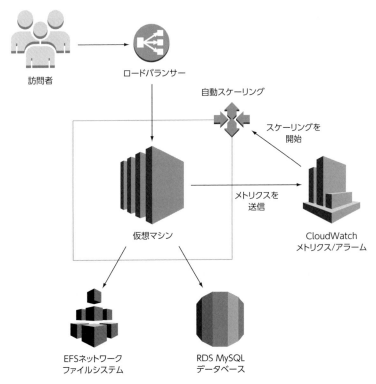

図 17-6：WordPress を実行する自動スケーリング Web サーバー。
データは RDS と EFS に格納され、ワークロードに基づいてロードバランサーによって分離される

この高可用性スケーリングアーキテクチャには、次のサービスが利用されています。

536 第 17 章 │ スケールアップとスケールダウン［自動スケーリング、CloudWatch］

- **EC2 インスタンス** … WordPress（PHP アプリケーション）を提供するために Apache を実行
- **RDS** … Multi-AZ デプロイメントを通じて高可用性を実現する MySQL データベースを提供
- **EFS** … PHP、HTML、CSS ファイルと、ユーザーがアップロードする画像や動画を格納
- **自動スケーリングと CloudWatch** … 実行中のすべての仮想マシンの現在の CPU 使用率に基づいて EC2 インスタンスの数を調整

本書のサンプルコード

本書のサンプルコードはすべて本書の GitHub リポジトリからダウンロードできます。WordPress サンプルの CloudFormation テンプレートは /chapter17/wordpress.yaml ファイルに含まれています。

https://github.com/AWSinAction/code2

まず、スケーラブルな WordPress アプリケーションを開始する CloudFormation スタックを作成します。次のコマンドの＜パスワード＞部分は 8 ～ 30 文字のパスワードに置き換えてください。

```
$ aws cloudformation create-stack --stack-name wordpress --template-url \
> https://s3.amazonaws.com/awsinaction-code2/chapter17/wordpress.yaml \
> --parameters ParameterKey=WordpressAdminPassword,ParameterValue=<パスワード> \
> --capabilities CAPABILITY_IAM
```

この CloudFormation スタックの作成には少し時間がかかります。CloudFormation マネジメントコンソールにアクセスし、wordpress という名前の CloudFormation スタックの作成プロセスを監視してください。この時間を利用して、CloudFormation テンプレートの重要な部分を確認しておくことにしましょう（リスト 17-4）。

リスト 17-4　スケーラブルな高可用性 WordPress アプリケーションの作成（パート 1）

```
# 自動スケーリング用の起動設定を作成
LaunchConfiguration:
  Type: 'AWS::AutoScaling::LaunchConfiguration'
  Metadata:
  ...
  Properties:
    AssociatePublicIpAddress: true
    # 仮想マシン（VM）を起動する IAM
    ImageId: !FindInMap [RegionMap, !Ref 'AWS::Region', AMI]
    InstanceMonitoring: false
    InstanceType: 't2.micro'          # VM のインスタンスタイプ
    SecurityGroups:                   # VM 用のファイアウォールルールを持つセキュリティグループ
    - !Ref WebServerSecurityGroup
    KeyName: !Ref KeyName             # SSH アクセスに使用するキーペア
```

```
      UserData:                         # WordPress のインストールと設定を
      ...                               # 自動的に行うスクリプト
# 自動スケーリンググループを作成
AutoScalingGroup:
  Type: 'AWS::AutoScaling::AutoScalingGroup'
  DependsOn:
  - EFSMountTargetA
  - EFSMountTargetB
  Properties:
    TargetGroupARNs:                    # ELB のターゲットグループの VM を登録
    - !Ref LoadBalancerTargetGroup
    LaunchConfigurationName: !Ref LaunchConfiguration   # 起動設定を参照
    MinSize: 2                          # VM の最小数
    MaxSize: 4                          # VM の最大数
    DesiredCapacity: 2                  # VM の望ましい数
    HealthCheckGracePeriod: 300         # ヘルスチェックを開始するまでの猶予期間
    HealthCheckType: ELB                # ELB のヘルスチェックを使って VM のステータスを監視
    VPCZoneIdentifier:                  # 高可用性を目的として
    - !Ref SubnetA                      # 異なる AZ の 2 つのサブネットで VM を起動
    - !Ref SubnetB
    Tags:                               # この自動スケーリンググループが起動するすべての
    - PropagateAtLaunch: true           # VM の名前を含んだタグを追加
      Value: wordpress
      Key: Name
...
```

　このテンプレートでは、高可用性を目的として、少なくとも 2 つの AZ にそれぞれ 1 つ、合計 2 つの仮想マシンを起動します。ただし、コストを抑えるために、仮想マシンの最大数を 4 に設定しています。また、望ましいキャパシティが 2 に設定されていますが、この設定はスケーリングポリシーによって必要に応じて変更されます。

　次の例では、スケーリング用の CloudWatch アラームの作成方法を紹介します。ここでは、CloudWatch アラームをバックグラウンドで自動的に作成するターゲット追跡スケーリングポリシーを使用します。ターゲット追跡ポリシーは自宅のサーモスタットのような働きをします ——ターゲット（目的値）を定義すると、サーモスタットが電力を定期的に監視し、ターゲットに達したときに電力を調整します。

　ターゲット追跡ポリシーで使用するために、あらかじめ次の 3 つのメトリクスが定義されています。

- ASGAverageCPUUtilization … 自動スケーリンググループに属しているすべてのインスタンスの平均 CPU 使用率に基づくスケーリング

- ALBRequestCountPerTarget … ALB（Application Load Balancer）からターゲットに転送されたリクエストの数に基づくスケーリング

- ASGAverageNetworkIn、ASGAverageNetworkOut … 受信または送信されたバイトの平均数に基づくスケーリング

第17章 | スケールアップとスケールダウン［自動スケーリング、CloudWatch］

CPU 使用率、ターゲットごとのリクエストの数、あるいはネットワークスループットに基づく
スケーリングは、場合によってはうまくいきません。たとえば、ディスク I/O など、スケーリン
グが必要なボトルネックが別に存在することも考えられます。ターゲット追跡ポリシーでは、ど
の CloudWatch メトリクスを使用してもかまいません。ターゲット追跡ポリシーの要件は 1 つだけ
── インスタンスの追加または削除に比例する影響がそのメトリクスにおよぶことだけです。たと
えば、ターゲット追跡ポリシーでは、リクエストの遅延は有効なメトリクスではありません。とい
うのも、インスタンスの数を調整してもリクエストの遅延に直接影響がおよぶことはないからです
（リスト 17-5）。

リスト 17-5 スケーラブルな高可用性 WordPress アプリケーションの作成（パート 2）

```
# スケーリングポリシーを作成
ScalingPolicy:
  Type: 'AWS::AutoScaling::ScalingPolicy'
  Properties:
    # 自動スケーリンググループの望ましいキャパシティを調整
    AutoScalingGroupName: !Ref AutoScalingGroup
    # 指定されたターゲットを追跡するスケーリングポリシーを作成
    PolicyType: TargetTrackingScaling
    # ターゲット追跡ポリシーを設定
    TargetTrackingConfiguration:
      # 事前に定義されたスケーリングメトリクスを使用
      PredefinedMetricSpecification:
        # 自動スケーリンググループに属しているすべての EC2 インスタンスの平均 CPU 使用率
        PredefinedMetricType: ASGAverageCPUUtilization
      # ターゲットを CPU 使用率 70% に設定
      TargetValue: 70
      # 新たに起動した EC2 インスタンスを CPU 使用率メトリクスから 60 秒間除外することで、
      # VM とアプリケーションのブートストラップ時の負荷に基づくスケーリングを回避
      EstimatedInstanceWarmup: 60
```

CloudFormation スタックのステータスが CREATE_COMPLETE に変化したら、次のステップを実行
することで、画像を含んだ新しいブログ記事を作成します。

1. CloudFormation マネジメントコンソールで wordpress スタックを選択し、［出力］タブをク
   リックします。

2. URL キーの値を右クリックし、リンク先に Web ブラウザでアクセスします。

3. ページの下部にある［Log in］リンクをクリックします。

4. ユーザー名 admin と、このスタックの作成時に指定したパスワードを使ってログインしま
   す。

5. 左のナビゲーションメニューで［Posts］をクリックします。

6. ［Add New］をクリックします。

7. タイトルとテキストを入力し、記事の画像を選択して［insert into post］をクリックします。

8. ［Publish］をクリックします。

9. ページ上部の Post published メッセージの横にある［View post］リンクをクリックします。

スケーリングの準備はこれで完了です。本書では、この WordPress アプリケーションのために、たった数分間で 500,000 件のリクエストを送信する負荷テストを用意しました。この負荷テストは無料利用枠でカバーされるため、コストについて心配する必要はありません。負荷テストを開始してから 3 分後に、このワークロードに対処するための新しい仮想マシンが起動するはずです。このテストには 10 分ほどかかります。それから 15 分後に、追加された仮想マシンが削除されるはずです。おもしろいので決して見逃さないでください。

NOTE

大規模な負荷テストの実施を計画している場合は、「AWS Acceptable Use Policy」と「脆弱性テストと侵入テスト」をよく読み、テストを開始する前に許可を申請してください。

https://aws.amazon.com/aup

https://aws.amazon.com/security/penetration-testing

単純な HTTP 負荷テスト

WordPress アプリケーションの負荷テストには、**Apache Bench** というツールを使用します。このツールは Amazon Linux パッケージリポジトリで提供されている `httpd-tools` パッケージの一部です。

Apache Bench は基本的なベンチマークツールであり、指定された数のスレッドを使って指定された数の HTTP リクエストを送信できます。WordPress アプリケーションの負荷テストを実行するには、次のコマンドを使用します。この負荷テストでは、15 個のスレッドを使って 500,000 件のリクエストをロードバランサーに送信します。また、ベンチマークの最大時間が 600 秒、接続タイムアウトが 120 秒に設定されています。`<LB の URL>` はロードバランサーの URL に置き換えます。

```
$ ab -n 500000 -c 15 -t 600 -s 120 -r <LB の URL>
```

負荷テストを開始するために、次のコマンドを使って wordpress スタックを更新します。

```
$ aws cloudformation update-stack --stack-name wordpress --template-url \
> https://s3.amazonaws.com/awsinaction-code2/chapter17/wordpress-loadtest.yaml \
> --parameters ParameterKey=WordpressAdminPassword,UsePreviousValue=true \
> --capabilities CAPABILITY_IAM
```

AWS マネジメントコンソールを使って、負荷テストの様子を見守ってください。

1. CloudWatch サービスにアクセスし、左のナビゲーションメニューで［アラーム］をクリックします。
2. 負荷テストが開始され、約 3 分後に `TargetTracking-wordpress-AutoScalingGroup-*-AlarmHigh-*` というアラームが `ALARM` 状態になります。
3. EC2 サービスにアクセスし、実行中のインスタンスをすべて表示し、新しいインスタンスが 2 つ起動することを確認します。最終的には、全部で 5 つのインスタンス（4 つの Web サーバーと、負荷テストを実行する 1 つの EC2 インスタンス）が起動します。
4. CloudWatch サービスに戻って、`TargetTracking-wordpress-AutoScalingGroup-*-AlarmLow-*` というアラームが `ALARM` 状態になるのを待ちます。
5. EC2 サービスにアクセスし、実行中のインスタンスをすべて表示し、追加された 2 つのインスタンスが削除されることを確認します。最終的には、インスタンスの数は全部で 3 つ（2 つの Web サーバーと、負荷テストを実行する 1 つの EC2 インスタンス）になります。

このプロセス全体の所要時間は約 20 分です。

この例では、自動スケーリングがどのように行われるのかを実際に見てもらいました。そして、WordPress アプリケーションが現在のワークロードに適応できるようになりました。ページの読み込みが遅い問題や夜間にタイムアウトする問題はこれで解決です。

Cleaning up

次のコマンドを実行して、WordPress アプリケーションに使用されているリソースをすべて削除してください。

```
$ aws cloudformation delete-stack --stack-name wordpress
```

17.3.2　非同期デカップリングに基づく動的な EC2 インスタンスプールのスケーリング

ユーザーがリンクを保存したり共有したりできるソーシャルブックマークサービスを開発しているとしましょう。リンク先の Web サイトを表示するプレビューの提供は重要な機能です。しかし、ほとんどのユーザーは新しいブックマークを夜間に追加するため、URL から PNG 画像への変換は夜間の過負荷の原因となります。サービスの応答に時間がかかれば、ユーザーを失望させてしまいます。

次の例では、URL のスクリーンショットを非同期で生成することで、EC2 インスタンスの数を動

的に調整する方法を紹介します。このようにすると、負荷の高いワークロードがバックグラウンドジョブとして分離されるため、常にすばやい応答を保証できます。

　動的な EC2 インスタンスプールを非同期で分離することが有利に働くのは、ワークロードに基づくスケーリングが必要な場合です。この場合は、リクエストにすぐに応答する必要はないため、リクエストをキューに配置し、キューの長さに基づいて EC2 インスタンスの数を調整できます。キューの長さはスケーリングのための正確なメトリクスとなります。また、リクエストはキューに配置されるため、リクエストがピーク時に紛失することもなくなります。

　夜間のピーク時のワークロードには、自動スケーリングを使って対処します。そのためには、新しいブックマークの作成と Web サイトのプレビューの生成を分離する必要があります。第 15 章では、URL を PNG 画像に変換する URL2PNG というアプリケーションを紹介しました。図 17-7 は、このアプリケーションのアーキテクチャを示しています。このアーキテクチャは、非同期デカップリングのための SQS キューと、生成された画像を格納するための S3 で構成されています。

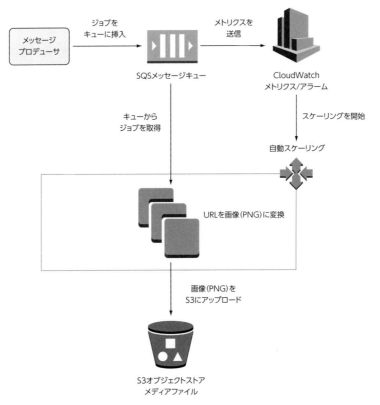

図 17-7：URL を画像に変換する、SQS キューで分離された自動スケーリング仮想マシン

　ブックマークの作成では、次のプロセスが開始されます。

1. 新しいブックマークの URL と一意な ID が含まれたメッセージが SQS キューに送信されます。

2. Node.js アプリケーションを実行している EC2 インスタンスが SQS キューに対してポーリングを実行します。

3. Node.js アプリケーションが URL を読み込み、スクリーンショットを作成します。

4. スクリーンショットが S3 バケットにアップロードされ、オブジェクトキーとして一意な ID が設定されます。

5. ユーザーが一意な ID を使って S3 から直接スクリーンショットをダウンロードできるようになります。

SQS キューの長さを監視するには、CloudWatch アラームを使用します。キューの長さが 5 以上になると、ワークロードに対処するために新しい仮想マシンが開始されます。キューの長さが 5 を下回ると、別の CloudWatch アラームが自動スケーリンググループの望ましいキャパシティの値を減らします。

本書のサンプルコード

　本書のサンプルコードはすべて本書の GitHub リポジトリからダウンロードできます。URL2PNG サンプルの CloudFormation テンプレートは /chapter17/url2png.yaml ファイルに含まれています。

https://github.com/AWSinAction/code2

まず、URL2PNG アプリケーションを開始する CloudFormation スタックを作成します。次のコマンドの＜アプリケーション ID＞部分はアプリケーションの一意な ID（url2png-andreas など）に置き換えてください。

```
$ aws cloudformation create-stack --stack-name url2png --template-url \
> https://s3.amazonaws.com/awsinaction-code2/chapter17/url2png.yaml \
> --parameters ParameterKey=ApplicationID,ParameterValue=＜アプリケーション ID＞ \
> --capabilities CAPABILITY_IAM
```

この CloudFormation スタックの作成には少し時間がかかります。CloudFormation マネジメントコンソールにアクセスし、url2png という名前の CloudFormation スタックの作成プロセスを監視してください。

この例では、SQS キューの長さに基づいて EC2 インスタンスの数を調整します。キューのメッセージの数と、キューのメッセージを処理する EC2 インスタンスの数との間に相関関係はないため、ターゲット追跡スケーリングポリシーを使用することはできません。そこで、この例ではステップスケーリングポリシーを使用することにします（リスト 17-6）。

17.3 EC2 インスタンスの動的なプールを分離する　　543

リスト 17-6 SQS キューの長さを監視する

```
...
HighQueueAlarm:
  Type: 'AWS::CloudWatch::Alarm'
  Properties:
    EvaluationPeriods: 1            # アラームのチェック時に評価する Period の数
    Statistic: Sum                  # 1 つの Period 内の値をすべて合計
    Threshold: 5                    # しきい値 5 に達したらアラームを作動
    AlarmDescription: 'Alarm if queue length is higher than 5.'
    Period: 300                     # Period として 300 秒を使用
    AlarmActions:                   # スケーリングポリシーを通じて
    - !Ref ScalingUpPolicy          # 望ましいインスタンスの数を 1 つ増やす
    Namespace: 'AWS/SQS'            # メトリクスは SQS サービスによって発行される
    Dimensions:                     # 名前で参照されるキューをメトリクスの
    - Name: QueueName               # ディメンションとして使用
      Value: !Sub '${SQSQueue.QueueName}'
    # Period 内の値の合計がしきい値 5 よりも大きい場合はアラームを作動
    ComparisonOperator: GreaterThanThreshold
    # メトリクスにはキューに配置されているメッセージのおおよその数が含まれている
    MetricName: ApproximateNumberOfMessagesVisible
...
```

　SQS サービスのメトリクスは 5 分おきに発行されるため、ここでは Period として 300 秒を使用しています。

　CloudWatch アラームはスケーリングポリシーの適用を開始します。スケーリングポリシーは、スケーリングの方法を定義します。話を単純に保つために、ステップが 1 つだけのステップスケーリングポリシーを使用します。しきい値に達した場合のスケーリング方法をより細かく定義したい場合は、さらにステップを追加してください（リスト 17-7）。

リスト 17-7 自動スケーリンググループにインスタンスを 1 つ追加するステップスケーリングポリシー

```
...
# スケーリングポリシーを作成
ScalingUpPolicy:
  Type: 'AWS::AutoScaling::ScalingPolicy'
  Properties:
    # このスケーリングポリシーはキャパシティを絶対数で増やす
    AdjustmentType: 'ChangeInCapacity'
    # スケーリングポリシーを自動スケーリンググループ（ASG）にアタッチ
    AutoScalingGroupName: !Ref AutoScalingGroup
    # ステップスケーリング型のスケーリングポリシーを作成
    PolicyType: 'StepScaling'
    # このスケーリングポリシーの適用を開始する CloudWatch アラームによって定義されたメトリクスに
    # 基づき、ステップを評価するときに使用する集計の種類
    MetricAggregationType: 'Average'
    # 新しいインスタンスのメトリクスは起動開始から 60 秒間無視される
    EstimatedInstanceWarmup: 60
    # スケーリングステップを定義（この例ではステップは 1 つだけ）
    StepAdjustments:
    - MetricIntervalLowerBound: 0  # このステップはアラームが作動した時点で開始される
```

17

```
          ScalingAdjustment: 1              # ASG の望ましいキャパシティを 1 増やす
...
```

　キューが空のときに EC2 インスタンスの数をスケールダウンするには、CloudWatch アラームと
スケーリングポリシーに逆の値を定義する必要があります。

　スケーリングの準備はこれで完了です。本書では、URL2PNG アプリケーションに対して 250 個
のメッセージをすばやく生成する負荷テストを用意しました。このテストでは、SQS キューのメッ
セージを処理するために仮想マシンが開始されます。数分後に負荷テストが終了すると、追加され
た仮想マシンは削除されます。

　負荷テストを開始するために、次のコマンドを使って url2png スタックを更新します。

```
$ aws cloudformation update-stack --stack-name url2png --template-url \
> https://s3.amazonaws.com/awsinaction-code2/chapter17/url2png-loadtest.yaml \
> --parameters ParameterKey=ApplicationID,UsePreviousValue=true \
> --capabilities CAPABILITY_IAM
```

AWS マネジメントコンソールを使って、負荷テストの様子を見守ってください。

1. CloudWatch サービスにアクセスし、左のナビゲーションメニューで [アラーム] をクリック
   します。

2. 負荷テストが開始され、数分後に url2png-HighQueueAlarm-* というアラームが ALARM 状
   態になります。

3. EC2 サービスにアクセスし、実行中のインスタンスをすべて表示し、新しいインスタンスが
   1 つ起動することを確認します。最終的には、全部で 3 つのインスタンス(2 つのワーカーと、
   負荷テストを実行する 1 つの EC2 インスタンス)が起動します。

4. CloudWatch サービスに戻って、url2png-LowQueueAlarm-* というアラームが ALARM 状態
   になるのを待ちます。

5. EC2 サービスにアクセスし、実行中のインスタンスをすべて表示し、追加されたインスタン
   スが削除されることを確認します。最終的には、インスタンスの数は全部で 2 つ(1 つのワー
   カーと、負荷テストを実行する 1 つの EC2 インスタンス)になります。

このプロセス全体の所要時間は約 15 分です。

　この例では、自動スケーリングがどのように行われるのかを実際に見てもらいました。そして、
URL2PNG アプリケーションが現在のワークロードに適応できるようになりました。スクリーン
ショットの生成に時間がかかる問題はこれで解決です。

　アプリケーションを複数の EC2 インスタンスに分散させる際には、自動スケーリンググループ
を使用すべきです。そのようにすると、同じスペックのインスタンスを簡単に起動できるようにな
ります。スケジュールまたはワークロードパターンに依存するメトリクスに基づいてインスタンス
の数を調整すれば、クラウドの能力を最大限に引き出すことができます。

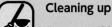

Cleaning up

次のコマンドを実行して、URL2PNG アプリケーションに使用されているリソースをすべて削除してください。＜アプリケーション ID＞部分はスタックの作成時に指定したアプリケーション ID に置き換えてください。

```
$ aws s3 rm s3://<アプリケーション ID> --recursive
$ aws cloudformation delete-stack --stack-name url2png
```

17.4　まとめ

- 起動設定と自動スケーリンググループに基づく自動スケーリングでは、同じスペックの複数の仮想マシンを起動できる。
- EC2 や SQS などのサービスは、CPU 使用率やキューの長さといったメトリクスを CloudWatch に発行する。
- CloudWatch アラームは自動スケーリンググループの望ましいキャパシティを変更できる。これにより、CPU 使用率などのメトリクスに基づいて仮想マシンの数を増やすことができる。
- 現在のワークロードに基づいて仮想マシンの数を調整したい場合は、仮想マシンをステートレスにする必要がある。
- ワークロードを複数の仮想マシンに分散させるには、ロードバランサーに基づく同期デカップリングか、メッセージキューに基づく非同期デカップリングが必要である。

本書の内容は以上です。ここでは、最後の目標であるインフラの動的なスケーリングをマスターしました。本書では、AWS の最も重要な要素を理解し、実際に体験しました。本番環境のワークロードをクラウドへ移行させる最初の作業が実り多いものになることを願っています。

索引

◆ 記号

!Base64 関数 155
!GetAtt 関数 137
!Sub 関数 155

◆ A

ACID（Atomicit, Consistency, Isolation, Durability）
.... 329, 394
ACL（Access Control List）
　　→アクセス制御リスト（ACL）
AKI（Amazon Kernel Image）.................... 68
ALB（Application Load Balancer）
　　→アプリケーションロードバランサー（ALB）
ALBRequestCountPerTarget メトリクス 537
Amazon Aurora............................ 330, 351, 355, 357
Amazon Inspector.................................... 182
Amazon Linux............. 40, 67, 90, 92, 161, 184-185
Amazon Linux Extras 67
Amazon Linux Security Center...................... 185
Amazon MQ.. 482
AMI（Amazon Machine Image）
.... 51, 66-68, 129, 152
Apache 40, 211, 215-218
Apache Bench.. 539
API（Application Programming Interface）
.... 109-111, 114-116, 273, 397, 408
API Gateway.. 253
Application Auto Scaling............................ 425
apt-get パッケージマネージャ 78, 92
ARN（Amazon Resource Name）.................. 193
ASGAverageCPUUtilization メトリクス 537
ASGAverageNetworkIn メトリクス 537
ASGAverageNetworkOut メトリクス 537
AWS（Amazon Web Services）............................ 3
AWS API
　　→ API（Application Programming Interface）
AWS CLI → CLI（Command Line Interface）
AWS Database Migration Service 338
AWS Developer Forums 81
aws cloudformation コマンド 153-154,
158, 172, 179, 249-250, 315-316,
326-327, 332, 334, 339-340, 343, 385, 389,
437, 439-440, 448, 451, 455-456, 458-460,
512, 518-519, 536, 539-540, 542, 544-545
aws dynamodb コマンド 399, 403, 405, 407, 423

aws ec2 コマンド 121-126, 196,
295-297, 338, 443-444, 450, 455-456, 460
aws elasticbeanstalk コマンド 161-163, 165
aws iam コマンド 193, 195, 344
AWS PrivateLink.. 220
aws rds コマンド......... 335, 339, 341-345, 356-357
aws s3api コマンド 280
aws s3 コマンド 249, 263-265,
275, 279-280, 303, 474, 480, 519, 545
AWS SDK → SDK（Software Develoment Kit）
AWS Simple Monthly Calculator
.... 14-15, 56-57, 294, 424
aws sqs コマンド.......................475, 477, 480
AWS Systems Manager.......................... 188
AWS アカウント 25-34, 182, 188-198
AWS クイックスタート............................ 138
AWS のサービス 18-21
AWS のメリット 11-14
AWS の料金 14-17
AWS マネジメントコンソール 22-23, 34,
42, 65, 118, 163, 228-229, 239, 265-266,
271-272, 299, 333, 373, 427, 540, 544
AZ（Availability Zone）
　　→アベイラビリティゾーン（AZ）

◆ B

Base64.. 155
Bash 123-124, 187
Boto 3.. 245
BurstCreditBalance メトリクス 319, 321-322

◆ C

CDN（Content Delivery Network）
.... 6, 17, 89, 113, 278
Chef.. 150, 165-166
Chef Automate.. 165
CIDR（Classless Inter-Domain Routing）.............. 205
CLB（Classic Load Balancer）.......................... 466
CLI（Command Line Interface）
.................23-24, 110, 116-126, 262-265, 399
CloudFormation
..........21, 41-47, 110, 132-145, 147, 149-158,
172, 194, 197-198, 201-205, 208, 211, 219,
246, 288-289, 291, 300, 308-310, 322, 333,
368, 378-386, 471, 487, 511, 525-526, 538

CloudFormation スタック 140-144,
　　188, 198, 202-205, 208, 219, 249, 289, 291,
　　295, 297, 315, 332, 334-335, 385-386, 437,
　　439, 450, 455, 459, 471, 512, 518, 536, 542
CloudFormation テンプレート 133-145,
　　152, 155-157, 186-187, 201-205,
　　207, 211, 246-247, 289, 301, 312-315,
　　324-326, 332, 340, 348, 352-354, 368-370,
　　376, 378-385, 426, 435, 437-439, 448-449,
　　453-454, 458-459, 469, 512, 526, 536-537
CloudFront 278, 281, 442
cloudonaut.io 227-228, 233, 276
CloudTrail 242-244
CloudWatch 21, 227-228,
　　230, 233-239, 242-245, 247, 319-323,
　　335, 358-359, 387-389, 424, 433-440, 487,
　　513, 523, 528-533, 536-538, 540, 542-544
CloudWatch アラーム→アラーム
CMS（Content Management System）................... 55
CNAME レコード 281
CPUUtilization メトリクス 359, 387-388
crontab 231
cron ジョブ 363

◆ D
DataReadIOBytes メトリクス 319
DataWriteIOBytes メトリクス 319
dd コマンド 292, 317
deleteItem 関数 420
DevOps ムーブメント 112
Discourse アプリケーション 378-386
DiskQueueDepth メトリクス 359
DNS（Domain Name System）
　　.............................. 17, 89, 113, 135, 465
docopt CLI 記述言語 402-403, 407
Duration メトリクス 235
DynamoDB 21, 258, 394-428,
　　430, 442, 487, 500, 502-506, 509, 512
DynamoDB ローカル 401

◆ E
EBS（Elastic Block Store）
　　............................. 258, 287-297, 300, 302-303,
　　306, 323-325, 430, 433-434, 451-453, 461
EBS スナップショット 295-297, 323, 452, 487
EBS マグネティック HDD 293-294
EC2（Elastic Compute Cloud）.................................3,
　　21, 31, 40, 57, 63-108, 192, 226-227, 242,
　　252, 292, 430, 433, 436-437, 445, 486, 523

EC2 インスタンス
　　.........50, 70, 79, 81-85, 92-94, 100, 121-123,
　　128, 136-139, 144, 182, 186-189, 191-194,
　　196-208, 216, 220, 241-250, 286-289,
　　291-293, 296-300, 302-303, 305-317,
　　323-326, 369, 377, 383, 432-438, 441-442,
　　444-453, 455-462, 465-469, 486, 488-492,
　　497, 502, 511, 513, 517, 523-527, 530-544
EC2 インスタンスストア→インスタンスストア
EC2 ダッシュボード 31, 50
EFS（Elastic File System）..................................21,
　　41, 55, 57, 258, 305-327, 453-455, 461, 536
Elastic Beanstalk 21, 147, 150-151,
　　159-165, 487, 508-509, 511, 514-515, 517
Elastic IP 92-94, 98, 434, 440, 458-460, 487
ElastiCache 21, 258, 367-392
Elasticsearch 254
ELB（Elastic Load Balancing）
　　...... 21, 40, 458, 464, 467, 486-487, 491, 526
ENI（Elastic Network Interface）...........................486
Erlang 492
Errors メトリクス 235
Etherpad 147, 160-165
Evictions メトリクス 387-389
Express フレームワーク 501, 504, 508

◆ F
FIFO（First-In-First-Out）キュー 482
FreeableMemory メトリクス 359
FreeStorageSpace メトリクス 359

◆ G
GCP（Google Cloud Platform）........................ 17-18
getItem 関数 411-412, 420, 423
Glacier 21, 258, 260, 265-272
Google Hangouts 464
GUI（Graphical User Interface）..............................22
GUID（Globally Unique Identifier）.......................260

◆ H
Hexo 278
HVM（Hardware Virtual Machine）.........................68
HyperDB プラグイン 356

◆ I
IaaS（Infrastructure as a Service）............5, 67, 112
IaC（Infrastructure as Code）
　　...................................12, 24, 111-116, 145, 436
IAM（Identity and Access Management）
　　.....21, 118-119, 183, 190-198, 347, 376, 487

IAM グループ 190, 194, 347
IAM データベース認証 349
IAM ポリシー 191-194, 347
IAM ユーザー 190-191, 194-195, 347
IAM ロール 191, 196-198, 230, 247-248
ICMP（Internet Control Message Protocol）........202
Imagery アプリケーション 496-520
Invocations メトリクス 235
IoT（Internet of Things）................................ 254-255
IPv4（Internet Protocol version 4）.................. 50, 94
IRC（Internet Relay Chat）..................................... 168
ircd-ircu パッケージ 171
ISO 27001 14
ISO 9001 14

◆ J

Java EE（Java Platform, Enterprise Edition）...........8
JavaScript..................................... 127-128, 169, 273
Jenkins 436-440, 448-461
JIML（JSON Infrastructure Markup Language）
.... 113-115
JMESPath.. 123-124
JSON（JavaScript Object Notation）
....113-114, 123, 132, 279

◆ K

kiwiIRC アプリケーション 168-178

◆ L

Lambda... 21, 223-255
Lambda 関数 228-236, 239-242, 245-255
LBaaS（Load Balancer as a Service）................... 40
linkchecker.. 66, 78
listObjects 関数 276

◆ M

MariaDB 355, 357
Max I/O パフォーマンスモード 318-321
Memcached
............367, 371-372, 376, 378, 387-388, 391
MetadataIOBytes メトリクス 319
MFA（Multi-Factor Authentication）
→多要素認証（MFA）
Microsoft Azure... 17-18
Multi-AZ デプロイメント.............. 352, 442, 486-487
mykey.pem ファイル.............................. 32-33, 75, 85
MySQL... 40-42,
53-55, 286, 330-339, 348-349, 355, 357
mysqldump コマンド 337

◆ N

NAT（Network Address Translation）
....8, 212, 218-220, 397
NFSv4.1 プロトコル 41, 307, 309, 452-453
NFS（Network File System）プロトコル......55, 309
NIST（National Institute of Standards and
Technology）..5
Nitro 68
NLB（Network Load Balancer）............................ 466
Node Control Center for AWS（nodecc）アプリケー
ション 128-131
Node.js 127, 161-163, 169-170,
273, 407, 474-476, 501-502, 508-509
nodetodo アプリケーション 395, 401-422, 426
NoSQL データベース
............................15, 18-21, 253, 394, 398-399
npm 127

◆ O

Openswan... 152-153
OpsWorks.............. 21, 148, 150-151, 165-179, 487
OpsWorks for Chef Automate................................. 165
OpsWorks スタック 165-169

◆ P

PaaS（Platform as a Service）.....................................5
PCI DSS Level 1 14
PercentIOLimit メトリクス 319-320
PermittedThroughput メトリクス.................. 319, 321
ping コマンド.. 202-203
PostgreSQL 330, 355, 357, 378, 382-383
PowerShell.. 123-125
putItem 関数.. 408
putObject 関数.. 275
PuTTY 33-34, 77, 209
Python 116-117, 232, 234, 245

◆ Q

query 関数 412-413, 420, 423

◆ R

RDB（Relational Database）
→リレーショナルデータベース（RDB）
RDS（Relational Database Service）
...........................21, 41, 53, 57, 258, 329-360,
382-383, 397-398, 430, 486-487, 536
RDS スナップショット 339-345
Redis
.....362-363, 366-376, 378, 381-382, 386-391
Redis AUTH 378

Redis Sorted Set..366
ReplicationLag メトリクス 387, 389
root アカウント.....................118, 188-190, 194-195
Route 53 ....281, 430, 442, 458

◆ S

S3（Simple Storage Service）
.............................4, 21, 111, 159, 249, 258-267,
270-284, 430, 442, 474, 487, 512, 541
S3 バケット→バケット
SaaS（Software as a Service）...............................5
SAM（Serverless Application Model）......... 246-247
scan 関数 418-420
SDK（Software Develoment Kit）
....24, 110, 127-131,
273, 275-277, 403, 408-409, 411-412, 475
Simple S3 Gallery アプリケーション............ 273-277
SQS（Simple Queue Service）
........................21, 465, 472-475, 477, 480-481,
486-487, 491-492, 508-512, 541-543
SSH（Secure Shell）....................30, 73, 75, 77, 85,
91, 97, 184, 203-210, 215, 289, 316, 371
StatusCheckFailed_System メトリクス 436
SwapUsage メトリクス 359, 387-388
sydney.pem ファイル 90-91

◆ T

Terraform...145
Throttles メトリクス 235
TotalIOBytes メトリクス.......................................319
TOTP（Time-based One Time Password）..........189
TTL（Time to Live）...................... 363-364, 388, 465
Twitter 495

◆ U

Ubuntu..66, 74, 78, 92, 104
URL2PNG アプリケーション
....474-481, 534, 541-544
UUID（Universally Unique Identifier）.......... 493-494

◆ V

Varnish 211, 215-217, 219
VPC（Virtual Private Cloud）........21, 210-211, 216,
239-241, 373, 379-381, 397, 434, 445, 487
VPC エンドポイント 220
VPC フローログ 200
VPN（Virtual Private Network）
....8, 152, 154, 157-158

◆ W

Web サービス 3

WordPress....................................40-57, 148, 330-335,
338-339, 343-345, 348, 356, 359, 534-540

◆ X

Xen 68

◆ Y

YAML（YAML Ain't a Markup Language）............132
yum パッケージマネージャ...92, 157, 184-187, 218

◆ あ

アーカイブ 21, 159, 168, 260, 264-272
アイテム 399, 419-421
アウトバウンドトラフィック 198-201
アクセス制御リスト（ACL）............8, 211, 214-216
圧縮 390, 392
アトミック 281
アプリケーション 159, 168, 514
アプリケーションプログラミングインターフェイス
（API）
→ API（Application Programming Interface）
アプリケーションロードバランサー（ALB）
............................15, 40, 51, 57, 466-467, 537
アベイラビリティゾーン（AZ）..........................101,
305, 352, 433, 441-446, 448-449, 451-453,
456-457, 461-462, 486-487, 491, 524, 527
アラーム 228, 235-239, 322, 435-437,
440, 513, 523, 528, 530-533, 537, 542-544
暗号化...184, 376, 378

◆ い

イベント 242-245, 253
イベントパターン 244-245
インスタンス 168
インスタンスストア......................258, 297-303, 306
インスタンスタイプ....50, 68-71, 86, 144, 292-293
インスタンスファミリ.................69-71, 102, 299, 434
インスタンスプロファイル 325-326
インターネットゲートウェイ（IGW）...........212, 216
インバウンドトラフィック 198-203, 309, 377
インラインポリシー...194

◆ え

エージェント転送... 209-210
エビクション 388
エフェメラルポート...215
エンドポイント....................................93, 280, 307, 339

◆ お

オブジェクトストア
..........................21, 253-254, 259-260, 262, 281
オンデマンドインスタンス 99-102

オンデマンドバックアップ 396

◆ か

概念実証 40, 53, 83
カスタムドメイン.................................281
仮想アプライアンス............................ 67-68
仮想ネットワーク................................ 61
仮想マシン 10-11, 40, 50-51,
　　58, 61, 63-108, 122, 129-131, 151-158,
　　185-188, 198-213, 226-227, 286-288, 290,
　　296-299, 301-302, 305-306, 308, 316-317,
　　383, 387, 431-443, 445-452, 455-462,
　　488, 523-528, 531-537, 539, 541-542, 544
　　→ EC2 インスタンス
仮想マシンの開始 / 停止 / 再起動 / 終了 82-83
仮想マシンの予約............................. 100-102
可用性...452
簡易スケーリング....................................531
環境 160, 515
環境変数............................232-233, 239
管理ポリシー 194

◆ き

キー.....................................260, 282-283
キー値ストア 394, 398, 410
キーペア 30-33, 74-75, 89
起動設定..................................446-449, 525
ギビバイト（GiB）...............................294
規模の経済 13
キャッシュ................................362-367, 494
キャッシュエンジン........................... 371, 376
キャッシュクラスタ..... 367-378, 381-382, 389-391
キャッシュノードタイプ........................ 390-391
キャパシティユニット...........................397, 423-425

◆ く

クックブック 166
クラウド...4-5
クラウドコンピューティングプラットフォーム 4
クラスタ→キャッシュクラスタ
クラスタボリューム..................................351
クラスタモード.................................. 372-375
グラフィカルユーザーインターフェイス（GUI）
　　→ GUI（Graphical User Interface）
クレジット 319
グローバルセカンダリインデックス.............. 415-417

◆ け

継続的インテグレーション（CI） 436
ゲスト.. 64

結果整合性 281, 420, 423, 495

◆ こ

高可用性.................................9, 13, 40, 227,
　　349, 430, 432-433, 436, 442, 461-462, 486
構成テンプレート........................... 159, 515
コールド HDD 293-294
コールドスタート..................................251
コマンドラインインターフェイス（CLI）
　　→ CLI（Command Line Interface）
コンバーティブルリザーブドインスタンス 102

◆ さ

サーバーレス 224-225
最小権限の原則....................................247
サブネット 8, 94, 130, 182,
　　210-219, 307, 310, 312, 314-315, 368, 373,
　　441, 445-446, 451, 457, 449, 487, 491, 526
サブネットグループ 343, 368

◆ し

システムステータスチェック 433
自動化............................. 12, 47, 112, 117, 149
自動スケーリング
　　... 425-427, 433, 445-451, 456-458, 536, 541
自動スケーリンググループ
　　.........................446-450, 455, 467-470,
　　486-487, 523-527, 531, 537, 542, 544
自動スナップショット 339-343
シャーディング........................371-374, 391
ジャンプボックス.....................................206
手動スナップショット 341-343
状態機械 499
状態遷移 500
冗長性 489, 491
伸縮性 522

◆ す

垂直方向へのスケーリング
　　..................................352-353, 390, 393-394
水平方向へのスケーリング
　　..................................353, 355, 390, 394, 523
スケーリングプラン....................................525
スケーリングポリシー
　　............. 523, 527-528, 530-532, 537, 542-544
スケジュール 528-530
スケジュールされたイベント 228
スケジュール式......................................231
スタック.................................43-47, 140-141, 167
　　→ CloudFormation スタック

スタンダードリザーブドインスタンス 102
ステートレスサーバー 273
ステップスケーリング 530, 542-543
ストリーム 411
スナップショット 295
　→ EBS スナップショット、RDS スナップショット
スポットインスタンス 99-100, 102-107
スポットマーケット 103
スループットキャパシティ 425
スループット最適化 HDD 293-294
スワップ 387

◆ せ
請求アラーム 34-37
セキュリティ 181-221
セキュリティグループ....41, 50, 200-202, 204-207,
　　　　215, 241, 309-310, 376-377, 468, 487
セキュリティ更新プログラム 184-188
世代 70
宣言的アプローチ................................ 132, 138, 145

◆ そ
ソートキー 400, 405-407, 412, 415
属性 399
ソリューションスタック名 161

◆ た
ターゲットグループ......................... 52-53, 468-469
ターゲット追跡スケーリング 531, 537-538
耐久性 265, 452
耐障害性 13, 430,
　　　　432, 442, 480, 486-488, 492-493, 496-497
タグ 45, 72, 241-242
多要素認証（MFA）.....................189-190, 195
単一障害点 351, 373, 486, 489-490, 492

◆ ち
遅延読み込み 363-365

◆ つ
強い整合性を持つ読み取り 420, 423

◆ て
ディザスタリカバリ（DR）.............................. 461
データセンター
　　　　...............4, 10, 88-89, 100-101, 306, 441-460
データレイク 261
テーブル 399
デカップリング（分離）.....................464, 490, 533
デッドレターキュー（DLQ）.............................. 513
テビバイト（TiB）.. 294
デプロイメント.. 147, 149

テンプレート 132-140
　→ CloudFormation テンプレート

◆ と
同期デカップリング.... 464-471, 491-492, 523, 534

◆ ね
ネットワークインターフェイス
　　　　...............................94-98, 240, 456-460, 486
ネットワーク接続型ストレージ
　　　　...............................72, 82-83, 451-456
ネットワークファイルシステム 41, 55-56, 58

◆ は
バージョニング.................................... 264-265
バージョン 159, 515
バースト 318-319, 533
パーティションキー
　　　　...........399-400, 404-407, 411-413, 415, 419
ハイパーバイザ 64
ハイブリッドクラウド 5, 101
爆発半径 375
バケット 249, 262-282, 474, 512
バケットポリシー 279
バックアップ 53-54, 84, 196, 260-265,
　　　　323-327, 339-345, 367, 371-374, 396
パフォーマンステスト..........292-293, 302, 317-318
パフォーマンスモード 318
パブリック IP アドレス
　　　　...........................50, 86, 91-98, 204, 212, 338,
　　　　437, 441, 450-451, 455-458, 460, 464-465
パブリックキー.................................... 30, 33
パブリッククラウド...5
パブリックサブネット
　　　　...............................210-211, 213, 216, 218, 220
汎用 SSD...293-294, 354

◆ ひ
悲観的ロック 504
非同期デカップリング 464-465,
　　　　471-482, 491-493, 523, 534, 540-544

◆ ふ
ファイアウォール........................8, 70, 183, 199-200
ファイルシステム.................290, 307-309, 319-323
フェイルオーバー
　　　　............ 10, 350-351, 367, 375, 441, 444, 448
フェイルファスト.. 492-493
負荷テスト 539-540
踏み台ホスト 206-211, 213, 217

プライベート IP アドレス
.... 86, 93-94, 98, 204,
212, 241, 370, 376, 433, 441, 451, 456-458
プライベートキー...........................30, 33, 204, 210
プライベートクラウド 5
プライベートサブネット
...................210-211, 215-216, 218, 220, 397
プライベートネットワーク 182, 210-220
プライマリキー
............398-400, 403-404, 406, 411, 413, 415
ブループリント.................. 24-25, 47, 117, 132, 229
フルマネージド..394
ブロック...285
ブロックレベルのストレージ 285-303, 452
プロビジョンド IOPS SSD.........................293, 354
分離（デカップリング）...464

◆ へ
べき等.........................481, 493-495, 497, 499-500
べき等リトライ..493
ヘルスチェック.................................226-240, 526

◆ ほ
ホストマシン 64

◆ ま
マウント 290-291, 311-312
マウントターゲット..............................307, 309-312
待ち行列理論 388

◆ む
無料利用枠 15, 34, 252

◆ め
メッセージキュー.........................471-482, 523, 534
メトリクス 51-52, 81-82, 227,
235-237, 319, 358-359, 424, 528-533, 538
メタデータ 260-261

◆ も
目標復旧時間（RTO）..461
目標復旧地点（RPO）..461

◆ ゆ
有限状態機械 499
ユーザーデータ（スクリプト）
.... 152, 156, 158, 186-187, 325, 437

◆ よ
要塞ホスト 206
予約.. 100-102

◆ ら
ライトスルー 364-365
ライフサイクルルール 267-271
楽観的ロック 503

◆ り
リージョン
......30-31, 42, 88-89, 280, 344, 357, 441-445
リードレプリカ...........................355-357, 387, 389
リードレプリケーション 355-357
リザーブドインスタンス 99-102
リスナー 468-469
リスナールール..469
リソース 48, 133, 136
リソースグループ.................................... 48-50
リトライ 513
料金モデル 4,
10, 14-18, 34, 112, 227, 250-252, 262, 309
リレーショナルデータベース（RDB）
.... 329, 361-364, 394

◆ れ
レイヤ 168, 170-175
レシピ...166
レプリケーション................................9-10, 41,
287, 298, 306, 355-357, 367, 371-375, 391

◆ ろ
ローカルセカンダリインデックス..........................416
ロードバランサー....................................7, 9-10,
14-17, 21, 40-41, 51-53, 58, 113, 253-254,
464-471, 492, 502, 523, 534-535, 539
ログ..79-81, 233-235

◆ わ
ワーカー 473, 475, 477, 479-480

STAFF LIST

カバーデザイン	岡田章志
本文デザイン	オガワヒロシ (VAriant Design)
翻訳・編集・DTP	株式会社クイープ
編集	石橋克隆

■商品に関する問い合わせ先
インプレスブックスのお問い合わせフォームより入力してください。
https://book.impress.co.jp/info/
上記フォームがご利用頂けない場合のメールでの問い合わせ先
 info@impress.co.jp

●本書の内容に関するご質問は、お問い合わせフォーム、メールまたは封書にて書名・ISBN・お名前・電話番号と該当するページや具体的な質問内容、お使いの動作環境などを明記のうえ、お問い合わせください。
●電話やFAX等でのご質問には対応しておりません。なお、本書の範囲を超える質問に関しましてはお答えできませんのでご了承ください。
●インプレスブックス(https://book.impress.co.jp/)では、本書を含めインプレスの出版物に関するサポート情報などを提供しておりますのでそちらもご覧ください。
●該当書籍の奥付に記載されている初版発行日から3年が経過した場合、もしくは該当書籍で紹介している製品やサービスについて提供会社によるサポートが終了した場合は、ご質問にお答えしかねる場合があります。

●落丁・乱丁本などの問い合わせ先
TEL 03-6837-5016 FAX 03-6837-5023
service@impress.co.jp
(受付時間／ 10:00-12:00、13:00-17:30 土日、祝祭日を除く)
●古書店で購入されたものについてはお取り替えできません。

●書店／販売店の窓口
株式会社インプレス 受注センター
 TEL 048-449-8040
 FAX 048-449-8041
株式会社インプレス 出版営業部
 TEL 03-6837-4635

著者、訳者、株式会社インプレスは、本書の記述が正確なものとなるように最大限努めましたが、本書に含まれるすべての情報が完全に正確であることを保証することはできません。また、本書の内容に起因する直接的および間接的な損害に対して一切の責任を負いません。

Amazon Web Servicesインフラサービス活用大全
システム構築/自動化、データストア、高信頼化

2019年9月11日　初版第1刷発行

著　者	Michael Wittig、Andreas Wittig
訳　者	株式会社クイープ
発行人	小川 亨
編集人	高橋隆志
発行所	株式会社インプレス
	〒101-0051　東京都千代田区神田神保町一丁目 105 番地
	ホームページ　https://book.impress.co.jp/

本書は著作権法上の保護を受けています。本書の一部あるいは全部について(ソフトウェア及びプログラムを含む)、株式会社インプレスから文書による許諾を得ずに、いかなる方法においても無断で複写、複製することは禁じられています。本書に登場する会社名、製品名は、各社の登録商標または商標です。本文では、®や™マークは明記しておりません。

印刷所　株式会社廣済堂

ISBN978-4-295-00665-7　C3055

Printed in Japan